AutoUni – Schriftenreihe

Band 183

Reihe herausgegeben von

Volkswagen Aktiengesellschaft, Volkswagen Group Academy, Volkswagen Aktiengesellschaft, Wolfsburg, Deutschland

Dominic Huschke

Simulationsbasierte Auslegung aktiver Trennelemente zur Sicherstellung der Rückwirkungsfreiheit zwischen Energiebordnetz-Kanälen von Kraftfahrzeugen

Springer

Dominic Huschke
Bordnetzsysteme Innovationen
Volkswagen AG
Wolfsburg, Deutschland

Dissertation an der Universität Kassel
Fachbereich für Elektrotechnik und Informatik
Datum der Disputation: 29.10.2025

ISSN 1867-3635 ISSN 2512-1154 (electronic)
AutoUni – Schriftenreihe
ISBN 978-3-658-50846-3 ISBN 978-3-658-50847-0 (eBook)
https://doi.org/10.1007/978-3-658-50847-0

Die Deutsche Nationalbibliothek verzeichnet diese Publikation in der Deutschen Nationalbibliografie; detaillierte bibliografische Daten sind im Internet über https://portal.dnb.de abrufbar.

Planung/Lektorat: Karina Kowatsch
Springer ist ein Imprint der eingetragenen Gesellschaft Springer Fachmedien Wiesbaden GmbH und ist ein Teil von Springer Nature.
Die Anschrift der Gesellschaft ist: Abraham-Lincoln-Str. 46, 65189 Wiesbaden, Germany

Danksagung Die vorliegende Arbeit entstand während meiner Tätigkeit als Doktorand in der Abteilung Bordnetzsysteme Innovationen der Volkswagen AG in Kooperation mit der Universität Kassel. In diesem Zuge möchte ich allen Personen, die mich bei der Erstellung der Arbeit in Form vielfältiger fachlicher Diskussionen unterstützt haben, meinen Dank aussprechen. Mein besonderer Dank gilt Herrn Prof. Dr. rer. nat. Ludwig Brabetz und Herrn Prof. Dr.-Ing. Mohamed Ayeb für den stets konstruktiven Austausch sowie das entgegengebrachte Vertrauen im Rahmen der Betreuung dieser Arbeit. Zudem möchte ich mich bei Prof. Dr.-Ing. Christian Birkner für die Übernahme des Zweitgutachtens bedanken. Weiterhin gebührt all meinen derzeitigen und ehemaligen Kollegen meiner Abteilung bei der Volkswagen AG großer Dank. Der fachliche Austausch sowie die angenehme Arbeitsatmosphäre waren mir bei der Erstellung dieser Arbeit eine große Hilfe. Hierbei möchte ich mich explizit bei Herrn Dr.-Ing. Martin Döring, Herrn Dr.-Ing. Nelson Ferreira und Herrn Dr.-Ing. Ralf Gemmerich bedanken. Auch allen Studierenden, die mit ihren studentischen Arbeiten an den Untersuchungen mitgewirkt haben, möchte ich für die gute Zusammenarbeit danken. Zuletzt möchte ich mich bei meiner Familie bedanken, die mich während meiner gesamten Studienlaufbahn stets unterstützt hat.

Interessenkonflikt Der/die Autor*in hat keine für den Inhalt dieses Manuskripts relevanten Interessenkonflikte.

Kurzfassung

Aufgrund des Einsatzes automatisierter Fahrzeugfunktionen nimmt die Zahl von Funktionen mit Sicherheitsrelevanz in Bezug auf die Energieverfügbarkeit in Kraftfahrzeugen zu. Gemäß der daher geltenden Anforderungen an eine sicherheitsgerichtete Entwicklung gemäß ISO-Norm 26262 ist eine hinreichende Unabhängigkeit der Versorgung von Energiebordnetz-Kanälen mit sicherheitsrelevanten Lasten sicherzustellen. Die Unabhängigkeit umfasst dabei sowohl die Abwesenheit von Fehlern aufgrund einer gemeinsamen Ursache als auch von kaskadierenden Fehlern. Im Rahmen dieser Arbeit werden kaskadierende Fehler als das Unterschreiten einer minimalen Versorgungsspannung an einer sicherheitsrelevanten Last definiert, die infolge eines Fehlers auf einem anderen Energiebordnetz-Kanal für eine definierte ununterbrochene Dauer auftreten. Die Auslegung aktiver Trennelemente zur Sicherstellung der Abwesenheit kaskadierender Fehler zwischen Energiebordnetz-Kanälen von Kraftfahrzeugen erfolgt dabei unter Verwendung von Schaltungssimulationen. Zur Simulation der Wechselwirkungen zwischen den Energiebordnetz-Kanälen werden Modelle der Komponenten des 12 Volt-Energiebordnetzes erstellt und experimentell validiert. Die hinsichtlich des Simulationszieles optimierten Modelle bilden die Grundlage für die Entwicklung eines umfassenden Simulationsmodells des Energiebordnetzes eines repräsentativen Fahrzeugs. Das Gesamtmodell wird mittels einer neuen Methode zur automatisierten Generierung von Simulationsmodellen erstellt. Die Machbarkeit der automatisierten Erstellung von Simulationsmodellen von Energiebordnetzen wird nachgewiesen. Zur Vermeidung kaskadierender Fehler zwischen den Energiebordnetz-Kanälen des Fahrzeugs werden die Trennelemente, elektrischen Leitungen und elektrischen Stecksysteme automatisiert ausgelegt. Der beschriebene Ansatz basiert dabei auf den Simulationsmodellen der Komponenten. Die simulative Untersuchung kaskadierender Fehler zwischen den Kanälen des Energiebordnetzes erfolgt im automatisiert generierten sowie parametrierten Modell des repräsentativen Fahrzeugs. Dabei werden verschiedene Einflussfaktoren variiert und deren Auswirkungen anhand von Simulationen analysiert und diskutiert. Die Größe der Last des fehlerhaften Energiebordnetz-Kanals sowie die Zustände der Quellen werden als kritische Einflussfaktoren identifiziert.

Abstract

The rise of automation in motor vehicles is increasing the demand for energy availability and the independence of safety-relevant functions. According to the ISO 26262 for safety-oriented development, sufficient independence of energy supply channels with safety-relevant loads must be ensured. Energy supply channels are sufficiently independent when neither faults due to a common cause nor cascading faults occur. In the context of this work, cascading faults are defined as a drop in the supply voltage below the required minimum for a safety-relevant load, caused by a fault in another energy supply channel for a defined uninterrupted duration. To ensure the absence of cascading faults between energy supply channels of motor vehicles, circuit simulations are used to design electronic fuses. To simulate the interactions between the energy supply channels, models of the components of the 12 volt energy supply are created and experimentally validated. These models form the basis for the development of a comprehensive simulation model for a representative vehicle's energy supply. The overall model is created using a novel method for the automated generation of simulation models. This work demonstrates the feasibility of automated generation of energy supply simulation models. To prevent cascading faults between the vehicle's energy supply channels, the fuses, electrical lines, and connectors are automatically designed based on the simulation models of the components. Cascading faults between the channels of the energy supply are investigated through simulations, using the automatically generated and parameterized model of a representative vehicle. Various influencing parameters are systematically varied in simulations to analyze their effect. The load size of the faulty energy supply channel and the states of the sources are identified as critical influencing parameters in the final step of this work.

Disclaimer

Die Ergebnisse, Meinungen und Schlüsse dieser Abschlussarbeit sind nicht notwendigerweise die der Volkswagen AG.

Symbolverzeichnis[1]

Symbole

α	Wärmeübergangskoeffizient [W/(m^2 K)]
α_R	Temperaturkoeffizient [1/K]
β	Thermischer Ausdehnungskoeffizient [1/K]
Δ	Absolute Abweichung [variiert je nach zugehöriger Größe]
δ	Relative Abweichung [%]
ε	Emissionsgrad [−]
η	Dynamische Viskosität [g/(m s)]
Λ	Lorenz-Zahl [W Ω/K^2]
λ	Wärmeleitfähigkeit [W/(m K)]
λ_f	Fehlerrate [FiT]
μ_r	Relative magnetische Permeabilität [−]
μ_0	Magnetische Feldkonstante [H/m]
ν	Kinematische Viskosität [m^2/s]
ρ	Dichte [g/m^3]
ρ_R	Spezifischer elektrischer Widerstand [Ω m]
σ	Stefan-Boltzmann-Konstante [W/(m^{2}K^4)]
τ	Zeitkonstante [s]

[1] *Alle regulären Symbole, die in Formeln verwendet werden, sind im Symbolverzeichnis aufgeführt. Diese Symbole werden, sofern sie als Indizes in Kombinationen auftreten, nicht nochmals explizit eingeführt. Der Zusammenhang ergibt sich aus der jeweiligen Verwendung in der Formel.*

χ	Kombination der Einflussfaktoren [−]
Ψ	Magnetischer Fluss [Wb]
ω	Winkelgeschwindigkeit [rad/s]
A	Fläche [m^2]
a	Temperaturleitfähigkeit [m^2/s]
ab	Absorptionsgrad [−]
b	Breite [m]
bf	Belastungsfaktor [−]
C	Kapazität [F]
C_{Rate}	Entladegeschwindigkeit [−]
C_1, C_2	Integrationskonstanten [variiert je nach zugehöriger Größe]
c	Spezifische Wärmekapazität [J/(g K)]
d	Durchmesser [m]
$\dot{E}$	Energieübertragungsrate [W]
F	Kraft [N]
f	Frequenz [Hz]
Gr	Grashof-Zahl [-]
g	Fallbeschleunigung [m/s^2]
H	Härte [N/m^2]
h	Höhe [m]
I	Strom [A]
$I^2 t$	Grenzlastintegral [A^2 s]
K	Verstärkungsfaktor [−]
k	Koeffizient [−]
L	Induktivität [H]
L'	Induktivitätsbelag [H/m]
l	Länge [m]
m	Masse [g]
N	Drehzahl [1/s]
Nu	Nußelt-Zahl [−]
n	Anzahl [−]
o	Ortskonstante [m]
P	Leistung [W]
Pr	Prandtl-Zahl [−]
$\dot{q}$	Wärmestromdichte [W/m^2]
R	Elektrischer Widerstand [Ω]
R'	Elektrischer Widerstandsbelag [Ω/m]
Ra	Rayleigh-Zahl [−]
r	Radius [m]

SOC	Ladezustand (engl. *state of charge*) [%]
SOH	Gesundheitszustand (engl. *state of health*) [%]
St	Auslösestatus eines Trennelementes [−]
s	Wärmespeicherzahl [J/(m^3 K)]
sb	Sicherheitsbeiwert [−]
T	Temperatur [°C oder K]
TCL	Vertrauenslevel in Werkzeug (engl. *tool confidence level*) [−]
TD	Vertrauenslevel in die Detektion von Fehlern des Werkzeugs (engl. *tool error detection*) [−]
TI	Einfluss des Werkzeug (engl. *tool impact*) [−]
t	Zeit [s]
U	Elektrische Spannung [V]
u	Umfang [m]
V	Volumen [m^3]
W	Leistungsdichte [W/m^3]
$x_1, \ldots, x_j$	Einflussfaktoren [variiert je nach zugehöriger Größe]
$\underline{Z}$	Impedanz [Ω]

Indizes

a	Ader
akt	Aktivierung
aus	Auslösezeit
ausg	Ausgang
ax	Axial
B	Batterie
BOL	Lebensbeginn (engl. *begin of life*)
b	Buchse
c	charakteristisch
DS	Abfluss-Quelle (engl. *drain-source*)
d	Dauer
deakt	Deaktivierung
EMS	Elektromagnetischer Schalter
EOL	Lebensende (engl. *end of life*)
e	Enge
eff	Effektivwert
eing	Eingang
el	Elektrisch

erst	Erstellt
eSi	Aktive elektronische Sicherung
ex	Extra
f	Fremdschicht
filter	Gefilterter Wert
fit	Interpolierter Wert
G	Drehstrom-Generator
Gr	Grundlast
gen	Generiert
ges	Gesamtwert
HTV	Hybrides Trenn- und Verbindungselement
ideal	Idealwert
init	Initialwert
iso	Isolation der elektrischen Leitung
ist	Istwert
Kl	Klemme
k	Elektrischer Kontakt
kalk	Kalkulation
kalt	Kalt
kon	Wärmekonvektion
konst	Konstantwert
kp	Kontaktpunkt
krit	Kritisch
ks	Kurzschluss
L	Last
LT	Elektrische Leitung
l	Leiter
la	Leiteranschluss
leit	Wärmeleitung
lu	Luft
MP	Massepunkt
max	Maximalwert
mess	Messung
min	Minimalwert
mittel	Mittelwert
mot	Motor
N	Nennwert
nach	Nachstell
OCT	Grenzwert für Überstrom (*engl. over-current threshold*)

o	Oberfläche
p	Proportional
par	Parallel
pr	Polrad
rad	Radial
real	Realwert
ref	Referenzwert
rei	Reihe
rot	Rotor
Si	Passive elektrische Sicherung
SK	Passive Schraubkontaktierung
SS	Elektrisches Stecksystem
s	Schmelz
sa	Spannungsabfall
sim	Simulation
soll	Sollwert
sp	Speicher
st	Stift
sta	Stator
str	Wärmestrahlung
stra	Strang
th	Thermisch
typ	Typischer Wert
u	Umgebung
VEC	Basierend auf Vehicle Electric Container
vers	Versorgung
vrs	Versatzwert
vs	Vorschmelz

Inhaltsverzeichnis

Abkürzungsverzeichnis

AG	Aktiengesellschaft
ASIL	Automotive Safety Integrity Level
ATV	Aktives Trenn- und Verbindungselement
Bus	Binary Unit System
CAN	Controller Area Network
Cu-ETP1	Elektrolytisch aufbereitetes Kupfer
DIN	Deutsches Institut für Normung
EBN	Energiebordnetz
EN-AW-Al99.7	Aluminiumlegierung mit hochreinem Aluminium
EPS	Elektronische Lenkkraftunterstützung
ESB	Ersatzschaltbild
eSiBo	Elektronische Sicherungsbox
E/E	Elektrik/Elektronik
F	Forderung
FLR	Fahrzeugleitung mit reduziertem Querschnitt
FLRY-A	Fahrzeugleitung mit dünnwandiger eng anliegender Isolierung und feindrähtiger Litze
FLRY-B	Fahrzeugleitung mit dünnwandiger locker anliegender Isolierung und feindrähtiger Litze
FLR2G	Fahrzeugleitung mit reduziertem Querschnitt und hoher Hitzebeständigkeit
FLYW	Fahrzeugleitung mit erhöhter Temperatur-, Öl- und Kraftstoffbeständigkeit
FMU	Functional Mock-Up Unit

GuR	Gefahrenanalyse und Risikobewertung
H	High
HTV	Hybrides Trenn- und Verbindungselement
HW	Hardware
ID	Identifikation
ISO	International Organization for Standardization
KBL	Kabelbaumliste
Kl	Klemme
L	Low
LEA	Lenkkraftanordnung
LV	Leistungsverzeichnis
MOSFET	Metall-Oxid-Halbleiter-Feldeffekttransistor
OV	Operationsverstärker
PEP	Produktentstehungsprozess
PTV	Passives Trenn- und Verbindungselement
PVC	Polyvinylchlorid
QM	Qualitätsmanagement
SG	Steuergerät
Si	Silikon
SiBo	Sicherungsbox
SL	Schaltlogik
SW	Software
TVE	TV-Empfang
vECU	Virtuelles Steuergerät
VDA	Verband der Automobilindustrie e. V.
VDI	Verein Deutscher Ingenieure e. V.
VEC	Vehicle Electric Container
W	Wunsch
μC	Mikrocontroller

Abbildungsverzeichnis

Tabellenverzeichnis

Einleitung 1

Einleitend werden die Motivation sowie die sich daraus ergebenden Ziele der Arbeit mit dem Titel „Simulationsbasierte Auslegung aktiver Trennelemente zur Sicherstellung der Rückwirkungsfreiheit zwischen Energiebordnetz-Kanälen von Kraftfahrzeugen“ vorgestellt.

1.1 Motivation

Viele der im Kontext der Norm 26262 der International Organization for Standardization (ISO) entwickelten Funktionen nehmen bei Auftreten eines Fehlers stromlos den sicheren Zustand ein. Entsprechende Funktionen werden als fail-passive Funktionen bezeichnet. Als Ausnahmen für diese können Wisch- und Lichtfunktionen genannt werden. Diese wurden in der Vergangenheit mittels unabhängiger Energieversorgungen für die linke sowie rechte Seite des Kraftfahrzeugs fehlertolerant ausgelegt. Im Zuge des Einsatzes von halb- sowie vollautomatisierten Fahrzeugfunktionen sind fail-passive Funktionen nicht mehr ausreichend und werden zunehmend durch fail-active Funktionen ergänzt beziehungsweise ersetzt. Ursache hierfür ist, dass ein weiterer Fahrbetrieb zur Abwendung einer etwaigen Gefahr und zum Erreichen eines sicheren Zustandes notwendig ist. Fail-active Funktionen sind im Gegensatz zu fail-passive Funktionen zur Einnahme des sicheren Zustandes auf Energie angewiesen und können entsprechend in Bezug auf die Energieverfügbarkeit als sicherheitsrelevant bezeichnet werden. Daher gelten die Anforderungen an die sicherheitsgerichtete Entwicklung der ISO-Norm 26262 für die Energieversorgung von fail-active Funktionen. Eine Verletzung der Anforderungen an die Energieversorgung ist durch die sicherheitsrelevante Funktion, beziehungsweise die Last auf dem die Funktion verortet ist, mit dem eigenen Sicherheitsziel

D. Huschke, *Simulationsbasierte Auslegung aktiver Trennelemente zur Sicherstellung der Rückwirkungsfreiheit zwischen Energiebordnetz-Kanälen von Kraftfahrzeugen*, AutoUni – Schriftenreihe 183,
https://doi.org/10.1007/978-3-658-50847-0_1

auszuschließen. Zudem ist eine hinreichende Unabhängigkeit von Energiebordnetz (EBN)-Kanälen mit mindestens einer sicherheitsrelevanten Last zu gewährleisten. Die Unabhängigkeit beinhaltet dabei sowohl die Abwesenheit kaskadierender Fehler (engl. *cascading failures*) als auch die Abwesenheit von Fehlern aufgrund einer gemeinsamen Ursache (engl. *common cause failures*). Die Abwesenheit kaskadierender Fehler wird dabei als Rückwirkungsfreiheit bezeichnet. Die Verletzung von Sicherheitszielen sicherheitsrelevanter Funktionen durch Fehler anderer Elemente, Fahrzeugkomponenten oder Funktionen muss im Rahmen der Auslegung mit einer hinreichenden Wahrscheinlichkeit ausgeschlossen werden. Dies gilt insbesondere bei der Koexistenz von Funktionen mit abweichenden Anforderungen an die Energieverfügbarkeit (ISO Central Secretary 2018g, S. 11; Krüger, Mohrmann et al. 2022, S. 5; Verband der Automobilindustrie e. V. 2023, S. 6). Eine in der Praxis häufig diskutierte Verletzung eines Sicherheitszieles stellt das mit einem Verlust oder einer Einschränkung einhergehende Verlassen des definierten Spannungsbereiches einer sicherheitsrelevanten Funktion für eine zu lange ununterbrochene Dauer dar (Prechler 2018, S. 13). Die Zeitspanne, in der ein Fehler im System keinen Funktionsausfall verursacht, wird dabei als Fehlertoleranzzeit (engl. *fault tolerance time interval*) bezeichnet (Verband der Automobilindustrie e. V. 2023, S. 7). Eine mögliche Maßnahme zur Verminderung der Dauer des Verlassens des Spannungsbereiches aufgrund eines Fehlers auf einem Kanal des EBN mit einer geringeren Sicherheitsrelevanz ist der Einsatz aktiver Trennelemente (Verband der Automobilindustrie e. V. 2023, S. 63). Entsprechende Trennelemente in Form von Halbleiterschaltern haben bei der Isolation fehlerhafter Kanäle von dem restlichen EBN aufgrund ihrer kürzeren und weniger streuenden Auslösezeit Vorteile gegenüber passiven Trennelementen in Form passiver elektrischer Sicherungen (Letor und Crisafulli 2019, S. 3; Kilian, Köhler et al. 2021, S. 107764; Gerten, Rübartsch et al. 2022a, S. 19). Zudem können mittels entsprechender aktiver Trennelemente neben strom- auch spannungsbasierte Schaltkriterien realisiert werden (Letor und Crisafulli 2019, S. 2; Infineon Technologies AG 2023c, S. 6). Die Erfüllung der sicherheitsrelevanten Anforderungen an die Isolation fehlerhafter Kanäle im EBN stellt dabei bei Gewährleistung einer höchstmöglichen Verfügbarkeit aller EBN-Kanäle bei unterschiedlichen Randbedingungen eine technische Herausforderung dar. Dabei ist neben Einflussfaktoren wie der Umgebungstemperatur oder dem Ladezustand der Batterie auch die Varianz des EBN zu berücksichtigen (Kilian, Köhler et al. 2021, S. 107764).

1.2 Stand der Technik

Die simulative Untersuchung der Spannungsstabilität in EBNs wird in der Literatur vielfältig behandelt. In (Ruf 2015) wird die Topologie von EBNs zur Steigerung der Spannungsstabilität anhand von Simulationen sowie zugehörigen Versuchen optimiert. Die Auswirkungen von Hochleistungsverbrauchern auf die Stabilität des EBN werden explizit in (Wang 2016) untersucht. Die verwendeten Simulationsmodelle der EBNs werden dabei manuell erstellt. Die automatisierte Generierung von Strukturen des EBN von Kraftfahrzeugen sowie deren Bewertung, mit dem Ziel, die Wirtschaftlichkeit desselben zu steigern, wird in (Gemmerich 2008, S. 106–164) beschrieben. Ein Ansatz zur automatisierten Erstellung von elektrischen Simulationsmodellen einzelner Leitungssätze wird in (Diebig 2016, S. 64) eingeführt. Mögliche Alternativen werden in (Kiffmeier 2022, S. 11; Henke 2023, S. 4) aufgezeigt. In (Forschungsvereinigung Automobiltechnik e. V. 2022, S. 46) erfolgt die Untersuchung einer zur automatisierten Modellerstellung geeigneten Datenbasis. Auch hier sind jeweils einzelne Leitungssätze im Fokus. In (Diebig 2016, S. 65) wird zudem die simulative Auslegung von EBNs behandelt. Darüber hinaus wird ein Ansatz zur Auslegung der Trennelemente von EBN-Kanälen anhand von Strom-Zeit-Kennlinien in (Önal, Henke et al. 2020, S. 5; Henke 2022, S. 4) grundlegend aufgezeigt. Regeln zur Gewährleistung der Übertragbarkeit der Vorgehensweise werden dabei nicht abgeleitet. Alle Vorgehensweisen beziehen, wie auch eine in der Praxis übliche Vorgehensweise nach (Volkswagen AG 2020, S. 6), die elektrischen Stecksysteme des EBN-Kanals nicht mit ein. In (Forschungsvereinigung Automobiltechnik e. V. 2022, S. 98) wird das elektrische Verhalten hypothetischer EBNs im Fehlerfall mithilfe von Schaltungssimulationen untersucht. Ein zweistufiger Ansatz zur Steigerung der Effizienz der Untersuchung der Wechselwirkungen zwischen Kanälen verschiedener EBN-Varianten wird in (Gerten, Henke et al. 2022) eingeführt. Der Einfluss des Lastszenarios und der Umgebungstemperatur auf diese Wechselwirkungen wird in (Beckmann 2016, S. 6) untersucht. Die Auswirkungen der Verwendung aktiver statt passiver Trennelemente werden in (Gerten, Rübartsch et al. 2022a, S. 19; Gerten, Rübartsch et al. 2022b, S. 4; Gerten, Frei, Kiffmeier et al. 2023) anhand von Schaltungssimulationen analysiert. Zahlreiche weitere Einflussfaktoren auf die Wechselwirkungen zwischen EBN-Kanälen werden in (Kilian, Köhler et al. 2021, S. 107764) benannt, jedoch ohne eine explizite Analyse ihrer Auswirkungen auf kaskadierende Fehler.

1.3 Ziele der Arbeit

Im Rahmen der Arbeit erfolgt die Auslegung von Trennelementen zur Vermeidung von Rückwirkungen zwischen Kanälen des 12 Volt-EBN mithilfe des Werkzeuges der Simulation gemäß ISO-Norm 26262 (ISO Central Secretary 2018f, S. 20). Aus dem beschriebenen Stand der Technik leiten sich die folgenden Arbeitsschritte zur optimalen Auslegung der Trennelemente bei variierenden Randbedingungen ab.

Methode zur automatisierten Erstellung von Simulationsmodellen zur Untersuchung der Rückwirkungen zwischen EBN-Kanälen Aufbauend auf Ansätzen zur Generierung von Simulationsmodellen einzelner Leitungssätze, wie sie in (Diebig 2016, S. 64; Kiffmeier 2022, S. 11; Henke 2023, S. 4) beschrieben sind, wird in Kapitel 5 eine Methode zur automatisierten Erstellung von Simulationsmodellen vollständiger EBNs für real konfigurierbare Ausstattungsvarianten von Kraftfahrzeugen präsentiert. Zu diesem Zweck wird eine geeignete maschinenlesbare Beschreibung des EBN gewählt. Weiterhin werden Modelle der Komponenten des EBN anhand des Standes der Technik erstellt und für das verfolgte Simulationsziel adaptiert. Die Modelle werden zudem anhand von Messungen experimentell validiert. Nach Kenntnisstand des Autors ist die Methode aufgrund der Abbildung des EBN von real konfigurierbaren Gesamtfahrzeugen neuwertig. Diese ist die Grundlage für eine systematische Untersuchung der Rückwirkungen zwischen EBN-Kanälen auf Gesamtfahrzeugebene im Kontext der ISO-Norm 26262.

Methode zur Auslegung von EBN-Komponenten zur Vermeidung von Rückwirkungen zwischen EBN-Kanälen Auf Basis der in (Önal, Henke et al. 2020, S. 5; Henke 2022, S. 4) beschriebenen Ansätze zur kennlinienbasierten Auslegung von Trennelementen wird in Kapitel 6 eine regelbasierte Methode zur Auslegung von EBN-Komponenten erarbeitet. Das Ziel der auf Simulationsmodellen basierenden Methode zur Auslegung der Komponenten ist es, Rückwirkungen zwischen den EBN-Kanälen durch eine optimale Dimensionierung der Komponenten zu vermeiden. Betrachtungsumfang sind dabei die Trennelemente, die elektrischen Leitungen sowie die elektrischen Stecksysteme. Hierbei werden anhand im Rahmen dieser Arbeit erstellter und experimentell validierter Simulationsmodelle dieser Komponenten des EBN Strom-Zeit-Kennlinien generiert und diese anschließend anhand zuvor definierter Regeln verglichen. Dieser regelbasierte Ansatz stellt aufgrund der Berücksichtigung der elektrischen Stecksysteme und der Anwendbarkeit der Vorgehensweise auf passive sowie aktive Trennelemente eine Ergänzung des Standes der Technik dar. Zudem ist der entwickelte regelbasierte Ansatz vollständig automatisiert durchführbar.

Methode zur systematischen Analyse der Rückwirkungsfreiheit zwischen EBN-Kanälen zur Identifikation kritischer Einflussfaktoren Auf Grundlage punktueller Analysen der elektrischen Wechselwirkungen zwischen Kanälen einfacher 12 V-EBNs anhand von Schaltungssimulationen, wie sie in (Beckmann 2016, S. 6; Gerten, Rübartsch et al. 2022a, S. 19; Gerten, Rübartsch et al. 2022b, S. 4; Gerten, Frei, Kiffmeier et al. 2023) beschrieben sind, wird in Kapitel 7 eine Methode zur systematischen Untersuchung der Rückwirkungsfreiheit auf Gesamtfahrzeugebene im Kontext der ISO-Norm 26262 vorgestellt. Zielstellung ist die Identifikation kritischer Einflussfaktoren für Rückwirkungen zwischen Kanälen des 12 Volt-EBN. Dazu werden auf Grundlage der in (Kilian, Köhler et al. 2021, S. 107764) aufgeführten relevanten Einflussfaktoren weitere Faktoren definiert und diskutiert. Die Auswirkungen dieser werden im Rahmen einer Parameterstudie mithilfe des automatisiert generierten Simulationsmodells des EBN eines repräsentativen Gesamtfahrzeugs analysiert. Die nach Kenntnisstand des Autors neuwertige Vorgehensweise sowie die anhand dieser identifizierten kritischen Einflussfaktoren können sowohl zur Analyse und Optimierung neuer als auch zur Validierung bestehender Absicherungskonzepte des EBN genutzt werden. Der eingeführte Ansatz bildet die Grundlage für die Entwicklung gezielter Maßnahmen zur Vermeidung von Rückwirkungen zwischen EBN-Kanälen.

1.4 Struktur der Arbeit

Zu Beginn werden die für das Verständnis der Arbeit notwendigen Grundlagen zum EBN und seiner Komponenten vorgestellt (siehe Kapitel 2). Daraufhin wird die methodische Entwicklung von einer Sicherungsbox (SiBo) mit sowohl passiven als auch aktiven Trennelementen beschrieben (siehe Kapitel 3). Diese wird als Hybrides Trenn- und Verbindungselement (HTV) bezeichnet. Das HTV dient der experimentellen Validierung der in Kapitel 4 generierten Simulationsmodelle der Komponenten des 12 V-EBN in einem einfachen Verbund. Neben den Trenn- und Verbindungselementen werden aktive und passive Quellen sowie Lasten modelliert. Energiespeicher werden hierbei als passive Quellen bezeichnet, während aktive Quellen dem EBN im Betrieb Energie zur Verfügung stellen (Verband der Automobilindustrie e. V. 2023, S. 51). Im Anschluss wird eine Methode zum automatisierten Aufbau von Simulationsmodellen des EBN baubarer Fahrzeugkonfigurationen basierend auf einer maschinenlesbaren Beschreibung eingeführt (siehe Kapitel 5). Zudem wird in Kapitel 6 ein Ansatz zur Auslegung der Trennelemente, elektrischen Leitungen sowie Stecksysteme des EBN anhand der in Kapitel 4 erstellten Simulationsmodelle vorgestellt. Nachfolgend werden Einflussfaktoren auf die Rückwirkungen zwischen EBN-Kanälen systematisch untersucht. In diesem Zuge wird das automatisiert generierte Simulationsmodell des EBN (siehe Kapitel 7) verwendet. Abschließend erfolgt die Zusammenfassung der Arbeit und ein Ausblick auf mögliche zukünftige wissenschaftliche Fragestellungen und Forschungsthemen wird gegeben (siehe Kapitel 8).

Energiebordnetze von Kraftfahrzeugen 2

Grundlegende Kenntnisse zur funktionalen Sicherheit von Elektrik/Elektronik (E/E)-Systemen sind für die Untersuchung der Unabhängigkeit von Kanälen des EBN unabdingbar. Zudem müssen die in diesem Zusammenhang zu berücksichtigenden Elemente und Komponenten des EBN identifiziert werden. Trennelemente in Form von sowohl passiven elektrischen als auch elektronischen Sicherungen werden dabei aufgrund ihrer Relevanz für die Vermeidung kaskadierender Fehler zwischen EBN-Kanälen im Detail näher erläutert. Im Anschluss wird ein in der Praxis geläufiges Vorgehen zur Auslegung von passiven elektrischen Sicherungen und elektrischen Leitungen eingeführt. Dieses dient als Referenz für den im weiteren Verlauf der Arbeit erarbeiteten Ansatz zur Auslegung von EBN-Komponenten. Darauf aufbauend werden in der Praxis relevante Absicherungskonzepte des EBN für das weitere Verständnis der Arbeit diskutiert.

2.1 Grundlagen der funktionalen Sicherheit

Als funktionale Sicherheit wird die Abwesenheit von Risiken aufgrund von aus fehlerhaften oder unbeabsichtigten Verhalten von E/E-Systemen resultierenden Gefahren bezeichnet. Die ISO-Norm 26262 stellt dabei einen Leitfaden zur Sicherstellung der funktionalen Sicherheit sicherheitsrelevanter E/E-Komponenten in der Automobilindustrie entlang des V-Modells dar (ISO Central Secretary 2018a, S. 1; Kilian, P., Koller, O. et al. 2022, S. 1; Bergen 2023, S. 13). Für das EBN relevante

Ergänzende Information Die elektronische Version dieses Kapitels enthält Zusatzmaterial, auf das über folgenden Link zugegriffen werden kann https://doi.org/10.1007/978-3-658-50847-0_2.

D. Huschke, *Simulationsbasierte Auslegung aktiver Trennelemente zur Sicherstellung der Rückwirkungsfreiheit zwischen Energiebordnetz-Kanälen von Kraftfahrzeugen*, AutoUni – Schriftenreihe 183,
https://doi.org/10.1007/978-3-658-50847-0_2

Passagen der ISO-Norm 26262 werden in der Verband der Automobilindustrie e.V. (VDA)-Empfehlung 450 interpretiert. Diese stellt eine Empfehlung für die Auslegung des EBN unter Berücksichtigung der funktionalen Sicherheit dar (Verband der Automobilindustrie e. V. 2023, S. 6). Folgend werden im Verlauf der Arbeit verwendete Begrifflichkeiten eingeführt. Darauf aufbauend wird die Vorgehensweise zur Bestimmung von Anforderungen an die funktionale Sicherheit grundlegend erläutert. Zuletzt werden geeignete Werkzeuge zur Verifikation der Erfüllung dieser Anforderungen diskutiert.

2.1.1 Begriffsdefinitionen

Die im Rahmen dieser Arbeit verwendeten Begrifflichkeiten der funktionalen Sicherheit werden anhand der ISO-Norm 26262 definiert (ISO Central Secretary 2018a). Elemente (engl. *element*) und Artikel (engl. *item*) gemäß ISO-Norm 26262 werden nachfolgend aufgrund der thematischen Schwerpunktsetzung der Arbeit als Komponenten und Systeme bezeichnet.

Automotive Safety Integrity Level
Anhand der Automotive Safety Integrity Level (ASIL) werden die notwendigen Anforderungen der ISO-Norm 26262 sowie Sicherheitsmaßnahmen eines Systems zur Vermeidung von unnötigen Risiken spezifiziert. Bei den 4 Leveln entspricht D dem strengsten, während A dem am wenigsten strengen Level entspricht. Qualitätsmanagement (QM) ist kein Automotive Safety Integrity Level (ASIL), kann jedoch im Rahmen der Gefahrenanalyse und Risikobewertung (GuR) spezifiziert werden. Den einzelnen ASIL können nach (ISO Central Secretary 2018d, S. 23) Zielwerte für zufällige Hardware (HW)-Fehler zugeordnet werden. Hierbei ist anzumerken, dass ASIL A keinen quantitativen Zielwert für entsprechende Fehler nach (ISO Central Secretary 2018d, S. 23) hat. Die maximalen Fehlerraten $\lambda_{f,max}$ je ASIL sind in Tabelle 2.1 in FiT aufgeführt. 1 FiT entspricht einem Ausfall pro $1 \cdot 10^9$ h.

Tabelle 2.1 $\lambda_{f,max}$ für zufällige HW-Fehler (ISO Central Secretary 2018d, S. 23)

ASIL [–]	$\lambda_{f,max}$ [FiT]
B	100
C	100
D	10

Lasten, die zur Einnahme des sicheren Zustandes auf Energie angewiesen sind, können wie in Abschnitt 1.1 beschrieben als sicherheitsrelevant eingestuft werden (Verband der Automobilindustrie e. V. 2023, S. 6). Lasten mit Sicherheitsrelevanz hinsichtlich der Energieverfügbarkeit werden im Folgenden als ASIL-Lasten bezeichnet. Bei QM-Lasten handelt es sich um Lasten ohne entsprechende Sicherheitsanforderungen. (Verband der Automobilindustrie e. V. 2023, S. 9)

Abhängige Fehler
Fehler, die statistisch nicht unabhängig voneinander sind, werden als abhängige Fehler (engl. *dependent failures*) bezeichnet. Als statistisch unabhängig gelten Fehler hierbei, wenn die Wahrscheinlichkeit des gemeinsamen Auftretens der Fehler kleiner oder gleich dem Produkt der Auftretenswahrscheinlichkeiten der betrachteten unabhängigen Fehler ist. Bei abhängigen Fehlern wird nach (ISO Central Secretary 2018a, S. 6) zwischen kaskadierenden Fehlern (engl. *cascading failures*) und Fehlern aufgrund einer gemeinsamen Ursache (engl. *common cause failures*) differenziert. Bei Abwesenheit jeglicher abhängiger Fehler zwischen 2 Komponenten oder Systemen sind diese technisch unabhängig (ISO Central Secretary 2018g, S. 11). Als kaskadierender Fehler wird ein aus einer Fehlerursache resultierender Fehler eines Systems bezeichnet, der Fehler mindestens einer anderen Komponente des selben oder eines anderen Systems hervorruft (ISO Central Secretary 2018a, S. 4). Die Abwesenheit kaskadierender Fehler zwischen 2 oder mehr Komponenten, die zu einer Verletzung eines Sicherheitszieles führen können, ist als Rückwirkungsfreiheit (engl. *freedom from interference*) definiert (ISO Central Secretary 2018g, S. 11). Kaskadierende Fehler werden in Abb. 2.1 schematisch veranschaulicht.

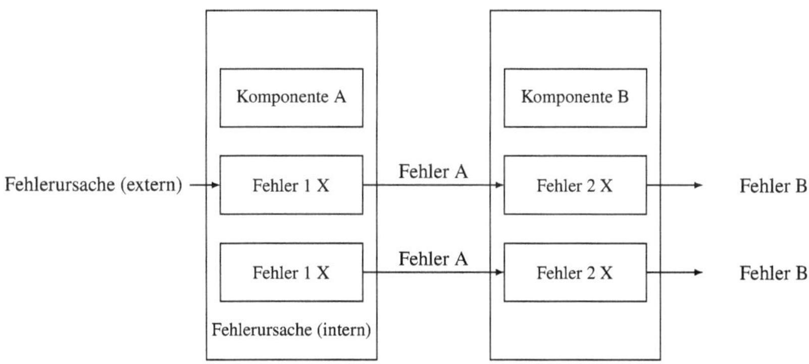

Abbildung 2.1 Kaskadierender Fehler (ISO Central Secretary 2018a, S. 4)

Fehler von 2 oder mehr Komponenten eines Systems, die direkt aus einem Ereignis oder einer einzelnen spezifischen Fehlerursache resultieren, werden als Fehler aus einer gemeinsamen Ursache bezeichnet. Fehler aus einer gemeinsamen Ursache werden in Abb. 2.2 veranschaulicht.

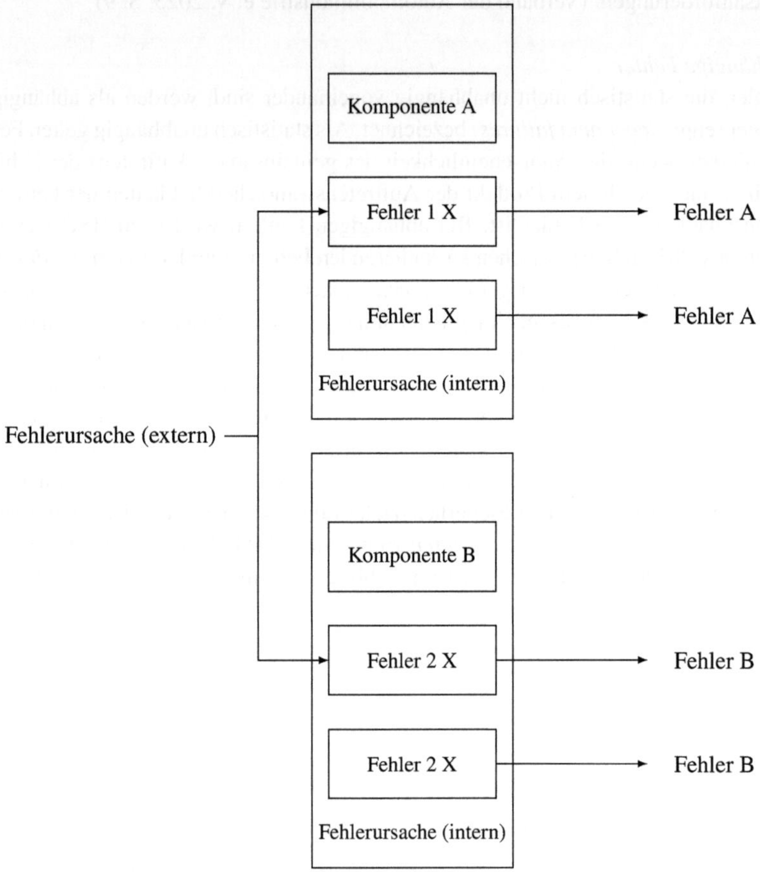

Abbildung 2.2 Fehler aus einer gemeinsamen Ursache (ISO Central Secretary 2018a, S. 4)

2.1.2 Gefahrenanalyse und Risikobewertung

Die Gefahrenanalyse und Risikobewertung (GuR) (engl. *hazard analysis and risk assessment*) ist eine Methode zur Identifizierung und Kategorisierung gefährlicher Ereignisse von Systemen und dient der Spezifizierung von Sicherheitszielen und ASIL zur Vermeidung oder Milderung zugehöriger Gefahren. Hierdurch sollen unnötige Risiken vermieden werden (ISO Central Secretary 2018a, S. 15). Im Rahmen der Gefahrenanalyse und Risikobewertung (GuR) werden die Faktoren des Schweregrades, der Kontrollierbarkeit sowie der Auftretenswahrscheinlichkeit berücksichtigt. Mittels des Schweregrades werden die Auswirkungen eines Ausfalls eines Systems bewertet. Exemplarisch werden die genannten Faktoren nachfolgend für die Elektronische Lenkkraftunterstützung (EPS) sowie das Infotainment-Steuergerät (SG) betrachtet. Während die EPS gemäß (Mürken 2023, S. 116) eine ASIL-Last ist, ist das Infotainment-SG eine QM-Last. Diese Einstufung entspricht der Erwartungshaltung, da der Schweregrad des Ausfalls der EPS schwerwiegender ist als der des Infotainment-SG. Mittels des Faktors der Kontrollierbarkeit wird bewertet, inwiefern die Fahrsituation trotz Einschränkung der Funktion für den Fahrer beherrschbar ist. Exemplarisch kann eine Fahrsituation bei einem Ausfall des Infotainment-SG besser beherrscht werden als bei Ausfall der EPS. Die Auftretenswahrscheinlichkeit stellt den dritten zu berücksichtigenden Faktor dar. Bei der Bestimmung dieser werden die Einsatzdauer und die Ausfallwahrscheinlichkeit in einem definierten Zeitraum betrachtet. Die Ausfallwahrscheinlichkeit entspricht der erwarteten prozentualen Häufigkeit, mit der ein Fehler auftritt. Die ASIL-Klassifizierung eines Systems ergibt sich anhand der beschriebenen Kriterien nach Tabelle A.1 (ISO Central Secretary 2018b, S. 10). Ein Ansatz zur simulationsbasierten Zuordnung von ASIL zu Funktionen wird in (Sini und Violante 2020, S. 4) gegeben. Die Zuordnung des ASIL zu der jeweiligen Last wird nachfolgend nicht näher beleuchtet und dient als Eingangsgröße für die im Rahmen dieser Arbeit durchgeführten Betrachtungen. Deshalb wird die Dekomposition der ASIL gemäß (ISO Central Secretary 2018g, S. 8) im Folgenden nicht näher erläutert.

2.1.3 Verifikation der Anforderungserfüllung

Ziel der Verifikation ist nach (ISO Central Secretary 2018f, S. 19) die Sicherstellung der Erfüllung der Anforderungen durch die Umsetzung. Die Verifikation ist dabei sowohl in der Konzeptphase, der Produktentstehungsphase als auch der Produktions- und Verwendungsphase sicherzustellen (ISO Central Secretary 2018f, S. 19). Zudem sind die Anforderungen sowohl auf System- als auch auf Komponentenebene, bestehend aus Hardware (HW) und Software (SW), zu verifizieren. Aufgrund der Zielstellung der Arbeit ist insbesondere die Verifikation auf Systemebene von Interesse. Die Möglichkeit der Verifikation mittels Simulationen ist dabei in (ISO Central Secretary 2018c, S. 14) neben Methoden wie Inspektionen oder Fahrzeugtests explizit mit aufgeführt. So können Simulationen nach (ISO Central Secretary 2018c, S. 14), genau wie Fahrzeugtests, zum Nachweis der Vollständigkeit und Korrektheit des Systemverhaltens gegenüber injizierten Fehlern verwendet werden. Das Vorgehen zur Bestimmung der Eignung und die notwendigen Maßnahmen zur Qualifizierung verwendeter SW-Werkzeuge, wie beispielsweise Simulationsumgebungen, wird in (ISO Central Secretary 2018f, S. 24) beschrieben. So kann die Eignung der Simulationsumgebung im Rahmen von in der ISO-Norm 26262 geforderten Aktivitäten nachgewiesen werden. Zur Bestimmung des Vertrauenslevels (engl. *tool confidence level*) *TCL* werden 2 Faktoren berücksichtigt.

- Den ersten Faktor stellt der Einfluss des Werkzeuges (engl. *tool impact*) TI dar. Dieser entspricht der Wahrscheinlichkeit, dass das fehlerhafte Werkzeug im sicherheitsrelevanten Arbeitsergebnis Fehler hervorruft oder nicht detektiert. Dabei wird unterschieden, ob ein Fehler im Arbeitsergebnis argumentativ ausgeschlossen werden kann oder nicht (ISO Central Secretary 2018f, S. 29).
- Den zweiten Faktor stellt das Vertrauen in die Fehlerdetektion (engl. *tool error detection*) TD dar. Dieser beschreibt das Vertrauen in Maßnahmen zur Vermeidung oder Detektion von Fehlern in dem durch das Werkzeug generierten Ergebnis. Dabei wird zwischen einem hohen, einem mittleren und einem geringen Vertrauenslevel unterschieden, das angibt, in welchem Maße fehlerhafte Ergebnisse vermieden oder erkannt werden (ISO Central Secretary 2018f, S. 29).

Eine konservative Einschätzung hinsichtlich TI und TD wird in (ISO Central Secretary 2018f, S. 29) nahegelegt. Explizite Empfehlungen hinsichtlich zu verwendender Werkzeuge sind in (ISO Central Secretary 2018f, S. 24) nicht enthalten. Jedoch sind in (ISO Central Secretary 2018e, S. 11) UML, SysML®, Simulink® und Stateflow® als kommerzielle Produkte zur Generierung von SW für SGs aufgeführt.

2.2 Komponenten des Energiebordnetzes

Ein EBN umfasst im Rahmen der in dieser Arbeit verwendeten Definition nach Empfehlung 450 des VDA neben Trenn- und Verbindungselementen auch die Quellen, die Lasten sowie das Energiemanagement. Bei Trenn- und Verbindungselementen kann zwischen aktiven und passiven Elementen unterschieden werden. Passive

Trenn- und Verbindungselemente (PTVs) sind Sicherheitselemente, die Elemente des EBN als Sicherheitsmechanismus trennen und gegebenenfalls mit geforderter Sicherheitsintegrität verbinden. Hierzu gehören neben elektrischen Leitungen und passiven elektrischen Sicherungen auch elektrische Stecksysteme sowie passive Schraubkontaktierungen. Aktive Trenn- und Verbindungslemente (ATVs) sind zum EBN hinzugefügte Sicherheitselemente. Auch diese trennen und verbinden Elemente des EBN als Sicherheitsmechanismus mit entsprechender Integrität. Beispiel für diese ATVs sind elektronische Sicherungen in Form von Halbleiterschaltern. Auch wird zwischen aktiven und passiven Quellen differenziert. Passive Quellen sind Komponenten des EBN, die zur Energiespeicherung genutzt werden. Hierzu zählen unter anderem Batterien und Kondensatoren. Aktive Quellen stellen dem EBN Energie zur Verfügung. Zu dieser Gruppe gehören Drehstrom-Generatoren und Gleichspannungswandler. Ebenso sind die Lasten sowie das Energiemanagement Teil des EBN (Verband der Automobilindustrie e. V. 2023, S. 50). Das Energiemanagement wird im Rahmen dieser Arbeit nicht berücksichtigt. Ursache hierfür ist, dass die Schaltung und Regelung von Lasten und aktiven Quellen zur Sicherstellung der Einhaltung des definierten Spannungsbereiches via Binary Unit System (Bus)-Kommunikation durch das Energiemanagement mit Zykluszeiten im zweistelligen ms-Bereich erfolgt (Klehmet, Herpel et al. 2008, S. 14). Entsprechend können etwaige Funktionseinschränkungen sicherheitsrelevanter Lasten durch das Verlassen des definierten Spannungsbereiches bei Fehlern anderer Komponenten des EBN durch das Energiemanagement nicht in allen Szenarien ausgeregelt und entsprechend vermieden werden. Die Elemente und Komponenten eines EBN gemäß VDA-Empfehlung 450 sind in Abb. 2.3 aufgeführt.

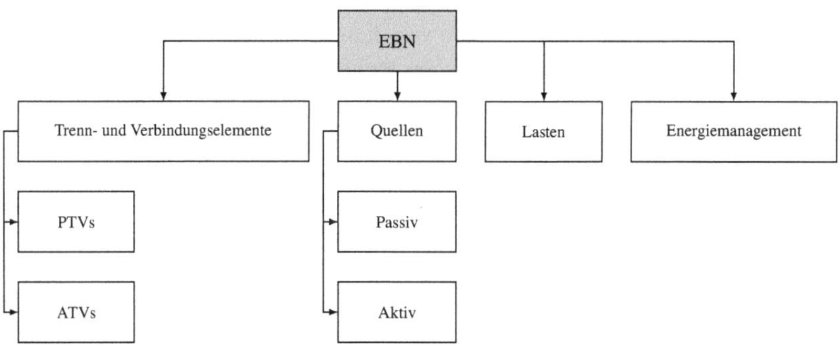

Abbildung 2.3 Elemente und Komponenten eines EBN

2.3 Trennelemente des Energiebordnetzes

Die Trennelemente des EBN werden im Folgenden aufgrund ihrer Relevanz für die Isolation fehlerhafter EBN-Kanäle im Detail vorgestellt. Als passive Trennelemente werden passive elektrische Sicherungen, häufig auch als Schmelzsicherungen bezeichnet, detailliert beschrieben. Zudem werden aktive Trennelemente in Form von elektronischen Sicherungen eingeführt.

2.3.1 Passive elektrische Sicherungen als passives Trennelement

Elektrische Sicherungen nehmen als passives Trennelement bei der Untersuchung der Auswirkungen von Fehlerfällen im EBN eine entscheidende Rolle ein. Passive elektrische Sicherungen dienen primär dem Schutz elektrischer Leitungen vor thermischer Beschädigung. Damit einhergehend isolieren Sicherungen fehlerhafte EBN-Kanäle von dem Rest des EBN. Die Beschreibung des Auslöseverhaltens der elektrischen Sicherung erfolgt typischerweise anhand des Grenzlastintegrals I^2t_{Si} (Kaufmann 1966, S. 384; Cline und Stultz 1995, S. 1). Die Erkennung von Kurzschlüssen gehört hierbei, wie die Vermeidung des fehlerhaften Trennens, zum Funktionsumfang der Sicherung (Brabetz, Ayeb, Sadrinna et al. 2018, S. 1). Ein exemplarischer Stromverlauf beim Auslösen einer passiven elektrischen Sicherung ist in Abb. 2.4 abgebildet. Hierbei wird eine Flachstecksicherung des Typs C mit einem Nennstrom $I_{\mathrm{Si,N}}$ von 20 A bei einer Umgebungstemperatur T_{u} von 23 °C mit einem Laststrom I_{L} von 100 A belastet. Die Auslösezeit wird nachfolgend für alle betrachteten Trennelemente als die Zeitspanne von dem Auftreten des Überstromes auf einem EBN-Kanal bis zur Isolation von diesem durch die Sicherung definiert. Die Auslösezeit der passiven elektrischen Sicherung $t_{\mathrm{Si,aus}}$ setzt sich dabei stets aus der Vorschmelz- $t_{\mathrm{Si,vs}}$ und der Schmelzzeit $t_{\mathrm{Si,s}}$ zusammen (Robbins 1993, S. 336). Passive elektrische Sicherungen zeichnen sich durch ihr kostengünstiges und zuverlässiges Design aus (Brabetz, Ayeb, Sadrinna et al. 2018, S. 1). Allgemein bestehen passive elektrische Sicherungen aus einem Schmelzleiter. Dieser ist mit den elektrischen Kontaktsystemen verbunden, entweder durch Schweißen, Löten oder eine ähnliche Verbindungstechnik. Die Funktionsweise einer passiven elektrischen Sicherung entspricht der eines elektrischen Leiters. So erwärmt sich der Schmelzleiter aufgrund der Verlustleistung, die durch seinen ohmschen Widerstand beim Fluss eines Laststromes entsteht, bis zum Schmelzen (Cline und Stultz 1995, S. 2). Der allgemein beschriebene Aufbau wird in den verschiedenen Bauformen passiver elektrischer Sicherungen abweichend umgesetzt. Der Aufbau einer passiven elektrischen Sicherung ist in Abb. 2.5 am Beispiel einer Flachstecksicherung des Typs C schematisch dargestellt.

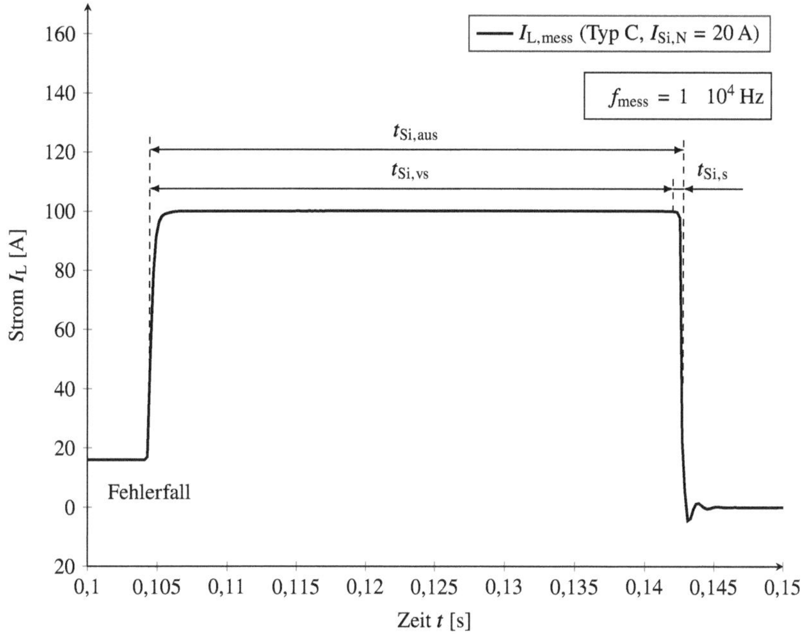

Abbildung 2.4 Auslöseverhalten einer elektrischen Sicherung (Typ C, $I_{Si,N} = 20\,A$)

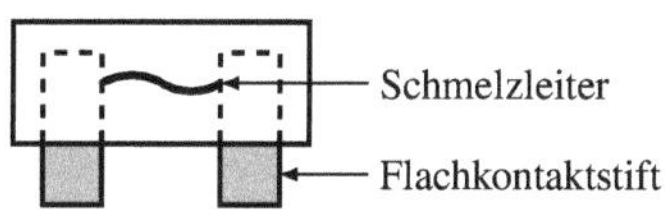

Abbildung 2.5 Aufbau einer Flachstecksicherung des Typs C

Passive elektrische Sicherungen für Anwendungen in Kraftfahrzeugen sind in der ISO-Norm 8820 „Straßenfahrzeuge - Sicherungseinsätze" standardisiert (ISO Central Secretary 2015). Der ohmsche Widerstand einer passiven elektrischen Sicherung ist von deren Bauform sowie Nennstrom abhängig. Beispielsweise liegt der typische Kaltwiderstand einer Flachstecksicherung des Typs C mit $I_{Si,N}$ gleich 1 A bei

123 mΩ, während dieser bei einer Sicherung des gleichen Typs mit einem Nennstrom von 40 A lediglich 1,44 mΩ beträgt (Littelfuse, Inc. 2021, S. 1). Ursächlich hierfür ist der dünnere Schmelzleiter bei Sicherungen für kleinere Nennströme. Zudem ist anzumerken, dass der Kaltwiderstand baugleicher Sicherungen bei identischen Umgebungsbedingungen variiert. Die Abweichungen resultieren aus herstellungsbedingten Unterschieden in der Geometrie und im Material der Sicherung und lassen sich typischerweise mittels einer Gauß-Verteilung beschreiben. Eine Minimierung der aus dem Herstellungsprozess resultierenden Abweichungen ist aufgrund der damit einhergehenden Mehrkosten nicht praktikabel. Der Widerstand der passiven elektrischen Sicherung ist, wie bei fast allen metallischen Leitern, temperaturabhängig. Dabei muss sowohl die aus dem Laststrom resultierende Eigenerwärmung als auch die Temperatur der Umgebung berücksichtigt werden. Zusätzlich ist der Einfluss der angeschlossenen sowie umliegenden Komponenten im Fahrzeug zu beachten. So sind die Materialeigenschaften mit dem Schwerpunkt der Wärmeleitfähigkeit, die Geometrie sowie die Ausführungsart des Leiteranschlusses der elektrischen Kontaktsysteme wichtige Einflussfaktoren. Auch der Querschnitt der angeschlossenen elektrischen Leitung ist relevant. Neben dem Einfluss der angeschlossenen Kontaktsysteme und Leitungen muss auch der des Sicherungshalters berücksichtigt werden (Plecsca 2015, S. 1518). Das thermische Verhalten der Sicherung ist zudem von ihrer Verbausituation abhängig. So ist die örtliche Nähe der Sicherung zu anderen Sicherungen im Fahrzeug in Sicherungskästen zu beachten. Der Wärmeaustausch zwischen benachbarten Sicherungen wird in (Tørå und Hansen 2010) untersucht. Zudem sind andere Wärmequellen in der Nähe der Sicherung als Einflüsse zu nennen. Hierbei kann es sich beispielsweise um verlustleistungsreiche SGs handeln. Die Komplexität der Beschreibung der Erwärmung der Sicherung ist aufgrund der vielfältigen ablaufenden Wärmeübertragungsprozesse sehr hoch. Neben dem Widerstand wirken sich herstellungsbedingte Abweichungen in der Geometrie und im Material des Schmelzleiters auf dessen Schmelzverhalten aus, was wiederum die Auslösezeit der passiven elektrischen Sicherung beeinflusst. Zudem hängt die Temperatur des Schmelzleiters von den genannten Umgebungsbedingungen ab. Aus den vielfältigen Einflussfaktoren resultiert eine Streuung der Auslösezeit. Dies wird insbesondere bei Überströmen relevant, die nur geringfügig über dem Nennstrom der Sicherung liegen, da die Wärmeübertragungsprozesse aufgrund der längeren Dauer in solchen Fällen besonders stark ins Gewicht fallen. So streut die Auslösezeit einer Flachstecksicherung des Typs C bei einer Belastung mit dem 1,35-fachen ihres Nennstromes zwischen 0,75 s und 600 s. Durch das fehlertolerante Auslöseverhalten der passiven elektrischen Sicherung kann auch beim Auftreten kurzer oder lediglich geringer Überströme eine hohe Verfügbarkeit des abgesicherten EBN-Kanals gewährleistet werden. Mit steigendem Laststrom sinkt

die absolute Abweichung der Auslösezeit der passiven elektrischen Sicherung. So liegt die Auslösezeit einer Flachstecksicherung des Typs C bei einer Belastung mit dem 6-fachen ihres Nennstromes zwischen 0,02 s und 0,1 s (ISO Central Secretary 2015, S. 7). Die typische Auslösecharakteristik einer Flachstecksicherung des Typs C mit einem Nennstrom $I_{\mathrm{Si,N}}$ von 20 A ist in Abb. 2.6 dargestellt. Zusätzlich ist hierbei die minimale sowie maximale Auslösecharakteristik der entsprechenden Sicherung nach ISO-Norm 8820 abgebildet.

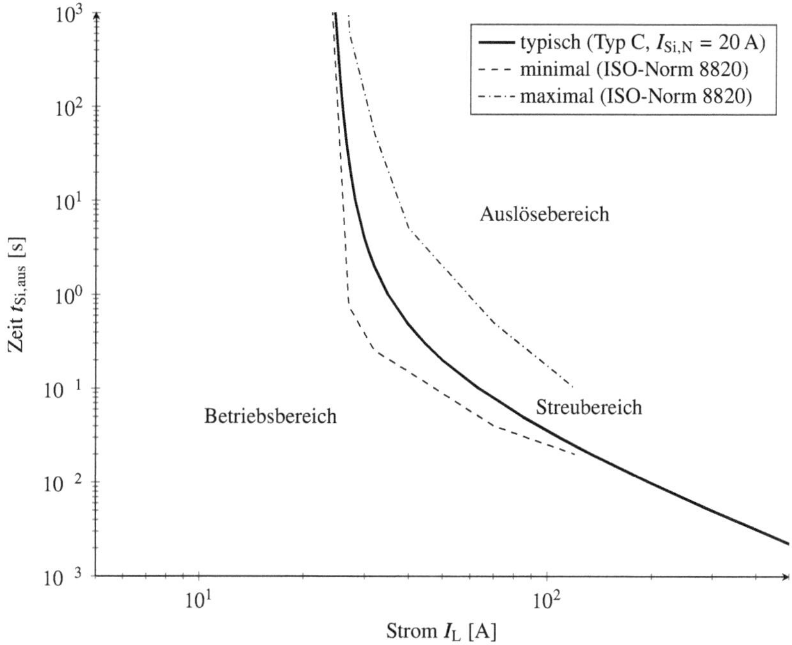

Abbildung 2.6 Auslösecharakteristik einer elektrischen Sicherung (Typ C, $I_{\mathrm{Si,N}} = 20\,\mathrm{A}$)

Der Bereich unterhalb der Auslösecharakteristik wird dabei als Betriebsbereich bezeichnet. In diesem löst die elektrische Sicherung nicht aus. Der Bereich zwischen der minimalen und maximalen Auslösecharakteristik wird als Streubereich bezeichnet. In diesem Bereich ist mit einem Auslösen der Sicherung zu rechnen. Oberhalb der maximalen Kennlinie befindet sich der Auslösebereich. In diesem Bereich löst die Sicherung, wenn sie nicht fehlerhaft ist, aus (Volkswagen AG 2020, S. 4). Die Vielzahl an Einflussfaktoren macht es erforderlich, das Verhalten des Widerstandes sowie die tatsächliche Auslösezeit der passiven elektrischen Sicherung in der Praxis stets applikationsspezifisch zu analysieren.

2.3.2 Elektronische Sicherungen als aktives Trennelement

Diese Arbeit untersucht, wie in Kapitel 1 eingeführt, den Einsatz von ATVs als eine mögliche Maßnahme zur Vermeidung kaskadierender Fehler zwischen Kanälen des EBN. Dabei werden ATVs in Form von elektronischen Sicherungen, die zum Schutz des Stromkreises vor Überlast eingesetzt werden, betrachtet. Als elektronische Sicherung wird hierbei ein Halbleiterschalter mit einer zugehörigen Schaltlogik (SL) bezeichnet. Aufgrund der Anordnung des Schalters in der Energieversorgung der Last handelt es sich bei den verwendeten Halbleiterschaltern um High-Side-Schalter. Die Grundfunktionalität der passiven elektrischen Sicherung, der Leitungsschutz, kann in elektronischen Sicherungen mittels verschiedener Ansätze umgesetzt werden. Ein einfacher Überblick über die in Wissenschaft und Industrie diskutierten beziehungsweise bereits implementierten Abschaltverfahren wird in Abb. 2.7 gegeben. Dabei wird zwischen 2 auf dem gemessenen Laststrom basierenden Abschaltverfahren zur Gewährleistung des Leitungsschutzes unterschieden. Einen Ansatz stellt die Verwendung eines physikalischen Modells zur Vorhersage der Leitungstemperatur in Abhängigkeit des Laststromes dar. Bei Überschreiten einer anhand des Stromes berechneten Grenztemperatur kann der Halbleiterschalter betätigt werden. Aufgrund der geringeren Streuung des Auslöseverhaltens sowie der besseren Orientierung an der Isothermen der elektrischen Leitung ist mittels dieses Ansatzes eine Querschnittsreduktion gegenüber passiven elektrischen Sicherungen potentiell möglich. Hierbei ist zu beachten, dass etwaige Streuungen der Verhaltensweise der zu schützenden Trenn- und Verbindungselemente in Form der elektrischen Leitung sowie des elektrischen Stecksystems durch das Trennelement nicht ausgeglichen werden können. Entsprechende auf einem Temperaturmodell basierende Ansätze sind in der Literatur vielfältig beschrieben (Önal und Frei 2018, S. 4; Önal, Kiffmeier et al. 2022, S. 2; Önal, Henke et al. 2020, S. 5; Henke und Frei 2020, S. 1; Eckert 2022, S. 6). Eine Alternative stellt die Berechnung des Effektivwertes (engl. *root mean square value*) des Stromes dar. Dieser Wert entspricht dem in die Leitung eingebrachten Wärmeeintrag pro Zeit. Der Effektivwert des Stromes $I_{L,eff}$ berechnet sich anhand des Quadrates des Laststromes I_L über einen Zeitraum von t_0 bis $t_0 + t_1$ wie folgt:

$$I_{\mathrm{L,eff}} = \sqrt{\frac{1}{t_1}\int_{t_0}^{t_0+t_1} I_{\mathrm{L}}^2(t)\mathrm{d}t} \tag{2.1}$$

Beim Überschreiten eines zuvor definierten Grenzwertes wird der Halbleiterschalter ausgelöst. Beide Optionen werden in (Henke 2022, S. 19) vergleichend gegenüber gestellt. Neben den beschriebenen modellbasierten Ansätzen besteht auch die Möglichkeit, eine feste Auslösecharakteristik zu hinterlegen. Die Ansätze zum Schutz der Leitung können sowohl integriert als auch diskret umgesetzt werden. Bei einer integrierten Lösung ist die SL vollständig im entsprechenden Baustein in HW implementiert. Daraus resultiert die Möglichkeit der Umsetzung schneller Abschaltgrenzen im Bereich von wenigen µs. Bei der diskreten Lösung werden Berechnungen auf einem Mikrocontroller (µC) durchgeführt. Hierdurch sind nahezu beliebig komplexe Abschaltstrategien umsetzbar. Diese können zudem einfach über eine externe Schnittstelle des µC parametriert werden. Jedoch ist die Reaktionszeit gegenüber einer integrierten Lösung langsamer. Beide Ansätze sind durch die Genauigkeit der Messung des Stromes durch die elektronische Sicherung limitiert. In der Praxis finden häufig Kombinationen beider Ansätze Anwendung. Hierdurch können einerseits sehr rasche Schwellen zur Sofortabschaltung realisiert werden. Zum anderen können komplexe und über die Lebenszeit der elektronischen Sicherung anpassbare Abschaltmechanismen zur Gewährleistung der höchstmöglichen Verfügbarkeit der Lasten des jeweiligen EBN umgesetzt werden (Schulz-Linkholt 2022, S. 10). Es ist zu beachten, dass sowohl die Ausprägung als auch die Anzahl der zu verwendenden Transistoren von der Höhe des Laststromes abhängt. Häufig werden diese bei hochstromigen Anwendungen parallel geschaltet und mithilfe eines Gatetreibers gesteuert. Ein geläufiger Richtwert für den Einsatz entsprechender diskreter Beschaltungen liegt bei einem Strom von 25 A. Typischerweise werden die Transistoren dabei als Metall-Oxid-Halbleiter-Feldeffekttransistoren (MOSFETs) ausgeführt. Repräsentativ für elektronische Sicherungen werden im Rahmen dieser Arbeit integrierte Bausteine für Anwendungen unter 25 A betrachtet. Motivation für den Einsatz entsprechender Halbleiterschalter ist die einfache Testbarkeit ihrer Schutzmechanismen aufgrund des geringen zur Auslösung notwendigen Laststromes. Solche Bauteile sind auf dem Markt in verschiedenen Ausprägungen verfügbar. Beispiele können (Infineon Technologies AG 2021, S. 6) oder (STMicroelectronics N.V. 2013) entnommen werden. Im weiteren Verlauf der Arbeit werden hochintegrierte Bausteine als elektronische Sicherungen eingesetzt (Infineon Technologies AG 2023c; Infineon Technologies AG 2023d; Infineon Technologies AG 2023e; Infineon Technologies AG 2023a; Infineon Technologies AG 2023b). Der Leitungsschutz ist hierbei mittels einer integrierten Lösung umgesetzt. Die in dieser Arbeit betrachteten aktiven Trennelemente werden im Folgenden als ATV1 bis ATV5 bezeichnet. Die verschiedenen Typen unterscheiden sich dabei lediglich anhand der konfigurierbaren Parametrierung der Schutzmechanismen. Im Folgenden wird ATV1 exemplarisch im Detail vorgestellt.

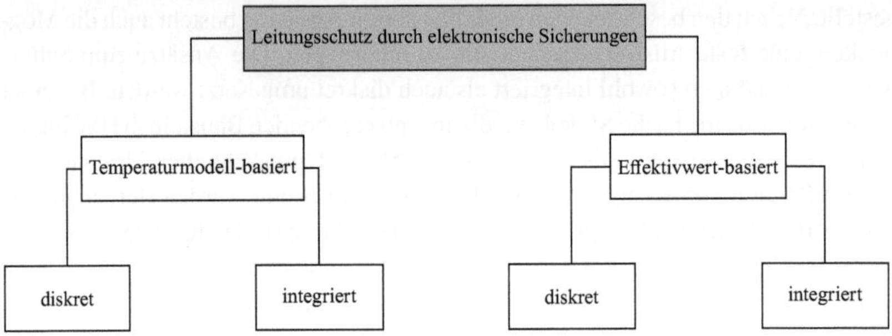

Abbildung 2.7 Ansätze zum Schutz der Leitung durch elektronische Sicherungen

Einführung der repräsentativen elektronischen Sicherung ATV1 Die elektronische Sicherung ATV1 besteht aus einem Metall-Oxid-Halbleiter-Feldeffekttransistor (MOSFET) mit integrierter Invers-Diode dessen Gate durch einen Treiber kontrolliert wird. Die im Gatetreiber implementierte übergeordnete SL beinhaltet vielfältige Funktionen (Infineon Technologies AG 2023c, S. 33). Neben dem Überstromschutz sind im Baustein Funktionen zum Leitungs- sowie Übertemperaturschutz berücksichtigt. Die Logik des Treibers kann zusätzlich über einen Input-Pin, beispielsweise durch einen µC, gesteuert werden. Hierdurch sind weitere Abschaltmechanismen, wie beispielsweise spannungsbasierte Abschaltstrategien, realisierbar. Auch die Kombination spannungs- und strombasierter Kriterien zur Steigerung der Verfügbarkeit des geschützten EBN-Kanals ist denkbar. Die Invers-Diode des MOSFET, auch als Body-Diode bezeichnet, ist ein unvermeidbarer Bestandteil der MOSFET-Struktur. Unter bestimmten Bedingungen kann ein Stromfluss in der Sperrrichtung des MOSFET über die leitende Invers-Diode erfolgen. Das vereinfachte Blockschaltbild von ATV1 ist in Abb. 2.8 dargestellt. Das vollständige Blockschaltbild kann (Infineon Technologies AG 2023c, S. 6) entnommen werden.

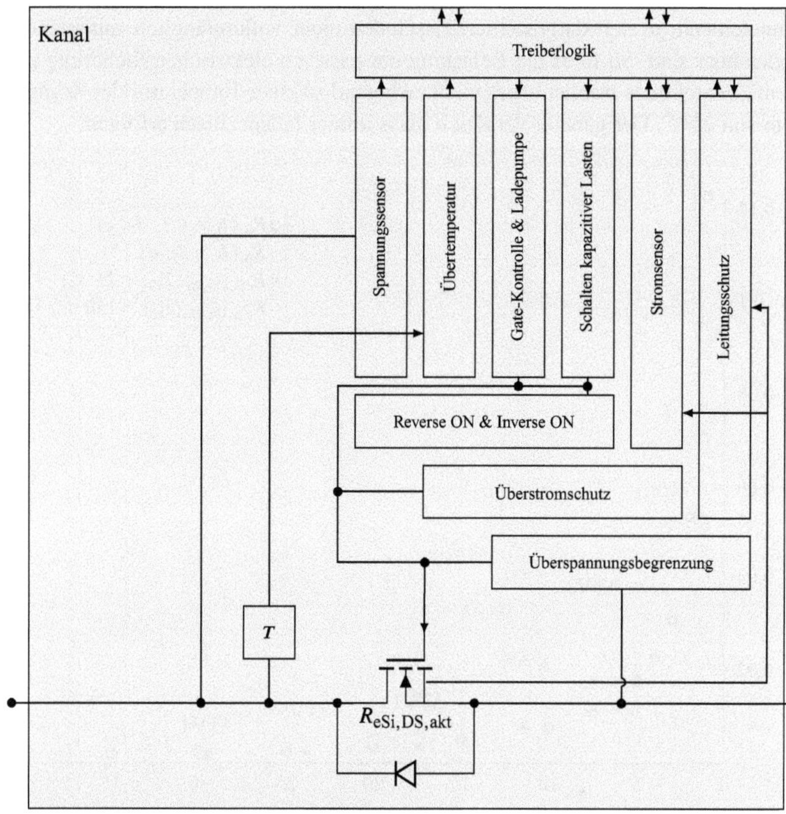

Abbildung 2.8 Blockschaltbild von ATV1

Die Widerstand $R_{eSi,DS,akt}$ der Bausteine ATV1 bis ATV5 wird in Abb. 2.9 mit dem Widerstand passiver elektrischer Sicherungen des Typs C verglichen. Es fällt auf, dass die Widerstandswerte bei Trennelementen mit Nennströmen über 15 A unter absoluten Gesichtspunkten nahe beieinander liegen. Bei Nennströmen unter 15 A ist der Widerstand der elektronischen Sicherung jedoch teils deutlich höher. Das Ziel der Darstellung ist die Vermittlung eines Eindruckes der Größenordnung der Abweichung des Widerstandes passiver elektrischer und elektronischer Sicherungen. Es ist jedoch zu beachten, dass die thermischen Beanspruchungen der beiden

Trennelemente in den dargestellten Zuständen nicht vollumfänglich miteinander vergleichbar sind. So führt die Belastung der passiven elektrischen Sicherung mit einem Zehntel ihres Nennstromes nicht zwingend zu einer Temperatur der Komponente von 25 °C. Der genaue Vergleich muss immer fallspezifisch erfolgen.

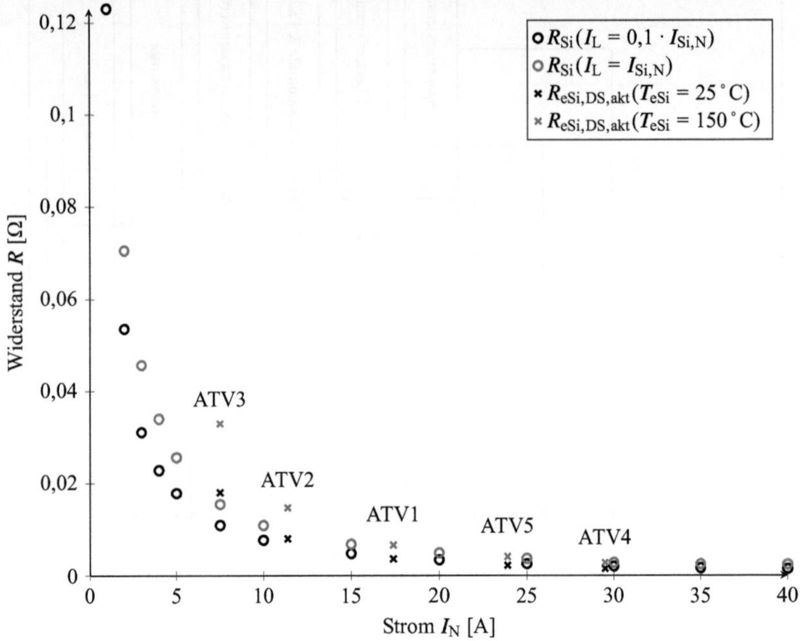

Abbildung 2.9 Vergleich von $R_{eSi,DS,akt}$ von ATV1 bis ATV5 mit elektrischen Sicherungen

Die Wahl der Auslösecharakteristik zum Schutz der Leitung erfolgt mittels eines Widerstandes R_{eSi,I^2t}. Die Auslösezeiten $t_{eSi,aus}$ von ATV1 sind in Abb. 2.10 für verschiedene konstante Lastströme $I_{L,konst}$ dargestellt. Zusätzlich sind die mittels des Widerstandes $R_{eSi,OCT}$ wählbaren Überstromgrenzen zum Schutz des Bausteins in Abb. 2.10 abgebildet. Das Auslöseverhalten für die betrachtete elektronische

Sicherung wird in (Infineon Technologies AG 2023c, S. 49) lediglich für stationäre Ströme beschrieben. Das Verhalten der Komponente bei dynamischen Lastprofilen ist von Seiten des Herstellers nicht näher angegeben.

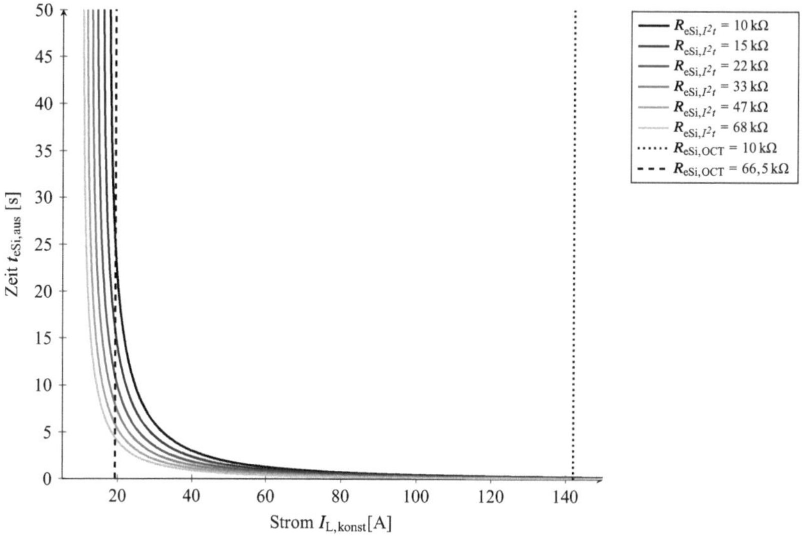

Abbildung 2.10 Auslösecharakteristiken von ATV1

Der exemplarisch gemessene Verlauf des Stromes im Falle eines Auslösen von ATV1 ist in Abb. 2.11 dargestellt. Hierbei wird ein Widerstand R_{eSi,I^2t} von 68 kΩ für den Schutz der Leitung sowie ein Widerstand für den Überstromschutz $R_{eSi,OCT}$ von 66,5 kΩ verwendet. Die Abschaltung bei einem Fehlerstrom von 100 A erfolgt in circa 60 µs. Der tatsächliche Fehlerstrom ist aufgrund der Messfrequenz in Verbindung mit der schnellen Isolation des fehlerhaften EBN-Kanals nicht erkennbar. Die Auslösezeit der elektronischen Sicherung mit der Auslösecharakteristik R_{eSi,I^2t} gleich 68 kΩ ist in Abb. 2.12 dargestellt. Der zugehörige Grenzstrom des Leitungsschutzes der elektronischen Sicherung $I_{eSi,N}$ beträgt 10,3 A. Diese wird mit der minimalen sowie maximalen Auslösecharakteristik der elektrischen Sicherung des Typs C mit einem Nennstrom $I_{Si,N}$ von 10 A nach ISO-Norm 8820 verglichen (ISO Central Secretary 2015, S. 7). Dabei fällt auf, dass der Streubereich der Auslösecharakteristik der elektronischen Sicherung im Vergleich zur passiven elektrischen Sicherung kleiner ist.

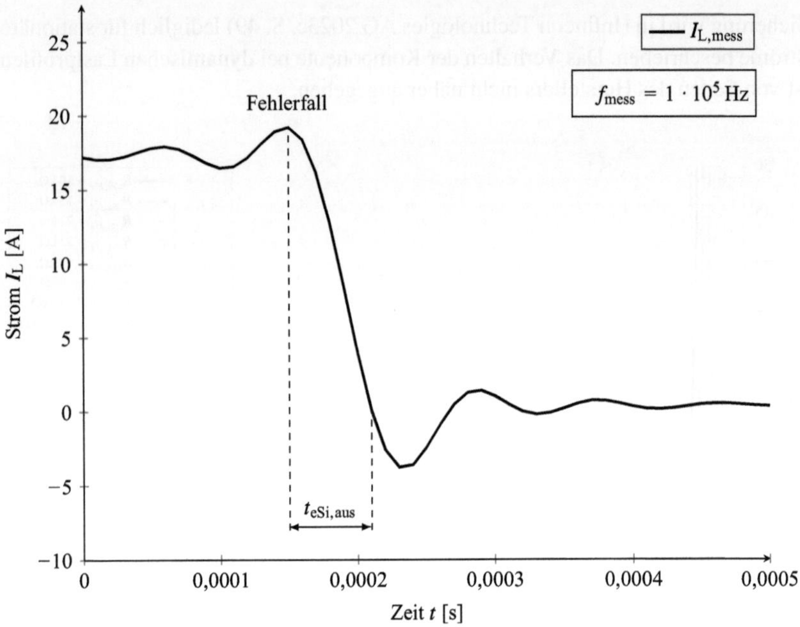

Abbildung 2.11 Auslöseverhalten von ATV1

Strommessung der repräsentativen elektronischen Sicherung ATV1 Die Messung des Stromes erfolgt bei der betrachteten elektronischen Sicherung ATV1 mittels eines Stromspiegels. Das Ersatzschaltbild (ESB) der Strommessschaltung von ATV1 ist in Abb. 2.13 abgebildet. Dabei wird der Strom anhand des Spannungsabfalls über einen nachgeschalteten externen Widerstand R_{mess} ermittelt. Die Umwandlung der analogen Spannung in ein digitales Signal erfolgt durch einen Analog/Digital-Wandler (beispielsweise eines µC). Der Operationsverstärker (OV) dient der Bildung und Verstärkung von $U_{eSi,vrs}$.

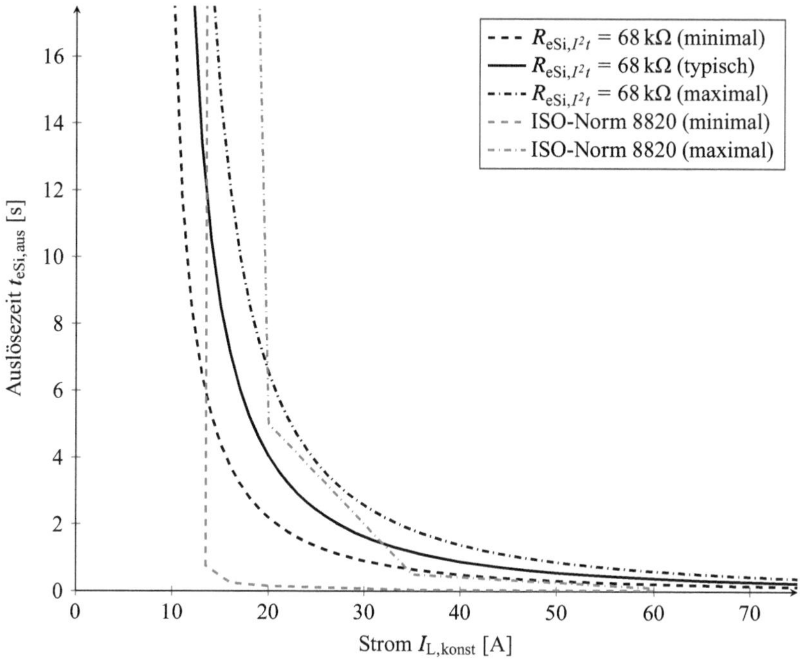

Abbildung 2.12 Auslösezeit von ATV1

Bei einer Vernachlässigung der Spannung am Eingang des OV $U_{eSi,vrs}$, gilt für den Spannungsabfall über den MOSFET des Stromspiegels $U_{eSi,mess}$ sowie den leistungsführenden MOSFET im eingeschalteten Zustand $U_{eSi,DS,akt}$ gemäß Abb. 2.8:

$$U_{eSi,mess} = U_{eSi,DS,akt} \tag{2.2}$$

Für die Quantifizierung der Genauigkeit der Strommessung wird im Folgenden die Größe $k_{eSi,mess}$ eingeführt. Unter idealisierten Bedingungen folgt unter Verwendung des ohmschen Gesetzes für $k_{eSi,mess,ideal}$:

$$\frac{R_{eSi,mess}}{R_{eSi,DS,akt}} = \frac{I_L}{I_{eSi,mess}} = k_{eSi,mess,ideal} \tag{2.3}$$

Unter Berücksichtigung der Versatzspannung des OV $U_{eSi,vrs}$ gilt:

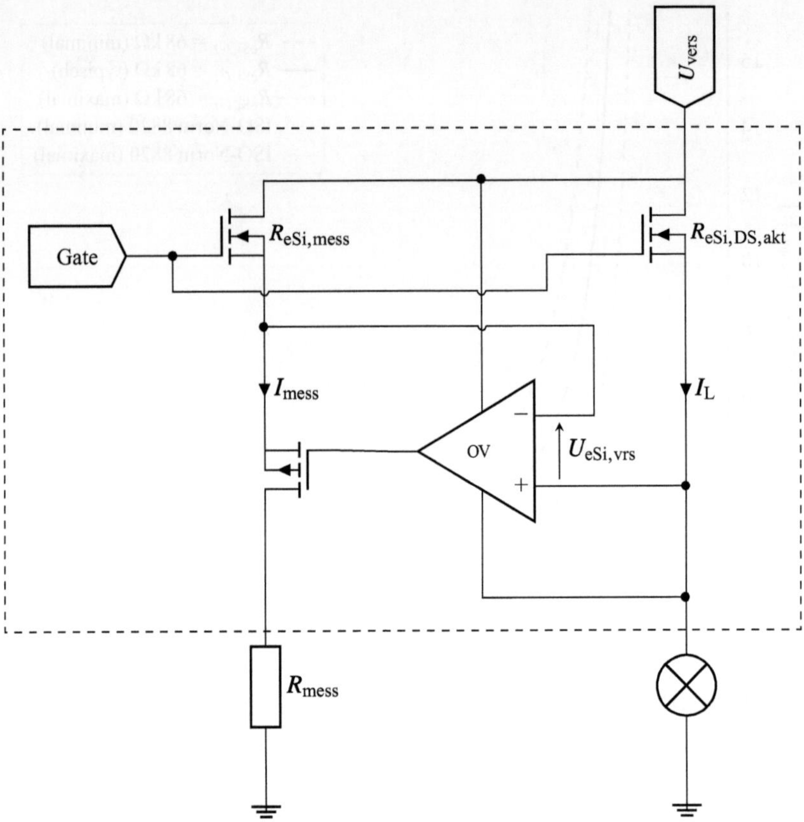

Abbildung 2.13 Strommessschaltung von ATV1 (Infineon Technologies AG 2019, S. 4)

$$U_{\text{eSi,mess}} \pm U_{\text{eSi,vrs}} = U_{\text{eSi,DS,akt}} \tag{2.4}$$

So ergibt sich der reale Wert $k_{\text{eSi,mess,real}}$ wie folgt:

$$k_{\text{eSi,mess,real}} = \frac{I_{\text{L}} \cdot R_{\text{eSi,mess}}}{I_{\text{L}} \cdot (R_{\text{eSi,DS,akt}} \pm \frac{U_{\text{eSi,vrs}}}{I_{\text{L}}})} = \frac{R_{\text{eSi,mess}}}{R_{\text{eSi,DS,akt}}} \cdot \frac{1}{1 \pm \frac{U_{\text{eSi,vrs}}}{R_{\text{eSi,DS,akt}} \cdot I_{\text{L}}}} \tag{2.5}$$

Damit ergibt sich der folgende Zusammenhang zwischen dem idealen $k_{\text{eSi,mess,ideal}}$ und dem realen Wert $k_{\text{eSi,mess,real}}$:

$$k_{\text{eSi,mess,real}} = k_{\text{eSi,mess,ideal}} \cdot \frac{1}{1 \pm \frac{U_{\text{eSi,vrs}}}{R_{\text{eSi,DS,akt}} \cdot I_{\text{L}}}} \tag{2.6}$$

Die sich ergebende maximale Abweichung des gemessenen von dem tatsächlichen Laststrom I_{L} der verwendeten elektronischen Sicherung nach Angaben des Herstellers ist in Abb. 2.14 dargestellt (Infineon Technologies AG 2023c, S. 72). Hierbei sind Abweichungen aufgrund der Herstellung, der Temperatur sowie der Alterung berücksichtigt. Eine Reduktion der Abweichung kann durch eine Kalibrierung des Bausteins bei definierten Lastströmen erreicht werden. Es ist ersichtlich, dass die Strommessung insbesondere bei weit unter Nennstrom des Halbleiterschalters liegenden Lastströmen potentiell stark fehlerbehaftet ist. Ursächlich hierfür ist, wie in Gleichung (2.6) ersichtlich, die Versatz-Spannung des OV (Luca, Tranca et al. 2009; Infineon Technologies AG 2014; Infineon Technologies AG 2019).

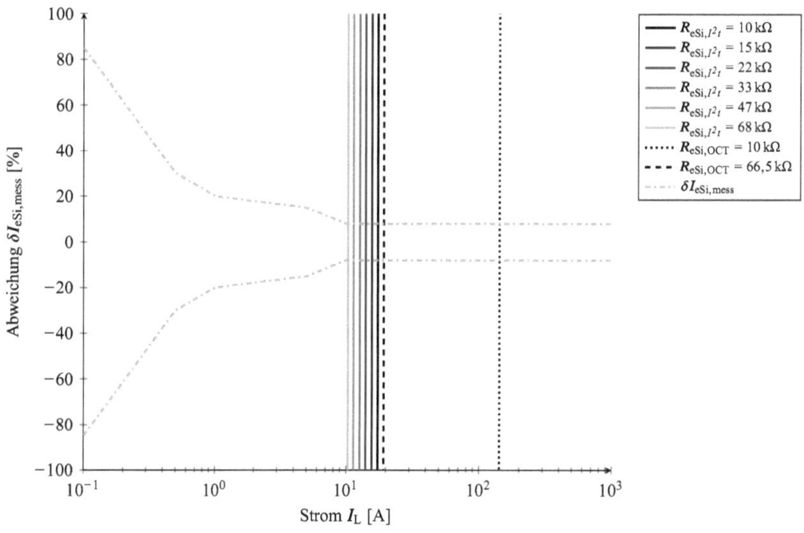

Abbildung 2.14 $\delta I_{\text{eSi,mess}}$ von ATV1 (Infineon Technologies AG 2023c, S. 72)

In (Wittig 2025) wird die Genauigkeit der Strommessung von ATV1 exemplarisch validiert. Dazu erfolgt die Strommessung sowohl über den Halbleiterschalter als auch über einen Messwiderstand als Referenz. Beide gemessenen Ströme sind in Abb. 2.15 dargestellt. Die geringere Genauigkeit der Strommessung des Halbleiterschalters bei kleinen Strömen, entsprechend Abb. 2.14, ist dabei erkennbar. Die

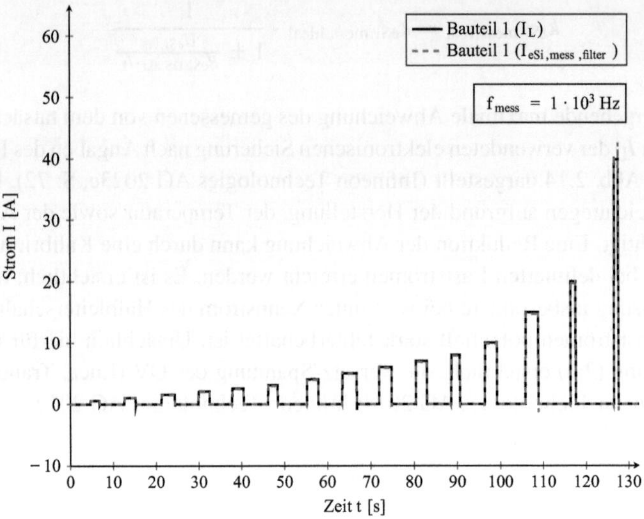

(a) Strom (Bauteil 1)

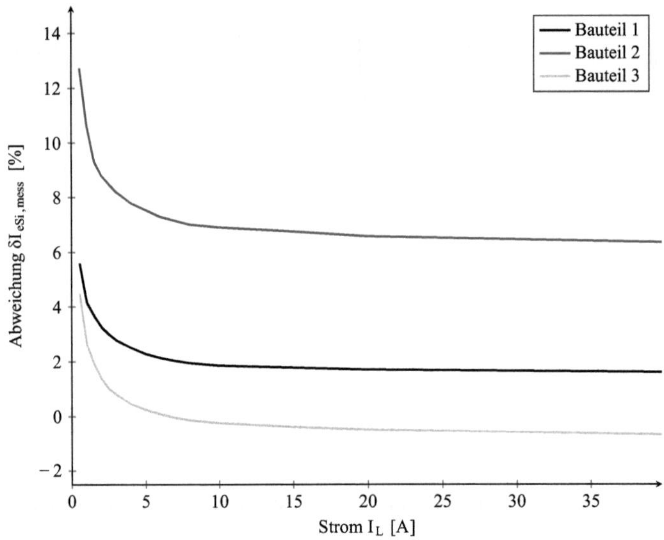

(b) Fehler

Abbildung 2.15 $\delta I_{\mathrm{eSi,mess}}$ von ATV1 (Messung)

auftretenden Abweichungen liegen innerhalb des von Seiten des Herstellers definierten Bereiches. Wenngleich anzumerken ist, dass die tatsächlichen Abweichungen der Messung des Stromes in diesen beispielhaften Fällen signifikant unter der maximalen Abweichung gemäß des Datenblattes liegen. Aus Abb. 2.14 geht hervor, dass die Nutzung der Strommessung der elektronischen Sicherungen bei Strömen weit unter dem Nennarbeitspunkt im Rahmen einer konservativen Betrachtungsweise stets kritisch zu hinterfragen ist. Anwendungen wie die Messung des Ruhestromes von Kanälen des EBN mittels entsprechender Halbleiterschalter sind aufgrund der im Datenblatt spezifizierten Messgenauigkeit nicht umsetzbar. Durch die Ergänzung der Messschaltung um zusätzliche Komponenten, wie beispielsweise einen Messwiderstand, kann die Genauigkeit gesteigert werden (Forghani-Zadeh und Rincon-Mora 2002; Patel und Ferdowsi 2009; Takaya, Miyagi et al. 2009; Pajer, Rodič et al. 2015). Da die Abschaltmechanismen nahe oder oberhalb des Nennarbeitspunktes des Halbleiterschalters aktiv werden, sind sie von den Messungenauigkeiten, wie in Abb. 2.14 dargestellt, nur geringfügig betroffen. Zudem ist zu beachten, dass die von dem Hersteller angegebenen Messabweichungen den kritischen Fall abdecken, in der Praxis jedoch typischerweise gemäß Abb. 2.15 deutlich geringere Abweichungen auftreten. Bezüglich der Schaltzeit elektronischer Sicherungen ist zudem zu beachten, dass diese neben der Messgenauigkeit auch von weiteren System- und Umgebungsparametern, wie beispielsweise der Induktivität angrenzender Systeme, abhängt. Entsprechend kann diese bis zu circa 300 µs betragen.

Vorteile und Nachteile elektronischer Sicherungen Halbleiterschalter werden bereits seit vielen Jahren in vielfältigen praktischen Anwendungen zur Schaltung von Lastausgängen in SGs eingesetzt. Die Verwendung elektronischer Sicherungen hat dabei viele potentielle Vorteile gegenüber dem Einsatz passiver elektrischer Sicherungen.

+ Elektronische Sicherungen können fehlerhafte Elemente des EBN gegenüber passiven elektrischen Sicherungen schneller isolieren. (Letor und Crisafulli 2019, S. 2)
+ Die Auslösezeit elektronischer Sicherungen variiert gegenüber passiven elektrischen Sicherungen weniger. Ursächlich hierfür ist unter anderem die weniger ausgeprägte Abhängigkeit des Verhaltens der Sicherung von Faktoren wie beispielsweise der Umgebungstemperatur.
+ Elektronische Sicherungen bieten gegenüber passiven elektrischen Sicherungen eine Vielzahl an erweiterten Diagnosemöglichkeiten (Borgeest 2020, S. 10). Dazu gehören die Messung von Strom, Spannung und Temperatur. Die Messung des Stromes ist dabei in auf dem Markt verfügbaren elektronischen Sicherungen

auf verschiedene Arten implementiert. Diese reichen von der Messung mittels eines Stromspiegels bis zur Messung mithilfe eines Messwiderstandes oder Hallgebers.

  + Eine exemplarische Anwendung zur Nutzung der erweiterten Diagnosemöglichkeiten elektronischer Sicherungen stellt die Überwachung des benötigten Drehmomentes des Scheibenwischermotors anhand von dessen Strom dar. Eine entsprechende Applikation wird in (Wittig 2025) im Detail diskutiert.
  + Ein Ansatz zur Steigerung der Genauigkeit der Detektion einer Kollision des Fahrzeugs mithilfe elektronischer Sicherungen wird in (Huschke und Ferreira 2024) vorgestellt.
+ Durch die Messung von Strom, Spannung und Temperatur sind auf diesen Größen basierende Abschaltverfahren sowie Kombinationen derselben umsetzbar. Eine ausführliche Beschreibung dieser Abschaltmechanismen aus Sicht eines Herstellers elektronischer Sicherungen wird in (Panguloori 2018, S. 5) gegeben.
+ Der Einsatz elektronischer Sicherungen ermöglicht das kommandierte Trennen und Verbinden von Kanälen des EBN durch die Signalisierung einer übergeordneten Instanz.
  + Das kommandierte Trennen und Verbinden von Kanälen des EBN durch das Energiemanagement zur Regelung des Energiehaushaltes im Fahrzeug ist naheliegend.
  + Zudem können durch die Möglichkeit des kommandierten Trennens von Kanälen des EBN vielfältige weitere Funktionalitäten umgesetzt werden. Exemplarisch kann hierbei ein Diebstahlschutz angeführt werden. So können Kanäle des EBN mit vortriebsrelevanten Funktionen bei Detektion eines Diebstahlversuches geöffnet und das Fahrzeug so vortriebsunfähig gemacht werden. (Huschke 2024a)
  + Ein Ansatz zur Abschaltung von EBN-Kanälen durch elektronische Sicherungen zur Verringerung des Ruhestromes wird in (Huschke und Aragou 2024) beschrieben.
+ Elektronische Sicherungen sind zurücksetzbar und damit mehrfach als Sicherungselement verwendbar (Kuther 2018). Dies birgt verschiedene Vorteile.
  + Das Wiederverbinden des EBN-Kanals nach Behebung des vorherrschenden Fehlers und der damit einhergehenden Normalisierung des Laststromes beziehungsweise der Spannung ist möglich. Hierdurch wird die Verfügbarkeit der Last des EBN-Kanals mit der zugehörigen Funktion erhöht.
  + Die Verortung der elektronischen Sicherung in mit hohem Aufwand zugänglichen Bauräumen des Fahrzeugs ist möglich. Hierdurch werden neue Freiheitsgrade bei der Konstruktion des Fahrzeugs geschaffen. Beispielsweise

ist die Umsetzung dezentraler Ansätze der Energieverteilung mit vielfältig verorteten Trennelementen möglich.
+ Die nachträgliche Anpassung des Verhaltens der elektronischen Sicherung durch eine Anpassung der SW ist möglich. Häufig wird hierbei die Umsetzung mittels Aktualisierungen der SW mittels einer Funkschnittstelle (engl. *over-the-air updates*) angeführt.

Der Einsatz elektronischer Sicherungen hat jedoch auch erwähnenswerte Nachteile gegenüber passiven elektrischen Sicherungen.

- Den entscheidenden Nachteil stellen die höheren Kosten dar. Während die Kosten einer passiven elektrischen Sicherung typischerweise im unteren einstelligen Cent-Bereich liegen, sind die Kosten für elektronische Sicherungen um ein Vielfaches höher.
- Die Vermeidung einer Auslösung der elektronischen Sicherung bei sehr hohen, aber kurzen Stromspitzen ist anspruchsvoll. Die Reaktion der Bausteine erfolgt entsprechend unmittelbar, sobald vorgegebene Grenzwerte überschritten werden. Die Gewährleistung einer hohen Verfügbarkeit der Lasten bei zeitgleicher Sicherstellung der Anforderungen der funktionalen Sicherheit stellt daher eine Herausforderung im Rahmen des Entwicklungsprozesses dar.
- Einfache HW-Änderungen, wie beispielsweise beim Austausch einer Flachstecksicherung, sind beim Einsatz elektronischer Sicherungen nicht möglich. Eine notwendige Anpassung des Verhaltens der elektronischen Sicherung, die nicht in SW umgesetzt werden kann, führt zur langwierigen Anpassung eines SG.
- Elektronische Sicherungen müssen im Gegensatz zu passiven elektrischen Sicherungen vor Manipulationen der SW durch Dritte geschützt werden und stellen daher security-relevante SGs dar.

2.4 Vorgehensweise zur Auslegung von Energiebordnetz-Kanälen

Die Dimensionierung der elektrischen Leitungen und passiven elektrischen Sicherungen erfolgt in der Praxis aktuell anhand einschlägiger Standards des jeweiligen Fahrzeugherstellers, wie beispielsweise der (Volkswagen AG 2020). Das Ziel der Dimensionierung ist es, dabei generell einen Anstieg der Leitungstemperatur über eine festgelegte Grenze und eine damit einhergehende thermische Beschädigung der

Komponente zu verhindern. Nachfolgend wird das in (Volkswagen AG 2020, S. 6) beschriebene Vorgehen exemplarisch beschrieben. Die diesem Standard zugrunde liegende Verfahrensweise ist in Abb. 2.16 vereinfacht dargestellt.

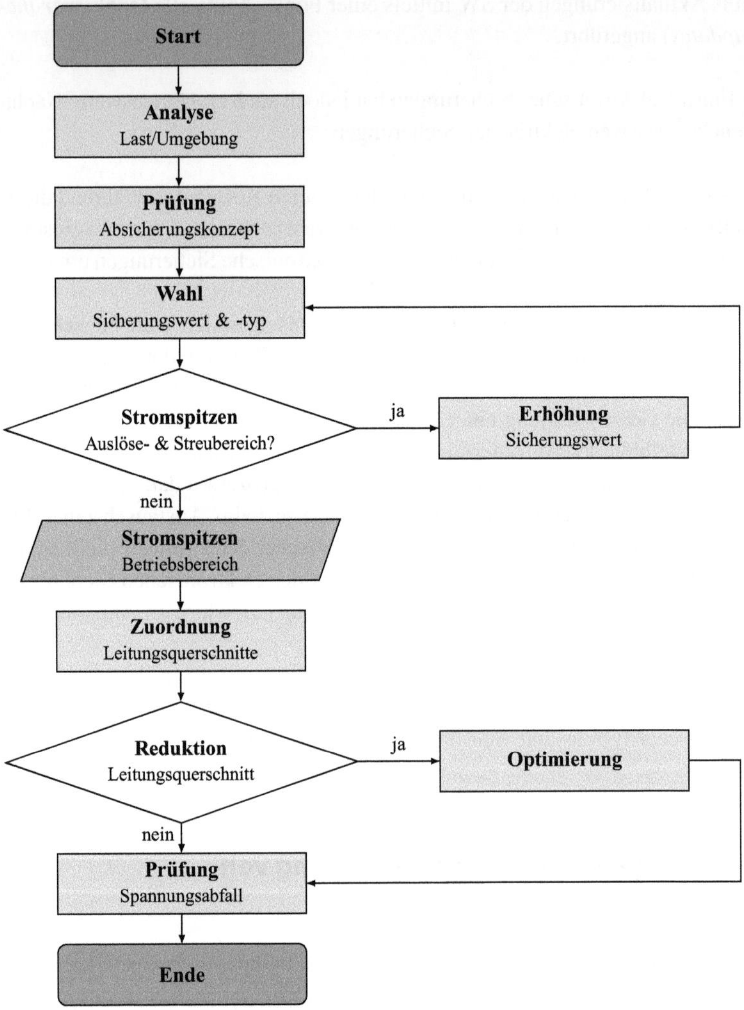

Abbildung 2.16 Auslegung von EBN-Komponenten

Im ersten Schritt der Auslegung nach (Volkswagen AG 2020, S. 6) erfolgt eine Analyse der Last sowie der Umgebung. Dabei werden insbesondere der Betriebsstrom, der zulässige Spannungsabfall an der Leitung sowie die Umgebungstemperatur betrachtet. Im Anschluss erfolgt eine Prüfung der Zuordnung der Lasten zu der Sicherung. Hierbei wird untersucht, ob und wenn ja, welche Lasten die gleiche Sicherung verwenden können. Auf dieser Basis wird anschließend der Wert und der Typ der Sicherung ausgewählt. Dabei gilt für den zulässigen Dauerstrom $I_{\mathrm{L,d}}$ in Abhängigkeit des Nennstromes der Sicherung $I_{\mathrm{Si,N}}$ sowie des Belastungsfaktors bf:

$$I_{\mathrm{L,d}} \leq bf \cdot I_{\mathrm{Si,N}} \tag{2.7}$$

Der zulässige Dauerstrom $I_{\mathrm{L,d}}$ entspricht dabei dem Strom, den das System dauerhaft bei einer festgelegten Umgebungstemperatur ohne Beschädigung tragen kann. Dieser wird durch den Belastungsfaktor, der angibt wie stark die Sicherung prozentual belastet werden darf, applikationsspezifisch adaptiert. Der Belastungsfaktor bf hängt von der Bauform der Sicherung und der Umgebungstemperatur ab. Dieser wird basierend auf Angaben in der Bauteilzeichnung sowie in den Datenblättern des Herstellers der Sicherung empirisch ermittelt. Ein empirischer Ansatz ist dabei lediglich bei im umfassenden Maße vorliegenden Erfahrungswerten zielführend. Andernfalls führt dieser zu Risiken. Im Anschluss werden die Stromspitzen des Lastprofils mit der Sicherungskennlinie verglichen. Dabei wird zwischen Stromspitzen im Auslöse- und Streubereich sowie Stromspitzen im Betriebsbereich der Sicherung unterschieden. Während das Auslösen einer funktionsfähigen Sicherung im Betriebsbereich ausgeschlossen ist, ist dies im Streu- sowie Auslösebereich potentiell möglich beziehungsweise gewünscht. Betriebs-, Streu- und Auslösebereich werden für eine passive elektrische Sicherung des Typs C in Abb. 2.6 veranschaulicht. Falls Stromspitzen im Auslöse- und Streubereich auftreten, wird der Sicherungswert pauschal um eine Stufe erhöht. Wenn die Stromspitzen lediglich im Betriebsbereich auftreten, kann die Zuordnung des Leitungsquerschnittes gemäß der in der Norm enthaltenen Tabellen erfolgen. In diesen Tabellen werden Leitungsquerschnitte bei verschiedenen Umgebungstemperaturen zu Sicherungswerten und deren korrespondierenden Dauerströmen bei Nennklima zugeordnet. Falls keine weitere Reduktion des Leitungsquerschnittes möglich oder erforderlich ist, ist die Dimensionierung der Leitungen und Sicherungen nach einer Prüfung des Spannungsabfalls abgeschlossen. Falls eine Reduktion erforderlich ist, erfolgt die Untersuchung der Temperatur der Leitung im Falle eines Kurzschlusses. Die Bestimmung der Temperatur der Leitung kann beispielsweise mittels Messungen anhand der in (Arbeitsgruppe LV 112 2011, S. 7) beschriebenen Vorgehensweise erfolgen. Sollte die hierbei bestimmte Temperatur zulässig sein, kann der betrachtete Leitungsquerschnitt verwendet werden. Ist dies nicht der Fall, müssen geeignete Maßnahmen wie die Verringerung der Leitungslänge oder das Vermeiden von Trennstellen umgesetzt werden. Die Stromtragfähigkeit der Kontaktsysteme ist nach (Volkswagen AG 2020, S. 5) zu beachten. Eine explizite Auslegung der Kontaktsysteme erfolgt in der beschriebenen Vorgehensweise jedoch nicht. Zudem wird in dem näher betrachteten Standard kein Vorgehen zur Dimensionierung von EBN-Komponenten bei Verwendung elektronischer Sicherungen beschrieben. Als eine mögliche Ursache kann die erst in den vergangenen Jahren gestiegene praktische Relevanz entsprechender Sicherungen in Kraftfahrzeugen genannt werden. Zusätzlich erschwert die fehlende Standardisierung der Auslösekennlinien elektronischer Sicherungen eine Vereinheitlichung der Vorgehensweise zur Auslegung.

2.5 Absicherungskonzepte des Energiebordnetzes

Der Einsatz passiver elektrischer Sicherungen ist sowohl in früheren als auch in aktuellen Serienfahrzeugen der Standard und repräsentiert damit den Stand der Technik. Aufgrund der gestiegenen Anforderungen an die funktionale Sicherheit gemäß der ISO-Norm 26262 sowie der VDA-Empfehlung 450 steigt die Relevanz aktiver Trennelemente zunehmend. Deshalb nimmt der Anteil alternativer Anordnungen der in Abschnitt 2.3 beschriebenen Trennelemente in aktuellen Serienfahrzeugen zu (Schneider 2023, S. 17). Die Anordnung der Trennelemente im EBN wird nachfolgend als Absicherungskonzept bezeichnet. Auf die Verwendung der Begriffe Architektur und Topologie wird in diesem Zusammenhang bewusst verzichtet. Der Begriff Architektur bezeichnet üblicherweise die logische und funktionale Struktur beziehungsweise das Zusammenwirken der Systemkomponenten, während Topologie die physikalische beziehungsweise elektrische Anordnung dieser Komponenten beschreibt. In (Ost 2024) werden verschiedene Absicherungskonzepte simulativ untersucht und verglichen. Die relevantesten Konzepte gemäß (Schneider 2023, S. 17) werden im Folgenden näher erläutert. Betrachtungsumfang ist hierbei ein EBN mit lediglich einer 12 V-Spannungslage. Aspekte wie die Anzahl der eingesetzten Trennelemente, die Zuordnung der Lasten zu den jeweiligen Trennelementen oder die Verlegewege der elektrischen Leitungen werden aufgrund der abweichenden Zielstellung der Arbeit nicht näher behandelt. Die Bezeichnung der Klemmen (Kl) orientiert sich nachfolgend an der Nomenklatur der Deutsches Institut für Normung (DIN)-Norm 72552 sowie der VDA-Empfehlung 450 (Deutsches Institut für Normung e. V. 2014; Verband der Automobilindustrie e. V. 2023, S. 11-12). Die Kl der passiven Quelle wird nachfolgend als Kl 30.s1 bezeichnet, während für die Kl der aktiven Quelle die Bezeichnung 30.q1 verwendet wird. Die Widerstände der elektrischen Leitungen, Kontaktsysteme sowie der SiBos selber werden aus Gründen der Übersichtlichkeit in den folgenden Darstellung vernachlässigt.

2.5.1 Konventionelles Absicherungskonzept

In konventionellen Absicherungskonzepten werden passive elektrische Sicherungen als Trennelemente eingesetzt. Diese sind in SiBos im Fahrzeug verbaut (Roden 2022, S. 8). Das Vermeiden von Rückwirkungen ist auch in konventionellen Absicherungskonzepten ohne den Einsatz aktiver Trennelemente möglich. Eine mögliche anderweitige Maßnahme zur Stabilisierung der EBN-Spannung wäre beispielsweise die Einführung zusätzlicher (aktiver oder passiver) Quellen (Schwimmbeck, Buchner et al. 2019, S. 7–10). Eine Aufteilung der Lasten in Abhängigkeit ihres Sicherheitszieles an die 12 V-Energieversorgung erfolgt bei konventionellen Absicherungskonzepten typischerweise nicht. So ist die Verortung von ASIL-Lasten an einer SiBo mit QM-Lasten nicht untypisch (Schneider 2023, S. 13). Ein exemplarisches konventionelles Absicherungskonzept ist in Abb. 2.17 schematisch dargestellt.

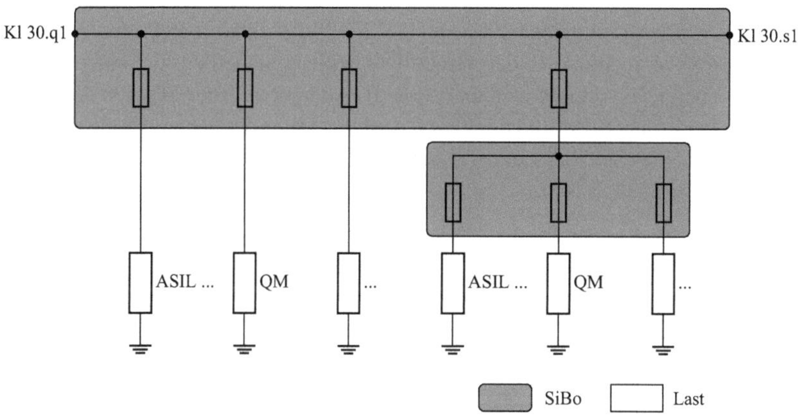

Abbildung 2.17 Konventionelles Absicherungskonzept eines EBN

2.5.2 Hybrides Absicherungskonzept

Wie in Kapitel 1 und Abschnitt 2.3 beschrieben, eignen sich passive elektrische Sicherungen zur Vermeidung von Rückwirkungen im EBN nur bedingt. Deshalb werden diese zunehmend durch aktive Trennelemente ergänzt. Absicherungskonzepte mit sowohl passiven als auch aktiven Trennelementen, im Folgenden als hybride Absicherungskonzepte bezeichnet, gewinnen in der Praxis zunehmend an Bedeutung (Schneider 2023, S. 17; Bosch 2024). Die aktiven Trennelemente in Form von elektronischen Sicherungen kommen in hybriden Konzepten typischerweise auf einer höheren Sicherungsebene zur Vermeidung von Rückwirkungen zum Einsatz. Diese werden in entsprechenden SGs, im Folgenden als Elektronische Sicherungsboxen (eSiBos) bezeichnet, angeordnet. Die Steuerung der Ausgänge erfolgt dabei durch eine SL. Entsprechende Konzepte können daher als logische Weiterentwicklung konventioneller Ansätze verstanden werden. Die Lasten werden gemäß ihres jeweiligen Sicherheitszieles an die 12 V-Energieversorgung gruppiert und unter elektronischen Sicherungen angeordnet. Dadurch können Rückwirkungen zwischen den sich ergebenden Lastgruppen ausgeschlossen werden. Innerhalb der Gruppen können Rückwirkungen, falls die einzelnen Lasten nicht gesondert durch elektronische Sicherungen abgesichert sind, jedoch nicht ausgeschlossen werden (Schneider 2023, S. 17). Ein beispielhaftes hybrides Absicherungskonzept ist in Abb. 2.18 dargestellt. Das höchste Sicherheitsziel einer Last an die 12 V-Energieversorgung ist dabei ASIL B. Alternative Anordnungen der Halbleiterschalter in der eSiBo sind prinzipiell denkbar. Einen einfachen Ansatz stellt die Verwendung eines Schalters zum Trennen der QM- von der ASIL-Kl im Fehlerfall dar (Schneider 2023, S. 17).

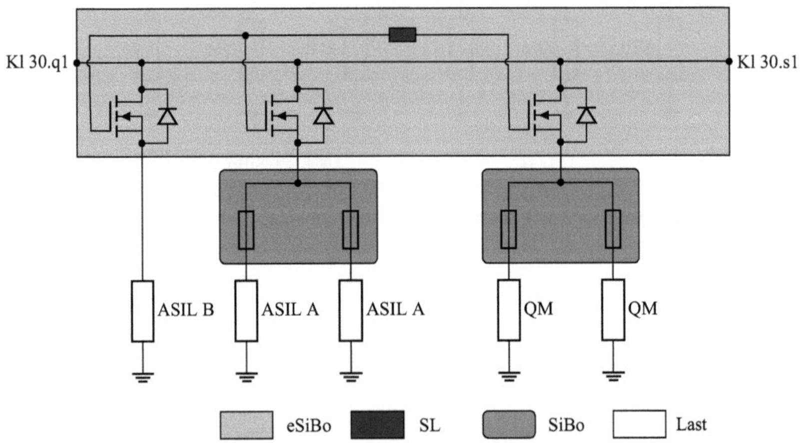

Abbildung 2.18 Hybrides Absicherungskonzept eines EBN

2.5.3 Elektronisches Absicherungskonzept

Bei elektronischen Absicherungskonzepten wird auf den Einsatz von passiven elektrischen Sicherungen verzichtet. Diese werden vollständig durch elektronische Sicherungen ersetzt. Dadurch können Rückwirkungen zwischen Lasten ausgeschlossen werden, sofern nicht mehrere Lasten unter einer gemeinsamen elektronischen Sicherung zusammengefasst sind. Eine sortenreine Aufteilung der Lasten gemäß ihres Sicherheitszieles an die 12 V-Versorgung ist daher nicht notwendig (Schneider 2023, S. 17). Verschiedene Anordnungen aktiver Trennelemente im EBN sind prinzipiell denkbar. Die vielfältigen Möglichkeiten werden in (Brabetz 2021, S. 7) mittels eines methodischen Ansatzes bewertet. Ein dezentraler Ansatz mit mehreren eSiBos wird in (Xinfeng, Diange et al. 2008, S. 2) vorgestellt. Elektronische Absicherungskonzepte finden auch vermehrt bei etablierten Fahrzeugherstellern Berücksichtigung (Weber 2024, S. 4). Ein elektronisches Absicherungskonzept ist schematisch in Abb. 2.19 dargestellt.

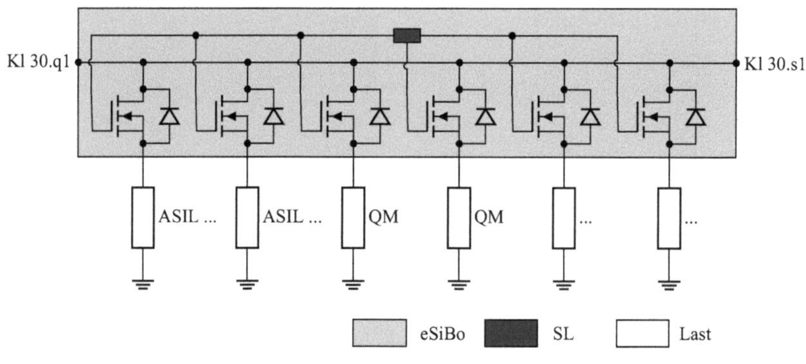

Abbildung 2.19 Elektronisches Absicherungskonzept eines EBN

3 Entwicklung eines Hybriden Trenn- und Verbindungselementes

Zur Validierung der Simulationsmodelle der PTVs, ATVs, Quellen und Lasten des 12 V-EBN in einem Verbund wird eine SiBo mit sowohl passiven als auch aktiven Trennelementen entwickelt. Diese wird nachfolgend als Hybrides Trenn- und Verbindungselement (HTV) bezeichnet. Die einzelnen Schritte der Entwicklung orientieren sich an der Verein Deutscher Ingenieure e.V. (VDI)-Richtlinie 2221 zur methodischen Produktentwicklung (Verein Deutscher Ingenieure e. V. 2019). Der Produktentstehungsprozess (PEP) wird in der VDI-Richtlinie 2221 in die 4 Phasen des Planens, des Konzipierens, des Entwerfens und des Ausarbeitens untergliedert. Diese während der Entwicklung des HTV sequentiell durchlaufenen Phasen werden nun, mit dem Schwerpunkt der in dieser Arbeit erfolgten Planung und Konzipierung des HTV, beschrieben.

3.1 Planen des Hybriden Trenn- und Verbindungselementes

In der Planungsphase erfolgt die Definition der Anforderungen an das HTV. Alle definierten Anforderungen sind, gegliedert in Forderung (F) und Wunsch (W), in Tabelle 3.1 aufgeführt.

D. Huschke, *Simulationsbasierte Auslegung aktiver Trennelemente zur Sicherstellung der Rückwirkungsfreiheit zwischen Energiebordnetz-Kanälen von Kraftfahrzeugen*, AutoUni – Schriftenreihe 183,
https://doi.org/10.1007/978-3-658-50847-0_3

Tabelle 3.1 Anforderungen an das HTV

Nummer [-]	F/W [-]	Beschreibung [-]	Wert [-]
Funktion			
1	F	Realisierbarkeit verschiedener Absicherungskonzepte (konventionell, hybrid, elektronisch)	
2	F	Möglichkeit zum Einbringen eines Kurzschlusses mittels eines Schalters	
3	F	Möglichkeit zum Zurücksetzen der elektronischen Sicherung mittels eines Schalters	
4	F	Anzahl an Kanälen	3
5	F	Maximaler Strom je Kanal	25 A
6	F	Maximaler Strom gesamt	50 A
7	F	Nennspannung	12 V
Messung			
8	F	Messung des Stromes je Kanal	
9	F	Messung des Stromes am Eingang	
Mechanik			
10	F	Modularer Aufbau	
11	F	Robuste Bauweise	
12	F	Möglichkeit zum Austauschen der elektronischen Sicherungen	
13	F	Schnittstelle zur Parametrierung der elektronischen Sicherungen	
14	F	Abstand zwischen Kanälen	< 0,1 m
15	W	Abstand zwischen Kanälen	< 0,05 m
16	F	Höhe	< 1 m
17	W	Höhe	< 0,5 m
18	F	Breite	< 1 m
19	W	Breite	< 0,5 m
20	F	Tiefe	< 1 m
21	W	Tiefe	< 0,5 m
22	F	Gewicht	< 5 kg
23	W	Gewicht	< 2,5 kg

(Fortsetzung)

Tabelle 3.1 (Fortsetzung)

Nummer [-]	**F/W [-]**	**Beschreibung [-]**	**Wert [-]**
Instandhaltung			
24	F	Einfache Wartung	
25	F	Möglichkeit zur Demontage	
Kosten			
26	F	Minimale Kosten	
Weiteres			
27	W	Möglichkeit zur Integration in Fahrzeug	

Im Mittelpunkt stehen die Anforderungen an die Funktionalität des HTV. So sollen verschiedene Anordnungen passiver und aktiver Trennelemente untersucht werden können. Die Anordnungen orientieren sich dabei an den in Abschnitt 2.5 eingeführten Absicherungskonzepten. So ist zum einen ein konventionelles Absicherungskonzept, in der alle angeschlossenen Lasten durch passive elektrische Sicherungen geschützt werden, zu nennen. Zum anderen soll ein elektronisches Absicherungskonzept, in der alle Lasten durch elektronische Sicherungen abgesichert sind, einstellbar sein. Auch eine Kombination beider Absicherungskonzepte in Form einer hybriden Lösung soll umgesetzt werden können. Das HTV soll dabei mit 3 Kanälen ausgeführt werden. Diese Kanalanzahl ermöglicht einerseits die Untersuchung des Verhaltens paralleler Kanäle des HTV und sorgt andererseits dafür, dass der Bauraum trotz des zur Minimierung thermischer Wechselwirkungen erforderlichen Abstandes zwischen den Kanälen kompakt bleibt. Die Messung des Stromes aller Kanäle soll dabei möglich sein. Zudem wird eine Möglichkeit zum Einbringen eines Kurzschlusses auf einem Kanal gefordert. Der Maximalstrom je Kanal wird, basierend auf dem Nennstrom von ATV1 bis ATV5, mit 25 A spezifiziert. Die Auslegung des HTV erfolgt zudem basierend auf der Spannungslage des im Rahmen dieser Arbeit betrachteten EBN für 12 V. Dabei sollen durch einen modularen Aufbau des HTV vielfältige Untersuchungen ermöglicht werden.

3.2 Konzipieren des Hybriden Trenn- und Verbindungselementes

Aufbauend auf den in Abschnitt 3.1 definierten Anforderungen erfolgt nun die Konzeption des HTV. Ein vereinfachtes ESB des HTV ist in Abb. 3.1 dargestellt. Bei Kanal 0 kann zwischen einer elektronischen Sicherung und einer Überbrückung dieser gewählt werden. Bei den Kanälen 1, 2 und 3 ist die Wahl zwischen einer elektrischen und einer elektronischen Sicherung möglich. Die Auswahl des jeweiligen Trennelementes je Kanal erfolgt durch einen Drehschalter. Der elektrische Einfluss dieses Schalters wird in der simulativen Untersuchungen des HTV in Abschnitt 4.11 berücksichtigt. Durch die Schalter sind verschiedene Absicherungskonzepte mittels des HTV darstellbar. So kann durch die Überbrückung von Ebene 0 und die Wahl passiver elektrischer Sicherungen auf den Ebenen 1, 2 und 3 ein konventionelles Absicherungskonzept dargestellt werden. Durch die Überbrückung von Ebene 0 und die Wahl elektronischer Sicherungen auf den darunter liegenden Ebenen kann ein elektronisches Absicherungskonzept abgebildet werden. Auch kann durch die Wahl einer elektronischen Sicherung auf Ebene 0 und passiver elektrischer Sicherungen

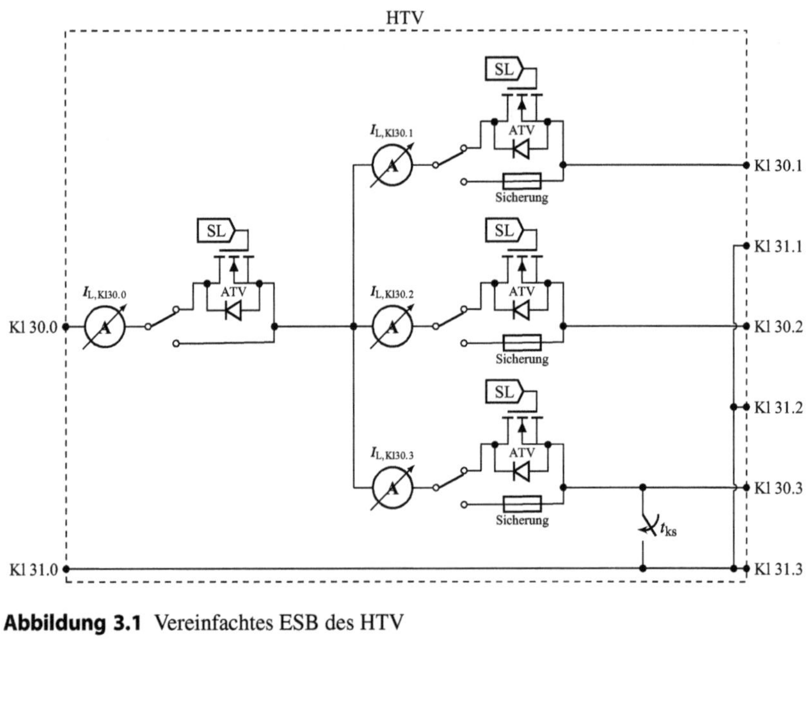

Abbildung 3.1 Vereinfachtes ESB des HTV

auf den Ebenen 1, 2 und 3 ein hybrides Absicherungskonzept umgesetzt werden. Die Möglichkeit des Einbringens eines Kurzschlusses wird für Kanal 3 des HTV vorgesehen. Hierbei kann die Klemme (Kl) 30 des Kanals mittels eines Schalters direkt auf Kl 31 des HTV gelegt werden. Der Schalter wird dabei als elektromechanisches Relais ausgeführt. Die Kl 31 aller Kanäle wird innerhalb des HTV gebündelt und über einen Ausgang nach außen geführt. Als elektronische Sicherungen werden die in Abschnitt 2.3.2 beschriebenen High-Side-Schalter verwendet. Dabei werden Platinen des Herstellers zur Evaluierung der Funktion des Halbleiterschalters, auch Demonstrationsboards genannt, eingesetzt. Die Demonstrationsboards setzen sich aus einer Mutter- (engl. *motherboard*) gemäß (Infineon Technologies AG 2024b) und einer Tochterplatine (engl. *daughterboard*) nach (Infineon Technologies AG 2024a) zusammen. Weitere Informationen zum Aufbau der verwendeten Demonstrationsboards können (Infineon Technologies AG 2022) entnommen werden. Ein Demonstrationsboard bildet hierbei eine elektronische Sicherung ab. Die verwendeten Demonstrationsboards werden entsprechend Abb. 3.1 miteinander verschaltet. Die daraus resultierende Modularität wird dem größeren Platzbedarf im Vergleich zum Aufbringen der Bausteine auf einer einzelnen Platine vorgezogen. Dadurch ist der Aufbau eines anwendungsspezifischen SG im Rahmen dieser Arbeit nicht notwendig und zudem eine modulare Umsetzung sichergestellt. Die einfache Demontierbarkeit der Platinen wird durch das elektrische Kontaktsystem in Form von Bananensteckern ermöglicht. Das ohmsche Verhalten der Kontaktsysteme wird im Rahmen der in Abschnitt 4.11 beschriebenen Modellierung des HTV berücksichtigt.

3.3 Entwerfen des Hybriden Trenn- und Verbindungselementes

Die bereits beschriebenen Kanäle des HTV werden in Form von Ebenen umgesetzt. Jede Ebene kann dabei aus dem HTV herausgezogen werden. Diese Konstruktion sorgt dafür, dass alle Komponenten einfach zugänglich sind und angepasst oder ausgetauscht werden können. Das HTV wird dabei mithilfe von Konstruktionsprofilen aufgebaut. Diese stellen eine hohe mechanische Stabilität des Grundkörpers des HTV sicher.

3.4 Ausarbeiten des Hybriden Trenn- und Verbindungselementes

Eine Frontansicht des HTV ist in Abb. 3.2 dargestellt. Die Drehschalter zur Wahl des Trennelementes je Ebene sind dabei erkennbar. Auch sind die in der Frontplatte eingesteckten passiven elektrischen Sicherungen ersichtlich. Diese können nach erfolgter Versuchsdurchführung aufgrund der guten Zugänglichkeit einfach entfernt und ausgetauscht werden.

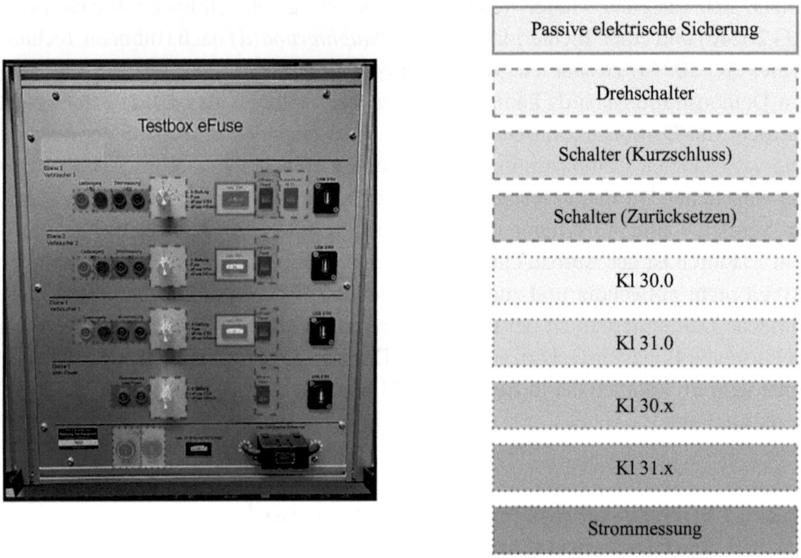

Abbildung 3.2 Frontansicht des HTV

4 Modellierung der Komponenten des Energiebordnetzes

Die Modellierung der Komponenten des 12 V-EBN stellt die Grundlage für eine simulative Untersuchung von Rückwirkungen zwischen EBN-Kanälen in einem Gesamtfahrzeug dar. Im ersten Schritt wird die Umgebung zur Durchführung der Schaltungssimulationen, basierend auf zuvor definierten Bewertungskriterien, ausgewählt. Im Anschluss werden die Komponenten des EBN unter elektrischen und, insofern für die Energieverteilung relevant, thermischen Gesichtspunkten modelliert. Als Grundlage zur Modellierung der Komponenten dienen in der Literatur dokumentierte Ansätze, welche gemäß des im Rahmen dieser Arbeit verfolgten Simulationszieles sowie daraus abgeleiteten Anforderungen an die Modelle bewertet, adaptiert und experimentell validiert werden. Das im Rahmen der experimentellen Validierung verwendete Messequipment ist in Tabelle B.1 aufgeführt.

4.1 Simulationsumgebung

Es werden auf Basis der Zielstellung der Arbeit Anforderungen an die Simulationsumgebung definiert. In der Literatur für vergleichbare Fragestellungen verwendete Umgebungen werden im Anschluss anhand der Erfüllung dieser Anforderungen bewertet. Basierend darauf wird die im Rahmen dieser Arbeit verwendete Simulationsumgebung für die Modellierung der Komponenten und die sich anschließende EBN-Simulation gewählt. Auf eine Differenzierung zwischen den Termini der Simulation und der Berechnung wird nachfolgend verzichtet.

Ergänzende Information Die elektronische Version dieses Kapitels enthält Zusatzmaterial, auf das über folgenden Link zugegriffen werden kann https://doi.org/10.1007/978-3-658-50847-0_4.

D. Huschke, *Simulationsbasierte Auslegung aktiver Trennelemente zur Sicherstellung der Rückwirkungsfreiheit zwischen Energiebordnetz-Kanälen von Kraftfahrzeugen*, AutoUni – Schriftenreihe 183,
https://doi.org/10.1007/978-3-658-50847-0_4

4.1.1 Anforderungen

Die Eignung einer Simulationsumgebung ist gemäß ISO-Norm 26262, wie in Abschnitt 2.1.3 beschrieben, konservativ zu bewerten. Entsprechend stellt die Qualifizierung der Simulationsumgebung nach ISO-Norm 26262 eine Anforderung dar (ISO Central Secretary 2018f, S. 24). Die Untersuchung der Rückwirkungen zwischen EBN-Kanälen soll mithilfe von Schaltungssimulationen erfolgen. Deshalb müssen diese in der verwendeten Umgebung möglich sein. Zur Abbildung von Logiken muss die Umgebung zusätzlich auch für eine signalflussbasierte Modellierung geeignet sein. Weiterhin ist eine umfangreiche Bibliothek mit Modellen von für die Zielstellung dieser Arbeit relevanten EBN-Komponenten wünschenswert. Die skriptbasierte Verknüpfung sowie Parametrierung der Simulationsmodelle der Komponenten muss dabei zur automatischen Erstellung von Simulationsmodellen von Fahrzeugen umsetzbar sein. Zur Untersuchung von verschiedenen Einflussfaktoren müssen zudem Größen in Form von Parameterstudien variiert werden können. Zusätzlich wird die Möglichkeit der Generierung von Applikationen zur Vereinfachung der Simulationsdurchführung gefordert.

4.1.2 Auswahl

In (Gerten, Rübartsch et al. 2022a) wird Simscape Electrical zur Durchführung von Schaltungssimulationen verwendet. Dabei handelt es sich um eine Erweiterung von Simulink® zur Durchführung physikalischer Simulationen. Simulink® ist dabei ein Bestandteil von Matlab® zur blockbasierten Modellierung von Systemen (The MathWorks, Inc. 2024d). Währenddessen wird für ein vergleichbares Simulationsziel in (Beckmann 2016) Saber eingesetzt (Synopsys, Inc. 2024a). Auch ist die Verwendung von LTspice®, wie beispielsweise in (Jeschke 2016), für Schaltungssimulationen Stand der Technik (Analog Devices, Inc. 2023). Eine Open-Source-Lösung ist OpenModelica. Diese wird beispielsweise in (Gysen und Haase 2018; Forschungsvereinigung Automobiltechnik e. V. 2022) verwendet. Die genannten Simulationsumgebungen basieren auf den Kirchhoff'schen Gesetzen und können elektrische Größen in Abhängigkeit der Zeit darstellen. Das Lösen nichtlinearer gewöhnlicher Differentialgleichungssysteme ist dabei die Basis aller physikalischen Modellierungsansätze. Diese werden hierbei entweder direkt durch den Anwender implementiert oder anhand von Ersatzschaltbildern (ESBs) generiert (Diebig 2016, S. 63). Die Bewertung der genannten kommerziellen Modellierungsumgebungen, anhand der in Abschnitt 4.1.1 eingeführten Kriterien, erfolgt in Tabelle 4.1 mit entsprechenden Abstufungen von sehr schlecht (− −) bis sehr gut (+ +). Open-Source-Umgebungen werden aufgrund fehlender formaler Validierung und Zertifizierung sowie der daraus resultierenden nicht nachgewiesenen Rechenzuverlässigkeit nicht berücksichtigt. Simulink® ist für die Generierung von Software (SW) für Steuergeräte (SGs) gemäß der Kriterien der ISO-Norm 26262 qualifiziert (ISO Central Secretary 2018f, S. 24; The MathWorks, Inc. 2024e). So wird Simulink® in (ISO Central Secretary 2018e, S. 11), wie in Abschnitt 2.1.3 beschrieben, explizit als Beispiel für eine geeignete Umgebung aufgeführt. Eine Qualifizierung der Erweiterung Simscape Electrical findet in (The MathWorks, Inc. 2024e) jedoch keine Erwähnung. Dennoch wird im Folgenden von einer grundsätzlichen Eignung desselben ausgegangen. Auch Saber ist gemäß der ISO-Norm 26262 qualifiziert (Synopsys, Inc. 2024b). Die physikalische sowie die signalflussbasierte Modellierung ist in allen betrachteten Umgebungen möglich. Genauso beinhalten alle Umgebungen eine Vielzahl an bereits initial hinterlegten Simulationsmodellen von Komponenten. Simscape Electrical ist aufgrund vorhandener Modelle von verschiedenen EBN-Komponenten, vor allem in aktuellen Versionen, explizit positiv zu bewerten. Die Möglichkeit der skriptbasierten Verknüpfung von Teilmodellen ist in allen Simulationsumgebungen gegeben. Bei Saber wird hierbei jedoch im Gegensatz zu Simscape Electrical und LTSpice® ein weiteres Tool benötigt. Parameterstudien sind in allen Simulationsumgebungen gleichermaßen umsetzbar. Die benutzerfreundliche

Tabelle 4.1 Bewertungsmatrix zur Auswahl der Modellierungsumgebung

Kriterium	**Simscape Electrical**		**Saber**		**LTspice®**	
Qualifiziert gemäß ISO-Norm 26262	ja	+ +	ja	+ +	nein	− −
Physikalische Modellierung	ja	+ +	ja	+ +	ja	+ +
Signalflussbasierte Modellierung	ja	+ +	ja	+ +	ja	+ +
Bauteilbibliotheken	sehr gut	+ +	gut	+	gut	+
Automatisierte Modellerstellung	ja	+ +	ja	+	ja	+ +
Parameterstudien	ja	+ +	ja	+ +	ja	+ +
Applikationserstellung	ja	+ +	nein	− −	nein	− −
Gesamt		14 +		8 +		5 +

Erstellung von Applikationen ist lediglich mit dem App Designer von Matlab® möglich. Saber sowie LTspice® beinhalten keine äquivalenten Umgebungen zur Erstellung von Anwendungen. Basierend auf Tabelle 4.1 wird im Rahmen dieser Arbeit Simscape Electrical als Simulationsumgebung eingesetzt.

4.1.3 Modellierungsweise

Bei der Modellerstellung ist zwischen parametrischen und nichtparametrischen Modellen zu differenzieren. Während in parametrischen Modellen Zusammenhänge durch Gleichungen beschrieben werden, liegen nichtparametrischen Modellen aufgezeichnete Messdaten zugrunde (Ress 2017, S. 17). Die Eignung nichtparametrischer Modelle ist dabei stets fallspezifisch zu hinterfragen. Ursächlich hierfür ist, dass physikalische Abhängigkeiten bei der festen Hinterlegung von Verläufen bestimmter Größen gegebenenfalls lediglich unzureichend abgebildet werden. Als einfaches Beispiel kann hierfür eine sich ohmsch verhaltende Last angeführt werden. Im Falle einer festen Hinterlegung eines Stromwertes würde die physikalische Abhängigkeit des Stromes von der anliegenden Spannung in dem Simulationsmodell nicht abgebildet werden. Zudem kann bei der Modellerstellung zwischen theoretischen sowie experimentellen Ansätzen unterschieden werden. Für die theoretische Modellierung ist dabei Vorwissen in Form von physikalischen Gleichungen und Gesetzmäßigkeiten notwendig. So ergeben sich sogenannte White-Box-Modelle. Alle Modellparameter entsprechen hierbei einer physikalischen Größe. Dagegen liegt bei der Generierung von Black-Box-Modellen keinerlei Vorwissen vor, beziehungsweise wird dieses bei der Modellerstellung nicht berücksichtigt. Modellparameter werden hierbei mittels des Zusammenhanges zwischen Ein- und Ausgangsgrößen empirisch identifiziert. Die Modellierung mittels physikalischer Zusammenhänge, deren Parameter anhand von Messungen angepasst werden, resultiert in Grey-Box-Modellen (Ress 2017, S. 17–18). Im Rahmen dieser Arbeit werden alle beschriebenen Modellierungsansätze angewendet. Der zur Modellierung der Komponenten, Quellen und Lasten des 12 V-EBN verwendete Ansatz hängt dabei in erster Linie von der Komplexität der physikalischen Zusammenhänge sowie der Notwendigkeit der Abbildung dieser ab. Die Modellierung aller Komponenten erfolgt dabei in dieser Arbeit, insofern möglich, generisch. Zur Sicherstellung der weiten Verwendbarkeit der Modelle werden diese jeweils mit einer Benutzeroberfläche, im Folgenden als Maske bezeichnet, ausgestattet. Eine exemplarische Maske mit zugehörigem Beispielmodell ist in Abb. 4.1 dargestellt. Mittels der Maske können die Modelle applikationsspezifisch parametriert werden. Rückruffunktionen (engl. *callbacks*) und weitere Initialisierungsbefehle innerhalb der Maske vereinfachen die

Parametrierung dabei zusätzlich. Entsprechende Funktionalitäten werden in (Pietruszka und Glöckler 2021, S. 207) allgemein beschrieben. Die Maskierung von Simulationsmodellen ist eine geläufige Vorgehensweise und erfolgt beispielsweise in (Henke und Kiffmeier 2023, S. 7).

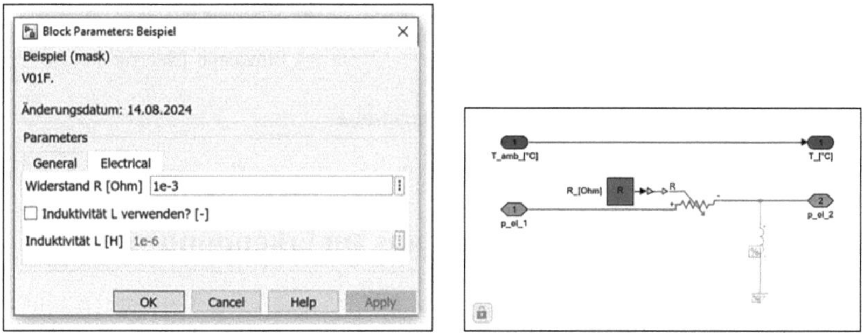

(a) Maske (b) Simulationsmodell

Abbildung 4.1 Veranschaulichung der Maske eines Simulationsmodells

In Abschnitt 4.1.2 wird Simscape Electrical als Simulationsumgebung ausgewählt. In Verbindung mit der zugehörigen Simulink®-Basis ermöglicht diese Umgebung verschiedene Modellierungsweisen. So kann die Modellierung des EBN und seiner Komponenten, wie beispielsweise in (Ludwig, Leidner, Schmidt et al. 2020, S. 371; Verband der Elektro- und Digitalindustrie 2020, S. 7) beschrieben, durch elektrische und thermische ESBs erfolgen. Alternativ ist die rein signalflussbasierte Modellierung in Simulink® möglich. Beide Ansätze werden nachfolgend kombiniert. So werden die elektrischen Verbindungen in Simscape Electrical modelliert. Die Modellierung des thermischen Verhaltens sowie von Logiken erfolgt in Simulink® auf Signalflussebene. Auf die Verwendung thermischer ESBs wird im Rahmen dieser Arbeit verzichtet. Die signalflussbasierte Modellierung erfolgt mittels diskreter Signale. Die Logik wird, wie in Abb. 4.1b sowie Abb. 4.2 dargestellt, mit Simscape Electrical gekoppelt. Kontinuierliche physikalische Eingangssignale werden hierfür diskretisiert. Bei einer notwendigen erneuten Kopplung mit physikalischen Modellteilen werden die diskreten Signale mittels einer stückweisen linearen Approximation wieder zu kontinuierlichen Signalen gewandelt. Durch den beschriebenen Ansatz wird eine weitestgehende Entkopplung der Simulationsmodelle der einzelnen Komponenten des EBN und damit eine hohe Stabilität der Simulation in komplexeren Verbünden sichergestellt. So wird ein zügiger und zuverlässiger Ablauf der Simulation sowohl bei variabler als auch fester Schrittweite sichergestellt.

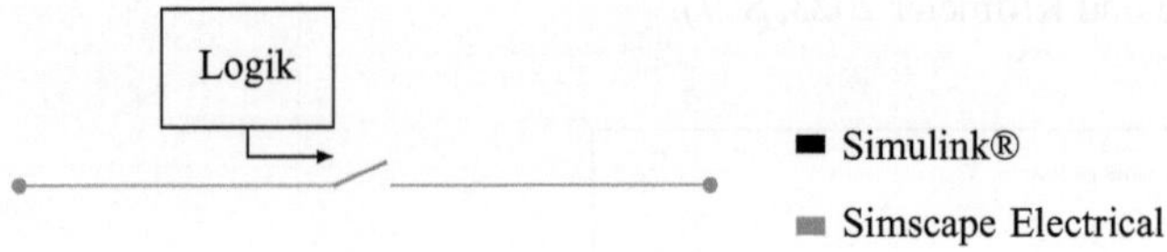

Abbildung 4.2 Visualisierung der Modellierungsweise

4.2 Festlegung eines Kriteriums zur Erkennung von Rückwirkungen

Es erfolgt die Definition eines Kriteriums zur Erkennung von Rückwirkungen zwischen EBN-Kanälen. Elektrische Anforderungen an SGs in Bezug auf die Fähigkeit, Unterspannungen ohne Funktionseinschränkung zu tolerieren, sind in relevanten Normen von Fahrzeugherstellern definiert (Volkswagen AG 2021, S. 34–35). Für die Erkennung einer Rückwirkung muss neben der Höhe der Spannung auch die Dauer für die der definierte Spannungsbereich verlassen wird, berücksichtigt werden. Versorgungsunterbrechungen, die kürzer als die Fehlertoleranzzeit der Lasten sind, können durch Maßnahmen der Lasten wie Pufferspeicher ausgeglichen werden. Aufgrund der verschiedenen etablierten Maßnahmen zur Begrenzung und Abmilderung der Auswirkungen von Überspannungen in den SGs werden diese im Rahmen dieser Arbeit nicht explizit betrachtet. In (Brabetz, Ayeb, Jilwan et al. 2013, S. 383–384) werden quantitative Kriterien zur Bewertung der statischen und der dynamischen Spannungsstabilität eingeführt. Im Folgenden wird die maximale ununterbrochene Dauer unter einem Spannungswert U_{krit} als Kriterium herangezogen. Für die ununterbrochene Dauer unter einer Spannungsgrenze $t_<(U_{\text{krit}})$ gilt mit $t \in [t_1, t_2]$ sowie $t_2 \geq t_1$:

$$t_<(U_{\text{krit}}) = \max\{t_2 - t_1 | U(t_1) = U(t_2) = U_{\text{krit}} \wedge U(t) \leq U_{\text{krit}}\} \tag{4.1}$$

t_1, t_2 sowie U_{krit} werden in einem exemplarischen Spannungsverlauf in Abb. 4.3 veranschaulicht.

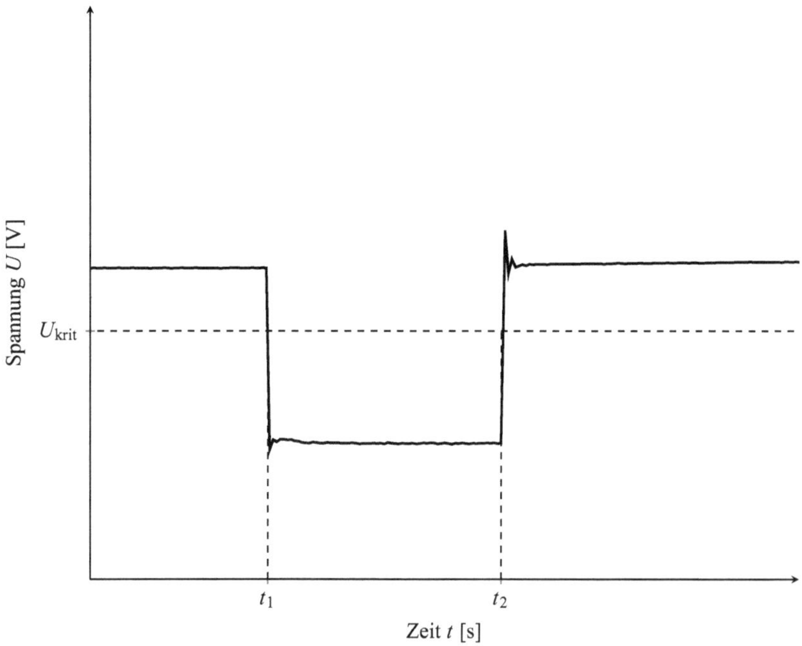

Abbildung 4.3 Exemplarischer Spannungsverlauf mit t_1, t_2 und U_{krit}

Das beschriebene Kriterium wird in der Literatur für vergleichbare Fragestellungen herangezogen (Schwimmbeck, Buchner et al. 2018. S. 2; Verband der Automobilindustrie e. V. 2023, S. 18). Gemäß Verband der Automobilindustrie e.V. (VDA)-Empfehlung 450 sind dabei für die Auslegung zukünftiger EBNs die folgenden Grenzwerte hinsichtlich etwaiger transienter Unterspannungen einzuhalten (Verband der Automobilindustrie e. V. 2023, S. 18):

$$\begin{cases} t_{<9\,\mathrm{V,max}} = 100\,\mathrm{ms} \\ t_{<6{,}5\,\mathrm{V,max}} = 500\,\mu\mathrm{s} \end{cases} \tag{4.2}$$

Für die maximale Dauer des Spannungsabfalls unter 6,5 V $t_{<6{,}5\,\mathrm{V,max}}$ wird hierbei der höchste Wert für zukünftige Fahrzeuggenerationen gemäß der VDA-Empfehlung 450 verwendet. $t_{<6{,}5\,\mathrm{V,max}}$ wird im Folgenden als Kriterium für die Erkennung von Rückwirkungen herangezogen. Die Kriterien, die für die Validierung der Simulationsmodelle anhand von Messungen verwendet werden, können sich ausdrücklich von dem eingeführten Kriterium zur Erkennung von Rückwirkungen zwischen EBN-Kanälen unterscheiden.

4.3 Anforderungen an Simulationsmodelle

Nachfolgend werden Anforderungen an die in dieser Arbeit erstellten Simulationsmodelle der Komponenten des EBN spezifiziert. Die hierbei definierten Anforderungen stellen im weiteren Verlauf die Erfolgskriterien im Rahmen der Validierung der Simulationsmodelle dar. In der Literatur werden unter anderem in (Antonio, Ferrari et al. 2014, S. 89 Olszewska, Dajsuren et al. 2016, S. 2) Metriken für Simulink®-Modelle diskutiert. Die im Rahmen dieser Arbeit eingeführten Anforderungen berücksichtigen die Genauigkeit der Simulationsmodelle gegenüber experimentellen Daten sowie deren Recheneffizienz.

4.3.1 Genauigkeit der Simulationsmodelle

Es ist anzumerken, dass die Genauigkeit von Simulationsmodellen gegenüber Messungen durch Abweichungen in der Verhaltensweise der realen Komponenten limitiert ist. Diese Abweichungen können aus vielfältigen Faktoren resultieren. Hierbei können exemplarisch durch die Fertigung bedingte abweichende Verhaltensweisen je Bauteil angeführt werden. Zusätzlich ist zu berücksichtigen, dass auch die zur Validierung verwendeten Messungen mit Messfehlern behaftet sind. Die im Folgenden diskutierten Anforderungen an die Genauigkeit der Simulationsmodelle dienen daher lediglich als ein ergänzendes Werkzeug im Rahmen der Validierung des Verhaltens der jeweiligen Modelle der EBN-Komponenten. Es werden keine übergeordneten Anforderungen an die Anzahl der durchzuführenden Messungen je Komponente festgelegt.

Spannung In dieser Arbeit werden Rückwirkungen als das Verlassen des definierten Spannungsbereiches einer sicherheitsrelevanten Funktion oder Last für eine zu lange ununterbrochene Dauer definiert. Basierend darauf ist der Spannungsabfall über die Komponenten des EBN für die Bewertung der Genauigkeit der Simulationsmodelle entscheidend. Im Folgenden wird als maximale absolute Abweichung der simulierten von der tatsächlichen Spannung an einer Last ein Grenzwert von 1 V festgelegt. Es wird angenommen, dass der betrachtete EBN-Kanal aus 10 Komponenten besteht, auf die die maximal zulässige absolute Abweichung gleichmäßig verteilt wird. Basierend darauf ergibt sich für den maximalen absoluten Fehler des Spannungsabfalls je Komponente $\Delta U_{\max}$:

$$\Delta U_{\max} = 0{,}1\ \mathrm{V} \tag{4.3}$$

Es ist zu beachten, dass der maximale Fehler je Komponente $\Delta U_{\max}$ stets fallspezifisch festgelegt werden muss. Der in dieser Arbeit angewandte Ansatz zur Herleitung dieses Wertes ist dabei sehr einfach.

Strom Der maximale Widerstand eines EBN-Kanals wird mit 1 Ω angenommen. Deshalb ergibt sich für die maximal zulässige absolute Abweichung des Stromes $\Delta I_{\max}$ unter Verwendung von $\Delta U_{\max}$:

$$\Delta I_{\max} = 0{,}1\,\mathrm{A} \tag{4.4}$$

Temperatur Aus Gleichung (4.3) ergibt sich ein Maximalwert für die relative Abweichung der Temperatur $\delta T_{\max}$. Allgemein gilt für den Widerstand R bei einer Temperatur T bei einem bekannten Referenzwiderstand R_{ref} bei einer Referenztemperatur T_{ref} unter Berücksichtigung des Temperaturkoeffizienten α_R:

$$R = R_{\mathrm{ref}} \cdot (1 + \alpha_R \cdot (T - T_{\mathrm{ref}})) \tag{4.5}$$

Durch die Beschreibung der Temperatur als fehlerbehaftete Größe $(1 \pm \delta T) \cdot T$ in Gleichung (4.5) lässt sich in Verbindung mit dem ohmschen Gesetz eine Beziehung zwischen der relativen Temperaturabweichung δT und der maximalen Spannungsabweichung $\Delta U_{\max}$ herstellen. Der maximale relative Fehler der Temperatur $\delta T_{\max}$ in Abhängigkeit von $\pm\Delta U_{\max}$ ergibt sich unter der Annahme eines konstanten Laststromes I_{L} dabei wie folgt:

$$\delta T_{\max} = \frac{\pm\Delta U_{\max}}{I_{\mathrm{L}} \cdot R_{\mathrm{ref}} \cdot \alpha_R \cdot T} \cdot 100\,\% \tag{4.6}$$

Die maximal zulässige relative Abweichung der Temperatur einer elektrischen Leitung $\delta T_{\mathrm{l,max}}$ mit einem Leiterquerschnitt A_{l} von 0,35 mm^2 ist in Abb. 4.4 in Abhängigkeit der Leitertemperatur T_{l} dargestellt. Dabei wird ein Leiter aus Cu-ETP1 mit einer Länge von 1 m verwendet. Zusätzlich wird ein gemäß (Volkswagen AG 2020, S. 6) für diesen Leiterquerschnitt typischer Laststrom I_{L} von 6 A angenommen.

Zeit Gemäß Abschnitt 4.2 liegt der maximal zulässige Wert für $t_{<6{,}5\,\mathrm{V}}$ bei 500 µs. Zur Auflösung transienter Unterspannungen müssen die Simulationsmodelle der EBN-Komponenten Spannungen mit kleinerer Schrittweite abbilden können. Nachfolgend wird ein Wert von 100 µs verwendet. Auf eine noch kleinere Schrittweite wird zur Vermeidung sehr hoher Rechenzeiten verzichtet. Die sich ergebende Frequenz von 10 kHz deckt sich mit der Literatur und ist unter anderem in (Baumann,

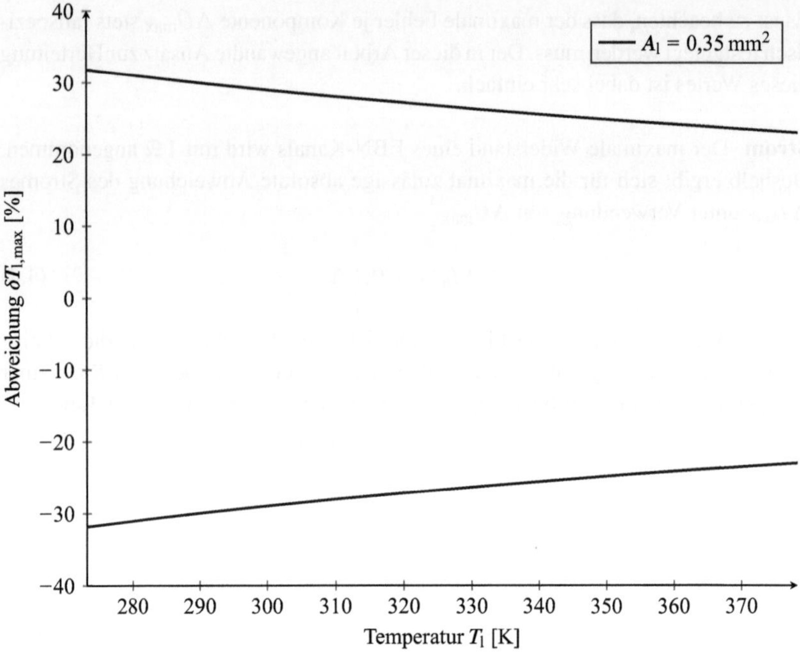

Abbildung 4.4 $\delta T_{l,max}$ in Abhängigkeit von T_l ($I_L = 6\,A$)

Brem et al. 2020, S. 1) als Wert bei einer EBN-Simulation zu finden. Hochfrequente Störungen gemäß ISO-Norm 7673 werden in dieser Arbeit nicht näher betrachtet (ISO Central Secretary 2016).

4.3.2 Recheneffizienz der Simulationsmodelle

Aufgrund der Untersuchung von EBNs gesamter Fahrzeuge im Rahmen dieser Arbeit ist die Recheneffizienz der Modelle der Komponenten detailliert zu diskutieren. Deshalb werden die Modelle der Komponenten sowohl hinsichtlich ihrer Genauigkeit als auch ihrer Recheneffizienz überprüft. Als Maßstab für die Recheneffizienz des Simulationsmodells einer Komponente wird das Verhältnis der Rechenzeit der Simulation der Komponente i $t_{i,\text{kalk}}$ zur simulierten Zeit $t_{i,\text{sim}}$ betrachtet. Dieses Verhältnis je Komponente $k_{i,\text{kalk/sim}}$ ergibt sich wie folgt:

$$k_{i,\mathrm{kalk/sim}} = \frac{t_{i,\mathrm{kalk}}}{t_{i,\mathrm{sim}}} \tag{4.7}$$

Ein Maximalwert von 1,0 wird für $k_{i,\mathrm{kalk/sim}}$ des Simulationsmodells einer EBN-Komponente festgelegt. Ein Wert kleiner 1,0 bedeutet, dass die Rechenzeit unter der simulierten Zeitdauer liegt. Die Recheneffizienz der jeweiligen Modelle wird dabei in einem einfachen Netz mit Standard-Komponenten der verwendeten Simulationsumgebung geprüft. Um die Vergleichbarkeit der ermittelten Werte sicherzustellen, wird die Analyse hinsichtlich der Recheneffizienz der Simulationsmodelle im Folgenden stets bei den nachstehenden Randbedingungen durchgeführt:

- Durchführung der Simulation mit einem Rechner mit dem Prozessor Intel Core® i5–10310U CPU. Hierbei wird ein Kern mit einer Taktrate von 1,7 GHz für die Simulationen verwendet.
- Durchführung der Simulationen mit variabler Schrittweite ohne Vorgabe einer minimalen oder maximalen Schrittweite.
- Durchführung der Simulationen mit automatisch durch die Simulationsumgebung gewählten Löser (engl. *solver*).
- Simulation einer Zeit $t_{i,\mathrm{sim}}$ von 10 s. Dies entspricht der Größenordnung der im weiteren Verlauf der Arbeit simulierten Dauern.
- Durchführung genau eines Schaltvorganges, während des betrachteten Zeitraumes, bei schaltbaren Elementen.

Es ist anzumerken, dass die sich ergebende Simulationszeit, trotz der Vorgabe zahlreicher Randbedingungen, lediglich eine Größenordnung darstellt. Randbedingungen wie die Auslastung des Prozessors durch parallel laufende Prozesse können nicht vollumfänglich vereinheitlicht werden.

4.4 Modellierung der Passiven Trenn- und Verbindungselemente

Nachfolgend wird die Modellierung der PTVs beschrieben. Die Modellierung der folgenden stromführenden Bauteile des 12 V-EBN erfolgt dabei im Detail:

- Elektrische Leitungen
- Elektrische Stecksysteme
- Passive Schraubkontaktierungen
- Passive elektrische Sicherungen

Nicht lösbare elektrische Verbindungen in Form von Splices werden nicht modelliert. Ursächlich hierfür ist der geringe Widerstand eines Splices von $1 \cdot 10^{-4}\ \Omega$ gemäß (Verband der Elektro- und Digitalindustrie 2021a, S. 92). Die maximal zulässige Abweichung des Simulationsmodells einer Komponente von 0,1 V gemäß Abschnitt 4.3.1 wird entsprechend bis zu einem Strom von 1000 A eingehalten.

4.4.1 Modellierung einer elektrischen Leitung

Elektrische Leitungen stellen die Übertragung von Energie zwischen den Quellen und den Lasten des EBN sicher (Borgeest 2020, S. 3; Verband der Automobilindustrie e. V. 2023, S. 71). Aufgrund ihres ohmschen Widerstandes und dem damit einhergehenden Spannungsabfall müssen elektrische Leitungen im Rahmen dieser Arbeit berücksichtigt werden. Im betrachteten 12 V-Bereich finden typischerweise ungeschirmte Rundleiter mit Kupfer als Leiterwerkstoff Anwendung. Zunehmend wird auch Aluminium als Leiterwerkstoff eingesetzt. Die Stromtragfähigkeit der Leitung wird durch die Maximaltemperatur der Isolation begrenzt. Oberhalb dieser Temperatur kann deren definierte Lebensdauer nicht mehr garantiert werden (Diebig 2016, S. 20). Die Bestimmung der Temperatur der Leitung in Abhängigkeit der geometrischen und materialspezifischen Parameter ist daher unabdingbar. Auf die Modellierung geschirmter Leitungen wird nicht näher eingegangen. Diese werden zur Reduzierung der Störabstrahlung schwerpunktmäßig im Hochvolt-Bereich eingesetzt. Der Aufbau einer als Rundleiter ausgeführten elektrischen Leitung wird in Abb. 4.5 veranschaulicht. Die Isolation isoliert den Leiter elektrisch. So schließt die Isolation fehlerhafte, nicht vorgesehene elektrische Verbindungen mit einem anderen Potential, wie beispielsweise dem Massepotential der Karosserie des Fahrzeugs, aus. Der beschriebene Fehlerfall wird als Kurzschluss bezeichnet. Zudem dient die Isolation dem mechanischen Schutz des Leiters. Hierdurch werden insbesondere etwaige Beschädigungen des Leiters ausgeschlossen. Eine Durchtrennung des Leiters würde beispielsweise dem Fehlerfall eines offenen Endes entsprechen. (Künstl 2011, S. 67)

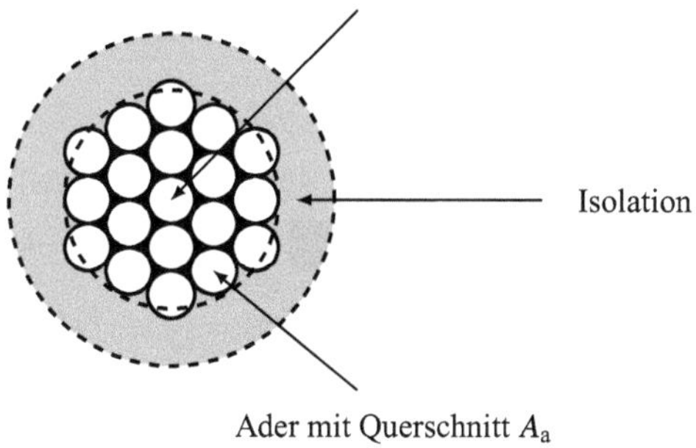

Abbildung 4.5 Aufbau einer elektrischen Leitung

Der Leiter (auch Litze) setzt sich aus mehreren Adern zusammen. Daher gilt für den Querschnitt einer elektrischen Leitung A_l mit der Anzahl an Adern n_a mit einem jeweiligen Querschnitt A_a:

$$A_l = n_a \cdot A_a \tag{4.8}$$

Modellierung
Der Widerstands- R_l' sowie der Induktivitätsbelag L_l' werden bei der Modellierung der elektrischen Leitung berücksichtigt. Kapazitätsbeläge werden aufgrund ihres vernachlässigbaren Einflusses im betrachteten Frequenzbereich gemäß (Gehring, Fröschl et al. 2009, S. 75; Gehring 2013, S. 69) nicht mitbetrachtet. Das ESB des sich ergebenden resistiv-induktiven Modells einer elektrischen Leitung mit der Länge l_{LT} ist in Abb. 4.6 dargestellt. Das ESB wird in identischer Form zur Beantwortung vergleichbarer Fragestellungen unter anderem in (Diebig 2016, S. 46; Kiffmeier und Frei 2017, S. 6; Gerten, Rübartsch et al. 2022a, S. 9; Gerten, Rübartsch et al. 2022b, S. 3) verwendet.

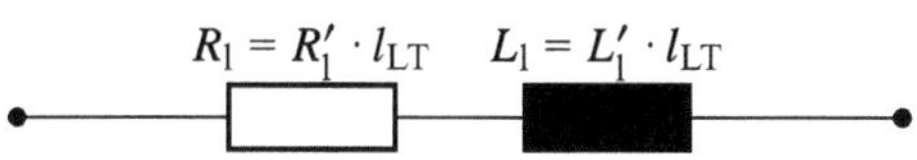

Abbildung 4.6 ESB der elektrischen Leitung

Das vereinfachte elektrische ESB der elektrischen Leitung ist in Abb. 4.7 abgebildet. Dieses wird nachfolgend als Vereinfachung für im weiteren Verlauf folgende Darstellungen verwendet.

Abbildung 4.7 Vereinfachtes elektrisches ESB der elektrischen Leitung

Das vollständige Simulationsmodell der elektrischen Leitung ist in Abb. B.1 abgebildet.

Elektrisch Der Widerstandsbelag des Leiters der elektrischen Leitung R_l' ist von dessen Temperatur T_l abhängig. Der Widerstand pro Länge ergibt sich bei einer Referenztemperatur T_{ref} als Quotient aus dem spezifischen elektrischen Widerstand des Materials des Leiters $\rho_{R,l}$ und dem Leiterquerschnitt A_l. Im Folgenden wird der Leiter entsprechend (Ilgevicius 2004, S. 13) als homogen angenommen. Das heißt, dass die elektrischen Eigenschaften entlang des Leiters konstant sind. Zudem wird gemäß (Ilgevicius 2004, S. 13) jede Ader des Leiters als perfekter Zylinder modelliert. Für die Temperaturabhängigkeit des Widerstandes des elektrischen Leiters wird gemäß (Fraden 2010, S. 99) vereinfachend ein linearer Zusammenhang angenommen. Der lineare Temperaturkoeffizient des Leitermaterials $\alpha_{R,l}$ bei der Referenztemperatur T_{ref} wird im Folgenden eingeführt. Der Widerstandsbelag des Leiters ergibt sich daher wie folgt:

$$R_l' = \frac{\rho_{R,l}}{A_l} \cdot (1 + \alpha_{R,l} \cdot (T_l - T_{ref})) \tag{4.9}$$

Der Induktivitätsbelag des Leiters L_l' ergibt sich anhand seiner materialspezifischen und geometrischen Eigenschaften. Der für die Berechnung des Induktivitätsbelages eines Leiters notwendige Koeffizient $k_{L,l}$ berechnet sich in Abhängigkeit des Durchmessers d_l und eines als konstant angenommenen Abstandes des Leiters zur Karosserie h_l wie folgt:

$$k_{L,l} = \frac{1}{2 \cdot \pi} \cdot \operatorname{arccosh}\left(\frac{2 \cdot h_l}{d_l}\right) \tag{4.10}$$

Es ist anzumerken, dass die Annahme eines konstanten Abstandes des Leiters zur Karosserie zwar nicht vollständig mit der praktischen Realität übereinstimmt, jedoch für eine Näherung ausreichend ist. Der Leiterdurchmesser d_l ergibt sich aus dem nach Gleichung (4.8) berechneten Querschnitt des Leiters A_l. Der Induktivitätsbelag der Leitung L'_l wird unter Verwendung der magnetischen Permeabilität im Vakuum μ_0 sowie der relativen magnetischen Permeabilität μ_r wie folgt bestimmt (Diebig 2016, S. 46):

$$L'_l = \mu_0 \cdot \mu_r \cdot k_{L,l} \quad (4.11)$$

Die Permeabilitätszahl kann dabei für nicht-magnetische Materialien mit 1 angenähert werden. Der sich auf Grundlage dieser Annahmen ergebende Induktivitätsbelag in Abhängigkeit von h_l ist für verschiedene Leiterquerschnitte A_l in Abb. 4.8 dargestellt. Aus Abb. 4.8 geht hervor, dass die in (Gerten, Rübartsch et al. 2022b, S. 3) vorgenommene Annäherung von L'_l mit 1 µH/m plausibel ist. Der vereinfachte Ansatz zur Berechnung des Induktivitätsbelages wird nachfolgend aufgrund der daraus resultierenden Verkürzung der Rechenzeit angewendet.

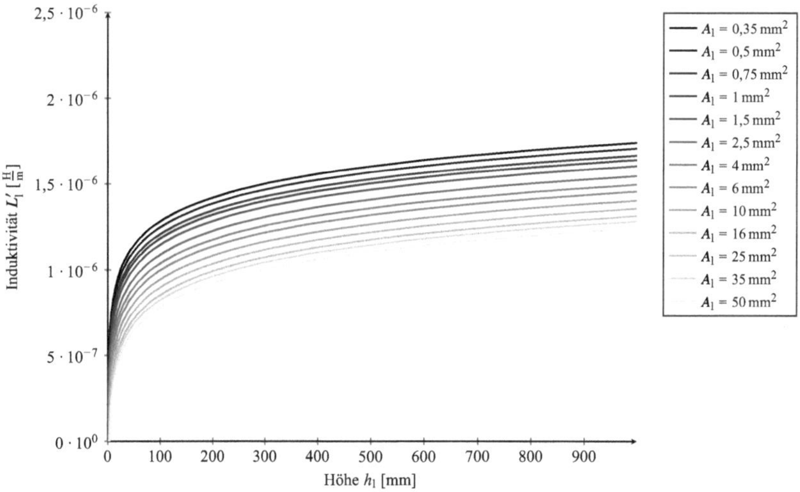

Abbildung 4.8 L'_l des elektrischen Leiters

Thermisch Eine Beschreibung des thermischen Verhaltens der EBN-Komponenten ist zur Auslegung dieser in Kapitel 6 notwendig. Die Relevanz der thermischen Modellierung wird nachfolgend zusätzlich für Schaltungssimulationen von Fahrzeugen begründet. Im Anschluss wird die thermische Modellierung der elektrischen Leitung beschrieben.

Vorbetrachtung
Die in Gleichung (4.9) beschriebene Temperaturabhängigkeit des elektrischen Widerstandes soll anhand eines beispielhaften Leiters aus Cu-ETP1 diskutiert und hinsichtlich ihrer Relevanz für die Schaltungssimulationen von Fahrzeugen in dieser Arbeit bewertet werden. Die in Tabelle 4.2 aufgeführten geometrischen und materialspezifischen Parameter einer elektrischen Leitung werden für die Analyse verwendet.

Tabelle 4.2 Parameter einer beispielhaften elektrischen Leitung

Parameter	Wert	Einheit
A_l	1	[mm^2]
l_{LT}	1	[m]
$\rho_{R,l}$	0,0171	[Ω mm^2/m]
$\alpha_{R,l}$	$4{,}04 \cdot 10^{-3}$	[K^{-1}]
T_{ref}	20	[°C]

R_l beträgt unter Verwendung des Zusammenhangs aus Gleichung (4.9) und der in Tabelle 4.2 aufgeführten Parameter bei einer Umgebungstemperatur von 20 °C 0,0171 Ω. Bei einer angenommenen maximalen Umgebungstemperatur von 85 °C gemäß (Volkswagen AG 2020, S. 8) liegt R_l bei rund 0,0216 Ω. Bei einem für den betrachteten Querschnitt typischen Laststrom von 10 A resultiert dies in Spannungsabfällen von 0,171 V beziehungsweise 0,216 V über die elektrische Leitung. Unter Berücksichtigung der deutlich höheren Leitungslänge zwischen Quelle und Last in realen Fahrzeugen kann die Temperaturabhängigkeit des Widerstandes im Rahmen dieser Arbeit auch in Fahrzeugsimulationen, insbesondere bei längeren simulierten Zeiten, gemäß der in Abschnitt Abschnitt 4.3.1 formulierten Anforderung an die Genauigkeit des Spannungsabfalls nicht vernachlässigt werden. Zusätzlich ist anzumerken, dass die auftretenden Ströme im Fall eines Fehlers die regulär auftretenden Ströme gegebenenfalls um ein Vielfaches übersteigen. Der durch eine potentielle Vernachlässigung des thermischen Verhaltens der Leitung entstehende Fehler wäre bei dieser Vorgehensweise höher. Deshalb muss das thermische Verhalten der elektrischen Leitung mit betrachtet werden. Es ist jedoch anzumerken, dass nicht erwärmte Leitungen potentiell den kritischsten Fall im Rahmen dieser Arbeit darstellen. Ursache hierfür ist, dass die möglichen auftretenden Kurzschlussströme mit steigendem Widerstand des jeweiligen EBN-Kanals sinken. Neben materialspezifischen und geometrischen Parametern beeinflusst auch die Anordnung der Leitung im Fahrzeugverbund das thermische Verhalten. So werden Leitungen im Fahrzeug typischerweise im Bündel verlegt. Den hinsichtlich der Erwärmung der Leitung kritischsten Fall stellt die starke Bestromung aller Leitungen des Bündels dar. Eine starke Bestromung aller Leitungen eines Bündels tritt in der Praxis sehr selten auf. Die Bestromung einzelner Leitungen eines Bündels führt aufgrund der guten Wärmeleitfähigkeit des Isolationsmaterials zu einer kühlenden Wirkung der umliegenden Leitungen (Diebig 2016, S. 39). Die Einzelverlegung in Luft deckt den kritischsten Fall gemäß einer konservativen Betrachtungsweise daher meist ab (Brabetz, Ayeb und Gysen 2017, S. 1). Diese Annahme wird im Rahmen dieser Arbeit getroffen. Zudem wird das thermische Verhalten der Leitung durch andere aus der Anordnung im Fahrzeugverbund resultierende Randbedingungen beeinflusst. So ist die Verortung der elektrischen Leitungen in der Nähe von Wärmequellen, wie beispielsweise dem Verbrennungsmotor, zu nennen. Der Einfluss thermischer Hotspots auf die Temperaturverteilung entlang einer elektrischen Leitung ist gemäß (Brabetz, Ayeb und Neumeier 2011, S. 2) jedoch verhältnismäßig gering. Auch etwaige aktive Luftzirkulationen rund um die Leitung haben Einfluss auf ihr thermisches Verhalten. So ist die Zirkulation der Luft bei einer Verlegung der Leitungen in flexiblen Kunststoffschläuchen, grobmaschigen Textilschläuchen oder auch Wellrohren nur eingeschränkt möglich. Im Zuge einer konservativen Betrachtungsweise werden äußere Strömungen im Folgenden ausgeschlossen.

Thermische Modellierung der elektrischen Leitung

Ausgangspunkt für die thermische Modellierung der elektrischen Leitung ist der Energieerhaltungssatz. Gemäß des ersten Hauptsatzes der Thermodynamik gilt, dass der Anstieg der in einem definierten Volumenelement gespeicherten Energie $\dot{E}_{sp}$ gleich der Energie ist, die in dieses hinein geht $\dot{E}_{eing}$, abzüglich der Energiemenge, die dieses verlässt $\dot{E}_{ausg}$, zuzüglich der im Volumenelement generierten Energie $\dot{E}_{gen}$. Der Energieerhaltungssatz wird für ein Volumenelement in Abb. 4.9 veranschaulicht. (Incropera, DeWitt et al. 2007, S. 70)

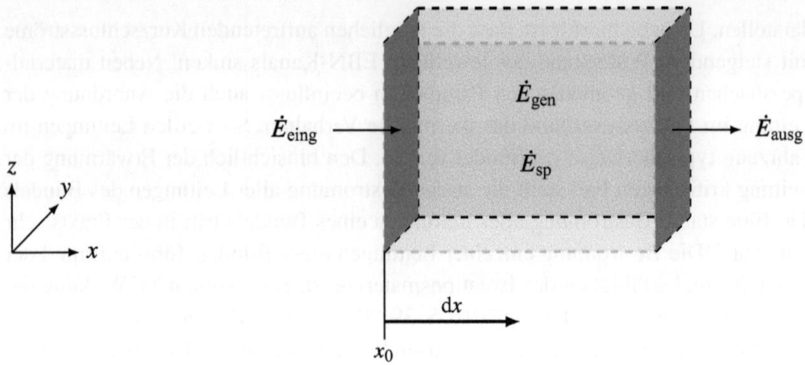

Abbildung 4.9 Energieerhaltungssatz für ein Volumenelement

Anhand von Abb. 4.9 ergibt sich der Energieerhaltungssatz wie folgt:

$$\dot{E}_{sp} = \dot{E}_{eing} - \dot{E}_{ausg} + \dot{E}_{gen} \tag{4.12}$$

Die nachfolgend beschriebenen Grundlagen der Wärme- und Stoffübertragung werden in (Incropera, DeWitt et al. 2007; Baehr und Stephan 2010; VDI 2010) im Detail erläutert. Die in der Literatur eingesetzten thermischen Modelle elektrischer Leitungen, wie beispielsweise in (Ilgevicius 2004; Künstl 2011; Diebig 2016; Rickman und Iannello 2016; Henke 2023), basieren stets auf diesen fundamentalen physikalischen Zusammenhängen. Prinzipiell kann die Abgabe von Energie in Form von Wärme durch die Mechanismen der Wärmeleitung mit der Leistung P_{leit}, der Wärmestrahlung mit P_{str} und der Konvektion mit P_{kon} beschrieben werden. Innerhalb einer Leitung erfolgt die Wärmeleitung sowohl in radialer als auch in axialer Richtung mit $P_{leit,rad}$ beziehungsweise $P_{leit,ax}$. Der Austausch mit der Umgebung kann durch Strahlung und Konvektion beschrieben werden. Nicht an die Umgebung abgegebene Wärme verbleibt im Leiter und erzeugt dort eine Temperaturerhöhung ΔT_l. Die Wärmeaufnahme des Leiter resultiert so aus der nicht an die Umgebung abgegebenen Wärme. Die Ursache der Erhöhung der Temperatur des Leiters ist der elektrische Strom. Aufgrund dessen wird wegen des spezifischen Widerstandes des Leitermaterials eine elektrische Leistung P_{el} generiert (Diebig 2016, S. 24–25; Henke 2023, S. 33). Wärmeleitung beschreibt den Transport von Energie in Festkörpern aufgrund von Temperaturunterschieden. Der Energietransport findet dabei zwischen benachbarten Molekülen statt. Ursächlich hierfür sind Temperaturgradienten im Material. Dabei ändert sich die Temperatur in Abhängigkeit von Ort und Zeit. Über die Fourier'sche Wärmeleitungsgleichung kann der Zusammenhang zwischen der Wärmestromdichte $\dot{q}$ und dem Temperaturgradienten ∇T (in K/m) beschrieben werden (Baehr und Stephan 2010, S. 4; Diebig 2016, S. 21):

$$\dot{q} = -\lambda \cdot \nabla T \tag{4.13}$$

Das negative Vorzeichen resultiert dabei aus dem Fluss des positiven Wärmestromes in Richtung einer abnehmenden Temperatur. Das Verhältnis ist dabei von der Wärmeleitfähigkeit λ des Materials abhängig. Diese Proportionalitätskonstante hängt von dem Druck, der Richtung und der Temperatur ab. Aufgrund der Annahme eines isotropen Materials kann die Abhängigkeit von der Richtung vernachlässigt werden. Zudem ist die Temperaturabhängigkeit gemäß (Baehr und Stephan 2010, S. 4) häufig nicht stark ausgeprägt, weswegen auch diese nachfolgend nicht berücksichtigt wird. Da die Druckabhängigkeit lediglich bei flüssigen sowie gasförmigen Stoffen relevant ist, kann auch diese im Folgenden vernachlässigt werden. Grundsätzlich lässt sich sagen, dass elektrisch leitende Werkstoffe eine hohe und nichtleitende Werkstoffe eine geringe Wärmeleitfähigkeit aufweisen. So liegt die Wärmeleitfähigkeit von Kupfer beispielsweise bei 386 W/(K m), während diese bei Polyvinylchlorid (PVC) bei 0,21 W/(K m) liegt (Baehr und Stephan 2010, S. 5; Diebig 2016, S. 21). Die durch Wärmeleitung übertragene Leistung ergibt sich für eine Richtung i wie folgt:

$$P_{\text{leit},i} = \dot{q}_i \cdot A_i \tag{4.14}$$

Energie wird in einem strömenden Fluid nicht nur durch Wärmeleitung, sondern auch durch makroskopische Bewegungen des Fluids transportiert. Durch eine fiktive im entsprechenden Fluid ortsfest aufgespannte Fläche fließt somit Wärme durch Leitung als Folge eines Temperaturgradienten. Zusätzlich fließt hier Energie als Enthalpie und die kinetische Energie des strömenden Fluids. Dies wird als konvektiver Wärmeübergang bezeichnet. Dabei wird zwischen freier und erzwungener Konvektion differenziert. Als freie Konvektion bezeichnet man die Wärmeübertragung, die ohne äußeren Einfluss geschieht. Dabei ist die Luft lediglich aufgrund thermischer Auftriebskräfte in Bewegung. Bei der erzwungenen Konvektion existieren durch äußere Kräfte entstehende Strömungen. In diesem Fall bewegt sich die Luft zum Beispiel aufgrund eines Ventilators. Basierend auf der Annahme, dass keine äußeren Strömungen vorliegen, findet die Konvektion im Folgenden ohne Fremdeinflüsse statt. Deshalb wird nur freie Konvektion betrachtet. Bei der elektrischen Leitung liegt ein konvektiver Wärmeübergang zwischen einem Festkörper in Form der Isolation und einem bewegten Fluid in Form von Luft vor. Die mittels Konvektion übertragene Leistung P_{kon} kann als Produkt der wärmeübertragenden Fläche und der Differenz zwischen der Temperatur der Oberfläche der Leitung $T_{LT,o}$ und der Umgebungstemperatur T_u berechnet werden. Unter der Annahme einer homogenen Temperaturverteilung innerhalb der Isolation gilt, dass $T_{LT,o}$ gleich T_{iso} ist. Die wärmeübertragende Fläche entspricht dabei der Oberfläche der Leitung A_{iso}. (Baehr und Stephan 2010, S. 25; Diebig 2016, S. 21)

$$P_{kon} = \alpha_{kon} \cdot A_{iso} \cdot (T_{iso} - T_u) \tag{4.15}$$

Die Oberfläche der Leitung A_{iso} ergibt sich als Produkt aus dem Umfang der elektrischen Leitung mit Isolation u_{iso} und der Leitungslänge l_{LT}.

$$A_{iso} = u_{iso} \cdot l_{LT} \tag{4.16}$$

α_{kon} bezeichnet dabei den konvektiven Wärmeübergangskoeffizienten. Diese auch als Wärmeübertragungskoeffizient bezeichnete Proportionalitätskonstante ist von einer Vielzahl von Parametern abhängig. Eine exakte Berechnung ist dabei meist nicht möglich. Durch die Verwendung von experimentellen Daten und dimensionslosen Kennzahlen in Form der Nußelt- Nu, der Grashof- Gr, der Prandtl- Pr sowie der Rayleigh-Zahl Ra kann diese angenähert werden. Hierfür wird gemäß (Baehr und Stephan 2010, S. 18) die Ähnlichkeitstheorie, also die Beschreibung physikalischer Zusammenhänge mittels eines Satzes dimensionsloser Kennzahlen, verwendet. Diese Kennzahlen werden nachfolgend näher beschrieben (Diebig 2016, S. 22). Als Nußelt-Zahl Nu wird der Quotient aus dem Produkt des Wärmeübertragungskoeffizienten α_{kon} und einer charakteristischen Länge l_c sowie der Wärmeleitfähigkeit des Fluids λ bezeichnet. Die Nußelt-Zahl ist ein Maß für die Verbesserung der Wärmeübertragung einer Oberfläche gegenüber dem Fall, dass an der Fläche lediglich Wärmeleitung auftritt (Baehr und Stephan 2010, S. 19). Im Fall, dass das Fluid Luft ist, gilt:

$$Nu = \frac{\alpha_{kon} \cdot l_c}{\lambda_{lu}} \tag{4.17}$$

Die charakteristische Länge des Wärmeübergangsproblems l_c ergibt sich gemäß (VDI 2010, S. 26) für einen Zylinder mit dem Durchmesser d_{iso} wie folgt:

$$l_c = \frac{\pi}{2} \cdot d_{iso} \tag{4.18}$$

Die Grashof-Zahl Gr setzt den statischen Auftrieb des Fluids zur aufgrund der Viskosität auf das Fluid wirkenden Kraft ins Verhältnis. Die Grashof-Zahl Gr ergibt sich unter Verwendung der Fallbeschleunigung g, des thermischen Ausdehnungskoeffizienten des Fluids β sowie der kinematischen Viskosität ν für den Fall des Fluids Luft wie folgt:

$$Gr = \frac{g \cdot l_c^3 \cdot \beta_{lu} \cdot (T_{iso} - T_u)}{\nu^2} \tag{4.19}$$

Die kinematische Viskosität ν ist dabei als Quotient der dynamischen Viskosität η und der Dichte ρ definiert. Die dynamische Viskosität ist ein Maß für die Zähflüssigkeit eines Fluids.

$$\nu = \frac{\eta}{\rho} \tag{4.20}$$

Die Prandtl-Zahl Pr ist der Quotient der kinematischen Viskosität ν und der Temperaturleitfähigkeit des Fluids a. Die Prandtl-Zahl verknüpft somit das Temperatur- und das Geschwindigkeitsfeld (Baehr und Stephan 2010, S. 22). Pr ergibt sich für das Fluid Luft wie folgt:

$$Pr = \frac{\nu}{a_{lu}} \tag{4.21}$$

Die Temperaturleitfähigkeit a berechnet sich unter Verwendung der Wärmeleitfähigkeit λ, der spezifischen Wärmekapazität c sowie der Dichte ρ für das Fluid Luft wie folgt:

$$a_{lu} = \frac{\lambda_{lu}}{c_{lu} \cdot \rho_{lu}} \tag{4.22}$$

Die Rayleigh-Zahl Ra ergibt sich als Produkt aus der Grashof- Gr und der Prandtl-Zahl Pr:

$$Ra = Gr \cdot Pr \tag{4.23}$$

Der Wärmeübergangskoeffizient kann gemäß Gleichung (4.17) mittels Nu berechnet werden. Nach (Churchill und Chu 1975, S. 1051; VDI 2010, S. 27) ergibt sich die Nußelt-Zahl unter Berücksichtigung der Prandtl- und der Rayleigh-Zahl für einen horizontalen Zylinder wie folgt:

$$Nu = \left(0{,}6 + \frac{0{,}387 \cdot Ra^{\frac{1}{6}}}{(1 + (\frac{0{,}559}{Pr})^{\frac{9}{16}})^{\frac{8}{27}}}\right)^2 \tag{4.24}$$

Gleichung (4.24) wird in (Henke 2023, S. 41) zur Bestimmung der Nußelt-Zahl zur Modellierung des thermischen Verhaltens einer Leitung verwendet. Die sich anhand dieses Ansatzes ergebenden Werte für α_{kon} sind gemäß (Blauth 2017, S. 206) zu gering. Daher wird der in (Ilgevicius 2004, S. 21; Diebig 2016, S. 23; Blauth 2017, S. 206) verwendete Zusammenhang zur Bestimmung der Nußelt-Zahl Nu bei der thermischen Modellierung einer elektrischen Leitung für einen horizontalen

Zylinder eingesetzt. Der erste Summand weicht dabei gegenüber Gleichung (4.24) geringfügig ab. So ergibt sich die Nußelt-Zahl Nu wie folgt:

$$Nu = \left(0{,}752 + \frac{0{,}387 \cdot Ra^{\frac{1}{6}}}{(1 + (\frac{0{,}559}{Pr})^{\frac{9}{16}})^{\frac{8}{27}}}\right)^2 \tag{4.25}$$

Aus Gleichung (4.17) folgt für den konvektiven Wärmeübergangskoeffizienten α_{kon} bei einem Fluid Luft:

$$\alpha_{\text{kon}} = \left(0{,}752 + \frac{0{,}387 \cdot Ra^{\frac{1}{6}}}{(1 + (\frac{0{,}559}{Pr})^{\frac{9}{16}})^{\frac{8}{27}}}\right)^2 \cdot \frac{\lambda_{\text{lu}}}{l_{\text{c}}} \tag{4.26}$$

Wärmestrahlung beschreibt die Energieabgabe eines Körpers durch elektromagnetische Wellen an die Umgebung. Da sich elektromagnetische Wellen auch im luftleeren Raum ausbreiten, ist für den Strahlungstransport keine Materie erforderlich. Die Übertragung von Wärme findet durch Emission und Absorption von Strahlung zwischen beispielsweise 2 Körperflächen statt. Für die Strahlungsleistung einer elektrischen Leitung mit dem Emissionsgrad ε_{iso} sowie dem Absorptionsgrad der Isolation ab_{iso} gilt unter Berücksichtigung der Stefan-Boltzmann-Konstante σ nach dem gleichnamigen Gesetz:

$$P_{\text{str}} = \sigma \cdot A_{\text{iso}} \cdot (\varepsilon_{\text{iso}} \cdot T_{\text{iso}}^4 - ab_{\text{iso}} \cdot T_{\text{u}}^4) \tag{4.27}$$

Nun wird nachfolgend angenommen, dass der Absorptionsgrad ab_{iso} der Oberfläche von der Art der auftreffenden Strahlung unabhängig ist und mit dem Emissionsgrad ε_{iso} übereinstimmt. Deshalb folgt für die Strahlungsleistung P_{str} (Baehr und Stephan 2010, S. 31):

$$P_{\text{str}} = \sigma \cdot A_{\text{iso}} \cdot \varepsilon_{\text{iso}} \cdot (T_{\text{iso}}^4 - T_{\text{u}}^4) \tag{4.28}$$

Im Folgenden wird die Leistungsgleichung der Strahlung in eine zur Konvektion äquivalente Form gebracht. Dafür wird der Wärmeübergangskoeffizient für Strahlung α_{str} eingeführt. Dieser ergibt sich in Abhängigkeit des Emissionsgrades ε_{iso} sowie der Stefan-Boltzmann-Konstante σ wie folgt:

$$\alpha_{\text{str}} = \frac{\varepsilon_{\text{iso}} \cdot \sigma \cdot (T_{\text{iso}}^4 - T_{\text{u}}^4)}{T_{\text{iso}} - T_{\text{u}}} \tag{4.29}$$

Unter Verwendung von Gleichung (4.29) folgt für die Strahlungsleistung P_{str}:

$$P_{\mathrm{str}} = \alpha_{\mathrm{str}} \cdot A_{\mathrm{iso}} \cdot (T_{\mathrm{iso}} - T_{\mathrm{u}}) \tag{4.30}$$

Der Gesamtwärmeübergangskoeffizient α_{ges} ergibt sich als Summe der eingeführten Wärmeübertragungskoeffizienten α_{kon} und α_{str} (Diebig 2016, S. 24):

$$\alpha_{\mathrm{ges}} = \alpha_{\mathrm{kon}} + \alpha_{\mathrm{str}} \tag{4.31}$$

Die beschriebenen Zusammenhänge der Wärmeübertragung stellen die Grundlage zur Berechnung der Temperatur der elektrischen Leitung dar. Anhand von Gleichung (4.12) kann die Wärmeleitungsgleichung hergeleitet werden. Diese wird nachfolgend verwendet. Die detaillierte Herleitung wird beispielsweise in (Incropera, DeWitt et al. 2007, S. 70; Baehr und Stephan 2010, S. 122) beschrieben. Im Rahmen dieser Arbeit wird dabei von einem dichtebeständigen Körper ($\rho = \text{konst.}$) ausgegangen. Unter Vernachlässigung der Abhängigkeit der Wärmeleitfähigkeit λ sowie der spezifischen Wärmekapazität c von der Temperatur ergibt sich in den Zylinderkoordinaten r, ϕ, z für die Wärmeleitungsgleichung für einen Körper mit konstanten Stoffwerten:

$$\frac{\partial T}{\partial t} = a \cdot \left(\frac{\partial^2 T}{\partial r^2} + \frac{1}{r}\frac{\partial T}{\partial r} + \frac{1}{r^2}\frac{\partial^2 T}{\partial \phi^2} + \frac{\partial^2 T}{\partial z^2} \right) + \frac{\dot{W}}{c \cdot \rho} \tag{4.32}$$

Neben der Abhängigkeit der Temperatur der elektrischen Leitung von der Änderung der Temperatur innerhalb der Geometrie werden in Gleichung (4.32) zusätzliche Wärmequellen $\dot{W}$ berücksichtigt. $\dot{W}$ ist hierbei die auf das Volumen bezogene Leistungsdichte der inneren Wärmequellen. Diese ist abhängig von der elektrischen Verlustleistung P_{el} im Leiter mit der Querschnittsfläche A_{l} und der Länge l_{LT}. Die Verlustleistung ergibt sich dabei aus dem Quadrat des Laststromes I_{L} und dem Widerstand R_{l}. Die Berechnung des Widerstandes des Leiters R_{l} in Abhängigkeit seiner Temperatur T_{l} wird in Gleichung (4.9) beschrieben.

$$\dot{W} = \frac{P_{\mathrm{el}}}{A_{\mathrm{l}} \cdot l_{\mathrm{LT}}} = \frac{I_{\mathrm{L}}^2 \cdot R_{\mathrm{l}}}{A_{\mathrm{l}} \cdot l_{\mathrm{LT}}} \tag{4.33}$$

Die Wärmeausdehnung in Richtung des Azimutwinkels ϕ kann unter Berücksichtigung der bereits eingeführten Annahme eines homogenen Leiters vernachlässigt werden. Der Einfluss der Wärmeleitung in radialer Richtung auf die Temperatur ist gegenüber der axialen Wärmeleitung aufgrund des Verhältnisses von Durchmesser zu Leitungslänge deutlich stärker. Die Wärmeleitung in axialer Richtung wird daher für lange Leitungen häufig vernachlässigt (Schulz 2003; Diebig 2016, S. 25).

In (Brabetz, Ayeb und Neumeier 2011, S. 2) wird der Einfluss der Wärmeleitung in axialer Richtung diskutiert. Im Rahmen dieser Arbeit wird die Wärmeleitung in axialer z-Richtung aufgrund ihres geringen Einflusses auf die Leitertemperatur und der Vernachlässigung lokaler Temperaturdifferenzen innerhalb einer Leitung nicht berücksichtigt. Um die Wärmeleitungsgleichung analytisch lösen zu können, wird zunächst der stationäre Fall betrachtet. Hierfür wird Gleichung (4.32) unter Verwendung der vorgenommenen Annahmen vereinfacht:

$$0 = a \cdot \left(\frac{\partial^2 T}{\partial r^2} + \frac{1}{r} \frac{\partial T}{\partial r} \right) + \frac{\dot{W}}{c \cdot \rho} \tag{4.34}$$

Durch zweifache Integration mit den Integrationskonstanten C_0 und C_1 kann die Lösung von Gleichung (4.34) gefunden werden:

$$T(r) = C_0 + C_1 \cdot \ln(r) - \frac{\dot{W}}{4 \cdot \lambda} \cdot r^2 \tag{4.35}$$

Aufgrund der fehlenden Erwärmung der Isolation durch sich selbst und die damit nicht vorliegenden inneren Wärmequellen vereinfacht sich Gleichung (4.35) für die Berechnung der Temperatur der Isolation zu (Diebig 2016, S. 25):

$$T_{\text{iso}}(r) = C_0 + C_1 \cdot \ln(r) \tag{4.36}$$

Zur Bestimmung der Integrationskonstanten für Leiter und Isolation werden Randbedingungen benötigt. Aus Symmetriegründen wird nun angenommen, dass die Temperaturänderungen im Mittelpunkt des Leiters gleich 0 sind:

$$\left. \frac{\partial T}{\partial r} \right|_{r=0} = 0 \tag{4.37}$$

Der Wärmeübergang zwischen Leitung und Umgebung wird durch die folgende Randbedingung beschrieben (Incropera, DeWitt et al. 2007, S. 80):

$$-\lambda \cdot \left. \frac{\partial T}{\partial r} \right|_{r=r_1} = \alpha_{\text{ges}} \cdot (T_1(r_1) - T_{\text{u}}) \tag{4.38}$$

Auch der Wärmeübergang zwischen Leiter und Isolation muss betrachtet werden. Dabei wird von einem idealen Wärmeübergang zwischen beiden Schichten ausgegangen. Die Validität dieser Annahme wird in (Brabetz, Ayeb und Neumeier 2011,

S. 2) aufgezeigt. So ergibt sich für die Temperatur und die Wärmestromdichte:

$$T_l(r = r_l) = T_{iso}(r = r_l) \tag{4.39}$$

$$-\lambda_l \cdot \left.\frac{\partial T_l(r)}{\partial r}\right|_{r=r_l} = -\lambda_{iso} \cdot \left.\frac{\partial T_{iso}(r)}{\partial r}\right|_{r=r_l} \tag{4.40}$$

Mit den gegebenen Randbedingungen ergibt sich eine statische Leitertemperatur T_l in Abhängigkeit des Radius r_l:

$$T_l(r) = \dot{W} \cdot \left(\frac{r_l^2}{4 \cdot \lambda_l} + \frac{r_l^2}{2 \cdot r_{iso} \cdot \alpha_{ges}} + \frac{r_l^2}{2 \cdot \lambda_{iso}} \cdot \ln(\frac{r_{iso}}{r_l}) - \frac{r^2}{4 \cdot \lambda_l} \right) + T_u \tag{4.41}$$

Für die Temperatur der Isolation T_{iso} ergibt sich:

$$T_{iso}(r) = \dot{W} \cdot \left(\frac{r_l^2}{2 \cdot r_{iso} \cdot \alpha_{ges}} + \frac{1}{2 \cdot \lambda_{iso}} \cdot r_l^2 \cdot \ln(\frac{r_{iso}}{r_l}) \right) + T_u \tag{4.42}$$

Beide Temperaturen sind von den geometrischen sowie materialspezifischen Eigenschaften der elektrischen Leitung, der Höhe der Belastung und der Umgebungstemperatur abhängig. Während die Änderung der Umgebungstemperatur zu einer fast linearen Veränderung der Temperatur des Leiters beziehungsweise der Isolation führt, ist der Einfluss des Laststromes gemäß Gleichung (4.33) quadratisch. Die Abhängigkeit des Wärmeübergangskoeffizienten von der Umgebungstemperatur wird zudem erst bei einer hohen Temperaturdifferenz relevant. Diese wird im Folgenden für elektrische Leitungen nicht angenommen. Äquivalent zur Berechnung der stationären Temperatur des Leiters sowie der Isolation wird auch im transienten Fall lediglich eine Abhängigkeit der Temperatur in radialer Richtung angenommen. Daher gilt unter Berücksichtigung der zeitlichen Änderung $\frac{\partial T}{\partial t}$:

$$\frac{\partial T}{\partial t} = a \cdot \left(\frac{\partial^2 T}{\partial r^2} + \frac{1}{r}\frac{\partial T}{\partial r} \right) + \frac{\dot{W}}{c \cdot \rho} \tag{4.43}$$

Die Lösung der partiellen Differentialgleichung ist analytisch lediglich mit hohem Aufwand für einzelne Fälle lösbar. Nachfolgend werden die im stationären Fall angewendeten Rand- und Koppelbedingungen berücksichtigt. Eine weitere Vereinfachung von Gleichung (4.43) ist unter der Annahme eines dünnen Hohlzylinders möglich. Dieser stellt eine gute Annäherung für die Isolation dar. Für einen dünnen

Hohlzylinder mit einer Temperaturdifferenz ΔT zwischen der Innen- und Außenfläche sind gemäß (Diebig 2016, S. 27) die folgenden Annahmen plausibel:

- Der Temperaturverteilung im Hohlzylinder mit der Dicke Δr ist näherungsweise linear. Daraus folgt: $\frac{\partial^2 T}{\partial r^2} = 0$ und $\frac{\partial T}{\partial r} = \frac{\Delta T}{\Delta r} = \frac{T_1 - T_2}{r_1 - r_2}$.
- Die im Hohlzylinder umgesetzte Leistung ist ortsunabhängig ($\dot{W}$ = konst.).
- Die Dicke des Hohlzylinders ist viel kleiner als dessen Radius.

Unter Berücksichtigung der Annahmen ergibt sich für Gleichung (4.43):

$$\frac{\partial T}{\partial t} = a \cdot \frac{1}{r} \cdot \frac{\Delta T}{\Delta r} + \frac{\dot{W}}{c \cdot \rho} \tag{4.44}$$

Zur Berechnung des thermischen Widerstandes R_{th} sind die von der Wärme durchflossene Fläche A sowie die Dicke Δr der Materialschicht erforderlich. R_{th} ergibt sich wie folgt:

$$R_{\text{th}} = \frac{1}{\lambda \cdot A} \cdot \Delta r = \frac{1}{\lambda \cdot u \cdot l} \cdot \Delta r \tag{4.45}$$

Für die thermische Kapazität C_{th} gilt:

$$C_{\text{th}} = c \cdot \rho \cdot u \cdot l \cdot \Delta r \tag{4.46}$$

Dabei ergibt sich die spezifische Wärmekapazität als Quotient aus der Wärmespeicherzahl s und der Dichte ρ:

$$c = \frac{s}{\rho} \tag{4.47}$$

Daraus folgt für C_{th}:

$$C_{\text{th}} = s \cdot u \cdot l \cdot \Delta r \tag{4.48}$$

Durch die Annahme $\Delta r = r$ und unter Berücksichtigung des aus Gleichung (4.33) abgeleiteten Zusammenhangs $P_{\text{el}} = \dot{W} \cdot u \cdot l \cdot \Delta r$ ergibt sich gemäß (Diebig 2016, S. 28):

$$\frac{\partial T}{\partial t} = \frac{1}{R_{\text{th}} \cdot C_{\text{th}}} \cdot \Delta T + \frac{P_{\text{el}}}{C_{\text{th}}} \tag{4.49}$$

Die beschriebenen Grundlagen zur Modellierung elektrischer Leitungen mit einer runden Form sind auf andere Geometrien übertragbar. Alternativen für konventionelle Rundleiter werden beispielsweise in (Langer 2022) beschrieben. Die erforderlichen Anpassungen zur Modellierung rechteckiger Leitungen sind in (Ilgevicius 2004, S. 15; Widal 2025) ausführlich beschrieben.

Validierung

Das Modell der elektrischen Leitung wird unter elektrischen und thermischen Gesichtspunkten validiert. Dabei wird im Rahmen der thermischen Betrachtung neben der sich einstellenden stationären Temperatur der Leitung auch das transiente Verhalten in Form der Zeitkonstanten der Temperaturerhöhung betrachtet. Zur Validierung des Simulationsmodells sind Messungen erforderlich. Die Messung der Temperatur der elektrischen Leitung kann sowohl mittels direkter als auch indirekter Methoden erfolgen. Zur direkten Messung der Temperatur können beispielsweise Thermoelemente verwendet werden. Dabei muss ein direkter Kontakt zwischen dem Messinstrument und dem Messobjekt hergestellt werden. Die Aufbringung entsprechender Messinstrumente ist dabei besonders bei kleinen Leiterquerschnitten schwierig. Zusätzlich wird das Verhalten des Leiters durch das notwendige Entfernen der Isolation beeinflusst. Auch die aus der Wärmeabfuhr über die Messinstrumente resultierende kühlende Wirkung beeinflusst das Verhalten des Leiters. Aufgrund der genannten Gründe kommen direkte Messmethoden zur Bestimmung der Temperatur der Leitung nicht zum Einsatz. Die Messung der Temperatur erfolgt stattdessen indirekt anhand der Veränderung des elektrischen Widerstandes gemäß Gleichung (4.9). Der Widerstand ergibt sich dabei aus dem Abfall der Spannung über der elektrischen Leitung bei bekanntem Laststrom. Der entsprechende Ansatz zur Bestimmung der Leitertemperatur T_l wird in der Leistungsverzeichnis (LV)-Norm 112-3 beschrieben (Arbeitsgruppe LV 112 2011). Um mögliche Abweichungen durch die Umgebungstemperatur zu vermeiden, wird diese während der Versuche erfasst und in den entsprechenden Simulationen berücksichtigt. Eine Verfälschung des Messergebnisses durch andere äußere Einflüsse wie Luftbewegungen kann auch bei indirekten Methoden nicht pauschal als Fehlerquelle ausgeschlossen werden. Diese können beispielsweise zu einer externen Kühlung der elektrischen Leitung führen. Als weitere Fehlerquelle ist die Kontaktierung der Leitung zu nennen. Dabei kann insbesondere die Verwendung unterschiedlicher Materialien mit abweichenden elektrischen sowie thermischen Eigenschaften zu Abweichungen führen. Zudem ist auch eine mögliche Abführung von Wärme über Auflageflächen zu berücksichtigen. Daraus können Ungenauigkeiten des Messergebnisses von wenigen °C resultieren (Diebig 2016, S. 50–51). Die im Folgenden zur Validierung verwendeten Messdaten wurden bereitgestellt. Dabei werden die in Tabelle 4.3 aufgeführten Leitungen betrachtet. Auf die Untersuchung von Leitungen mit einem Querschnitt kleiner $0{,}35\ \mathrm{mm}^2$ wird aufgrund ihrer geringen Relevanz im EBN verzichtet.

Tabelle 4.3 Elektrische Leitungen zur Validierung

A_l [mm^2]	Leitungstyp [-]	Leitungsmaterial [-]	Isolationsmaterial [-]	l_{LT} [mm]
0,35	FLRY-B	Cu-ETP1	PVC	4000
1	FLRY-B	Cu-ETP1	PVC	4000
2,5	FLRY-B	EN-AW-Al99.7	PVC	4000
4	FLRY-B	EN-AW-Al99.7	PVC	4000
10	FLYW	EN-AW-Al99.7	PVC	4000
16	FLR2G	Cu-ETP1	Si	4000
35	FLR2G	Cu-ETP1	Si	4000

Der Versuchsaufbau zur Bestimmung des ohmschen Widerstandes der elektrischen Leitung ist in Abb. 4.10 schematisch dargestellt. Auf die Darstellung von Masseleitungen und Kontaktsystemen wird aus Gründen der Übersichtlichkeit verzichtet. Die Messung des Spannungsabfalls über das betrachtete Leitungsstück ΔU_l erfolgt zur Vermeidung von Verfälschungen des gemessenen Widerstandes des Leiters durch andere Widerstände des Messaufbaus mittels des Vierleiterprinzips (Diebig 2016, S. 51–52). Die Energieversorgung erfolgt über ein Laborversorgungsgerät mit der Spannung U_{vers} und der Impedanz $\underline{Z}_{vers}$. Die verwendete elektronische Last weist die Impedanz $\underline{Z}_L$ auf.

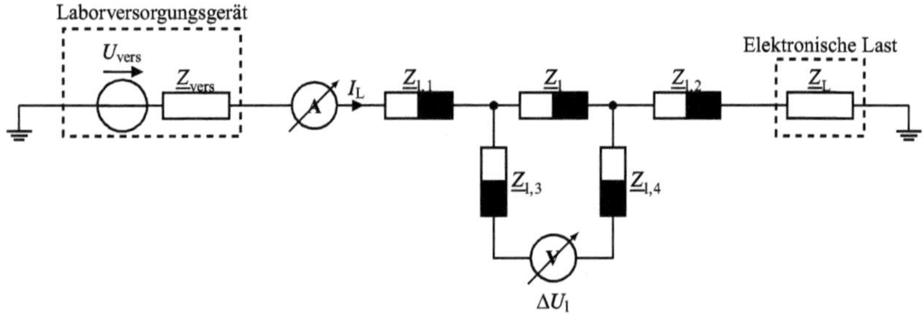

Abbildung 4.10 Versuchsaufbau zur Messung von ΔU_l

Das zur Validierung verwendete Modell ist in Abb. B.2 abgebildet. Das Verhältnis von Rechenzeit zu Simulationszeit beträgt dabei:

$$\frac{t_{\mathrm{LT,kalk}}}{t_{\mathrm{LT,sim}}} = 0{,}54 \tag{4.50}$$

Die Anforderung hinsichtlich der Recheneffizienz von dem Verhältnis von Rechenzeit $t_{\mathrm{LT,kalk}}$ zu Simulationszeit $t_{\mathrm{LT,sim}}$ des Simulationsmodells der elektrischen Leitung von 1,0 gemäß Abschnitt 4.3.2 ist damit erfüllt.

Elektrisch Die Widerstände der elektrischen Leitungen werden nachfolgend mit einem Strom von 50 mA gemessen. Aufgrund des sehr geringen Stromes kann die Erwärmung der Leitung durch diesen vernachlässigt werden. Die anhand des gemessenen und simulierten Widerstandes sowie der Leitungslänge ermittelten Widerstandsbeläge des Leiters werden in Tabelle 4.4 verglichen. Der Vergleich dieser Werte wird in Abb. B.3 veranschaulicht. In Tabelle 4.4 sind zusätzlich die minimalen $R'_{\mathrm{l,min}}$ sowie maximalen Widerstandsbeläge $R'_{\mathrm{l,max}}$ gemäß ISO-Norm 6722-1 für Kupfer- beziehungsweise LV-Norm 112-2 für Aluminium-Leitungen aufgeführt (ISO Central Secretary 2011, S. 9, 39 Arbeitsgruppe 2014b, S. 19–20).

Tabelle 4.4 Vergleich des Widerstandsbelages R'_{l}

A_{l} [mm²]	$R'_{\mathrm{l,mess}}$ [mΩ/m]	$R'_{\mathrm{l,sim}}$ [mΩ/m]	δR_{l} [%]	$R'_{\mathrm{l,min}}$ [mΩ/m]	$R'_{\mathrm{l,max}}$ [mΩ/m]
0,35	49,12	50,7	3,22	50,0	54,4
1,0	17,91	17,16	−4,19	17,0	18,5
2,5	12,62	11,82	−6,34	11,8	12,7
4,0	7,69	7,33	−4,68	7,27	7,85
10,0	3,0	2,88	−4	2,81	3,03
16,0	1,15	1,07	−6,96	1,07	1,16
35,0	0,62	0,51	−17,74	0,489	0,527

In Tabelle 4.4 wird deutlich, dass der simulativ bestimmte Widerstandsbelag nur bei einem Leiterquerschnitt von 0,35 mm² über dem mit Messungen ermittelten Wert liegt. Der anhand von Messung bestimmte Widerstandsbelag liegt in diesem Fall jedoch nicht im Bereich zwischen $R'_{\mathrm{l,min}}$ und $R'_{\mathrm{l,max}}$. Eine mögliche Erklärung für die Abweichung ist eine ungenaue Messung der Leitungslänge. Zudem sind für einen Leiterquerschnitt von 35 mm² signifikante Abweichungen zwischen Simulation und Messung erkennbar. Der anhand von Messungen ermittelte Widerstandsbelag liegt auch hier nicht zwischen $R'_{1,\min}$ und $R'_{1,\max}$. Verfälschungen des gemessenen Widerstandes durch zusätzliche Widerstände, wie beispielsweise Kontaktsysteme, können auch bei der verwendeten Messmethode auftreten, wenn die Kontaktstellen der Spannungsmessung nicht direkt an der geprüften Leitung angebracht sind. Der Einfluss entsprechender Verfälschungen ist bei großen Querschnitten und den damit verbundenen geringen Widerständen besonders ausgeprägt. Zudem können die Abweichungen aus Unterschieden in den Material- und Geometrieparametern des Leiters resultieren. Die aus den aufgeführten Abweichungen zwischen Simulation und Messung resultierenden Fehler bei der Abbildung des Spannungsabfalls entlang der Leitung verletzen bei hohen Strömen sowie hohen Leitungslängen potentiell die in Abschnitt 4.3.1 eingeführten Anforderungen an die Genauigkeit der Simulationsmodelle. Da die anhand des Simulationsmodells ermittelten Widerstandsbeläge jedoch innerhalb von $R'_{1,\min}$ und $R'_{1,\max}$ liegen, wird das Modell unter elektrischen Gesichtspunkten als valide bewertet. Zusätzlich ist anzumerken, dass auch die Grenzen hinsichtlich des Widerstandsbelages der LV-Norm 112-1 beziehungsweise der ISO-Norm 6722-2 durch das Modell eingehalten werden (Arbeitsgruppe LV 112 2014a, S. 48–55; ISO Central Secretary 2013, S. 7).

Thermisch (Stationär) Der Leitungswiderstand wird gemäß der Vorgehensweise der LV-Norm 112-3 für mindestens 10 kontinuierlich steigende konstante Lastströme I_L ermittelt (Arbeitsgruppe LV 112 2011, S. 7). Anhand des Widerstandes wird die Temperatur des Leiters berechnet. Hierbei wird angenommen, dass unabhängig von den geometrischen Abmessungen sowie des Materials der betrachteten Leitung nach 3000 s ein stationärer Zustand vorliegt. Der Vergleich der sich einstellenden stationären Temperaturen bei variierenden Strömen ist für die verschiedenen Leitungen in Abb. 4.11 dargestellt. Dabei ist ersichtlich, dass die absoluten Abweichungen der berechneten und der gemessenen Temperatur insbesondere bei großen Leiterquerschnitten mit steigendem Laststrom zunehmen. Die maximal zulässige Abweichung $\Delta T_{1,\max}$ gemäß Abschnitt 4.3.1 wird von den betrachteten elektrischen Leitungen mit kleineren Querschnitten teils nicht eingehalten. Die Abweichungen treten dabei schwerpunktmäßig bei höheren Strömen auf. Aufgrund der mit den Strömen einhergehenden Leitertemperaturen von teils weit über 105 °C, der geringeren Relevanz von Leitungen mit kleinen Leiterquerschnitten im EBN und der großen Länge der verwendeten Leitungen von 4 m werden die Abweichungen nachfolgend akzeptiert. 105 °C entsprechen dabei der maximalen Dauergebrauchstemperatur elektrischer Leitungen der Temperaturklasse B(105) nach LV-Norm 112-1 (Arbeitsgruppe LV 112 2014a, S. 9).

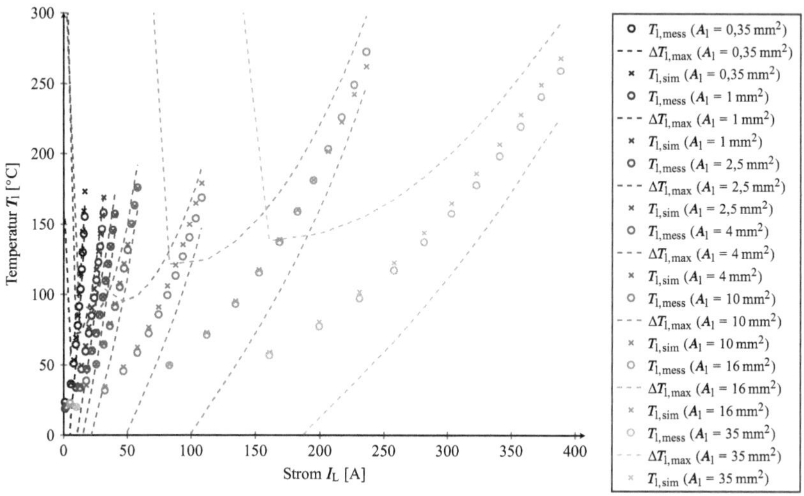

Abbildung 4.11 Absolute Abweichung der stationären Leitungstemperatur T_l

Die sich ergebenden relativen Abweichungen der stationären Temperatur des Leiters sind in Abb. 4.12 dargestellt.

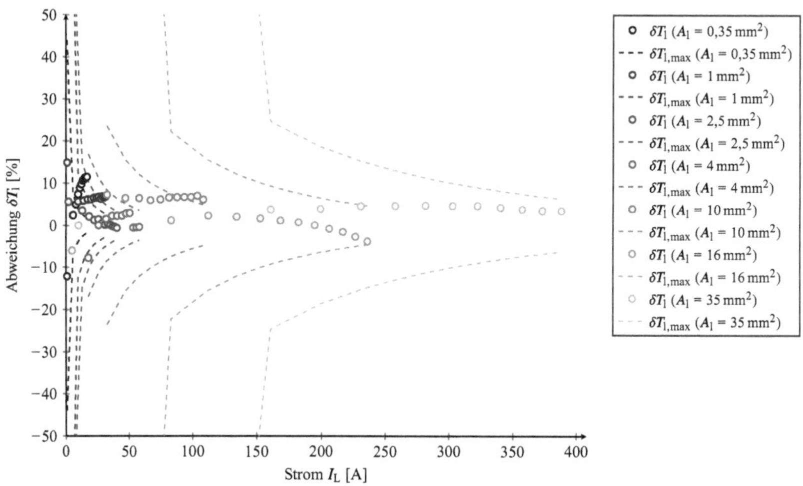

Abbildung 4.12 Relative Abweichung der stationären Leitungstemperatur T_l

Die simulativ bestimmte Temperatur des Leiters $T_{\mathrm{l,sim}}$ ist in Abb. 4.13 über der gemessenen Temperatur des Leiters $T_{\mathrm{l,mess}}$ dargestellt. Hierbei ist ein Anstieg der Abweichung zwischen der Simulation und der Messung mit steigender Leitertemperatur ersichtlich.

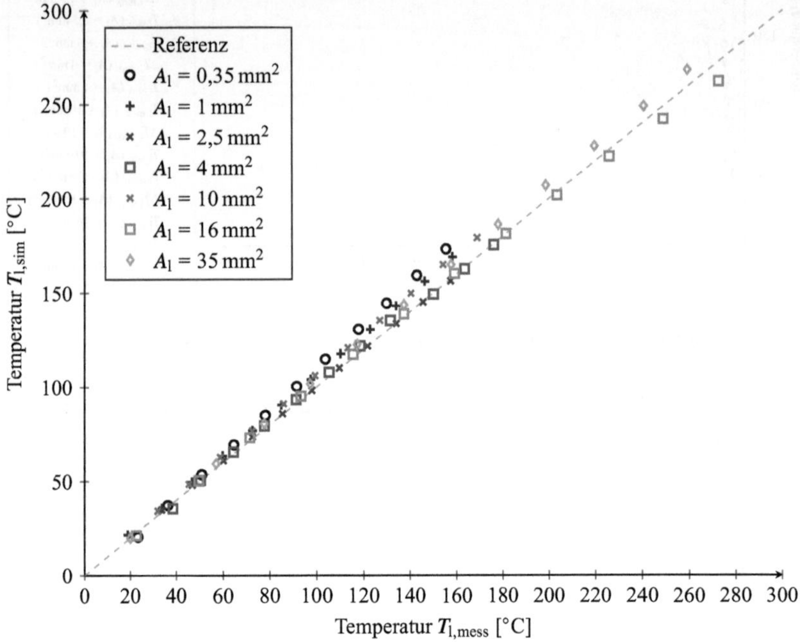

Abbildung 4.13 Vergleich der stationären Leitungstemperatur T_{l}

Es ergibt sich unter Verwendung der Proportionalitätskonstante k_{l} der folgende Zusammenhang:

$$T_{\mathrm{l,sim}} = k_{\mathrm{l}} \cdot T_{\mathrm{l,mess}} \tag{4.51}$$

Für k_l gilt dabei in Abhängigkeit von A_l:

$$k_l = \begin{cases} 1{,}1048 \text{ für } A_l = 0{,}35\,\text{mm}^2 \\ 1{,}0665 \text{ für } A_l = 1\,\text{mm}^2 \\ 1{,}0005 \text{ für } A_l = 2{,}5\,\text{mm}^2 \\ 1{,}0072 \text{ für } A_l = 4\,\text{mm}^2 \\ 1{,}0653 \text{ für } A_l = 10\,\text{mm}^2 \\ 0{,}9858 \text{ für } A_l = 16\,\text{mm}^2 \\ 1{,}0397 \text{ für } A_l = 35\,\text{mm}^2 \end{cases} \tag{4.52}$$

Es fällt auf, dass bei kleineren Leiterquerschnitten größere Abweichungen auftreten. Dies lässt sich auf die geringere thermische Masse von Leitungen mit kleinerem Querschnitt und die damit verbundene schnellere Reaktion auf schwankende Umgebungsbedingungen zurückführen. Basierend auf Abb. 4.13 kann das stationäre Verhalten des thermischen Modells für das Ziel dieser Arbeit als valide bewertet werden. Die in Abb. 4.11 und Abb. 4.12 dargestellten Abweichungen zwischen der gemessenen und der simulierten Temperatur, die teils außerhalb der in Abschnitt Abschnitt 4.3.1 definierten Grenzen liegen, werden im Folgenden akzeptiert. Dies wird damit begründet, dass die Abweichungen überwiegend in Bereichen nahe oder oberhalb der Dauergebrauchstemperatur der elektrischen Leitungen auftreten. Es ist anzumerken, dass es sich bei der vorgenommenen Validierung lediglich um eine punktuelle Betrachtung handelt. Auf eine vollumfängliche Validierung unter Berücksichtigung etwaiger aus der Umgebung und der Fertigung der Leitung resultierender Abweichungen sowie detaillierter Analysen der aus den Messungen resultierenden Fehlern wird aufgrund der abweichenden Zielstellung der Arbeit sowie unter Kenntnisnahme der Verwendung sehr ähnlicher Modelle in der Literatur verzichtet. Auch wird auf die Validierung des Modells unter Verwendung von dynamischen Lastprofilen verzichtet.

Thermisch (Transient) Für die punktuelle Validierung des transienten Verhaltens des Modells werden nachfolgend die in (Brabetz, Ayeb und Gysen 2017, S. 2) aus Messungen abgeleiteten Zeitkonstanten der Erwärmung des Leiters verwendet. Der Vergleich der in (Brabetz, Ayeb und Gysen 2017, S. 2) aufgeführten stationären Temperaturen mit dem erarbeiteten Simulationsmodell werden aus Gründen der Vollständigkeit in Abb. B.4 gegeben. Die Abweichungen sind dabei mit den Abweichungen des in (Brabetz, Ayeb und Gysen 2017, S. 2) beschriebenen Modells vergleichbar. Die Temperatur in Abhängigkeit der Zeit $T_l(t)$ ergibt sich unter Verwendung der Zeitkonstanten τ_l wie folgt:

$$T_l(t) = T_l \cdot \left(1 - e^{\frac{-t}{\tau_l}}\right) \tag{4.53}$$

Der Vergleich der sich ergebenden Zeitkonstanten des Simulationsmodells mit den Werten gemäß (Brabetz, Ayeb und Gysen 2017, S. 2) ist in Abb. 4.14 dargestellt.

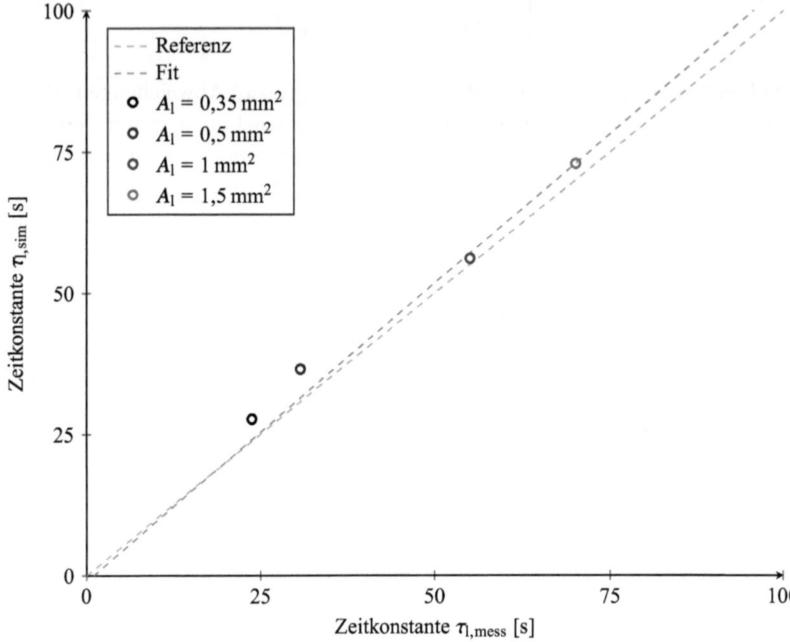

Abbildung 4.14 Vergleich der Zeitkonstanten τ_l

Dabei ergibt sich der folgende Zusammenhang:

$$\tau_{\mathrm{l,sim}} = 1{,}057 \cdot \tau_{\mathrm{l,mess}} \tag{4.54}$$

Es ist eine hohe Übereinstimmung der Zeitkonstanten gemäß (Brabetz, Ayeb und Gysen 2017, S. 2) und des Simulationsmodells ersichtlich. Zudem wird deutlich, dass die Berücksichtigung der Erwärmung der Leitung besonders bei simulierten Dauern im zweistelligen s-Bereich relevant ist.

4.4.2 Modellierung eines elektrischen Stecksystems

Stecksysteme stellen einen wiederholt trennbaren elektrischen Kontakt zwischen 2 Leitern her. Typische Werte für den Widerstand elektrischer Stecksysteme liegen im Bereich von µΩ bis zu einigen mΩ (Behrens 2009, S. 155). Der maximale ohmsche Widerstand kann nach (Verband der Elektro- und Digitalindustrie 2021b, S. 80) je nach Größe des elektrischen Stecksystems sowie Querschnitt des Leiters der angeschlossenen elektrischen Leitung bis zu 30 mΩ betragen. Daher ist eine pauschale Vernachlässigung elektrischer Stecksysteme in Verbundsimulationen aufgrund des mit dem ohmschen Widerstandes einhergehenden Spannungsabfalls nicht zielführend. Der Aufbau eines Stecksystems wird in Abb. 4.15 schematisch veranschaulicht. Elektrische Stecksysteme bestehen mindestens aus einer Buchse und einem Stift sowie optional aus einem Kontaktelement, dass beide Teile elektrisch miteinander verbindet (Israel 2020, S. 2). Die stromtragenden Berührungsstellen zwischen Buchse und Stift werden als elektrischer Kontakt bezeichnet. Der elektrische Kontakt ist wesentlich für die Funktion des elektrischen Stecksystems. Typischerweise handelt es sich hierbei um einen kraftschlüssigen Punkt- oder Linienkontakt. Voraussetzung zur Erzeugung des elektrischen Kontaktes zwischen Stecker und Buchse ist in den meisten Fällen der Kraftschluss zwischen den stromführenden Bauteilen. Zu diesem Zweck wird eine Verbindungskraft F_{k} erzeugt. Die Kontaktkraft kann mittels verschiedener Federelemente wie axial belasteten Schraubenfedern, Blattfedern oder auch Kontaktfedern generiert werden. Durch die federbasierte Erzeugung der Kontaktkraft können Verformungen durch thermische und mechanische Beanspruchung kompensiert werden. Die erzeugte Kontaktkraft F_{k} ist unter anderem von der Einfederung und der Anzahl der Kontaktpunkte n_{kp} abhängig. Das aus dem Zurückprallen gegen die Federung resultierende Fehlerbild des mehrfachen Schließens und Öffnens des elektrischen Kontaktes wird als Prellen bezeichnet. Die Simulation des Phänomens des Prellens ist möglich (Nouri, Larsen et al. 1997, S. 284). Ein Ansatz zur Detektion des Prellens elektrischer Kontakte

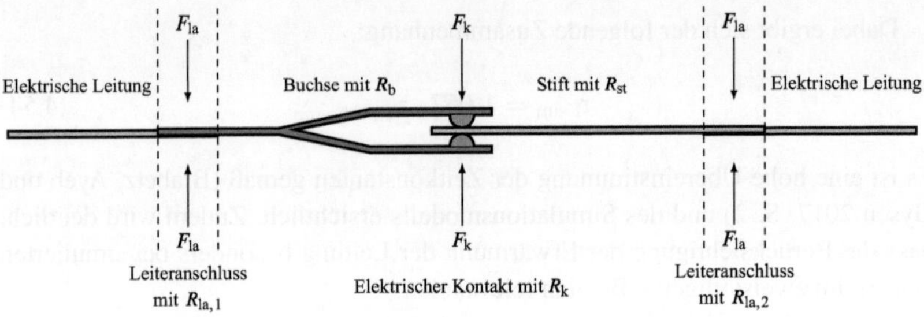

Abbildung 4.15 Aufbau eines elektrischen Stecksystems (Blauth 2017, S. 12)

durch elektronische Halbleiterschalter wird in (Huschke 2024b) beschrieben. Der Fehlerfall des Prellens wird in dieser Arbeit nicht mit betrachtet und in der Simulation nicht berücksichtigt. Zwischen dem elektrischen Stecksystem und der elektrischen Leitung liegt ein Flächenkontakt vor. Der Leiteranschluss kann als permanent stoff-, kraft- oder formschlüssige, oder auch als bedingt lösbare Verbindung ausgeführt werden. Eines der am häufigsten eingesetzten Fügeverfahren ist das Crimpen. Hier werden 2 Komponenten durch plastische Verformung miteinander verbunden. Der Anschluss des Leiters mittels Crimpen wird im Rahmen dieser Arbeit berücksichtigt. Andere Fügeverfahren werden nicht weiter betrachtet. Als stoffschlüssige Verbindungsverfahren können Schweiß- und Lötverbindungen genannt werden, während es sich bei Schraub-, Klemm- oder Federkraftverbindungen um mechanisch bedingt lösbare Verbindungen handelt. (Blauth 2017, S. 12). Der Widerstand des in Abb. 4.15 schematisch veranschaulichten elektrischen Stecksystems setzt sich aus den ohmschen Widerständen der Buchse R_b, des Stiftes R_{st}, des elektrischen Kontaktes R_k sowie der Leiteranschlüsse $R_{la,1}$ und $R_{la,2}$ zusammen. Der Widerstand des elektrischen Kontaktes R_k ergibt sich dabei aus dem Engewiderstand $R_{k,e}$ und dem Fremdschichtwiderstand $R_{k,f}$. Der Engewiderstand wird durch die Einschnürung der Stromlinien verursacht, die entsteht, weil sich die elektrisch leitende Kontaktfläche auf mikroskopisch kleine Berührflächen beschränkt. Dabei entsteht der Fremdschichtwiderstand aufgrund von Fremdschichten im elektrischen Kontakt. Mögliche Fremdschichten umfassen hierbei sowohl Öle oder Schmierfette, die während der Montage auf die Kontaktflächen gelangt sind, als auch Oxidschichten. (Haab 2023, S. 12)

Modellierung
Bei der Modellierung des elektrischen Stecksystems wird aufgrund der Relevanz des thermischen Verhaltens für die Dimensionierung des Trennelementes, äquivalent zur elektrischen Leitung, sowohl das elektrische als auch das thermische Verhalten berücksichtigt. Das Modell orientiert sich dabei an (Blauth 2017, S. 69; Haab 2023, S. 14). Weitere Ansätze zur Modellierung elektrischer Stecksysteme werden unter anderem in (Künstl 2011, S. 49; Gatzsche 2016, S. 74; Bierwirth, Fröschl et al. 2020b, S. 2; Israel 2020, S. 56 Ludwig, Leidner, Schmidt et al. 2021, S. 2) beschrieben. Im Rahmen dieser Arbeit wird das elektrische Stecksystem als temperaturabhängiger Widerstand R_{SS} modelliert. Das zugehörige elektrische ESB ist in Abb. 4.16 dargestellt.

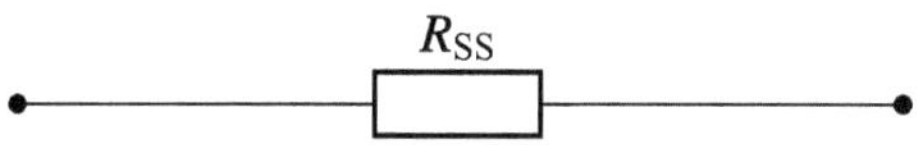

Abbildung 4.16 ESB des elektrischen Stecksystems

Das resultierende Simulationsmodell ist in Abb. B.5 abgebildet.

Geometrische Vereinfachungen Die Geometrie der elektrischen Leitungen wird entsprechend Abschnitt Abschnitt 4.4.1 berücksichtigt. Die Geometrie der Buchse, des Stiftes sowie der Leiteranschlüsse wird nachfolgend vereinfacht.

Buchse und Stift
Die Geometrie der Buchse und des Stiftes ist im gesteckten Zustand sehr komplex. Als Vereinfachung werden Stift und Buchse daher als identische Quader angenommen. Diese sind dabei an der Stirnfläche durch den elektrischen Kontakt getrennt. Die stark vereinfachte Geometrie ist in Abb. 4.17 dargestellt.

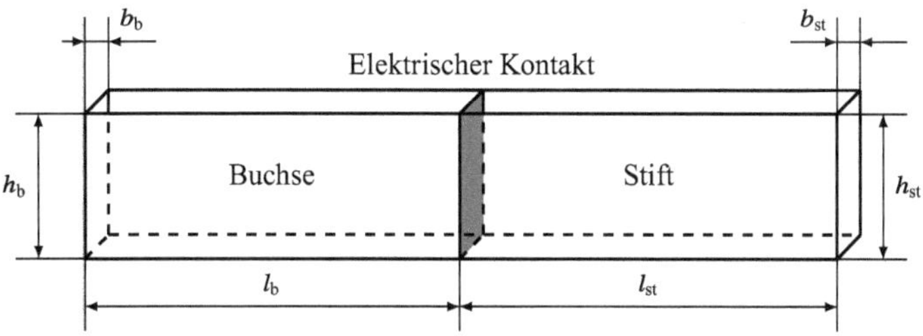

Abbildung 4.17 Vereinfachung des Stiftes und der Buchse (Haab 2023, S. 26)

Leiteranschlüsse

Die Geometrie der Leiteranschlüsse wird nachfolgend für eine Crimpverbindung mit dem Radius r_{la} sowie der Breite des Crimps b_{la} wie in Abb. 4.18 dargestellt beschrieben.

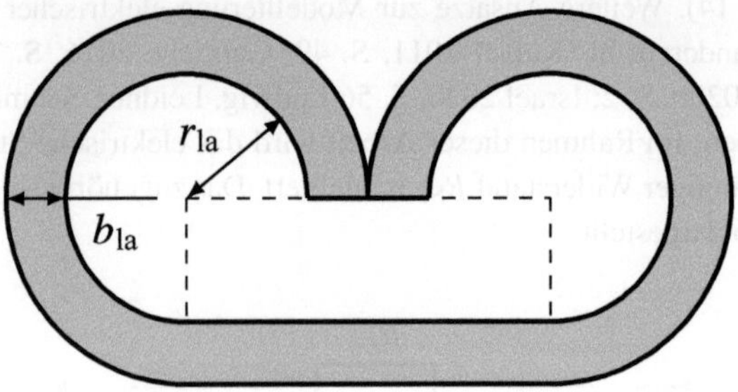

Abbildung 4.18 Vereinfachung der Geometrie des Leiteranschlusses

Für die Fläche des Leiters gilt gemäß Abb. 4.18 dabei (Haab 2023, S. 25):

$$A_l = \frac{3}{2} \cdot \pi \cdot r_{la}^2 + (2 \cdot r_{la} + 2 \cdot b_{la}) \cdot r_{la} \tag{4.55}$$

Die Fläche des gesamten Leiteranschlusses A_{la} ergibt sich wie folgt:

$$A_{la} = \frac{3}{2} \cdot \pi \cdot (r_{la} + b_{la})^2 + (r_{la} + b_{la}) \cdot (2 \cdot r_{la} + 2 \cdot b_{la}) \tag{4.56}$$

Bei gegebener Leiterfläche A_l und Breite b_{la} kann anhand von Gleichung (4.55) der Radius r_{la} berechnet werden. Wenn die Materialien der verbundenen Komponenten unterschiedlich sind, können physikalische Größen des Leiteranschlusses, wie beispielsweise die spezifische Wärmekapazität c_{la}, gemäß (Blauth 2017, S. 66; Haab 2023, S. 25–26) anhand der jeweiligen Größen der Komponenten unter Berücksichtigung des Verhältnisses der Flächen berechnet werden.

Elektrisch Der ohmsche Widerstand des in Abb. 4.15 schematisch veranschaulichten elektrischen Stecksystems setzt sich aus den Widerständen der Leiteranschlüsse $R_{la,1}$ und $R_{la,2}$, der Buchse R_b, des Stiftes R_{st} sowie des elektrischen Kontaktes R_k zusammen (Haab 2023, S. 15). Anhand dessen ergibt sich das in Abb. 4.19 dargestellte detaillierte ESB des elektrischen Stecksystems.

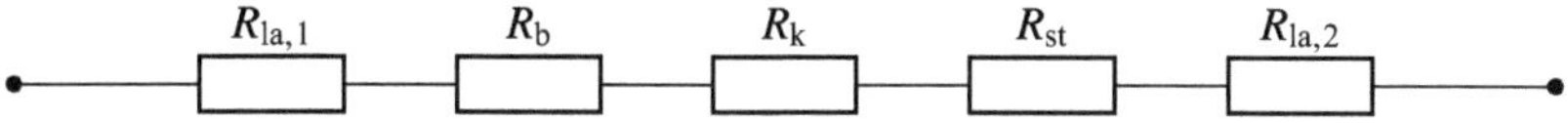

Abbildung 4.19 Detailliertes ESB des elektrischen Stecksystems

Basierend auf Abb. 4.19 gilt für den Widerstand des elektrischen Stecksystems R_{SS}:

$$R_{SS} = R_{la,1} + R_b + R_k + R_{st} + R_{la,2} \tag{4.57}$$

Die Berechnung der ohmschen Widerstände der einzelnen Komponenten des elektrischen Stecksystems wird nachfolgend beschrieben.

Elektrischer Kontakt

Der Widerstand des elektrischen Kontaktes setzt sich nach (Holm 1958, S. 1; Höft 1977, S. 1) aus dem Enge- $R_{k,e}$ und dem Fremdschichtwiderstand $R_{k,f}$ zusammen. Entsprechend gilt:

$$R_k = R_{k,e} + R_{k,f} \tag{4.58}$$

Der Engewiderstand $R_{k,e}$ resultiert aus der Einengung der Stromlinien an der Berührstelle. Es existieren vielfältige Modelle zur Beschreibung des Engewiderstandes. Im Folgenden wird aufgrund der im Vergleich zur Praxis besten Näherung gemäß (Vinaricky 2016, S. 18) das Ellipsenmodell nach (Holm 1958, S. 1) verwendet. Danach ergibt sich der Engewiderstand $R_{k,e}$ in Abhängigkeit des spezifischen Widerstandes des Oberflächenmaterials $\rho_{R,k,o}$ und dem Radius der kreisförmigen Berührfläche r_k wie folgt:

$$R_{k,e} = \frac{\rho_{R,k,o}}{2 \cdot r_k} \tag{4.59}$$

Als Oberflächenmaterialien werden typischerweise Zinn, Silber und Gold verwendet. Dabei ist wichtig, dass beide Kontaktpartner aus dem gleichen Werkstoff bestehen. Andernfalls entsteht ein unbeabsichtigtes galvanisches Element (Borgeest 2020, S. 9). Gleichung (4.59) ist hierbei unter folgenden Annahmen gültig:

- Die elektrisch leitende Berührfläche entspricht einem Kreis mit dem Radius r_k.
- Die Stromlinien sind Hyperbeln.
- Der spezifische Widerstand $\rho_{R,k,o}$ ist temperaturunabhängig.

Der Radius des elektrischen Kontaktes r_k ergibt sich dabei anhand der Kontaktkraft F_k und der Härte des Kontaktes H_k für den Fall einer plastischen Verformung gemäß (Holm 1958, S. 1) wie folgt:

$$r_{\mathrm{k}} = \sqrt{\frac{F_{\mathrm{k}}}{\pi \cdot H_{\mathrm{k}}}} \tag{4.60}$$

Die Kontakthärte H_{k} ist dabei eine materialabhängige Größe. Diese wird typischerweise anhand von Gleichung (4.59) und Gleichung (4.60) unter Verwendung eines gemessenen Kontaktwiderstandes berechnet. In der Realität wird der Strom zwischen dem Stift und der Buchse über zahlreiche kleine Flächen (auch a-spots genannt) übertragen. Gemäß (Holm 1958, S. 1) wird als Vereinfachung angenommen, dass die Wechselwirkungen der Anteile des Stromes zwischen diesen Flächen vernachlässigt werden können. Durch die Vereinfachung ergibt sich der Engewiderstand $R_{\mathrm{k,e}}$ in Abhängigkeit der Anzahl an Mikroflächen n_{k}:

$$R_{\mathrm{k,e}} = \frac{\rho_{R,\mathrm{k}}}{2 \cdot \sum_{i=1}^{n_{\mathrm{k}}} r_{\mathrm{k},i}} \tag{4.61}$$

In Abb. 4.20 wird der Zusammenhang des Engewiderstandes $R_{\mathrm{k,e}}$ und der Anzahl an Mikroflächen n_{k} exemplarisch dargestellt. Dabei wird angenommen, dass Kupfer als Kontaktmaterial verwendet wird und der Radius einer Mikrofläche 1 µm beträgt. Dabei ist erkennbar, dass der Engewiderstand bei einer großen Anzahl an Mikroflächen nahezu konstant ist. Bei einer kleinen Anzahl an Flächen variiert der Engewiderstand dagegen sehr stark.

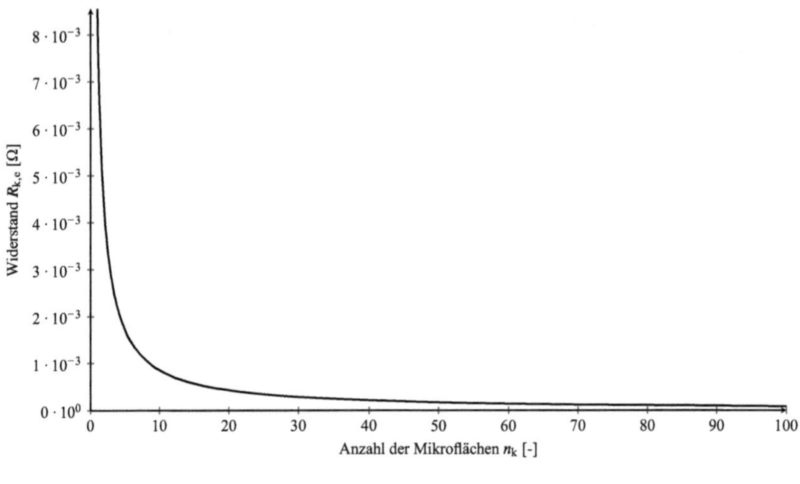

Abbildung 4.20 $R_{\mathrm{k,e}}$ in Abhängigkeit von n_{k}

Gleichung 4.61 wird in (Greenwood 1966, S. 1621) kritisch diskutiert. Durch die Abhängigkeit des Engewiderstandes von Eingangsgrößen wie der Kontaktkraft und der Oberflächenbeschaffenheit ist dieser in der Praxis eine statistische Größe. Die Berechnung des Engewiderstandes wird in der Literatur auch mit der Verteilungsfunktion von Mikrospitzenhöhen verknüpft. So ist eine Beschreibung des Engewiderstandes $R_{\mathrm{k,e}}$ in Abhängigkeit der Kontaktkraft F_{k} unter Verwendung des Koeffizienten $k_{\mathrm{k},1}$ sowie der Proportionalitätskonstanten $k_{\mathrm{k},2}$ möglich. Die Werte für $k_{\mathrm{k},1}$ und $k_{\mathrm{k},2}$ sind dabei empirisch zu ermitteln. Bei dem resultierenden Modell handelt es sich gemäß Abschnitt 4.1.3 aufgrund der Beschreibung von Modellparametern mittels physikalischer sowie empirischer Zusammenhänge um ein Grey-Box-Modell.

$$R_{\mathrm{k,e}} = k_{\mathrm{k},2} \cdot F_{\mathrm{k}}^{-k_{\mathrm{k},1}} \tag{4.62}$$

Gemäß (Greenwood 1966, S. 1626) ist ein Wert von 0,9 für $k_{\mathrm{k},1}$ plausibel. Die Werte für $k_{\mathrm{k},1}$ und $k_{\mathrm{k},2}$ werden im Folgenden experimentell ermittelt. Der dafür verwendete Versuchsaufbau ist in Abb. 4.21 dargestellt.

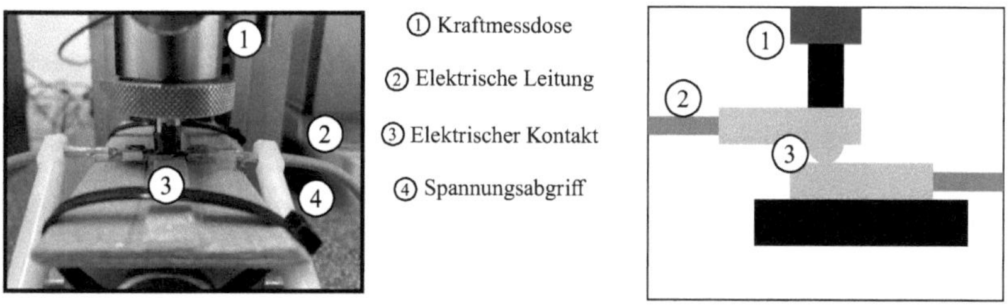

Abbildung 4.21 Versuchsaufbau zur Untersuchung der Kontaktkraft

Der gemessene Verlauf des Kontaktwiderstandes in Abhängigkeit der Kontaktkraft ist in Abb. 4.22 dargestellt.

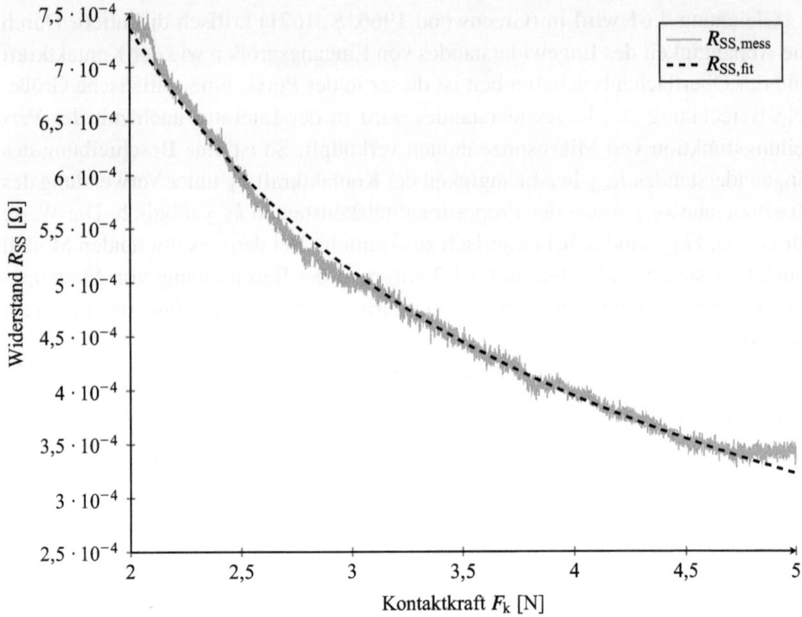

Abbildung 4.22 Bestimmung von $k_{k,1}$ und $k_{k,2}$ zur Ermittlung des Kontaktwiderstandes

Anhand von Abb. 4.22 ergibt sich für $k_{k,1}$ und $k_{k,2}$:

$$k_{k,1} = 0{,}901 \tag{4.63}$$

$$k_{k,2} = 0{,}0029 \tag{4.64}$$

Die Zusammenhänge in Gleichung (4.59), Gleichung 4.61 und Gleichung (4.62) sind für den Engewiderstand eines elektrischen Kontaktes über mehrere a-spots gültig. Zur Berechnung des Kontaktwiderstandes einer Steckverbindung ist jedoch die Anzahl an Kontaktpunkten n_{kp} mit einzubeziehen. Bei einem Flachkontakt wird demnach sowohl Unter- als auch Oberseite des Stiftes betrachtet. Die einzelnen Kontaktpunkte bilden dabei eine Parallelschaltung aus Kontaktwiderständen $R_{k,i}$. Entsprechend gilt für den Kontaktwiderstand R_k:

$$\frac{1}{R_\text{k}} = \sum_{i=1}^{n_\text{kp}} \frac{1}{R_{\text{k},i}} \tag{4.65}$$

Üblicherweise wird von Herstellern von Flachkontakten die Kontaktkraft als die Summe der auf einer Seite des Stiftes aufgeprägten Kräfte bezeichnet. Exemplarisch kann ein Flachkontakt mit einer Buchse mit 2 Federelementen pro Seite betrachtet werden. Bei dieser liegt eine Parallelschaltung aus 4 Kontaktpunkten vor. Die von dem Hersteller angegebene Kontaktkraft wird jeweils von der Unter- sowie der Oberseite auf den Stift aufgeprägt. Es ergibt sich eine Kontaktkraft von $\frac{F_\text{k}}{2}$ pro Kontaktpunkt. Entsprechend ergibt sich anhand von Gleichung (4.62) und Gleichung (4.65) der Widerstand des elektrischen Kontaktes wie folgt:

$$R_\text{k} = \frac{k_{\text{k},2}}{4} \cdot \left(\frac{F_\text{k}}{2}\right)^{-k_{\text{k},1}} \tag{4.66}$$

Der Fremdschichtwiderstand $R_{\text{k,f}}$ berechnet sich aus der Dicke und der Leitfähigkeit der jeweiligen Fremdschicht (Haab 2023, S. 20). Auf die Betrachtung von Rundkontakten wird im Rahmen dieser Arbeit verzichtet.

Buchse und Stift

Die Berechnung der ohmschen Widerstände von Buchse und Stift ist im gesteckten Zustand aufgrund der komplexen Geometrie der Kontaktelemente anspruchsvoll. Die Berechnung erfolgt nachfolgend für die in Abb. 4.17 dargestellte vereinfachte Geometrie. Basierend darauf ergibt sich der Widerstand der Buchse eines elektrischen Stecksystems R_b mit einer Länge l_b, einer Breite b_b, einer Höhe h_b sowie einem spezifischen elektrischen Widerstand des Buchsenmaterials $\rho_{R,\text{b}}$ wie folgt:

$$R_\text{b} = \rho_{R,\text{b}} \cdot \frac{l_\text{b}}{b_\text{b} \cdot h_\text{b}} \cdot (1 + \alpha_{R,\text{b}} \cdot (T_\text{b} - T_\text{ref})) \tag{4.67}$$

Für den Widerstand des Stiftes des elektrischen Stecksystems R_st gilt äquivalent:

$$R_\text{st} = \rho_{R,\text{st}} \cdot \frac{l_\text{st}}{b_\text{st} \cdot h_\text{st}} \cdot (1 + \alpha_{R,\text{st}} \cdot (T_\text{st} - T_\text{ref})) \tag{4.68}$$

Die Breite des Stiftes b_st wird häufig auch als Kontaktgröße bezeichnet. Das Oberflächenmaterial wird dabei aufgrund der geringen Dicke der Beschichtung bei der Berechnung des Widerstandes nicht berücksichtigt. Bei der Ermittlung des Widerstandes anhand von Gleichung (4.67) sowie Gleichung (4.68) werden auch Hohlräume innerhalb beziehungsweise zwischen gesteckten Kontaktelementen berücksichtigt. Zur Verminderung dieses Fehlers wird im Folgenden ein Korrekturfaktor eingeführt. Dieser ergibt sich als Quotient der gemessenen $m_{\mathrm{b,mess}}$ und der berechneten Masse der Buchse $m_{\mathrm{b,sim}}$. Die tatsächliche Masse wird dabei den jeweiligen Datenblättern der Hersteller entnommen. Somit folgt für den Korrekturfaktor zur Berechnung des Widerstandes der Buchse k_{b}:

$$k_{\mathrm{b}} = \frac{m_{\mathrm{b,mess}}}{m_{\mathrm{b,sim}}} \tag{4.69}$$

Äquivalent gilt für den Korrekturfaktor zur Berechnung des Widerstandes des Stiftes k_{st}:

$$k_{\mathrm{st}} = \frac{m_{\mathrm{st,mess}}}{m_{\mathrm{st,sim}}} \tag{4.70}$$

In Tabelle 4.5 werden die Koeffizienten k_{b} beziehungsweise k_{st} für verschiedene Kontaktgrößen ermittelt.

Tabelle 4.5 Vergleich der Masse elektrischer Stecksysteme (Haab 2023, S. 27)

Kontaktgröße b_{st} [mm]	**Masse m_{sim} [g]**	**Masse m_{mess} [g]**	**Faktor k_{b} bzw. k_{st} [-]**
0,64	0,45	0,15	0,33
1,6	0,92	0,3	0,33
2,8	1,63	0,65	0,4
6,3	4,57	1,5	0,33

Mit k_{b} folgt für R_{b}:

$$R_{\mathrm{b}} = k_{\mathrm{b}} \cdot \rho_{R,\mathrm{b}} \cdot \frac{l_{\mathrm{b}}}{b_{\mathrm{b}} \cdot h_{\mathrm{b}}} \cdot (1 + \alpha_{R,\mathrm{b}} \cdot (T_{\mathrm{b}} - T_{\mathrm{ref}})) \tag{4.71}$$

Für R_{st} ergibt sich äquivalent:

$$R_{\mathrm{st}} = k_{\mathrm{st}} \cdot \rho_{R,\mathrm{st}} \cdot \frac{l_{\mathrm{st}}}{b_{\mathrm{st}} \cdot h_{\mathrm{st}}} \cdot (1 + \alpha_{R,\mathrm{st}} \cdot (T_{\mathrm{st}} - T_{\mathrm{ref}})) \tag{4.72}$$

Leiteranschlüsse

Die Berechnung des Leiteranschlusswiderstandes R_{la} ist aufgrund von der geometrischen sowie mechanischen Komplexität einer Crimpverbindung schwierig. Aus diesem Grund ist in der Literatur ein empirischer Ansatz zur Beschreibung des Widerstandes des Leiteranschlusses weit verbreitet. Zu diesem Zweck wird nachfolgend der Gütefaktor k_{la} eingeführt. Dieser beschreibt das Verhältnis des Leiteranschlusswiderstandes R_{la} zum Widerstand eines gleichlangen Leiterstückes R_{l} und ergibt sich wie folgt (Blauth 2017, S. 67):

$$k_{\text{la}} = \frac{R_{\text{la}}}{R_{\text{l}}} \tag{4.73}$$

Gemäß Gleichung 4.73 bedeutet ein Gütefaktor von $k_{\text{la}} = 3$, dass der Widerstand des Leiteranschlusses das dreifache des Widerstandes einer Leitung mit gleicher Länge beträgt. Nachfolgend werden Gütefaktoren anhand von Gleichung 4.73 unter Verwendung der Vergleichswerte für Widerstände von Crimpverbindungen aus (Verband der Elektro- und Digitalindustrie 2021b, S. 79) berechnet. Die sich ergebenden Gütefaktoren k_{la} sind in Tabelle 4.6 in Abhängigkeit des Querschnitts des Leiters aufgeführt. Dabei wird angenommen, dass die Länge des Crimpbereiches dem 6-fachen des Radius des Leiters entspricht. (Blauth 2017, S. 66)

Tabelle 4.6 Ermittelte Werte für Gütefaktor k_{la}

Leiterquerschnitt A_{l} [mm^2]	**Gütefaktor k_{la} [-]**
0,75	25,45
1	22,47
1,5	19,05
4	14,17
6	12,28
10	10,39

So gilt für den Widerstand des äquivalenten Leiters R_{l} mit dem spezifischen elektrischen Widerstand $\rho_{R,1}$ sowie der Länge l_{la} und Fläche des Leiteranschlusses A_{la}:

$$R_{\text{l}} = \frac{\rho_{R,1} \cdot l_{\text{la}}}{A_{\text{la}}} \cdot (1 + \alpha_{R,\text{la}} \cdot (T_{\text{la}} - T_{\text{ref}})) \tag{4.74}$$

Eingesetzt in Gleichung (4.73) folgt für für den Widerstand des Leiteranschlusses:

$$R_{\mathrm{la}} = k_{\mathrm{la}} \cdot \frac{\rho_{R,1} \cdot l_{\mathrm{la}}}{A_{\mathrm{la}}} \cdot (1 + \alpha_{R,\mathrm{la}} \cdot (T_{\mathrm{la}} - T_{\mathrm{ref}})) \tag{4.75}$$

Der Widerstand des Leiteranschlusses kann mithilfe von Gleichung (4.75) bestimmt werden. Dabei werden der berechnete Widerstandsbelag einer äquivalenten Leitung, der Gütefaktor sowie die Länge der Leiteranschlusses berücksichtigt.

Elektrisch (Alterung) Der Widerstand des elektrischen Stecksystems R_{SS}, bestehend aus Leiteranschlüssen, Buchse, Stift und elektrischem Kontakt wird durch Alterungsmechanismen beeinflusst. Für Hochstrom-Stecksysteme sind hierbei die Alterungsmechanismen des Kraftabbaus mit damit einhergehender Spannungsrelexation, des Reibverschleißes sowie ablaufende chemische Reaktionen relevant. Ein einfacher Ansatz zur Modellierung wird in (Ludwig, Leidner, Schmidt et al. 2021, S. 5; Haab 2023, S. 27) beschrieben. Nach diesem Ansatz ist der Reduktionsfaktor von 0,8 gemäß der DIN-EN-Norm 60512 auf die Strombelastbarkeit des Stecksystems anzuwenden, um die Alterung abzubilden (Deutsches Institut für Normung e. V. 2003, S. 4). Entsprechend gilt:

$$I_{\mathrm{SS,max,EOL}} = 0{,}8 \cdot I_{\mathrm{SS,max,BOL}} \tag{4.76}$$

Die maximale Erhöhung der Temperatur des Stecksystems $\Delta T_{\mathrm{SS,max}}$ ist proportional zum Quadrat des durch das Stecksystem fließenden Stromes $I_{\mathrm{SS,max}}$.

$$\Delta T_{\mathrm{SS,max}} \sim P_{\mathrm{SS,el}} = R_{\mathrm{SS}} \cdot I_{\mathrm{SS,max}}^2 \tag{4.77}$$

Unter der Bedingung, dass die maximal erträgliche Temperaturerhöhung für das Stecksystem im neuen und gealterten Zustand identisch ist ($\Delta T_{\mathrm{SS,max,BOL}} = \Delta T_{\mathrm{SS,max,EOL}}$) folgt:

$$R_{\mathrm{SS,BOL}} \cdot I_{\mathrm{SS,max,BOL}}^2 = R_{\mathrm{SS,EOL}} \cdot I_{\mathrm{SS,max,EOL}}^2 \tag{4.78}$$

Durch Einsetzen von Gleichung (4.76) folgt:

$$R_{\mathrm{SS,EOL}} = 1{,}5625 \cdot R_{\mathrm{SS,BOL}} \tag{4.79}$$

Einen alternativen Ansatz zur Abbildung der Alterung stellt die Verwendung typischer Grenzwerte für den Ausfall eines elektrischen Stecksystems dar. Gemäß (Israel 2020, S. 22) entspricht der Ausfall einer Erhöhung des Widerstandes in Abhängigkeit der Kontaktgröße um einen Faktor zwischen 1,2 und 2.

Thermisch (Stationär) Die thermische Modellierung elektrischer Stecksysteme ist in der Literatur umfangreich beschrieben. Beispielsweise wird in (Verband der Elektro- und Digitalindustrie 2020, S. 19) ein Modellierungsansatz mittels thermischer ESBs präsentiert. Das nachfolgend eingeführte thermische Modell orientiert sich an (Blauth 2017; Haab 2023). Die Komponenten des elektrischen Stecksystems unterscheiden sich in Geometrie, Werkstoff und auch Wärmeübergang. Daher werden diese bei der thermischen Modellierung in separaten Teilsystemen beschrieben. Die Unterteilung wird in Abb. 4.23 veranschaulicht. Die Teilsysteme werden zur Berechnung des thermischen Verhaltens des Gesamtsystems gekoppelt. Die Temperatur sowie die Leistung werden über die Systemgrenzen des jeweiligen Teilsystems hinweg weitergegeben. Der elektrische Kontakt wird dabei auch im Rahmen der thermischen Modellierung als eigenes Teilsystem aufgefasst. Beispielsweise resultiert aus der Verlustleistung am Widerstand des elektrischen Kontaktes ein Leistungsfluss zum Kontaktstift P_{k_st}. Deshalb bildet sich am Kontaktstift ein spezifischer Temperaturverlauf aus. Aufgrund von Wärmeleitung fließt Leistung aus dem Kontaktstift in den Leiteranschlussbereich $P_{st\_la,2}$ sowie von dort in die angeschlossene Leitung $P_{la,2\_l}$ (Blauth 2017, S. 101; Haab 2023, S. 15). Die eingeführten geometrischen Annahmen werden auch im Zuge der thermischen Modellierung verwendet. Die Bestimmung der Temperatur der elektrischen Leiter $T_{l,1}$ und $T_{l,2}$ erfolgt gemäß Abschnitt 4.4.1.

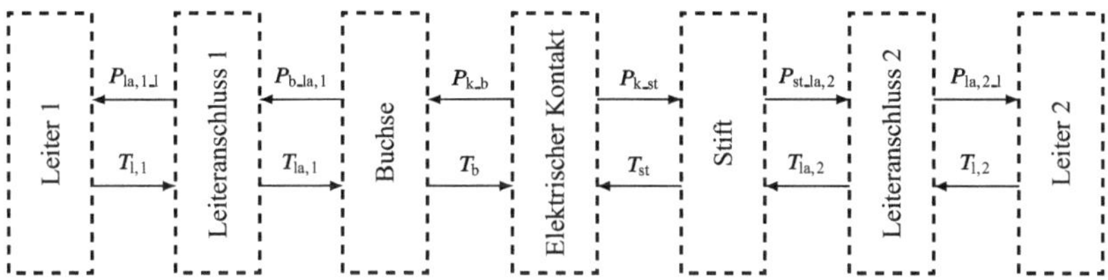

Abbildung 4.23 Leistungsfluss zwischen Teilsystemen des Stecksystems

Thermische Modellierung von Leiteranschlüssen, Stift und Buchse
Ausgangspunkt für die thermische Modellierung der Leiteranschlüsse, des Stiftes und der Buchse stellt die Summenbilanz der ein- und ausgehenden Energieströme gemäß des Energieerhaltungssatzes dar (Blauth 2017, S. 96). Dieser wird in Abb. 4.9 veranschaulicht und lautet in allgemeiner Form für ein differenzielles Volumenelement:

$$\dot{E}_{sp} = \dot{E}_{eing} - \dot{E}_{ausg} + \dot{E}_{gen}$$

Der generierte Energiefluss $\dot{E}_{gen}$ entspricht der durch den Strom I_L erzeugten elektrischen Leistung P_{el}. Der eingehende Energiefluss $\dot{E}_{eing}$ ist gleich der Eingangsleistungen P_{eing}. Der abgegebene Energiefluss $\dot{E}_{ausg}$ setzt sich aus der Leistung der Wärmeabgabe an die Umgebung mittels Strahlung P_{str}, Konvektion P_{kon} sowie weiteren abgegebenen Leistungen P_{ausg} zusammen. Die gespeicherte Energie $\dot{E}_{sp}$ entspricht einer Leistung P_{sp} und sorgt für einen Anstieg der Temperatur des Volumenelementes. Es folgt für die Änderung der gespeicherten Energie in einem infinitesimalen Volumenelement $A \cdot \mathrm{d}x$:

$$P_{sp} = A \cdot \rho \cdot c \cdot \frac{\partial T}{\partial t} \cdot \mathrm{d}x = P_{el} + P_{eing} - P_{ausg} - P_{kon} - P_{str} \tag{4.80}$$

Für die Leistung P_{el} gilt in Abhängigkeit des spezifischen elektrischen Widerstandes ρ_R sowie des Laststromes I_L für die infinitesimale Länge $\mathrm{d}x$:

$$P_{el} = \frac{\rho_R \cdot \mathrm{d}x}{A} \cdot I_L^2 \tag{4.81}$$

Es wird angenommen, dass dem Volumenelement die Leistung P_{eing} ausschließlich in axialer Richtung durch Wärmeleitung zugeführt wird (Blauth 2017, S. 90). Entsprechend gilt an der Stelle x in Abhängigkeit der Wärmeleitfähigkeit λ:

$$P_{eing} = -\lambda \cdot A \cdot \left.\frac{\partial T}{\partial x}\right|_x \tag{4.82}$$

Es wird angenommen, dass auch die Abgabe von Leistung durch Wärmeleitung nur in axialer Richtung erfolgt. Für die ausgehende Leistung P_{ausg} gilt an der Stelle $x + \mathrm{d}x$ daher:

$$P_{ausg} = -\lambda \cdot A \cdot \left.\frac{\partial T}{\partial x}\right|_{x+\mathrm{d}x} \tag{4.83}$$

Daraus folgt bei Abbruch der Taylorreihenentwicklung nach dem ersten Glied:

$$P_{ausg} = -\lambda \cdot A \cdot \left.\frac{\partial T}{\partial x}\right|_x - \lambda \cdot A \cdot \frac{\partial^2 T}{\partial x^2} \cdot \mathrm{d}x \tag{4.84}$$

Die über die Oberfläche mittels Konvektion sowie Strahlung abgegebenen Leistungen P_{kon} sowie P_{str} werden im Folgenden zusammengefasst. So gilt für die über die Oberfläche abgegebene Leistung P_{kon_str}:

$$P_{kon\_str} = P_{kon} + P_{str} \tag{4.85}$$

$P_{\mathrm{kon\_str}}$ berechnet sich dabei wie folgt:

$$P_{\mathrm{kon\_str}} = \alpha_{\mathrm{ges}} \cdot A_{\mathrm{o}} \cdot (T(x) - T_{\mathrm{u}}) \tag{4.86}$$

Dabei gilt für die Oberfläche A_{o} unter Berücksichtigung des Umfangs der Oberfläche u_{o}:

$$A_{\mathrm{o}} = u_{\mathrm{o}} \cdot \mathrm{d}x \tag{4.87}$$

Der Gesamtwärmeübergangskoeffizient α_{ges} wird hierbei anhand der in Abschnitt 4.4.1 beschriebenen Vorgehensweise bestimmt. Die charakteristische Länge l_{c} des Wärmeleitungsproblems wird je Teilkomponente nach (Blauth 2017, S. 206) ermittelt. Durch Einsetzen der eingeführten Zusammenhänge in Gleichung (4.80) ergibt sich:

$$\frac{\partial^2 T}{\partial x^2} - \frac{\alpha_{\mathrm{ges}} \cdot u_{\mathrm{o}}}{\lambda \cdot A} \cdot T(x) + \frac{\alpha_{\mathrm{ges}} \cdot u_{\mathrm{o}}}{\lambda \cdot A} \cdot T_{\mathrm{u}} + \frac{\rho_R \cdot I_{\mathrm{L}}^2}{A^2 \cdot \lambda} = \frac{\rho \cdot c}{\lambda} \cdot \frac{\partial T}{\partial t} \tag{4.88}$$

Für einen stationären Fall ($\frac{\partial T}{\partial t} = 0$) folgt:

$$\frac{\partial^2 T}{\partial x^2} - \frac{\alpha_{\mathrm{ges}} \cdot u_{\mathrm{o}}}{\lambda \cdot A} \cdot T(x) + \frac{\alpha_{\mathrm{ges}} \cdot u_{\mathrm{o}}}{\lambda \cdot A} \cdot T_{\mathrm{u}} + \frac{\rho_R \cdot I_{\mathrm{L}}^2}{A^2 \cdot \lambda} = 0 \tag{4.89}$$

Die lineare Differentialgleichung mit konstanten Koeffizienten hat die Form $y'' + a \cdot y' + b \cdot y = g(x)$ und kann daher mittels des Ansatzes $y = \mathrm{e}^{\lambda \cdot x}$ gelöst werden. Die allgemeine Lösung der Differentialgleichung lautet mit den Integrationskonstanten C_1 und C_2:

$$T(x) = C_1 \cdot \mathrm{e}^{x \cdot \sqrt{\frac{\alpha_{\mathrm{ges}} \cdot u_{\mathrm{o}}}{\lambda \cdot A}}} + C_2 \cdot \mathrm{e}^{-x \cdot \sqrt{\frac{\alpha_{\mathrm{ges}} \cdot u_{\mathrm{o}}}{\lambda \cdot A}}} + \frac{\rho_R \cdot I_{\mathrm{L}}^2}{\frac{\alpha_{\mathrm{ges}} \cdot u_{\mathrm{o}}}{\lambda \cdot A} \cdot \lambda \cdot A^2} + T_{\mathrm{u}} \tag{4.90}$$

Nachfolgend wird die thermische Ortskonstante o eingeführt. Diese berechnet sich wie folgt:

$$o = \sqrt{\frac{\lambda \cdot A}{\alpha_{\mathrm{ges}} \cdot u_{\mathrm{o}}}} \tag{4.91}$$

Die Ortskonstante o definiert in der Exponentialfunktion den Abstand von der Wärmequelle bei dem die Temperatur auf 1/e abgesunken ist. Die Ortskonstante variiert aufgrund abweichender Geometrien für die Teilsysteme des elektrischen Stecksystems. Zur Veranschaulichung ist die berechnete Ortskonstante o für abweichende Querschnitte eines Leiters A_l in Abb. 4.24 dargestellt. Als Leiterwerkstoff wird hierbei Cu-ETP1 betrachtet. Als Umgebungstemperatur T_u werden 25 °C verwendet, während die Temperatur an der Oberfläche $T_{LT,o}$ 55 °C beträgt. Es ist ersichtlich, dass mit zunehmendem Leiterquerschnitt die Länge der Leitung zur Vermeidung von Randeinflüssen zunehmen muss.

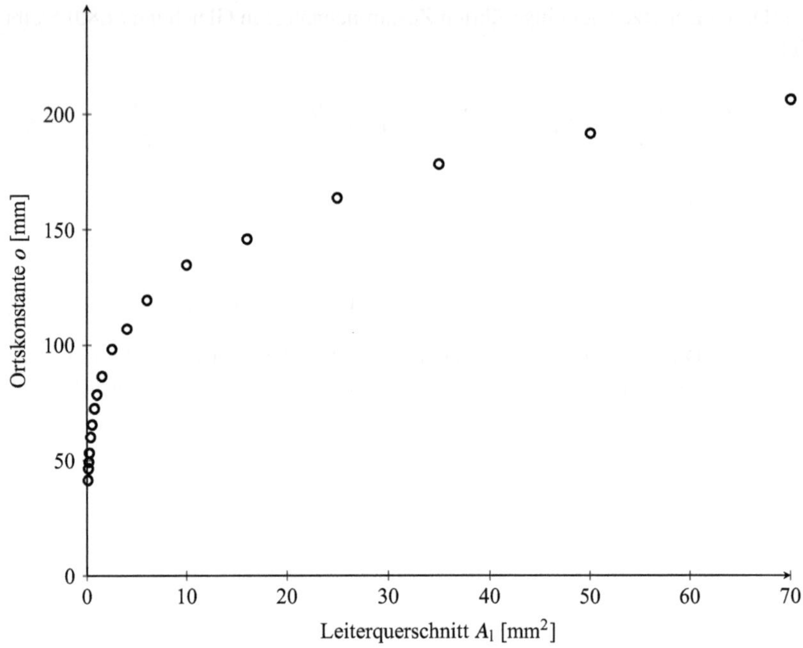

Abbildung 4.24 o in Abhängigkeit des Leiterquerschnitts

Durch das Einsetzen von Gleichung (4.91) in Gleichung (4.90) folgt:

$$T(x) = \underbrace{C_1 \cdot e^{\frac{x}{o}} + C_2 \cdot e^{-\frac{x}{o}}}_{dT_1} + \underbrace{\frac{\rho_R \cdot I_L^2}{\alpha_{ges} \cdot u_o \cdot A}}_{dT_2} + T_u \tag{4.92}$$

Anhand von Gleichung (4.92) wird deutlich, dass das Superpositionsprinzip bei der Berechnung der Temperatur angewendet werden kann. Der Term dT_2 hängt dabei nicht von dem Abstand x ab. Dieser beschreibt die Temperaturerhöhung der Leitung unter Berücksichtigung der Wärmeabgabe durch Konvektion und Strahlung. Der Term dT_1 beschreiben den Verlauf der Temperatur entlang des Volumenelementes in Abhängigkeit des Abstandes x von der Wärmequelle. Die aus dem axialen Wärmstrom resultierende Temperaturdifferenz zwischen den Teilsystemen dT_1 wird wie folgt beschrieben:

$$dT_1 = C_1 \cdot e^{\frac{x}{o}} + C_2 \cdot e^{-\frac{x}{o}} \tag{4.93}$$

Für die spezielle Lösung von Gleichung (4.93) sind Randbedingungen notwendig. Dafür wird der Temperaturgradient und somit der Wärmestrom an bestimmten Stellen vorgegeben. So gilt für den Temperaturgradienten $\frac{\partial T}{\partial x}$ an der Stelle $x = 0$:

$$\left.\frac{\partial T}{\partial x}\right|_{x=0} = -\frac{P_{eing}}{\lambda \cdot A} \tag{4.94}$$

Zudem wird gemäß (Blauth 2017, S. 92) angenommen, dass der Temperaturgradient $\frac{\partial T}{\partial x}$ bei einer Entfernung von der Wärmequelle von $5 \cdot o$ abgeklungen ist. Bei Annahme einer Leitungslänge von $5 \cdot o$ liegt, wie in Abb. 4.25 veranschaulicht, ein Fehler von 0,7 % vor. Entsprechend gilt:

$$\left.\frac{\partial T}{\partial x}\right|_{x=5\cdot o} = 0 \tag{4.95}$$

Anhand dessen ergibt sich:

$$C_1 = \frac{-\frac{P_{eing}}{\lambda \cdot A} \cdot o}{1 - e^{10}} \tag{4.96}$$

$$C_2 = C_1 \cdot e^{10} \tag{4.97}$$

Die relative Temperaturerhöhung $\frac{dT_1}{T_1}$ in Abhängigkeit des Abstandes zur Wärmequelle x ist in Abb. 4.25 abgebildet.

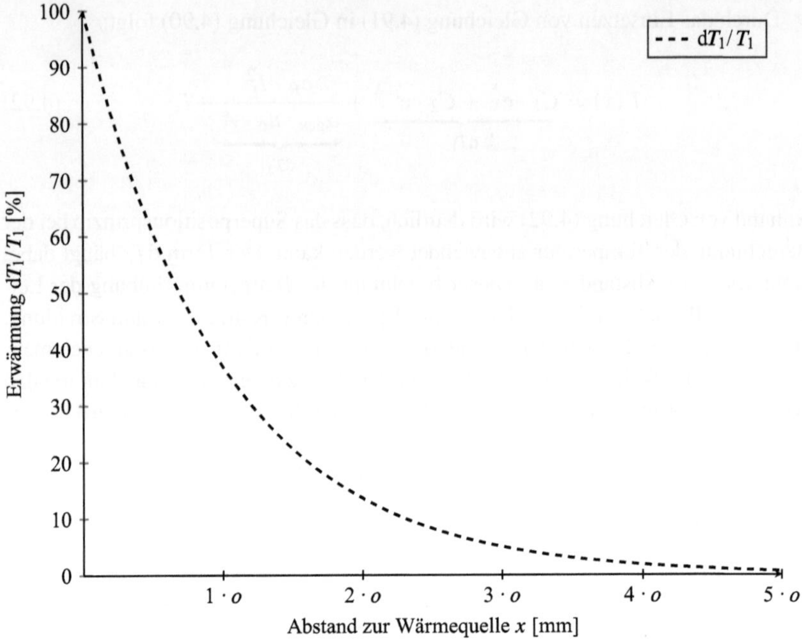

Abbildung 4.25 Relative Temperaturerhöhung in Abhängigkeit von o

Der Leistungsfluss zwischen den Teilsystemen kann nun anhand der Temperatur der Elemente bestimmt werden. Aus Gleichung (4.14) ergibt sich die Leistung der Wärmeleitung in axialer Richtung $P_{\text{leit,ax}}$ in Abhängigkeit der Temperaturdifferenz ΔT wie folgt:

$$P_{\text{leit,ax}} = \lambda \cdot A \cdot \frac{\Delta T}{l} \tag{4.98}$$

l, A und λ werden dabei häufig zur thermischen Kapazität R_{th} zusammengefasst. Für diese gilt:

$$R_{\text{th}} = \frac{l}{\lambda \cdot A} \tag{4.99}$$

Unterscheiden sich die Eigenschaften der durchflossenen Elemente, ergibt sich der thermische Widerstand aus der Summe der thermischen Widerstände der einzelnen Komponenten.

Thermische Modellierung des elektrischen Kontaktes
Die Temperatur des elektrischen Kontaktes kann gemäß (Kohlrausch 2006) mittels des Spannungsabfalls ΔU_k bestimmt werden. Dabei wird im Folgenden ein stationärer Fall betrachtet. Es wird von einem zur Umgebung elektrisch und thermisch isolierten Körper mit isotropen Materialeigenschaften ausgegangen. Unter Berücksichtigung dieser Annahmen gilt in Abhängigkeit der Lorenz-Zahl Λ für den Fall der gleichen Temperatur am Stift T_st sowie der Buchse T_b:

$$\Delta U_\mathrm{k} = 4 \cdot \Lambda \cdot (T_\mathrm{k}^2 - T_\mathrm{st}^2) \tag{4.100}$$

Durch Umformung ergibt sich Temperatur des elektrischen Kontaktes T_k wie folgt (Blauth 2017, S. 97):

$$T_\mathrm{k} = \sqrt{\frac{\Delta U_\mathrm{k}^2}{4 \cdot \Lambda} + T_\mathrm{st}^2} \tag{4.101}$$

Der aufgrund des Kontaktwiderstandes in den Kontaktstift eingetragene Wärmestrom ist von dessen Widerstand R_k sowie dem Laststrom I_L abhängig. An einem einzelnen Kontaktpunkt entsteht durch den Widerstand $R_\mathrm{k,kp}$ sowie den fließenden Strom je Kontaktpunkt $I_\mathrm{L,kp}$ eine Verlustleistung $P_\mathrm{k,kp}$. Entsprechend gilt:

$$P_\mathrm{k,kp} = R_\mathrm{k,kp} \cdot I_\mathrm{L,kp}^2 \tag{4.102}$$

Es wird angenommen, dass die im Kontaktpunkt erzeugte Verlustleistung vollständig durch Wärmeleitung in den Stift und die Buchse mit den Kontaktfedern abgeführt wird, wobei sie sich in diesen symmetrisch verteilt. Daraus folgt für die in den Stift sowie die Buchse eingehenden Leistungen je Kontaktpunkt $P_\mathrm{k\_st,kp}$ beziehungsweise $P_\mathrm{k\_b,kp}$:

$$P_\mathrm{k\_st,kp} = P_\mathrm{k\_b,kp} = \frac{P_\mathrm{k,kp}}{2} = \frac{1}{2} \cdot R_\mathrm{k,kp} \cdot I_\mathrm{L,kp}^2 \tag{4.103}$$

Unter Annahme einer gleichmäßigen Aufteilung des Stromes auf die Kontaktfedern des Steckkontaktes gilt:

$$I_\mathrm{L,kp} = \frac{I_\mathrm{L}}{n_\mathrm{kp}} \tag{4.104}$$

Entsprechend wird einer einzelnen Kontaktfeder die folgende Leistung zugeführt:

$$P_\mathrm{k\_st,kp} = P_\mathrm{k\_b,kp} = \frac{P_\mathrm{k,kp}}{2} = \frac{1}{2} \cdot R_\mathrm{k,kp} \cdot \frac{I_\mathrm{L}^2}{n_\mathrm{kp}^2} \tag{4.105}$$

Unter Annahme einer flächig verteilten Einleitung der Wärme in den Kontaktstift gilt:

$$P_{k\_st} = n_{kp} \cdot P_{k\_st,kp} \tag{4.106}$$

Daraus ergibt sich die von dem elektrischen Kontakt zum Stift fließende Leistung P_{k_st} wie folgt:

$$P_{k\_st} = \frac{1}{2} \cdot R_k \cdot \frac{I_L^2}{n_{kp}} \tag{4.107}$$

Thermisch (Transient) Die sehr einfache Beschreibung des transienten thermischen Verhalten des elektrischen Stecksystems orientiert sich an (Haab 2023, S. 11). Bei Vernachlässigung der Wärmeleitung innerhalb eines Volumenelements folgt aus der Wärmeleitungsgleichung:

$$\frac{\dot{W}}{c \cdot \rho} = \frac{\partial T}{\partial t} \tag{4.108}$$

Die auf das Volumen bezogene Leistungsdichte der inneren Wärmequellen $\dot{W}$ ergibt sich dabei anhand der Summenbilanz der ein- und ausgehenden Energieströme gemäß Gleichung (4.80). Das Volumen V, die Dichte ρ sowie die spezifische Wärmekapazität c werden dabei zur thermischen Kapazität zusammengefasst.

$$C_{th} = V \cdot \rho \cdot c \tag{4.109}$$

Validierung

Im Rahmen der Validierung des Modells des elektrischen Stecksystems wird sowohl das elektrische als auch das thermische Verhalten des Simulationsmodells untersucht. Die Validierung wird anhand der Stecksysteme in Tabelle B.2 durchgeführt. Dabei werden alle gelisteten Stecksysteme zur thermischen Validierung verwendet. Für die elektrische Validierung des Simulationsmodells des Stecksystems wird lediglich eine Teilmenge verwendet. Es werden keine an Leitungen mit einem Leiterquerschnitt kleiner $0{,}35\ \text{mm}^2$ angeschlossenen Stecksysteme eingesetzt. Ursache hierfür ist die geringe Relevanz entsprechender Leitungen im Rahmen der Energieversorgung von Lasten im Fahrzeug. Zudem ist zu beachten, dass es sich lediglich um eine exemplarische Validierung des Simulationsmodells des elektrischen Stecksystems handelt. Auf eine vollumfängliche Validierung wird aufgrund der abweichenden Zielstellung der Arbeit sowie der Modellierung des elektrischen Stecksystems anhand der Literatur verzichtet. Das thermische Verhalten des elektrischen Stecksystems wird im Gegensatz zu dem in Abschnitt 4.4.1 verfolgten Ansatz mittels direkter Messmethoden bestimmt. Ursächlich hierfür ist, dass der komplexe Aufbau eines Stecksystems die Zuordnung von Widerstandsänderungen zu spezifischen

Teilen des Stecksystems erschwert. Dadurch entsteht bei indirekten Messmethoden eine Unsicherheit darüber, welcher Bereich des Stecksystems für die beobachteten Änderungen verantwortlich ist. Direkte Methoden umgehen dieses Problem, indem sie die Temperatur gezielt an den relevanten Stellen messen. Nachfolgend werden Temperatursensoren an der Buchse angebracht. Das elektrische Stecksystem liegt bei Durchführung der Messung nicht auf der Messoberfläche auf. Hierdurch wird die Verfälschung der Messergebnisse durch die Temperatur anderer Körper ausgeschlossen. Der Versuchsaufbau zur Untersuchung des elektrischen Verhaltens des elektrischen Stecksystems ist in Abb. 4.26 schematisch dargestellt. 2 elektrische Leitungen mit einer Länge von jeweils 1 m werden mittels eines Stecksystems verbunden. Der Spannungsabfall über das elektrische Stecksystem ΔU_{SS} wird für die elektrische Validierung mittels des Vierleiterprinzips erfasst. Die Abgriffe zur Spannungsmessung sind direkt nach den Leiteranschlüssen angebracht. Die Versuche werden bei Raumtemperatur durchgeführt. Die Umgebungstemperatur wird aufgezeichnet und in der zugehörigen Simulation berücksichtigt.

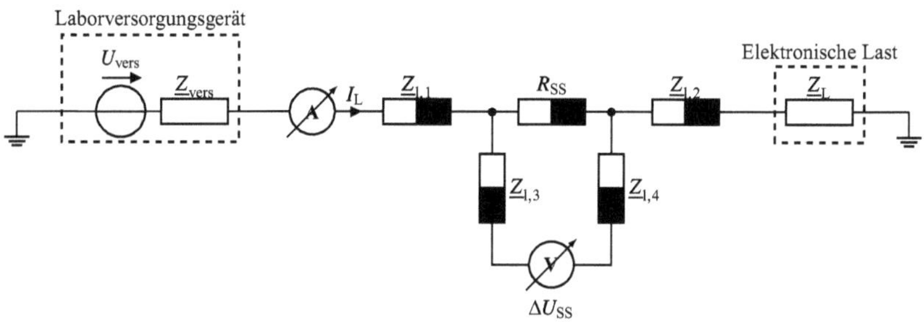

Abbildung 4.26 Versuchsaufbau zur Messung von ΔU_{SS}

Das zur Validierung verwendete Modell ist in Abb. B.6 abgebildet. Das Verhältnis von Rechenzeit zu Simulationszeit beträgt dabei:

$$\frac{t_{SS,kalk}}{t_{SS,sim}} = 0{,}47 \tag{4.110}$$

Die Anforderung an die Recheneffizienz mit einem Verhältnis von Rechenzeit $t_{SS,kalk}$ zu Simulationszeit $t_{SS,sim}$ von 1,0 gemäß Abschnitt 4.3.2 ist damit erfüllt.

Elektrisch (Widerstand) Die simulierten und die gemessenen Widerstände des elektrischen Stecksystems werden nachfolgend verglichen. Die maximalen Widerstände elektrischer Stecksysteme sind in (Verband der Elektro- und Digitalindustrie 2021b, S. 80) standardisiert und in Tabelle 4.7 aufgeführt. Die Werte wurden nach DIN-EN-Norm 60512-2-1 gemessen und enthalten neben dem Widerstand des elektrischen Kontaktes, der Buchse und des Stiftes auch den der Leiteranschlüsse. Die Werte gelten für sämtliche Oberflächenbeschichtungen wie Kupfer, Silber oder Zinn bei Raumtemperatur.

Tabelle 4.7 $R_{SS,max}$ in [mΩ] (Verband der Elektro- und Digitalindustrie 2021b, S. 80)

A_l [mm²] / b_{st} [mm]	≤ 0,13	0,22	0,35	0,5	0,75	1	1,5	2,5	4	6	10	16	> 16
≤ 0,63	30	30	15	15	15	–	–	–	–	–	–	–	–
1,2	20	20	15	15	15	15	10	–	–	–	–	–	–
1,5	–	15	15	15	15	15	10	10	–	–	–	–	–
2,8	–	15	15	15	15	15	10	10	5	–	–	–	–
4,8 – 6,3	–	10	10	8	8	8	5	5	3	3	2	–	–
8	–	–	–	–	–	–	–	3	3	3	2	2	–
≥ 9,5	–	–	–	–	–	–	–	–	3	2	2	1	1

$R_{SS,max}$ wird in Abb. 4.27 mit dem Widerstand des Simulationsmodells verglichen. Hierbei ist ersichtlich, dass die simulativ bestimmten Widerstände kleiner als die maximalen Widerstände gemäß (Verband der Elektro- und Digitalindustrie 2021b, S. 80) sind.

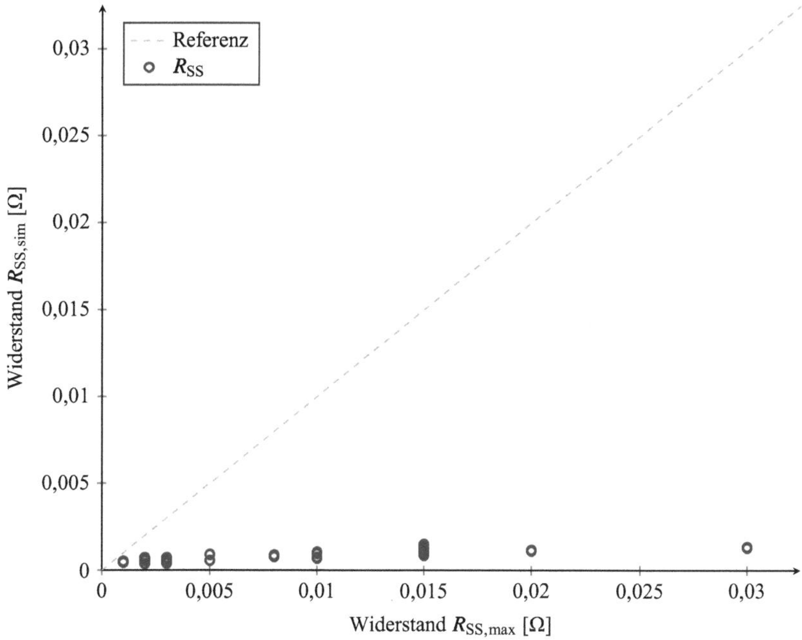

Abbildung 4.27 Vergleich von $R_{SS,sim}$ mit $R_{SS,max}$

Die Messung des Widerstandes erfolgt exemplarisch für ein Stecksystem mit einer Kontaktgröße von 0,64 mm und einem Leiterquerschnitt von 0,75 mm^2. Der Laststrom beträgt 3 A. Die Erhöhung des Widerstandes des elektrischen Stecksystems aufgrund der aus dem Strom resultierenden Erwärmung wird nachfolgend aufgrund der geringen Höhe des Stromes sowie der kurzen Dauer der Messung von 1 s vernachlässigt. Der simulierte sowie der gemessene Widerstand für das exemplarische Stecksystem ist in Abb. 4.28 dargestellt.

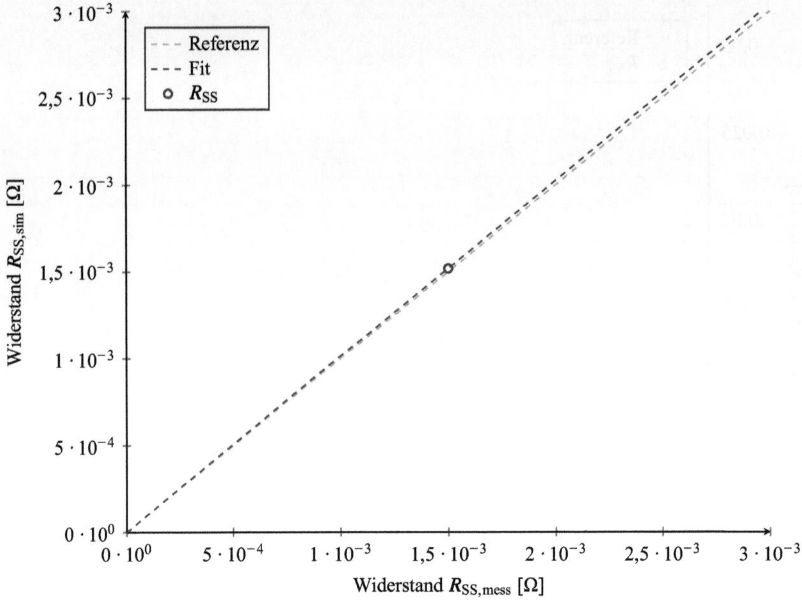

Abbildung 4.28 Vergleich von R_{SS}

Dabei ergibt sich der folgende Zusammenhang:

$$R_{SS,sim} = 1{,}01 \cdot R_{SS,mess} \tag{4.111}$$

Der Widerstandswert des Simulationsmodells des Stecksystems weist für den exemplarischen Fall eine hohe Übereinstimmung mit der Messung auf. Basierend darauf sowie dem Vergleich des Widerstandes des Simulationsmodells des Stecksystems mit $R_{SS,max}$ und aufgrund der Berücksichtigung empirischer Erkenntnisse im Rahmen der Modellierung wird das Simulationsmodell als valide bewertet.

Thermisch (Stationär) Nachfolgend wird angenommen, dass sich die stationäre Temperatur an der Buchse des elektrischen Stecksystems nach 1000 s einstellt. Der Vergleich der stationären Temperatur der Buchse des Simulationsmodells mit den Messungen ist in Abb. 4.29 dargestellt. Hierbei wird deutlich, dass die Abweichung der simulierten und der gemessenen Temperatur bei kleinen Leiterquerschnitten größer ist als bei großen Querschnitten. Diese Abweichungen können auf größere Verfälschungen der Messergebnisse aufgrund der geringeren thermischen Masse der Leitungen bei kleineren Querschnitten zurückgeführt werden. Eine geringere thermische Masse führt zu schnelleren Temperaturänderungen, wodurch Umwelteinflüsse eine größere Relevanz erhalten.

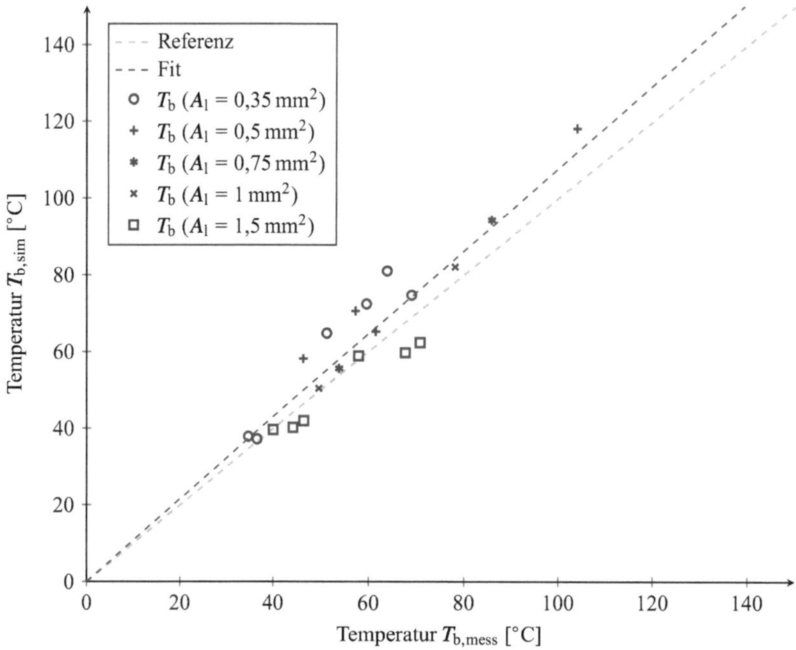

Abbildung 4.29 Vergleich von T_b (in Abhängigkeit von A_l)

Der Vergleich der Temperatur der Buchse in Abhängigkeit der Kontaktgröße ist in Abb. 4.30 dargestellt. Hierbei ist keine Abhängigkeit der Abweichung von der betrachteten Kontaktgröße ersichtlich.

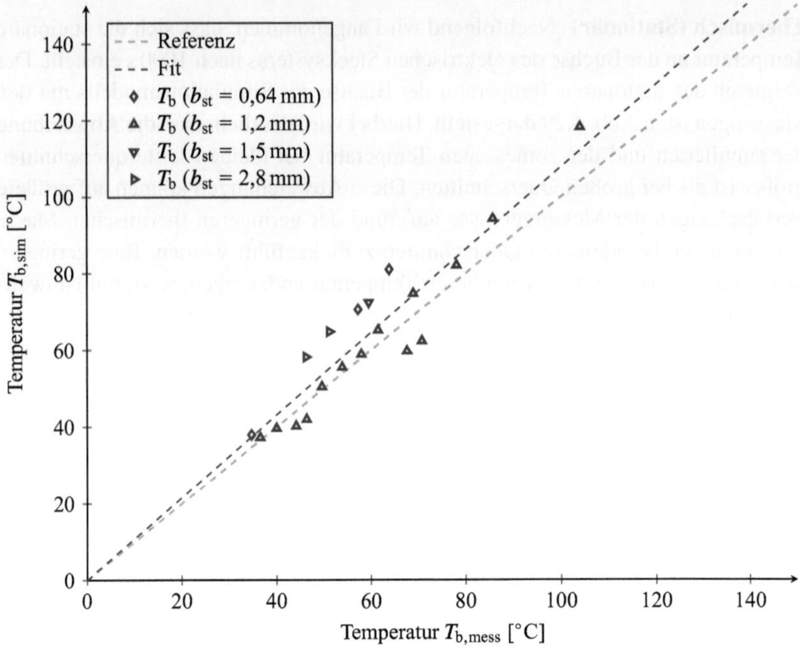

Abbildung 4.30 Vergleich von T_b (in Abhängigkeit von b_{st})

Dabei ergibt sich der folgende Zusammenhang:

$$T_{b,sim} = 1{,}08 \cdot T_{b,mess} \tag{4.112}$$

Die Abweichungen zwischen der gemessenen und der simulierten Temperatur der Buchse des elektrischen Stecksystems werden als akzeptabel eingestuft. Dies wird damit begründet, dass die simulierte Temperatur in der Regel eine obere Grenze darstellt und somit den konservativen Fall abdeckt. Es ist zudem hervorzuheben, dass durch die verwendete Messmethode verursachte Abweichungen nicht vollumfänglich ausgeschlossen werden können.

Thermisch (Transient) Im Folgenden wird die Zeitkonstante der Temperaturerhöhung der Buchse des elektrischen Stecksystems des Simulationsmodells $\tau_{b,sim}$ mit Messungen $\tau_{b,mess}$ verglichen. Der Vergleich der Zeitkonstanten in Abhängigkeit des Querschnitts der angeschlossenen Leitungen ist in Abb. 4.31 dargestellt.

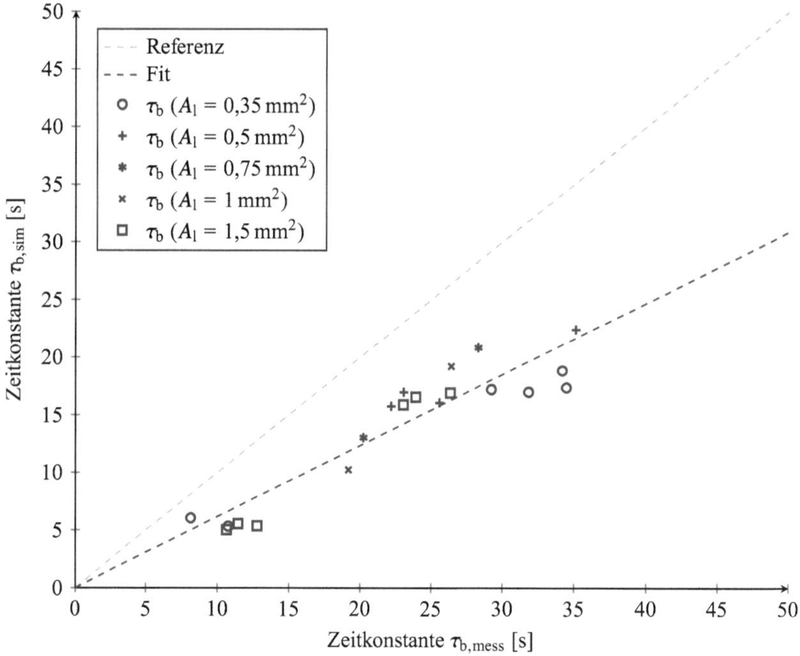

Abbildung 4.31 Zeitkonstante τ_b (in Abhängigkeit von A_l)

Der Vergleich der Zeitkonstanten in Abhängigkeit der Kontaktgröße ist in Abb. 4.32 dargestellt. Dabei ergibt sich der folgende Zusammenhang:

$$\tau_{b,\mathrm{sim}} = 0{,}62 \cdot \tau_{b,\mathrm{mess}} \tag{4.113}$$

Die signifikanten Abweichungen zwischen der Zeitkonstante der gemessenen und der simulierten Temperatur der Buchse des elektrischen Stecksystems können auf die sehr einfache Beschreibung des transienten thermischen Verhaltens desselben zurückgeführt werden. Weiterhin kann der verwendete Ansatz zur Messung der Temperatur als potentielle Fehlerquelle benannt werden. Die Wärmekapazität des Temperatursensors ist deutlich kleiner als die des Stecksystems. Deshalb reagiert der Sensor schneller auf Temperaturänderungen, die Zeitkonstante ist geringer (Haab 2023, S. 39). Die Abweichungen zwischen der gemessenen und der simulierten Zeitkonstante werden nachfolgend als tolerierbar betrachtet. So repräsentiert die

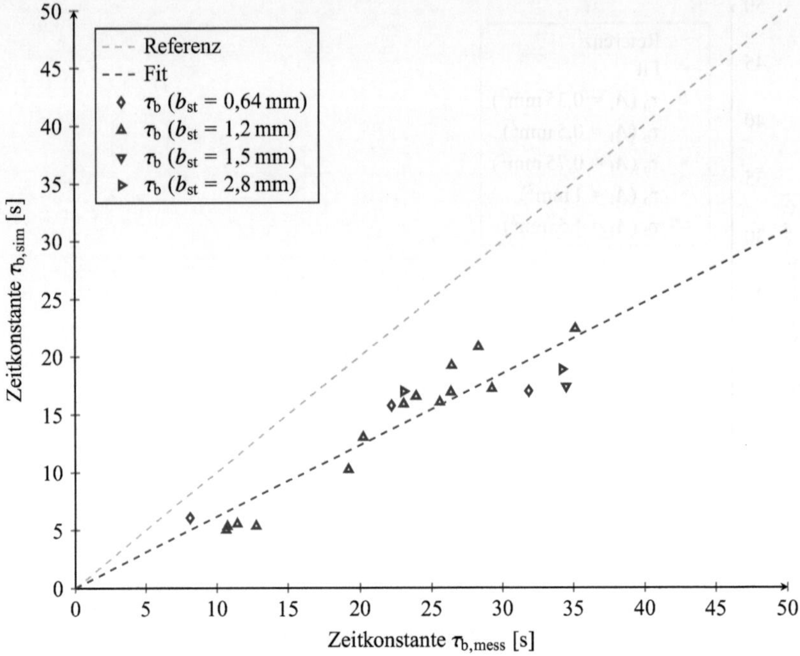

Abbildung 4.32 Zeitkonstante τ_b (in Abhängigkeit von b_{st})

Zeitkonstante des Simulationsmodells den konservativen Fall einer schnellen Erwärmung des Stecksystems.

4.4.3 Modellierung einer passiven Schraubkontaktierung

Passive Schraubkontaktierungen sind in verschiedenen Ausprägungen standardisiert. Beispielsweise werden gestanzte Kabelschuhe für Kupferanwendungen in (Deutsches Institut für Normung e. V. 1965) beschrieben.

Modellierung

Die Modellierung der passiven Schraubkontaktierung erfolgt lediglich unter elektrischen Gesichtspunkten. Auf eine thermische Modellierung wird verzichtet. Grundlage für dieses Vorgehen ist die Annahme, dass sich in Kraftfahrzeugen verwendete passive Schraubkontaktierungen nur geringfügig erwärmen und deren Widerstand deshalb nur minimal ansteigt. Begründet werden kann dies mit der hohen Stromtragfähigkeit der Schraubkontaktierungen gemäß DIN-Norm 46200 beziehungsweise DIN-Norm 46206-2 (Deutsches Institut für Normung 1977, S. 2; Deutsches Institut für Normung 1971, S. 2). Der Widerstand der Schraubkontaktierung setzt sich gemäß der Systemgrenzen aus (Verband der Elektro- und Digitalindustrie 2021a, S. 83) aus den Widerständen des Leiteranschlusses, des Kabelschuhs, des elektrischen Kontaktes, des Bolzens sowie insofern vorhanden der Schweißverbindung zusammen. Die Widerstände des elektrischen Kontaktes, des Bolzens sowie der Schweißverbindung werden in (Haak, K. Yang et al. 2024, S. 10) untersucht. Nachfolgend wird konservativ angenommen, dass der Widerstand der ganzen Schraubkontaktierung R_{SK} $3\,\mathrm{m}\Omega$ beträgt. Das entsprechende ESB der Schraubkontaktierung ist in Abb. 4.33 abgebildet.

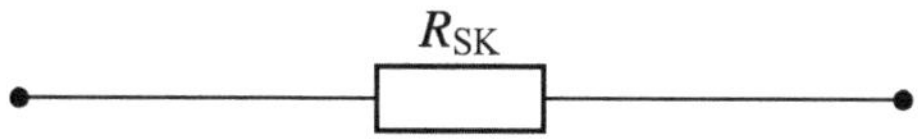

Abbildung 4.33 ESB der Schraubkontaktierung

Das Modell ist in Abb. B.7 dargestellt.

Validierung

Auf eine Validierung des Modells der passiven Schraubkontaktierung wird aufgrund der einfachen Modellierung als fest parametrierter Widerstand verzichtet. Lediglich die Recheneffizienz wird untersucht. Das dafür verwendete Modell ist in Abb. B.8 dargestellt. Das Verhältnis von Rechenzeit zu Simulationszeit beträgt dabei:

$$\frac{t_{SK,kalk}}{t_{SK,sim}} = 0{,}21 \tag{4.114}$$

Die Anforderung an die Recheneffizienz mit einem Verhältnis von Rechenzeit $t_{SK,kalk}$ zu Simulationszeit $t_{SK,sim}$ von 1,0 gemäß Abschnitt 4.3.2 ist damit erfüllt.

4.4.4 Modellierung einer passiven elektrischen Sicherung

In diesem Abschnitt wird die Modellierung passiver elektrischer Sicherungen beschrieben. Aufgrund ihrer Relevanz für die Zielstellung der Arbeit werden diese bereits in Abschnitt 2.3.1 grundlegend eingeführt. Insbesondere die Auslösezeit passiver elektrischer Sicherungen bei der Isolation fehlerhafter Kanäle des EBN ist für die durchgeführten Betrachtungen relevant. Schwerpunktmäßig wird dabei die typische Auslösecharakteristik der Sicherung modelliert. Die Betrachtung der maximalen Auslösecharakteristik gemäß der ISO-Norm 8820, die zur Bestimmung der theoretisch längstmöglichen Verletzung des Sicherheitszieles einer Last im Fehlerfall dient, sowie der minimalen Auslösecharakteristik zur Abbildung der kürzesten Sicherheitsziel-Verletzung, erfolgt in Abschnitt 7.3. Zudem wird der Widerstand der passiven elektrischen Sicherung wegen seiner Relevanz für die Energieversorgung von Lasten des EBN bei der Modellierung berücksichtigt.

Modellierung
Die Modellierung von passiven elektrischen Sicherungen ist in der Literatur vielfältig beschrieben. Die analytische Beschreibung der Erwärmung der Sicherung ist aufgrund der komplexen Geometrie des Schmelzleiters und der Temperaturabhängigkeit physikalischer Parameter schwierig (Plecsca 2015, S. 1518). Die thermische Modellierung der Sicherung als zylindrische Leitung mit endlicher Länge und ohne Isolation wird in (Ilgevicius 2004, S. 17) beschrieben. Dieser Ansatz wird nachfolgend aufgrund der fehlenden Angaben zu geometrischen sowie materialspezifischen Parametern des Schmelzleiters der Sicherungen nicht tiefergehend betrachtet. Eine Alternative sind datenbasierte Modellierungsansätze. Einen geläufigen Ansatz stellt die Bestimmung der Temperatur der Sicherung anhand empirisch ermittelter Parameter dar (Forschungsvereinigung Automobiltechnik e. V. (FAT) 2006, S. 49; Brabetz, Ayeb, Sadrinna et al. 2018, S. 1; Gerten, Frei, Kiffmeier et al. 2022, S. 1). Dieser Ansatz wird nachfolgend aufgrund der zahlreichen dafür notwendigen Messungen zur Ermittlung der empirischen Parameter nicht weiterverfolgt. Die in (Tanaka und Yamasaki 2004, S. 135; Brabetz, Ayeb und Gysen 2017, S. 4) beschriebenen Ansätze basieren auf Herstellerangaben. Eine vergleichbare Vorgehensweise wird im Folgenden angewendet. Der thermische Einfluss benachbarter Komponenten auf die passive elektrische Sicherung wird dabei im Folgenden vernachlässigt. Mögliche daraus resultierende Abweichungen in der Auslösezeit werden durch die Betrachtung der minimalen sowie maximalen Auslösecharakteristik der Sicherung gemäß ISO-Norm 8820 in Abschnitt 7.3 abgedeckt. Das Leiterverhalten der Sicherung wird typischerweise mittels eines Widerstandes abgebildet, während das Verhalten während des Schmelzvorganges durch einen Schalter mit einem nach der Vorschmelzzeit $t_{\mathrm{Si,vs}}$ aktivierten R-C-Glied angenähert wird (Forschungsvereinigung Automobiltechnik e. V. (FAT) 2006, S. 50; Tanaka, Kawaguchi et al. 2007, S. 136; Li und Qi 2013, S. 488; Tian, Lei et al. 2016, S. 2; Gerten, Frei, Kiffmeier et al. 2022, S. 2; Gerten, Rübartsch et al. 2022b, S. 4). Die Modellierung der elektrischen Sicherung erfolgt nachfolgend entsprechend (Gerten, Rübartsch et al. 2022b,

S. 4) anhand des Widerstandes R_{Si} sowie dem aus den Widerständen $R_{\mathrm{Si,s,1}}$ und $R_{\mathrm{Si,s,2}}$ sowie der Kapazität $C_{\mathrm{Si,s}}$ bestehenden R-C-Glied. Nach der Vorschmelzzeit $t_{\mathrm{Si,vs}}$ sind daher die Widerstände $R_{\mathrm{Si,s,1}}$ und R_{Si} sowie die Kapazität $C_{\mathrm{Si,s}}$ seriell angeordnet. Der Widerstand $R_{\mathrm{Si,s,1}}$ beschreibt den Widerstand der Sicherung während des Schmelzvorganges, wohingegen $R_{\mathrm{Si,s,2}}$ den Widerstand des entstehenden Lichtbogens abbildet. Das ESB der passiven elektrischen Sicherung ist in Abb. 4.34 dargestellt.

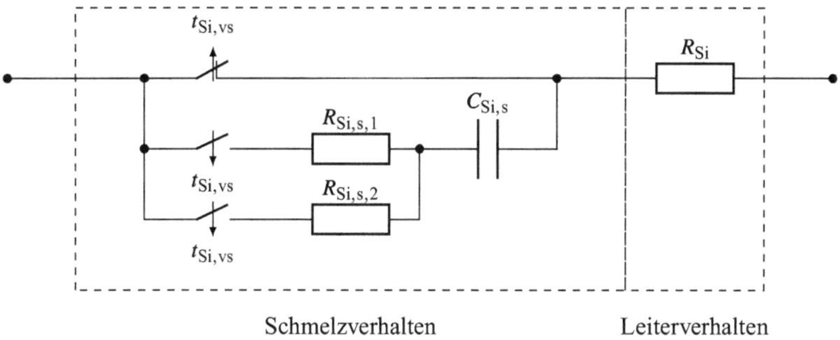

Abbildung 4.34 ESB der elektrischen Sicherung

Zur Vereinfachung von Darstellungen wird das in Abb. 4.35 dargestellte Symbol für die passive elektrische Sicherung verwendet.

Abbildung 4.35 Symbol der elektrischen Sicherung

Elektrisch (Widerstand) Für den Widerstand der elektrischen Sicherung bei der Temperatur T_{Si} gilt unter Annahme eines linearen Zusammenhangs gegenüber dem Widerstand $R_{\mathrm{Si,ref}}$ bei einer bekannten Referenztemperatur T_{ref}:

$$R_{\mathrm{Si}}(T_{\mathrm{Si}}) = R_{\mathrm{Si,ref}} \cdot (1 + \alpha_{R,\mathrm{Si}} \cdot (T_{\mathrm{Si}} - T_{\mathrm{ref}})) \tag{4.115}$$

Gemäß (Brabetz, Ayeb, Sadrinna et al. 2018, S. 2) ist die Annahme plausibel, dass die Erhöhung der Temperatur der Sicherung ΔT_{Si} proportional zu den elektrischen Leitungsverlusten und damit zum quadrierten Laststrom I_{L}^2 ist. Entsprechend gilt:

$$\Delta T_{\text{Si}} = T_{\text{Si}} - T_{\text{ref}} \sim P_{\text{Si,el}} = R_{\text{Si}}(T_{\text{Si}}) \cdot I_{\text{L}}^2 \tag{4.116}$$

Daraus folgt unter Verwendung einer Proportionalitätskonstante $k_{\text{Si},1}$:

$$\Delta T_{\text{Si}} = k_{\text{Si},1} \cdot R_{\text{Si}}(T_{\text{Si}}) \cdot I_{\text{L}}^2 \tag{4.117}$$

Durch das Einsetzen von Gleichung (4.117) in Gleichung (4.115) ergibt sich:

$$R_{\text{Si}}(T_{\text{Si}}) = \frac{1}{\frac{1}{R_{\text{Si,ref}}} - \alpha_{R,\text{Si}} \cdot k_{\text{Si},1} \cdot I_{\text{L}}^2} \tag{4.118}$$

Zur Bestimmung der Werte für $\alpha_{R,\text{Si}} \cdot k_{\text{Si},1}$ sowie $R_{\text{Si,ref}}$ werden Angaben eines Herstellers von passiven elektrischen Sicherungen zum Kaltwiderstand $R_{\text{Si}}(0{,}1 \cdot I_{\text{Si,N}})$ sowie zum Spannungsabfall $U_{\text{Si}}(I_{\text{Si,N}})$ verwendet. Während der Spannungsabfall im Regelfall bei einer Belastung der Sicherung mit $I_{\text{Si,N}}$ bestimmt wird, erfolgt die Berechnung des Kaltwiderstandes bei $0{,}1 \cdot I_{\text{Si,N}}$. Anhand dieser Randbedingungen folgt:

$$R_{\text{Si}}(0{,}1 \cdot I_{\text{Si,N}}) = \frac{1}{\frac{1}{R_{\text{Si,ref}}} - \alpha_{R,\text{Si}} \cdot k_{\text{Si},1} \cdot (0{,}1 \cdot I_{\text{Si,N}})^2} \tag{4.119}$$

$$R_{\text{Si}}(I_{\text{Si,N}}) = \frac{1}{\frac{1}{R_{\text{Si,ref}}} - \alpha_{R,\text{Si}} \cdot k_{\text{Si},1} \cdot I_{\text{Si,N}}^2} \tag{4.120}$$

Daraus folgt:

$$\alpha_{R,\text{Si}} \cdot k_{\text{Si},1} = \frac{R_{\text{Si}}(I_{\text{Si,N}}) - R_{\text{Si}}(0{,}1 \cdot I_{\text{Si,N}})}{R_{\text{Si}}(I_{\text{Si,N}}) \cdot R_{\text{Si}}(0{,}1 \cdot I_{\text{Si,N}}) \cdot (I_{\text{Si,N}}^2 - (0{,}1 \cdot I_{\text{Si,N}})^2)} \tag{4.121}$$

$$R_{\text{Si,ref}} = \frac{R_{\text{Si}}(0{,}1 \cdot I_{\text{Si,N}}) \cdot R_{\text{Si}}(I_{\text{Si,N}}) \cdot (I_{\text{Si,N}}^2 - (0{,}1 \cdot I_{\text{Si,N}})^2)}{R_{\text{Si}}(I_{\text{Si,N}}) \cdot I_{\text{Si,N}}^2 - R_{\text{Si}}(0{,}1 \cdot I_{\text{Si,N}}) \cdot (0{,}1 \cdot I_{\text{Si,N}})^2} \tag{4.122}$$

R_{Si} wird zur Steigerung der Stabilität der Simulation begrenzt. Hierbei wird der zehnfache Wert des Widerstandes bei $I_{\text{Si,N}}$ gewählt. R_{Si} ergibt sich daher unter Verwendung von Gleichung (4.121) und Gleichung (4.122) wie folgt:

$$R_{\mathrm{Si}} = \begin{cases} \frac{1}{\frac{1}{R_{\mathrm{Si,ref}}} - \alpha_{R,\mathrm{Si}} \cdot k_{\mathrm{Si},1} \cdot I_{\mathrm{L}}^2}, & \text{für } R_{\mathrm{Si}} > 0 \;\&\; R_{\mathrm{Si}} < 10 \cdot R_{\mathrm{Si}}(I_{\mathrm{Si,N}}) \\ 10 \cdot R_{\mathrm{Si}}(I_{\mathrm{Si,N}}), & \text{für } R_{\mathrm{Si}} \leq 0 \;\&\; R_{\mathrm{Si}} \geq 10 \cdot R_{\mathrm{Si}}(I_{\mathrm{Si,N}}) \end{cases} \tag{4.123}$$

In Abb. 4.36 wird der Ansatz für die Bestimmung des Widerstandes der elektrischen Sicherung anhand einer exemplarischen elektrischen Sicherung des Typs C mit einem Nennstrom von 10 A veranschaulicht. Der maximale Widerstand der Sicherung $R_{\mathrm{Si,max}}$ deckt sich dabei hinsichtlich der Größenordnung mit dem in (Gerten, Frei, Kiffmeier et al. 2022, S. 2) aufgeführten Wert von 87 mΩ beim Schmelzen des Schmelzleiters der passiven elektrischen Sicherung.

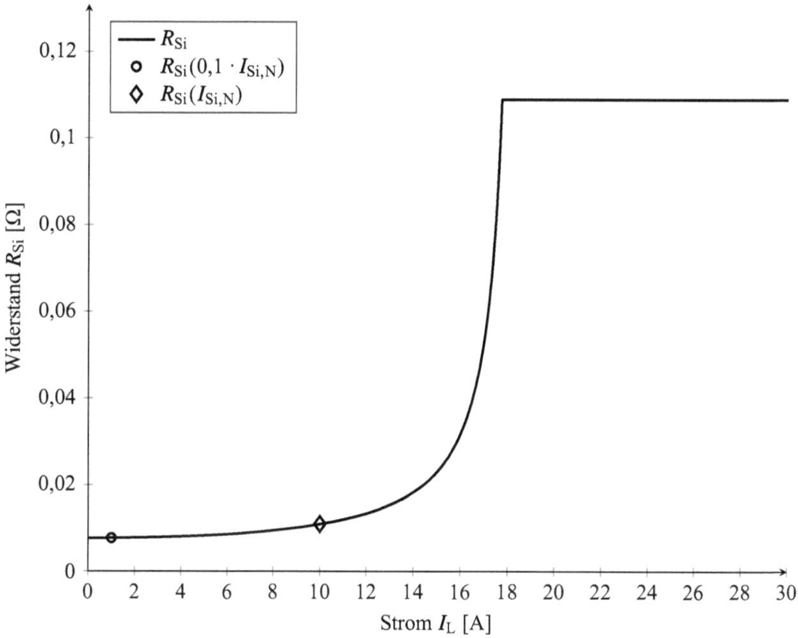

Abbildung 4.36 Annäherung von R_{Si} (Typ C, $I_{\mathrm{Si,N}} = 10\,\mathrm{A}$)

Zur Vermeidung der sprunghaften Änderung des Widerstandes der elektrischen Sicherung $R_{\mathrm{Si}}(t)$ bei dynamischen Lastprofilen wird nachfolgend eine Zeitkonstante für die aus der Erwärmung resultierende Änderung des Widerstandes der elektrischen Sicherung τ_{Si} eingeführt:

$$R_{Si}(t) = R_{Si} \cdot \left(1 - e^{\frac{t}{\tau_{Si}}}\right) \tag{4.124}$$

τ_{Si} wird basierend auf (Brabetz, Ayeb, Sadrinna et al. 2018, S. 2) konservativ abgeschätzt:

$$\tau_{Si} = 50\,\mathrm{s} \tag{4.125}$$

Es ist anzumerken, dass es sich um ein stark vereinfachtes Modell handelt. So werden die thermischen Einflüsse angrenzender Bauteile, wie beispielsweise von Steckkontakten, nicht berücksichtigt. Diese Vorgehensweise wird, entsprechend der in Abschnitt 4.3.1 formulierten Anforderungen an die Genauigkeit des Modells, als valide bewertet.

Elektrisch (Auslösezeit) Der Einfluss der Umgebungstemperatur T_u auf die Auslösezeit der elektrischen Sicherung $t_{Si,aus}$ kann gemäß (Littelfuse, Inc. 2021, S. 2) nicht vernachlässigt werden. Der Einfluss der Umgebungstemperatur wird durch die Anpassung des Nennstromes der Sicherung $I_{Si,N}$ in Abhängigkeit von dieser berücksichtigt. Dabei ist die Verwendung der im Datenblatt der jeweiligen Sicherung angegebenen Werte für $I_{Si,N}$ in Abhängigkeit von T_u im Simulationsmodell denkbar. Der Nennstrom von Flachstecksicherungen des Typs C in Abhängigkeit der Umgebungstemperatur $I_{Si,N}(T_u)$ ist in Abb. 4.37 dargestellt.

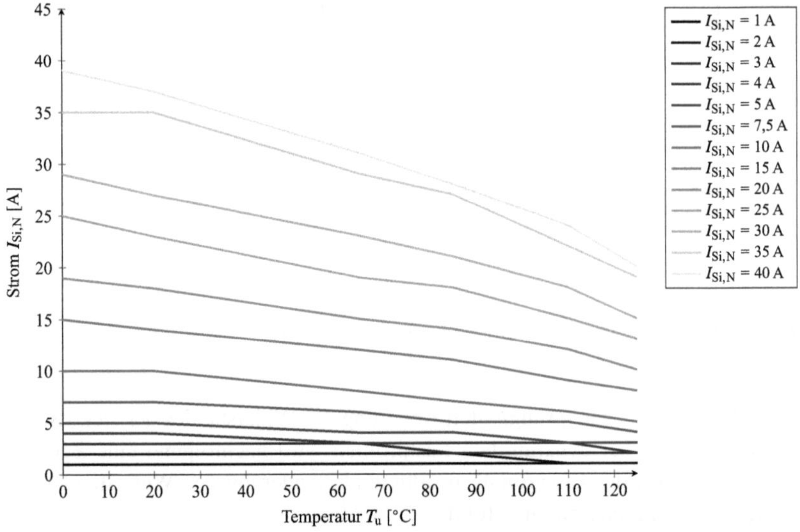

Abbildung 4.37 Temperaturabhängigkeit einer elektrischen Sicherung (Typ C)

Alternativ kann eine physikalische Näherung verwendet werden. Die Annahme, dass die Temperaturänderung ΔT_{Si} proportional zum Leistungsverlust und somit zum quadrierten Laststrom I_{L}^2 ist wird bereits in Gleichung (4.117) angewendet. So folgt unter Verwendung einer Proportionalitätskonstante $k_{\mathrm{Si},2}$:

$$I_{\mathrm{L}} = k_{\mathrm{Si},2} \cdot \sqrt{\Delta T_{\mathrm{Si}}} \tag{4.126}$$

Für eine Sicherung mit der Schmelztemperatur des Werkstoffes des Schmelzleiters $T_{\mathrm{Si,s}}$ gilt für den Nennstrom $I_{\mathrm{Si,N}}$ bei Umgebungstemperatur T_{u} sowie bei 20 °C:

$$I_{\mathrm{Si,N}}(T_{\mathrm{u}}) = k_{\mathrm{Si},2} \cdot \sqrt{T_{\mathrm{Si,s}} - T_{\mathrm{u}}} \tag{4.127}$$

$$I_{\mathrm{Si,N}}(20\,^{\circ}\mathrm{C}) = k_{\mathrm{Si},2} \cdot \sqrt{T_{\mathrm{Si,s}} - 20\,^{\circ}\mathrm{C}} \tag{4.128}$$

Daraus folgt:

$$\frac{I_{\mathrm{Si,N}}(T_{\mathrm{u}})}{I_{\mathrm{Si,N}}(20\,^{\circ}\mathrm{C})} = \sqrt{\frac{T_{\mathrm{Si,s}} - T_{\mathrm{u}}}{T_{\mathrm{Si,s}} - 20\,^{\circ}\mathrm{C}}} \tag{4.129}$$

Daraus ergibt sich der folgende vereinfachte Zusammenhang:

$$I_{\mathrm{Si,N}}(T_{\mathrm{u}}) = I_{\mathrm{Si,N}}(20\,^{\circ}\mathrm{C}) \cdot \sqrt{\frac{T_{\mathrm{Si,s}} - T_{\mathrm{u}}}{T_{\mathrm{Si,s}} - 20\,^{\circ}\mathrm{C}}} \tag{4.130}$$

Es wird nachfolgend der auf den Datenblättern der passiven elektrischen Sicherungen basierende empirische Ansatz verwendet. Die elektrische Sicherung löst aus, sobald der maximale Wert des Grenzlastintegrals $I^2t_{\mathrm{Si,aus}}$ durch das kontinuierlich berechnete Grenzlastintegral $I^2t_{\mathrm{Si}}(t)$ überschritten wird. Das berechnete Grenzlastintegral $I^2t_{\mathrm{Si}}(t)$ entspricht einer Maßeinheit der thermischen Energie in Verbindung mit dem Laststrom und ist entsprechend stets größer oder gleich $0\,\mathrm{A}^2\,\mathrm{s}$ (Cline und Stultz 1995, S. 1). Es wird angenommen, dass die entstehende Wärme bei Lastströmen unterhalb des Nennwertes der Sicherung ohne eine Vorschädigung der elektrischen Sicherung abgeführt werden kann. Für den Fall, dass der Laststrom I_{L} den Nennstrom der Sicherung $I_{\mathrm{Si,N}}(T_{\mathrm{u}})$ überschreitet, ergibt sich das Grenzlastintegral mittels Integration des quadrierten Laststromes über die Zeit. Für den Fall, dass der Laststrom I_{L} unterhalb des Nennstromes der Sicherung $I_{\mathrm{Si,N}}(T_{\mathrm{u}})$ liegt, wird das Integral des quadrierten Stromes zwischen dem Nennstrom und dem Laststrom von dem Grenzlastintegral abgezogen. Dadurch wird das Abkühlen der elektrischen Sicherung bei dynamischen Lastprofilen im Modell berücksichtigt. Der einfache

Modellierungsansatz wird als ausreichend angesehen, da der Schwerpunkt auf der Analyse von Kurzschlüssen und den damit verbundenen kurzen, hohen Überströmen liegt. Die Implementierung der kontinuierlichen Berechnung des I^2t_{Si}-Kriteriums wird in Abb. 4.38 veranschaulicht. Etwaige thermische Vorschädigungen der elektrischen Sicherungen werden im Rahmen der Modellierung nicht berücksichtigt.

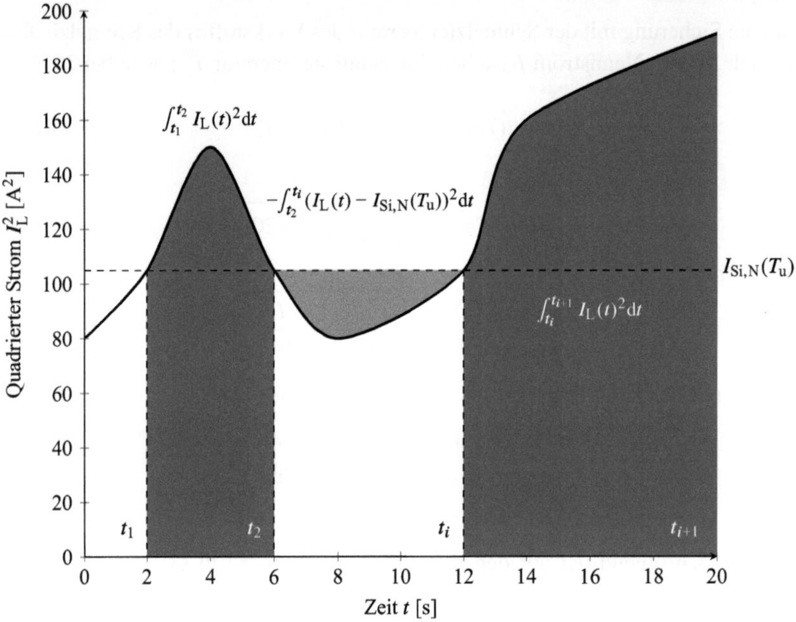

Abbildung 4.38 Berechnung des Grenzlastintegrals der elektrischen Sicherung

Das kontinuierlich berechnete Grenzlastintegral $I^2t_{\mathrm{Si}}(t)$ ergibt sich für den in Abb. 4.38 dargestellten Fall wie folgt:

$$I^2t_{\mathrm{Si}}(t) = \int_{t_1}^{t_2} I_{\mathrm{L}}^2(t)\mathrm{d}t - \int_{t_2}^{t_i} (I_{\mathrm{L}}(t) - I_{\mathrm{Si,N}}(T_{\mathrm{u}}))^2\mathrm{d}t + \int_{t_i}^{t_{i+1}} I_{\mathrm{L}}^2(t)\mathrm{d}t \tag{4.131}$$

Für jedes Inkrement des Intervalls $[t_i, t_{i+1}]$ wird die Berechnung basierend auf den aktuellen Werten von $I_{\mathrm{L}}(t)$ und $I^2t_{\mathrm{Si}}(t)$ wie folgt durchgeführt:

$$I^2t_{\mathrm{Si}}(t)\Big|_{t_i}^{t_{i+1}} = \begin{cases} 0, & \text{für } I^2t_{\mathrm{Si}}(t) = 0 \,\&\, I_{\mathrm{L}}(t) < I_{\mathrm{Si,N}}(T_{\mathrm{u}}) \\ -\int_{t_i}^{t_{i+1}} (I_{\mathrm{L}}(t) - I_{\mathrm{Si,N}}(T_{\mathrm{u}}))^2 \mathrm{d}t, & \text{für } I^2t_{\mathrm{Si}}(t) > 0 \,\&\, I_{\mathrm{L}}(t) < I_{\mathrm{Si,N}}(T_{\mathrm{u}}) \\ \int_{t_i}^{t_{i+1}} I_{\mathrm{L}}^2(t)\mathrm{d}t, & \text{für } I^2t_{\mathrm{Si}}(t) \geq 0 \,\&\, I_{\mathrm{L}}(t) \geq I_{\mathrm{Si,N}}(T_{\mathrm{u}}) \end{cases} \tag{4.132}$$

Sollte sich die Bedingung während des Intervalls ändern, wird der entsprechende Fall angepasst. Zur Bestimmung des im Modell hinterlegten Maximalwertes des Grenzlastintegrals $I^2t_{\mathrm{Si,aus}}$ sind verschiedene Vorgehensweisen denkbar. Im Folgenden werden 2 Ansätze zur Festlegung dieses Wertes vorgestellt. Zum einen kann wie in (Tanaka und Yamasaki 2004, S. 135) der im Datenblatt der elektrischen Sicherung durch den Hersteller spezifizierte I^2t_{Si}-Wert verwendet werden. Diese Werte werden typischerweise mithilfe von Versuchen, bei denen die Sicherung mit einem Vielfachen von $I_{\mathrm{Si,N}}$ belastet wird, generiert. Eine etwaige Abhängigkeit von $I^2t_{\mathrm{Si,aus}}$ von dem auftretenden Laststrom wird bei dieser Vorgehensweise nicht berücksichtigt. Zum anderen ist eine Berechnung eines von I_{L} abhängigen Grenzwertes $I^2t_{\mathrm{Si,aus}}(I_{\mathrm{L}})$ mittels der I-t-Charakteristik der Sicherung möglich. Dieses Vorgehen wird in (Brabetz, Ayeb und Gysen 2017, S. 4) zur Validierung eines anderen Ansatzes verwendet. Die I-t-Charakteristik ist typischerweise ebenfalls im Datenblatt der elektrischen Sicherung, beispielsweise in (Littelfuse, Inc. 2021, S. 1), enthalten. Aufgrund der Berücksichtigung der Abhängigkeit von $I^2t_{\mathrm{Si,aus}}$ von I_{L} und der damit einhergehenden besseren Beschreibung des Verhaltens bei geringen Überströmen wird dieser Ansatz im Modell implementiert.

Elektrisch (Schmelzverhalten) Das R-C-Glied wird anhand der Werte aus (Gerten, Rübartsch et al. 2022b, S. 4) parametriert. Entsprechend gilt für die Schmelzwiderstände $R_{\mathrm{Si,s,1}}$ und $R_{\mathrm{Si,s,2}}$ sowie die Schmelzkapazität $C_{\mathrm{Si,s}}$:

$$R_{\mathrm{Si,s,1}} = 0{,}68\,\Omega \tag{4.133}$$

$$R_{\mathrm{Si,s,2}} = 0{,}3\,\Omega \tag{4.134}$$

$$C_{\mathrm{Si,s}} = 100\,\mu\mathrm{F} \tag{4.135}$$

Zudem wird gemäß (Gerten, Rübartsch et al. 2022b, S. 4) eine Schmelzzeit $t_{\mathrm{Si,s}}$ von 30 ns angenommen. Auf die Parametrierung des R-C-Gliedes anhand eines empirischen Zusammenhangs in Abhängigkeit des Schmelzstromes $I_{\mathrm{Si,s}}$, wie beispielsweise in (Gerten, Frei, Kiffmeier et al. 2022, S. 2), wird nachfolgend verzichtet.

Validierung
Die passive elektrische Sicherung wird zur Durchführung von Messungen in einer Temperaturkammer auf eine definierte Umgebungstemperatur aufgeheizt beziehungsweise abgekühlt. Der entsprechende Versuchsaufbau ist in Abb. 4.39 schematisch dargestellt. Neben der elektrischen Sicherung befinden sich rund 25 cm der Leitungen mit $\underline{Z}_{l,1}$ und $\underline{Z}_{l,2}$ in der Temperaturkammer.

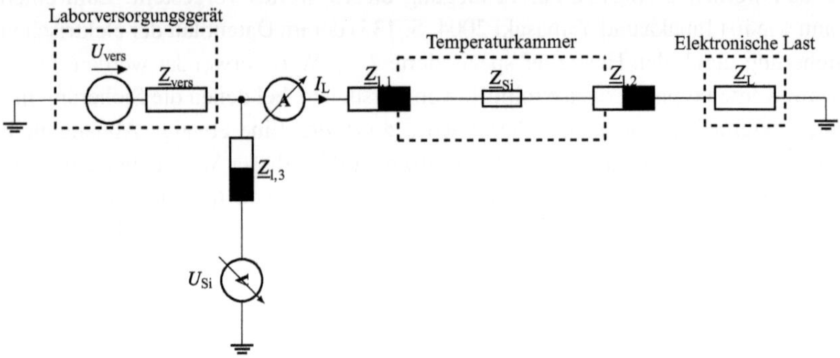

Abbildung 4.39 Versuchsaufbau zur Bestimmung von $t_{Si,aus}$

Eine reale Darstellung des Versuchsaufbaus ist zudem in Abb. 4.40 abgebildet. Die untersuchte elektrische Sicherung sowie die damit verbundenen Leitungen sind im rechten Bildabschnitt erkennbar. Im linken Bildabschnitt ist die Vorkonditionierung weiterer untersuchter Sicherungen zu sehen. Das zur Validierung verwendete Simulationsmodell der passiven elektrischen Sicherung ist in Abb. B.10 abgebildet. Das Verhältnis von Rechenzeit zu Simulationszeit beträgt dabei:

$$\frac{t_{Si,kalk}}{t_{Si,sim}} = 0{,}48 \tag{4.136}$$

Die Anforderung an die Recheneffizienz mit einem Verhältnis von Rechenzeit $t_{Si,kalk}$ zu Simulationszeit $t_{Si,sim}$ von 1,0 gemäß Abschnitt 4.3.2 ist damit erfüllt.

Elektrisch (Widerstand) Auf die Validierung der Abbildung des Widerstandes der passiven elektrischen Sicherung wird aufgrund der Parametrierung desselben anhand von Herstellerangaben verzichtet. Der punktuelle Nachweis der korrekten Implementierung des Widerstandes im Simulationsmodell wird in Abb. B.11 für die Lastströme $I_L = 0{,}1 \cdot I_{Si,N}$ sowie $I_L = I_{Si,N}$ erbracht.

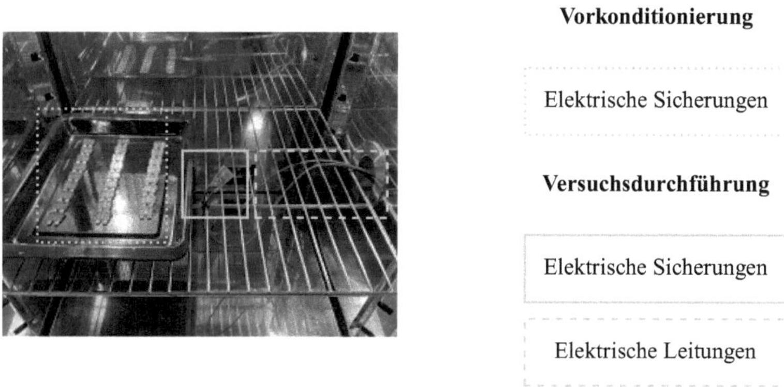

Abbildung 4.40 Versuchsaufbau zur Validierung des Modells der elektrischen Sicherung

Elektrisch (Auslösezeit) Der Begriff der Auslösezeit ist in Abschnitt 2.3.1 definiert. Die Auslösezeiten des Simulationsmodells der passiven elektrischen Sicherung werden nun für eine Sicherung des Typs C mit realen Messungen verglichen. Hierbei werden Sicherungen für Nennströme von 5 A, 10 A und 25 A jeweils mit dem 2-fachen, dem 4-fachen sowie dem 6-fachen von $I_{\mathrm{Si,N}}$ belastet. Die Betrachtung erfolgt dabei bei 3 verschiedenen Umgebungstemperaturen. Ein Vergleich der sich ergebenden Auslösezeiten mit Messergebnissen ist für eine elektrische Sicherung mit einem Nennstrom $I_{\mathrm{Si,N}}$ von 5 A in Abb. 4.41 dargestellt. Äquivalente Darstellungen für elektrische Sicherungen des Typs C mit einem $I_{\mathrm{Si,N}}$-Wert von 10 A sowie 25 A sind in Abb. B.12 und Abb. B.13 abgebildet. In Abb. 4.41 wird deutlich, dass sich die Auslösezeiten des Simulationsmodells der elektrischen Sicherung insbesondere für hohe Überströme gut mit den Messergebnissen decken. Für geringe Überströme ist die Übereinstimmung dahingegen weitaus geringer. Als Ursache kann hierfür einerseits die höhere Relevanz der ablaufenden thermischen Austauschprozesse aufgrund der längeren Zeitdauer angeführt werden. Andererseits wirken sich etwaige thermische Vorschädigungen oder fertigungsbedingt variierende geometrische, materialspezifische und damit auch elektrische Eigenschaften stärker auf das Auslöseverhalten aus. Die in den Messungen deutlich werdenden höheren Abweichungen bei geringen Überströmen decken sich mit dem Verhalten passiver elektrischer Sicherungen gemäß ISO-Norm 8820 (ISO Central Secretary 2015, S. 7). Die Abbildung der Auslösezeiten von elektrischen Sicherungen bei nur geringfügig über dem Nennstrom $I_{\mathrm{Si,N}}$ liegenden Strömen sind in dieser Arbeit aufgrund der schwerpunktmäßigen Untersuchung von Kurzschlüssen nur von untergeordneter Bedeutung. Es ist jedoch anzumerken, dass die Auslösezeit des Simulationsmodells die minimale Auslösezeit von 0,02 s gemäß ISO-Norm 8820 bei dem 6-fachen des Nennstromes $I_{\mathrm{Si,N}}$ teils unterschreitet. Dies wird im Folgenden akzeptiert. So ist im Datenblatt der modellierten passiven elektrischen Sicherung, im Gegensatz zur ISO-Norm 8820, keine untere Grenze für die Auslösezeit bei einer Belastung mit dem 6-fachen des Nennstromes $I_{\mathrm{Si,N}}$ definiert (Littelfuse, Inc. 2021, S. 1). Zudem ist anzumerken, dass die Auslösezeit elektrischer Sicherungen bei Belastungen, die über das 6-fache des Nennstromes hinausgehen, teils deutlich unter 0,02 s liegt. So benötigt beispielsweise eine elektrische Sicherung mit einem Nennwert von 10 A bei einem Strom von rund 200 A in (Gerten, Frei, Kiffmeier et al. 2022, S. 4) circa 2 ms zum Auslösen. Basierend auf dem Vergleich der simulierten Auslösezeiten mit den Grenzen der ISO-Norm 8820 sowie der geringen absoluten Abweichungen dieser gegenüber Messungen, wird das Modell im Folgenden als valide bewertet. Auf einen relativen Vergleich von Simulation und Messung wird aufgrund des Vergleiches der Simulationsergebnisse mit den absoluten Grenzen der ISO-Norm 8820 verzichtet. Generell erfolgt die experimentelle Validierung des Simulationsmodells wegen des Vergleiches des Verhaltens des Simulationsmodells mit der minimalen und der maximalen Auslösezeit gemäß ISO-Norm 8820 lediglich punktuell. Zusätzlich ist anzumerken, dass das Verhalten des Modells auf dem Sollverhalten gemäß Herstellerangaben basiert. Der Vergleich der Auslösezeit erfolgt für die relevantesten Größen der Flachstecksicherung des Typs C für das im weiteren Verlauf betrachtete repräsentative Fahrzeug.

Elektrisch (Auslöseverhalten) Aufgrund der Relevanz anderer EBN-Komponenten für das Auslöseverhalten passiver elektrischer Sicherungen weicht das zur Validierung von diesem verwendete Simulationsmodell von Abb. B.10 ab. Das nachfolgend verwendete Simulationsmodell ist in Abb. B.14 abgebildet. Der Auslösevorgang wird im Detail näher betrachtet. Hierfür werden die Auslösevorgänge von Messung und Simulation übereinander gelegt. Dabei wird eine Sicherung des Typs C mit einem Nennstrom von 20 A mit einem Strom von 100 A bei einer Umgebungstemperatur von 25 °C belastet. Die resultierenden Verläufe während des Auslösens der Sicherung sind in Abb. 4.42 dargestellt. In Abb. 4.42 ist ein vergleichbarer Gradient der Schaltflanke zwischen Simulation und Messung ersichtlich. Der Gradient der Schaltflanke des Auslösens der elektrischen Sicherung ergibt sich für Messung und Simulation wie folgt:

$$\nabla I_{\mathrm{L,mess}} = \frac{I_{\mathrm{L,mess,2}} - I_{\mathrm{L,mess,1}}}{t_{\mathrm{mess,2}} - t_{\mathrm{mess,1}}} = -292010 \frac{\mathrm{A}}{\mathrm{s}} \tag{4.137}$$

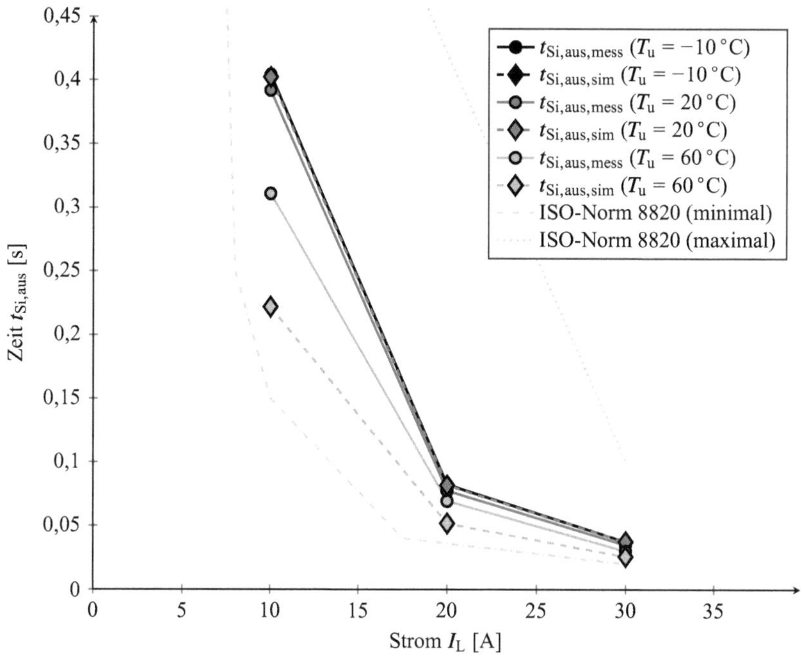

Abbildung 4.41 $t_{Si,aus}$ der elektrischen Sicherung (Typ C, $I_{Si,N} = 5$ A)

$$\nabla I_{L,sim} = \frac{I_{L,sim,2} - I_{L,sim,1}}{t_{mess,2} - t_{mess,1}} = -598140 \frac{A}{s} \tag{4.138}$$

Eine weitere Verbesserung der Übereinstimmung kann durch eine sicherungsspezifische Hinterlegung der Werte für $C_{Si,s}$, $R_{Si,s,1}$ und $R_{Si,s,2}$ erreicht werden. Eine Erhöhung der Zeitkonstante des Simulationsmodells durch Anpassung dieser Größen würde zu einer höheren Übereinstimmung führen. Die Auswirkungen der abweichenden Steilheit der Schaltflanke werden basierend auf den definierten Anforderungen an Simulationsmodelle gemäß Abschnitt 4.3.1 als gering bewertet. Weiterhin ist eine größere Abweichung zwischen Messung und Simulation im Spannungsverlauf im Moment des Auslösens der Sicherung ersichtlich. So übersteigt der simulierte Anstieg der Spannung an der Sicherung den gemessen Anstieg erheblich. Auf eine Adaption des Modells zur Abbildung dieser Spannungserhöhung wird aufgrund der sehr geringen Dauer und der damit einhergehenden geringen Relevanz für die Energieversorgung anderer Komponenten des EBN entsprechend (Gerten,

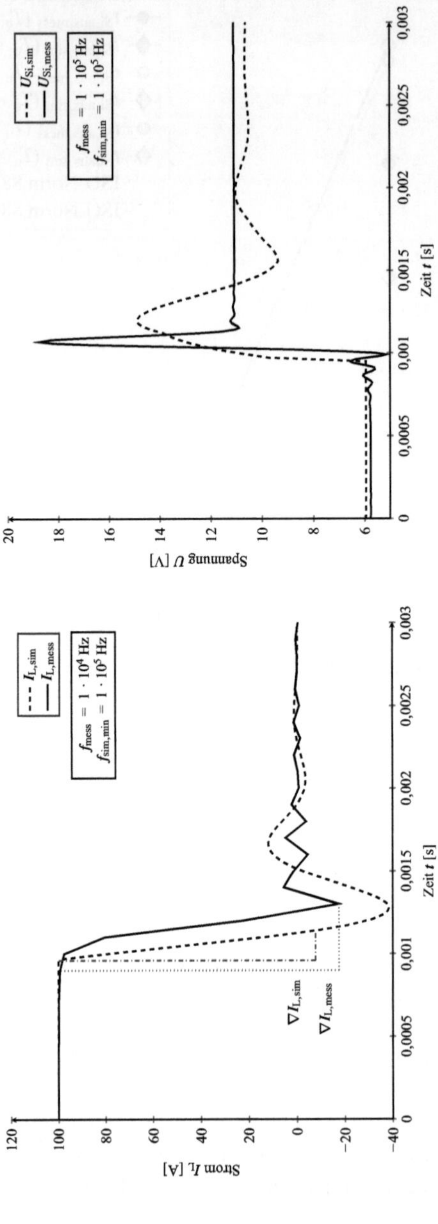

(a) Strom

(b) Spannung

Abbildung 4.42 Auslöseverhalten der elektrischen Sicherung (Typ C, $I_{Si,N} = 20$ A, Detail)

Frei, Kiffmeier et al. 2022, S. 3) verzichtet. Zusätzlich sind Abweichungen in der Schwingung rundum den Schaltvorgang ersichtlich. Die abweichende Amplitude der Schwingung wird auf abweichende Induktivitäten des Systems zwischen Simulation und Messung zurückgeführt und im Folgenden akzeptiert.

4.5 Modellierung der Aktiven Trenn- und Verbindungselemente

Im folgenden Abschnitt wird die Modellierung der ATVs beschrieben. Neben der Modellierung elektronischer Sicherungen als aktives Trennelement wird auch die Modellierung elektromagnetischer Schalter kurz erläutert.

4.5.1 Modellierung eines elektromagnetischen Schalters

Auf die Modellierung von elektromagnetischen Schaltern kann aufgrund der notwendigen Abbildung aktiver Schaltvorgänge zur Steuerung von Lasten des EBN nicht verzichtet werden. Im Automobilbereich kommen hierbei in erster Linie elektromechanische Relais zum Einsatz. Diese sind in der ISO-Norm 7588 und der DIN-EN-Norm 61810 vereinheitlicht (Deutsches Institut für Normung e. V. 2015; Infineon Technologies AG 1998).

Modellierung

Elektrisch Elektromagnetische Schalter werden als Schalter mit einem zugehörigen elektrischen Kontaktwiderstand R_{EMS} modelliert. Dieser wird gemäß (HELLA GmbH & Co. KGaA 2020, S. 26) mit 1 mΩ parametriert. Dabei wird vereinfachend angenommen, dass der Widerstand unabhängig von der Umgebungstemperatur konstant ist. Der elektrische Schalter wird dabei durch ein externes Signal angesteuert. Dieses öffnet den Schalter zum Zeitpunkt t_{akt} beziehungsweise schließt diesen zum Zeitpunkt t_{deakt}. Das sich ergebende ESB ist in Abb. 4.43 dargestellt.

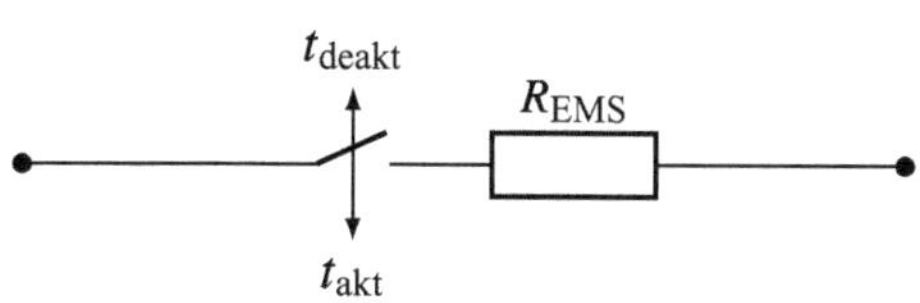

Abbildung 4.43 ESB des elektromagnetischen Schalters

Das Simulationsmodell ist in Abb. B.15 dargestellt.

Validierung
Die Validierung des Modells des elektromagnetischen Schalters wird im Folgenden aufgrund der vereinfachten Modellierung als über eine Schnittstelle gesteuerter Schalter mit einem Widerstand nicht durchgeführt. Lediglich die Recheneffizienz des Simulationsmodells wird betrachtet. Das dafür verwendete Modell ist in Abb. B.16 dargestellt. Das Verhältnis von Rechenzeit zu Simulationszeit beträgt dabei:

$$\frac{t_{\text{EMS,kalk}}}{t_{\text{EMS,sim}}} = 0{,}28 \tag{4.139}$$

Die Anforderung an die Recheneffizienz mit einem Verhältnis von Rechenzeit $t_{\text{EMS,kalk}}$ zu Simulationszeit $t_{\text{EMS,sim}}$ von 1,0 gemäß Abschnitt 4.3.2 ist damit erfüllt.

4.5.2 Modellierung einer elektronischen Sicherung

Nun erfolgt die Modellierung der in Abschnitt 2.3.2 bereits grundlegend beschriebenen elektronischen Sicherungen. Diese sowie die zugehörige Validierung erfolgt exemplarisch für ATV1. Die Verhaltensweise der anderen im Rahmen dieser Arbeit betrachteten elektronischen Sicherungen ATV2 bis ATV5 weicht lediglich unter quantitativen Gesichtspunkten ab und ist daher mittels einer abweichenden Parametrierung des Simulationsmodells abbildbar.

Modellierung
Die elektronischen Sicherungen werden entsprechend Abb. 2.8 als MOSFET mit darin integrierter, parallel wirkender Invers-Diode modelliert. In (Gerten, Frei, Kiffmeier et al. 2022, S. 3; Baumann, Abouzari et al. 2023, S. 1) werden im Rahmen der Modellierung vergleichbarer Bauteile zudem Suppressor-Dioden zum Schutz der Komponente vor einer Überspannung berücksichtigt. Da Verletzungen von Sicherheitszielen von Lasten durch Überspannungen im Rahmen dieser Arbeit nicht berücksichtigt werden, wird darauf nachfolgend verzichtet. Der Einschaltwiderstand $R_{\text{eSi,DS,akt}}$ des Transistors wird dem Datenblatt des Bauteils entnommen. Die Temperaturabhängigkeit des Widerstandes wird im Modell nicht berücksichtigt. Das entsprechende ESB ist in Abb. 4.44 dargestellt. Auf eine Modellierung der in Abb. 2.13 dargestellten Strommessschaltung wird verzichtet. Ursache hierfür ist, dass der Fehler der Strommessung bei Strömen nahe oder über dem Nennarbeitspunkt der elektronischen Sicherung sehr gering ist und daher vernachlässigt werden kann.

Geringe Überströme sind aufgrund der geringeren Wahrscheinlichkeit der Verletzung von Sicherheitszielen anderer Lasten durch diese nicht Betrachtungsschwerpunkt dieser Arbeit. Die Modellierung der Strommessschaltung wird in (Wittig 2025) im Detail beschrieben. Alternativ ist die Modellierung der Messgenauigkeit gemäß Abb. 2.15 auch als Verhaltensmodell denkbar.

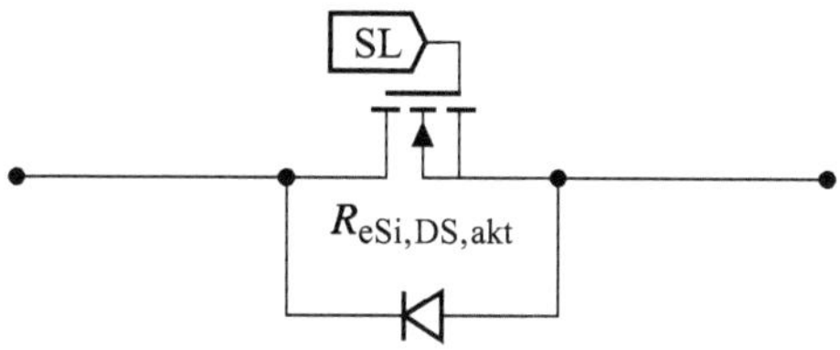

Abbildung 4.44 ESB der elektronischen Sicherung

Das Simulationsmodell der elektronischen Sicherung ist in Abb. B.17 dargestellt.

Elektrisch (Auslösezeit) Der im Baustein in HW umgesetzte Leitungs- sowie Überstromschutz wird in Form einer SL im Simulationsmodell berücksichtigt. Auf die Implementierung des im Baustein implementierten Übertemperaturschutzes wird verzichtet. Die Vorgehensweise kann mit der gegenüber der elektrischen Leitung deutlich höheren Grenztemperatur des Bausteins in Verbindung mit dem hohen Rechenaufwand zur Abbildung des thermischen Verhaltens im Modell begründet werden. Die Vorgehensweise ist in der Literatur üblich (Gerten, Frei, Kiffmeier et al. 2022, S. 3). Die Beschreibung des thermischen Verhaltens des Halbleiterschalters der elektronischen Sicherung ist beispielsweise, wie in (Kiffmeier, Önal et al. 2017, S. 6; Baumann, Abouzari et al. 2023, S. 3) beschrieben, mittels eines Foster-Netzwerkes denkbar. Ein anderer Ansatz zur modellbasierten Beschreibung des thermischen Verhaltens des Transistors wird in (Lee, Son et al. 2019, S. 2643) erläutert. Zusätzlich zum Übertemperaturschutz werden mögliche Abschaltmechanismen, die durch einen zusätzlichen µC realisierbar sind, wie beispielsweise das spannungsbasierte Trennen, nicht berücksichtigt. Die im Simulationsmodell implementierte SL für die beiden implementierten strombasierten Kriterien ist in Abb. 4.45 schematisch dargestellt.

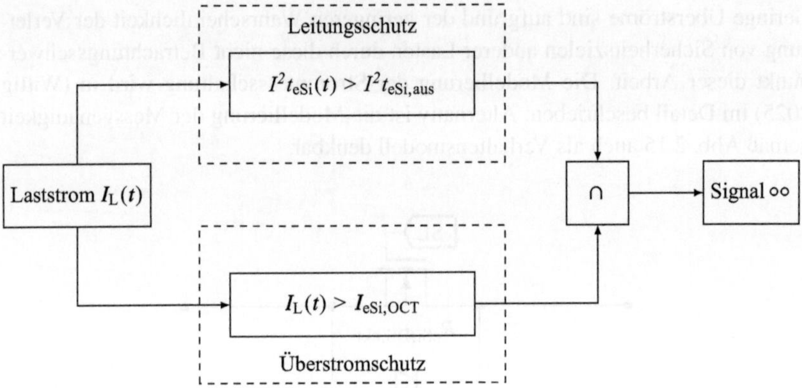

Abbildung 4.45 SL des Simulationsmodells der elektronischen Sicherung

Die Auslösezeit der betrachteten elektronischen Sicherungen bei stationären Strömen kann mittels der im Datenblatt spezifizierten Zeitkonstante der Funktion zum Leitungsschutz τ_{eSi}, einem Versatzstrom des Leitungsschutzes $I_{\text{eSi,vrs}}$ sowie dem Grenzstrom des Leitungsschutzes $I_{\text{eSi,N}}$ berechnet werden (Infineon Technologies AG 2023c, S. 49; Infineon Technologies AG 2023d, S. 49; Infineon Technologies AG 2023e, S. 49; Infineon Technologies AG 2023a, S. 49; Infineon Technologies AG 2023b, S. 49). Für einen konstanten Laststrom $I_{\text{L,konst}}$ größer dem Nennstrom $I_{\text{eSi,N}}$ ergibt sich die Auslösezeit $t_{\text{eSi,aus}}$ wie folgt:

$$t_{\text{eSi,aus}} = \tau_{\text{eSi}} \cdot \ln\left(\frac{I_{\text{L,konst}}^2 - I_{\text{eSi,vrs}}^2}{I_{\text{L,konst}}^2 - I_{\text{eSi,N}}^2}\right) \tag{4.140}$$

Die Funktion zum Leitungsschutz der betrachteten elektronischen Sicherungen soll im Modell auch für dynamische Lastprofile abgebildet sein. Bei Überschreitung eines definierten Grenzwertes $I_{\text{eSi,N}}$ wird das kontinuierlich mittels des Laststromes I_L berechnete Grenzlastintegral $I^2t_{\text{eSi}}(t)$ mit einem im Modell hinterlegten lastabhängigen Grenzwert $I^2t_{\text{eSi,aus}}$ verglichen. $I^2t_{\text{eSi,aus}}$ wird dabei mithilfe konstanter Lastströme $I_{\mathrm{L,konst}}$ und der zugehörigen Auslösezeit $t_{\mathrm{eSi,aus}}$ gemäß Gleichung (4.140) wie folgt berechnet:

$$I^2 t_{\mathrm{eSi,aus}} = \int_0^{t_{\mathrm{eSi,aus}}} I^2_{\mathrm{L,konst}} \mathrm{d}t \tag{4.141}$$

Durch die Implementierung des Leitungsschutzes mittels eines $I^2 t_{\mathrm{eSi,aus}}$-Wertes kann die Funktionalität des Leitungsschutzes auch bei nicht konstanten Lastprofilen vereinfacht abgebildet werden. Es ergibt sich ein lastabhängiger Wert für $I^2 t_{\mathrm{eSi,aus}}$. Dieser ist für die im Rahmen dieser Arbeit verwendete elektronische Sicherung ATV1 in Abhängigkeit verschiedener konstanter Lastströme $I_{\mathrm{L,konst}}$ in Abb. 4.46 dargestellt. Hier ist ersichtlich, dass $I^2 t_{\mathrm{eSi,aus}}$ insbesondere für kleinere bis mittlere Lastströme aufgrund der stark variierenden Auslösezeit $t_{\mathrm{eSi,aus}}$ nicht konstant ist. Für höhere Werte ist der $I^2 t_{\mathrm{eSi,aus}}$-Wert dagegen weitestgehend stabil. Dieser aufgezeigte Ansatz zur Implementierung des $I^2 t_{\mathrm{eSi,aus}}$-Wertes wird aufgrund

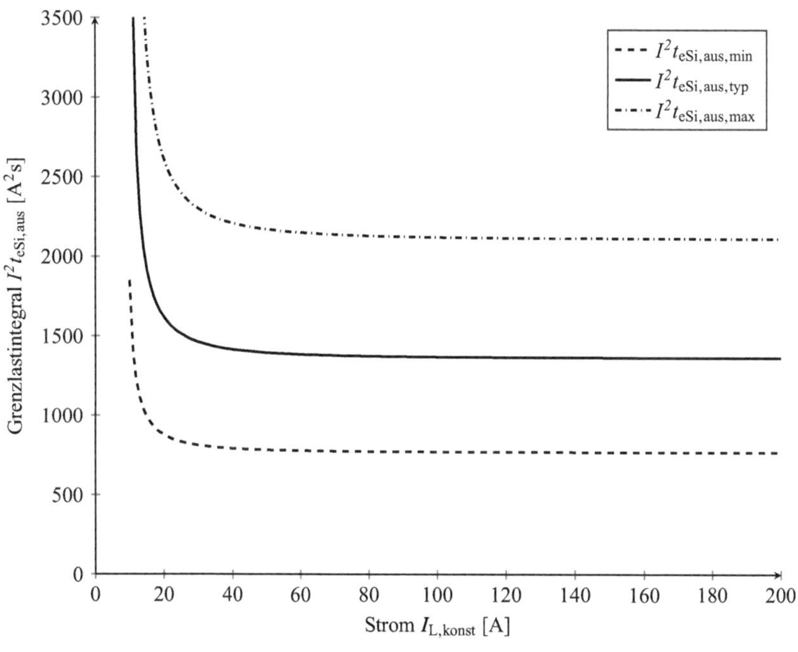

Abbildung 4.46 Grenzlastintegral von ATV1

der schwerpunktmäßigen Betrachtung von Kurzschlüssen und damit einhergehend hohen Strömen im Fehlerfall im Rahmen dieser Arbeit weiter verwendet. Zudem wird für elektronische Sicherungen in dieser Arbeit aufgrund der schwerpunktmäßigen Betrachtung hoher Ströme und entsprechend sehr kurzer Auslösezeiten stets das typische Auslöseprofil verwendet. Die Verwendung der minimalen oder maximalen Auslösecharakteristik kann bei der Untersuchung von Fehlerszenarien mit lediglich geringen Überströmen jedoch durchaus sinnig sein. Falls $I^2t_{\mathrm{eSi,aus}}$ überschritten wird, löst die Sicherung aus. Der Leitungsschutz von Halbleiterschaltern ist dabei im Gegensatz zu elektrischen Sicherungen weitestgehend temperaturunabhängig. Das Abkühlen der Sicherung bei einem um den Grenzwert $I_{\mathrm{eSi,N}}$ schwankenden Laststrom wird äquivalent zur elektrischen Sicherung (siehe Abb. 4.38) implementiert. Sollte der Laststrom den Grenzwert für den Überstrom $I_{\mathrm{eSi,OCT}}$ überschreiten, wird der MOSFET mit einer Verzögerung von 60 µs geöffnet. Diese Verzögerung bei der Sofortabschaltung der elektronischen Sicherung basiert auf den in Abb. 2.11 dargestellten Messergebnissen. Die Auslösezeit des ATV1 ergibt sich damit für einen konstanten Laststrom $I_{\mathrm{L,konst}}$ wie folgt:

$$t_{\mathrm{eSi,aus}} = \begin{cases} 60 \cdot 10^{-6}\,\mathrm{s} & \text{für } I_{\mathrm{L,konst}} \geq I_{\mathrm{eSi,OCT}} \\ \frac{I^2 t_{\mathrm{eSi,aus}}}{I^2_{\mathrm{L,konst}}} & \text{für } I_{\mathrm{eSi,N}} < I_{\mathrm{L,konst}} < I_{\mathrm{eSi,OCT}} \\ \infty & \text{für } I_{\mathrm{eSi,N}} \geq I_{\mathrm{L,konst}} \end{cases} \tag{4.142}$$

Die Möglichkeit zum Zurücksetzen der elektronischen Sicherung wird im Simulationsmodells mittels eines Set-Reset Flip-Flops realisiert.

Validierung

Das Simulationsmodell der in dieser Arbeit betrachteten elektronischen Sicherung wird mit realen Messungen verglichen. Der für die Messungen des ATV1 verwendete Versuchsaufbau ist in Abb. 4.47 schematisch dargestellt.

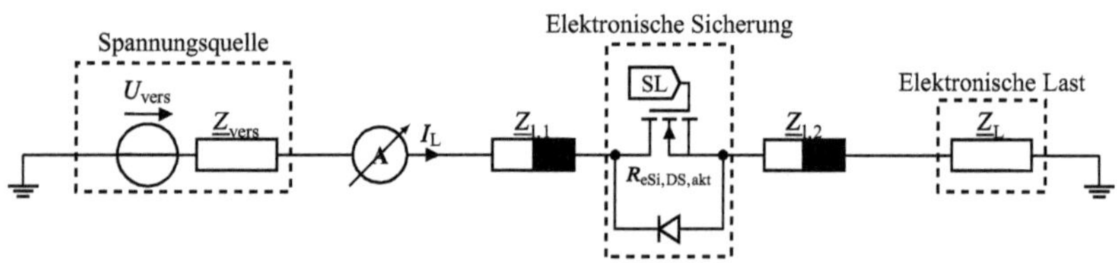

Abbildung 4.47 Versuchsaufbau zur Bestimmung von $t_{\mathrm{eSi,aus}}$ von ATV1

In Abb. 4.48 ist eine reale Aufnahme des Versuchsaufbaus dargestellt. Die verwendeten Demonstrationsboards entsprechen den in Kapitel 3 eingeführten Platinen. Der Strom wird dabei mittels einer Stromzange gemessen. Diese misst den fließenden Strom indirekt anhand des Magnetfeldes, das den Leiter umgibt.

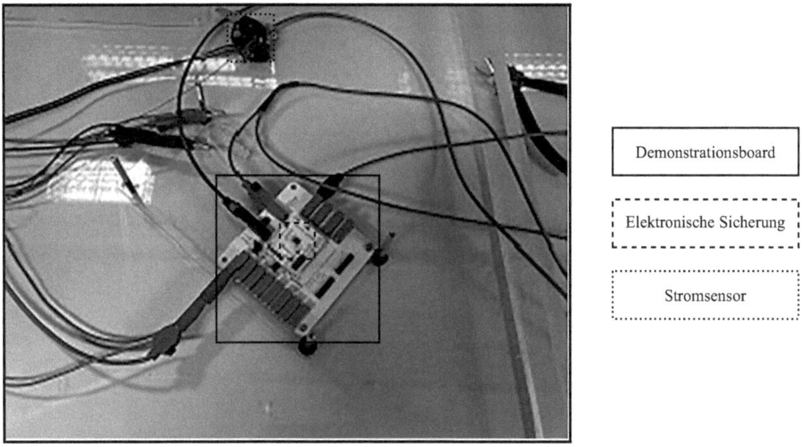

Abbildung 4.48 Versuchsaufbau zur Validierung des Modells von ATV1

Das zur Validierung verwendete Modell ist in Abb. B.18 dargestellt. Das Verhältnis von Rechenzeit zu Simulationszeit beträgt dabei:

$$\frac{t_{\mathrm{eSi,kalk}}}{t_{\mathrm{eSi,sim}}} = 0{,}26 \tag{4.143}$$

Die Anforderung an die Recheneffizienz mit einem Verhältnis von Rechenzeit $t_{\mathrm{eSi,kalk}}$ zu Simulationszeit $t_{\mathrm{eSi,sim}}$ von 1,0 gemäß Abschnitt 4.3.2 ist damit erfüllt.

Elektrisch (Widerstand) Auf eine Validierung des Widerstandes der elektronischen Sicherung wird aufgrund der Parametrierung dieses anhand von Informationen aus dem zugehörigen Datenblatt verzichtet.

Elektrisch (Auslösezeit, Leitungsschutz) Die Abweichungen zwischen den berechneten und den gemessenen Auslösezeiten des Simulationsmodells des ATV1 sind in Abb. 4.49 dargestellt. Hierbei sind bei geringen Überströmen und damit einhergehend größeren Auslösezeiten größere Abweichungen zwischen Simulation und

Messung ersichtlich. Dieses Verhalten kann auf die höheren Abweichungen der Strommessung bei geringen Strömen, wie in Abb. 2.15 veranschaulicht, zurückgeführt werden. Für hohe Überströme weisen Messung und Simulation eine hohe Übereinstimmung auf.

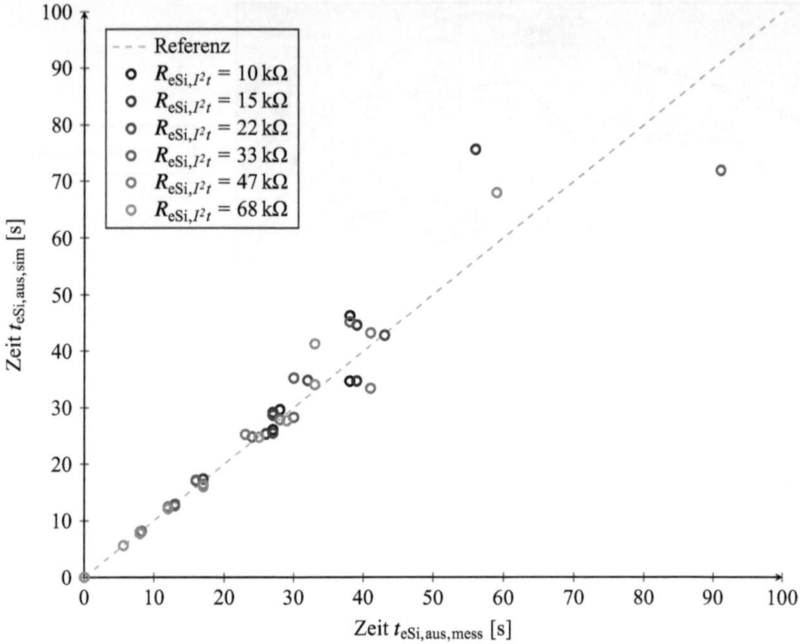

Abbildung 4.49 Validierung des Modells von ATV1

Die Auslösecharakteristiken für R_{eSi,I^2t} gleich 10 kΩ sowie 68 kΩ sind in Abb. 4.50 dargestellt. Dabei ist auch die Streuung des Auslöseverhaltens des ATV1 gemäß des Datenblattes abgebildet. Die Ergebnisse zeigen, dass die simulierten Auslösezeiten der elektronischen Sicherung den gemessenen Werten sehr nahekommen. Zudem befinden sich die simulierten Auslösezeiten bis zu einem Strom von rund 20 A innerhalb der Grenzen des Datenblattes. Dass die simulierten Auslösezeiten oberhalb von etwa 20 A unterhalb der minimalen Auslösezeit des Leitungsschutzes liegen, entspricht aufgrund der Grenze des Überstromschutzes bei 19,3 A der Erwartungshaltung. Das Simulationsmodell wird basierend auf den gezeigten Vergleichen von Simulation und Messung sowie der Übereinstimmung des Modells mit der Spezifikation des Herstellers als valide bewertet. Größere Abweichungen bei geringen Überströmen können aufgrund der schwerpunktmäßigen Untersuchung von Kurzschlüssen in dieser Arbeit akzeptiert werden. Bei der durchgeführten Validierung handelt es sich lediglich um eine punktuelle Validierung. Auf eine vollständige Validierung des Modells wird aufgrund der Parametrierung von diesem anhand von Informationen aus dem jeweiligen Datenblatt verzichtet.

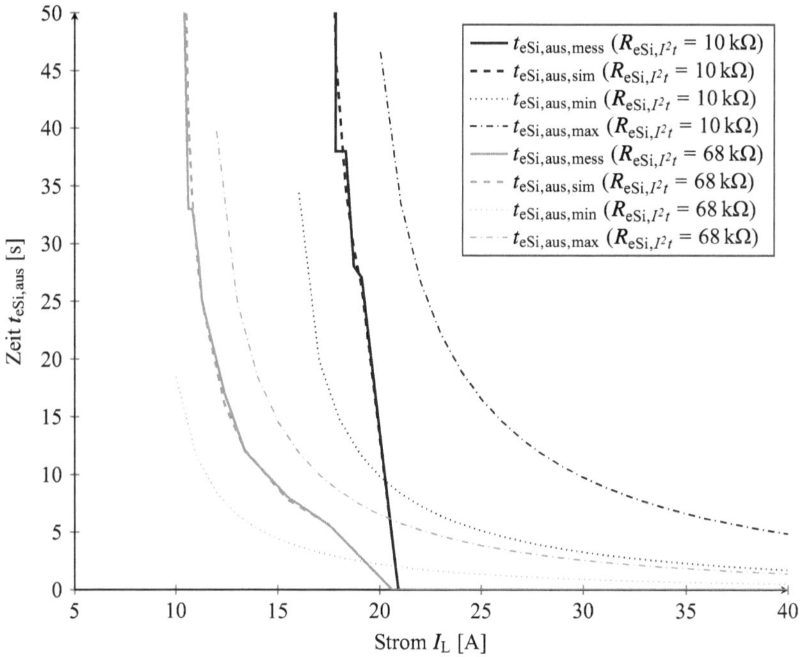

Abbildung 4.50 Validierung des Modells von ATV1 für R_{eSi,I^2t} gleich 10 kΩ und 68 kΩ

Elektrisch (Auslösezeit, Überstromschutz) Nachfolgend wird auf eine Validierung der Auslösezeit der elektronischen Sicherung bei Aktivierung des Überstromschutzes verzichtet. Ursache hierfür ist die einfache Modellierung mit einer auf realen Messungen basierenden festen Auslösezeit nach Detektion eines Überstromes.

Elektrisch (Auslöseverhalten) Nun wird das Auslöseverhalten von Simulation und Messung verglichen. Da das Auslöseverhalten von den übrigen EBN-Komponenten beeinflusst wird, werden diese im Modell zur Validierung des Auslöseverhaltens berücksichtigt. Das verwendete Simulationsmodell ist in Abb. B.19 dargestellt. Nachfolgend wird das ATV1 mit einem R_{eSi,I^2t}-Wert von 68 kΩ mit einem Laststrom I_L von 17,25 A belastet. Der zugehörige $I_{\mathrm{eSi,N}}$-Wert der elektronischen Sicherung beträgt 10,3 A. Die sich in Simulation und Messung ergebenden Auslösevorgänge werden im Detail in Abb. 4.51 übereinandergelegt. Dabei weicht der Gradient der Schaltflanke ∇I_L zwischen Simulation und Messung signifikant ab.

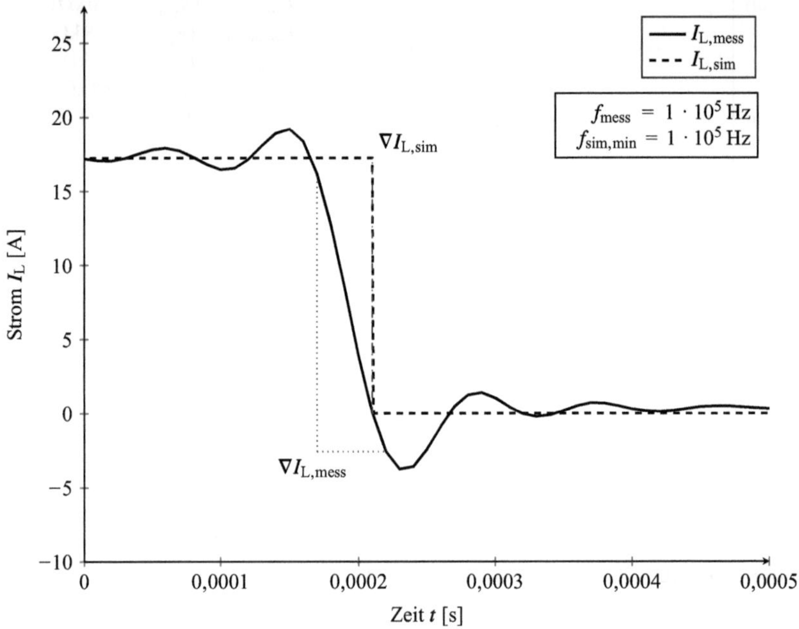

Abbildung 4.51 Auslöseverhalten von ATV1 (Detail)

Der Gradient des Schaltvorganges der Messung $\nabla I_{\mathrm{L,mess}}$ ergibt sich wie folgt:

$$\nabla I_{\mathrm{L,mess}} = \frac{I_{\mathrm{L,mess,2}} - I_{\mathrm{L,mess,1}}}{t_{\mathrm{mess,2}} - t_{\mathrm{mess,1}}} = -375510\,\frac{\mathrm{A}}{\mathrm{s}} \tag{4.144}$$

Für den Gradienten des Schaltvorganges der Simulation $\nabla I_{\mathrm{L,sim}}$ ergibt sich:

$$\nabla I_{\mathrm{L,sim}} = \frac{I_{\mathrm{L,sim,2}} - I_{\mathrm{L,sim,1}}}{t_{\mathrm{sim,2}} - t_{\mathrm{sim,1}}} = -1{,}725 \cdot 10^7\,\frac{\mathrm{A}}{\mathrm{s}} \tag{4.145}$$

Das Schalten im Simulationsmodell erfolgt durch den Halbleiterschalter in einem Simulationsschritt. Entsprechend gilt für den Gradienten des Laststromes $\nabla I_{\mathrm{L,sim}}$ bei einer Schrittweite Δt_{sim}:

$$\lim_{\Delta t_{\mathrm{sim}} \to 0} \nabla I_{\mathrm{L,sim}} = \infty \tag{4.146}$$

Der abweichende Gradient der Schaltflanke zwischen Simulation und Messung wird mit unterschiedlichen Induktivitäten und Kapazitäten der weiteren EBN-Komponenten in Simulation und Messung begründet. Die Abweichungen im Gradienten der Schaltflanke werden im Folgenden akzeptiert, da die im Modell berücksichtigte Verzögerung von 60 µs die Zeitspanne von dem Auftreten des Fehlerfalls bis zur Isolation des EBN-Kanals konservativ abbildet. Zudem sind in der Simulation im Gegensatz zur Messung keine Schwingungen während des Schaltvorganges ersichtlich. Auch dies wird auf abweichende Induktivitäten und Kapazitäten des Versuchsaufbaus zurückgeführt. Das Ausbleiben des Schwingens während des simulierten Schaltvorganges wird nachfolgend als vernachlässigbar erachtet.

4.6 Modellierung der passiven Quelle

Die passive Quelle in Form einer 12 V-Batterie stellt neben der Ruhestromversorgung insbesondere die Abdeckung der Versorgung etwaiger Lastspitzen im EBN sicher. Im regulären Betrieb wird die Batterie kontinuierlich durch die aktive Quelle geladen und verhält sich entsprechend als Last (Roden 2022, S. 10). Hierbei entsprechen 12 V-Blei-Säure Starterbatterien im EBN dem Stand der Technik (Wang 2016, S. 24; Pischinger und Seiffert 2021, S. 683). Diese werden jedoch zunehmend durch Lithium-Ionen-Batterien abgelöst. Aufgrund ihrer schlechteren dynamischen Eigenschaften und der damit einhergehend potentiell tiefer abfallenden Spannung an den Lasten im Fehlerfall wird in dieser Arbeit ein System mit Blei-Säure-Batterie betrachtet. Dabei wird die in Tabelle 4.8 spezifizierte Nassbatterie verwendet.

Tabelle 4.8 Kennwerte der betrachteten 12 V-Batterie

Parameter	Wert	Einheit
Spannung U_B	12	[V]
Zellen (parallel) $n_{B,par}$	1	[–]
Zellen (Reihe) $n_{B,rei}$	6	[–]
Kapazität $C_{B,init}$	49	[A h]
Nennstrom $I_{B,N}$	320	[A]
Kaltstartstrom $I_{B,kalt}$	540	[A]

Eine Aufnahme der im weiteren Verlauf der Arbeit verwendeten 12 V-Batterie ist in Abb. 4.52 dargestellt.

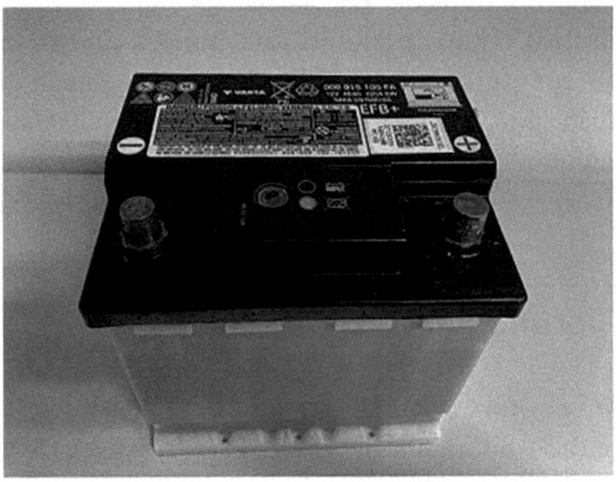

Abbildung 4.52 Verwendete 12 V-Batterie

Eine 12 V-Blei-Säure-Batterie besteht typischerweise aus 6 elektrisch in Reihe geschalteten einzelnen Zellen. Die Nennspannung einer Zelle ergibt sich aus der elektrochemischen Spannungsreihe der verwendeten Materialien. So beträgt die Nennspannung der Zelle einer Blei-Säure Batterie rund 2 V. Konstruktiv besteht dabei jede einzelne Blei-Säure-Zelle aus 2 Blei-Gitterplatten mit aufgetragenem Aktivmaterial. Als Aktivmaterial wird das reagierende Material bezeichnet. Zur Vermeidung von Kurzschlüssen sind beide Platten durch einen Separator voneinander getrennt. Platten und Separator befinden sich in einem Kunststoff-Behältnis.

Dieser ist wiederum mit dem Elektrolyten gefüllt. Im vollgeladenen Zustand besteht die positive Elektrode aus Bleidioxid und die negative Elektrode aus Blei. Bei einer Nassbatterie handelt es sich bei dem Elektrolyten um eine flüssige Lösung aus Schwefelsäure und Wasser. Die Hauptreaktionen beim Laden und Entladen der Batterie ergeben sich entsprechend wie folgt:

$$Pb + PbO_2 + 2H_2SO_4 \rightleftharpoons 2PbSO_4 + 2H_2O$$

Hierbei stellt der rechte Pfeil den Entladevorgang der Batterie dar, der linke Pfeil den Aufladevorgang. Dabei wird deutlich, dass der Elektrolyt an der Reaktion teilnimmt. Zusätzlich zur Hauptreaktion findet eine Zersetzung der wässrigen Schwefelsäure statt. Diese Reaktion wird als Nebenreaktion bezeichnet. Aufgrund der im Vergleich zum Entladen höheren Spannung der Batterie beim Laden, findet diese Nebenreaktion vermehrt beim Laden statt und wird als Gasung der Batterie bezeichnet. (Wang 2016, S. 24–25)

$$2H^+ + 2e^- \rightarrow H_2$$

Aufgrund der komplexen elektrochemischen Vorgänge in der Batterie weist diese ein stark nicht-lineares Verhalten der Klemmenspannung U_B von dem Ladezustand SOC, dem Batteriestrom I_B und der Umgebungstemperatur T_u auf (Ruf 2015, S. 15; Wang 2016, S. 25). Zudem können Alterungseffekte in der Batterie nicht vernachlässigt werden. Diese werden im Detail unter anderem in (Ruetschi 2004; Jiang und Song 2022) beschrieben. Der Ladezustand einer Batterie SOC ergibt sich aus der Ist-Kapazität $C_{B,ist}$ sowie der maximalen Kapazität $C_{B,max}$ zu einem Zeitpunkt t wie folgt:

$$SOC(t) = \frac{C_{B,ist}(t)}{C_{B,max}(t)} \cdot 100\,\% \tag{4.147}$$

Modellierung

Die Modellierung von Batterien ist sowohl mittels mehrdimensionaler physikalisch-chemischer Ansätze, als auch elektrischer ESBs oder mathematischer Black-Box-Modelle denkbar (Keil und Jossen 2022, S. 6). In (Kiffmeier und Frei 2016b, S. 6; Gerten, Rübartsch et al. 2022a, S. 9) erfolgt die Modellierung der 12 V-Batterie, zwecks einer angestrebten lediglich konzeptionellen Betrachtung des Verhaltens des EBN in Fehlerfällen, anhand eines einfachen Ansatzes. Die Batterie wird dabei mittels eines ESB mit einer idealen Spannungsquelle und einem Innenwiderstand beschrieben. Zur Abbildung des dynamischen Verhaltens werden in (Gerten, Rübartsch et al. 2022b, S. 3) zusätzlich 2 R-C-Glieder berücksichtigt. Weiterhin ist zur Verbesserung der Abbildung des dynamischen Verhaltens die Induktivität der Batterie im Modell implementiert. Aufgrund der schwerpunktmäßigen Betrachtung des transienten Verhaltens werden in (Baumann, Weissinger et al. 2019, S. 215) 3 R-C-Glieder modelliert. In dieser Arbeit wird gemäß des in (Keil und Jossen 2022, S. 7; Schwimmbeck, Buchner et al. 2018, S. 3) angewendeten Ansatzes ein R-C-Glied zur Abbildung des aus den Diffusionseffekten innerhalb der Batterie resultierenden dynamischen Verhaltens verwendet. Die Berücksichtigung einer MOSFET-Beschaltung zur Abtrennung der Batterie bei Überlast ist bei Lithium-Ionen-Batterien typisch. Aufgrund der Modellierung einer Blei-Säure-Batterie in dieser Arbeit wird auf die Berücksichtigung eines Überstromschutzes im Simulationsmodell der Batterie verzichtet. Das resultierende ESB der 12 V-Batterie ist in Abb. 4.53 dargestellt. Die im Rahmen des ESB der Batterie verwendete Nomenklatur orientiert sich an (Ushiyama und Morimoto 2011, S. 739).

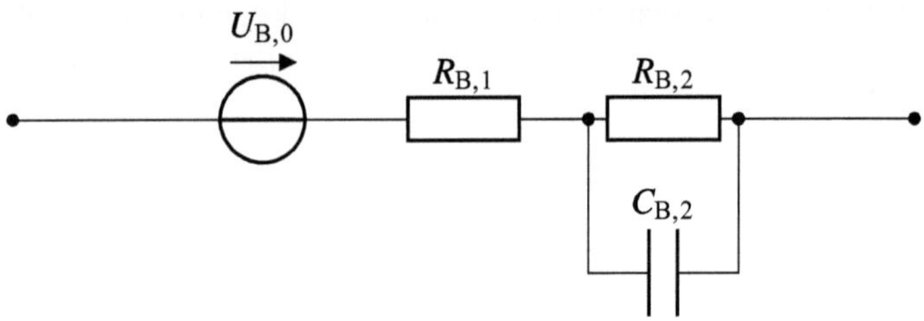

Abbildung 4.53 ESB der 12 V-Batterie

Aus Gründen der Übersichtlichkeit wird in folgenden Darstellungen das in Abb. 4.54 dargestellte vereinfachte ESB verwendet.

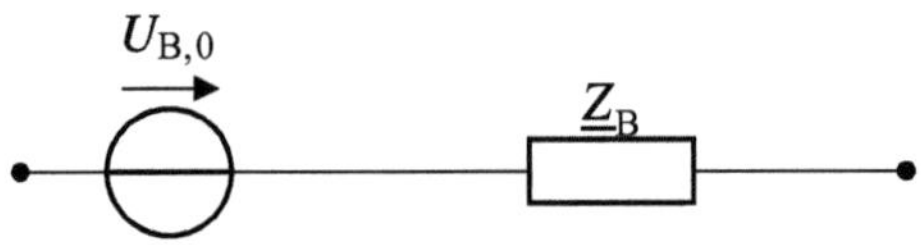

Abbildung 4.54 Vereinfachtes ESB der 12 V-Batterie

Eine mögliche Beeinflussung des Verhaltens der Batterie durch ein Batterie-Managementsystem oder vergleichbare übergeordnete SW-Steuerungen wird im Modell nicht berücksichtigt. Das vollständige Simulationsmodell der Batterie ist in Abb. B.20 abgebildet.

Elektrisch (Ruhespannung, stationär) Die betrachtete 12 V-Batterie wird bei unterschiedlichen Umgebungstemperaturen mit unterschiedlichen Strömen entladen. Nach jedem Entladepuls wird die Batterie geschont. Es ergeben sich die Ruhespannungen der Batterie $U_{B,0}$ in Abhängigkeit des Ladezustandes SOC, der Umgebungstemperatur T_u und der Entladegeschwindigkeit C_{Rate}. Die Ruhespannung $U_{B,0}$ ist für eine Umgebungstemperatur von 20 °C in Abb. 4.55 dargestellt. Die Abhängigkeit von $U_{B,0}$ von dem Ladezustand der Batterie ist deutlich erkennbar, während der Einfluss der Entladegeschwindigkeit vergleichsweise gering bleibt.

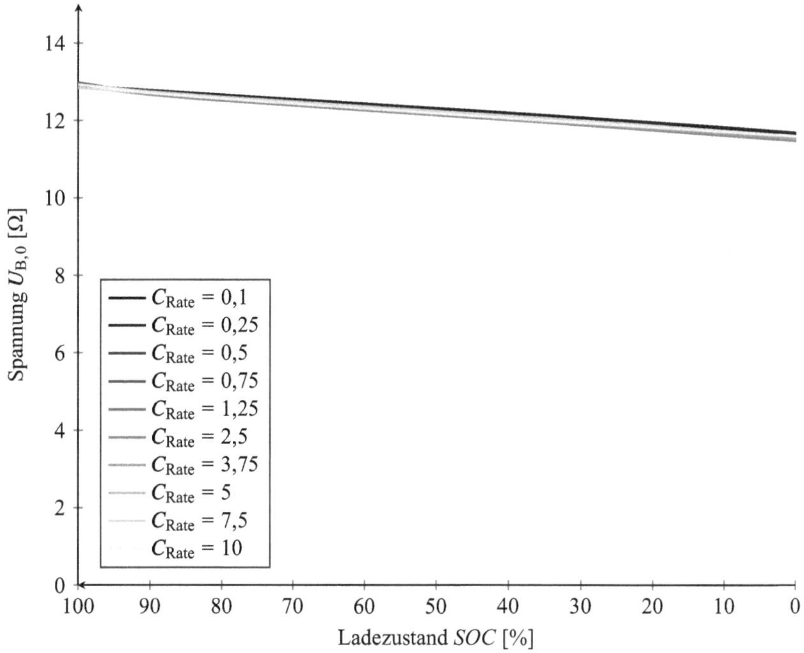

Abbildung 4.55 Ruhespannung der 12 V-Batterie (T_u = 20 °C)

Für Umgebungstemperaturen von 0 °C und −18 °C ist $U_{B,0}$ in Abb. B.21 und Abb. B.22 abgebildet. Im Modell werden die Abhängigkeiten der Ruhespannung $U_{B,0}$ von dem Ladezustand, der Entladegeschwindigkeit und der Umgebungstemperatur berücksichtigt. Die Beeinflussung des Verhaltens der Batterie durch vorhergehende Belastungen wird in den Messungen und entsprechend auch im Simulationsmodell nicht mit berücksichtigt. Diese Annahme kann durch die kurzen simulierten Zeitspannen gerechtfertigt werden.

Elektrisch (Innenwiderstand, stationär) Der Spannungsabfall aufgrund des Innenwiderstandes der Batterie setzt sich gemäß (Ushiyama und Morimoto 2011, S. 740) aus einem statischen $U_{B,1}$ sowie einem dynamischen Anteil $U_{B,2}$ zusammen. Die Spannungsabfälle resultieren dabei aus den Widerständen $R_{B,1}$ und $R_{B,2}$ gemäß Abb. 4.53. Der Gesamtwiderstand der Batterie wird R_B genannt. Für diesen gilt:

$$R_B = R_{B,1} + R_{B,2} \tag{4.148}$$

Die aus den Widerständen der Batterie resultierenden Spannungsabfälle werden in Abb. 4.56 zusammenfassend veranschaulicht.

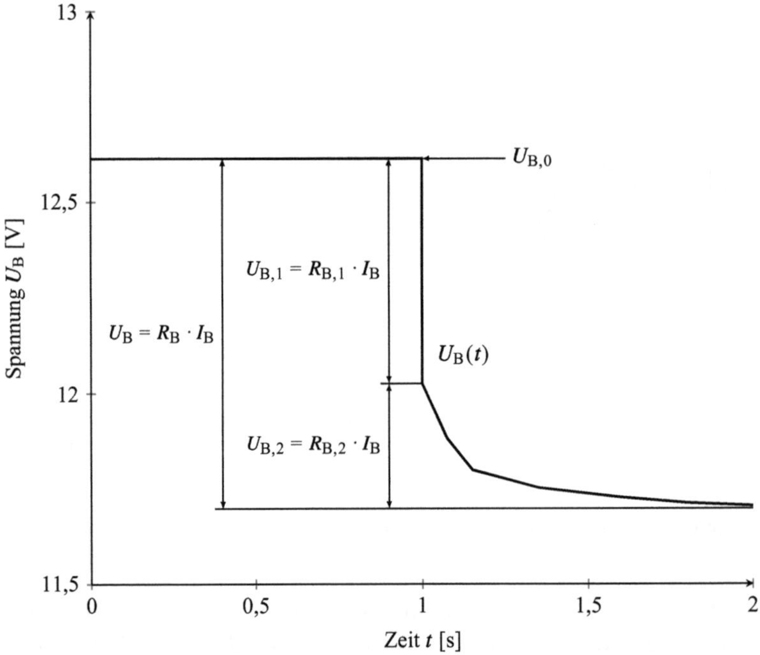

Abbildung 4.56 Spannungsabfall der 12 V-Batterie

Der Innenwiderstand der Batterie wird anhand bereitgestellter Messungen der Spannung U_B sowie des Stromes I_B der Batterie parametriert. Anhand dieser ergibt sich R_B wie folgt:

$$R_B = \frac{U_B}{I_B} \tag{4.149}$$

Der Innenwiderstand R_B ist in Abb. 4.57 bei einer Umgebungstemperatur von 20 °C dargestellt. Der Innenwiderstand zeigt hierbei eine klare Abhängigkeit sowohl von der Entladegeschwindigkeit als auch von dem Ladezustand.

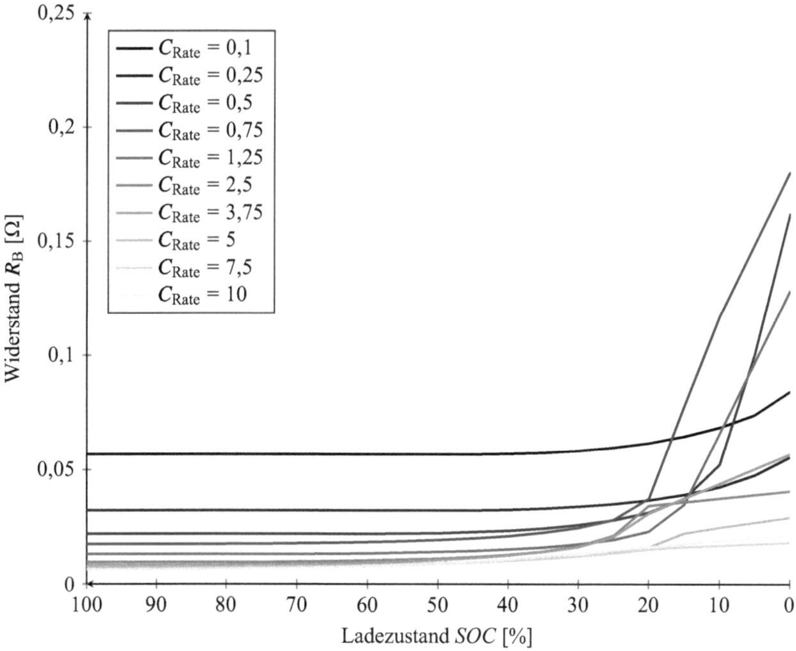

Abbildung 4.57 Innenwiderstand der 12 V-Batterie ($T_u = 20\,°C$)

R_B ist in Abb. B.23 und Abb. B.24 für Umgebungstemperaturen von −18 °C sowie 0 °C dargestellt. Die Abhängigkeit von R_B von T_u, von SOC sowie C_{Rate} wird im Simulationsmodell berücksichtigt.

Elektrisch (Innenwiderstand, transient) Werte für den Widerstand sowie die Kapazität des R-C-Gliedes sind in der Literatur für einzelne 12 V-Batterien zu finden (Bechteler, Scheßl et al. 2010, S. 1149; Gerten, Rübartsch et al. 2022b, S. 3). Nachfolgend werden die Werte anhand von Messungen der verwendeten Batterie parametriert. Dabei wird die Batterie sprunghaft mit Strömen von 25 A bis 300 A belastet. Basierend darauf wird die Zeitkonstante $\tau_{B,2}$ empirisch ermittelt. Dabei gilt:

$$U_B(t) = U_{B,0} - U_{B,1} - U_{B,2} \cdot e^{-\frac{t}{\tau_{B,2}}} \tag{4.150}$$

Die Zeitkonstante der Batterie $\tau_{B,2}$ berechnet sich wie folgt:

$$\tau_{B,2} = R_{B,2} \cdot C_{B,2} \tag{4.151}$$

Für die Kapazität $C_{B,2}$ wird angenommen:

$$C_{B,2} = 130\,\mathrm{F} \tag{4.152}$$

Der Widerstand $R_{B,2}$ ergibt sich entsprechend Abb. 4.58. Dieser wird im Modell in Abhängigkeit des Batteriestromes parametriert.

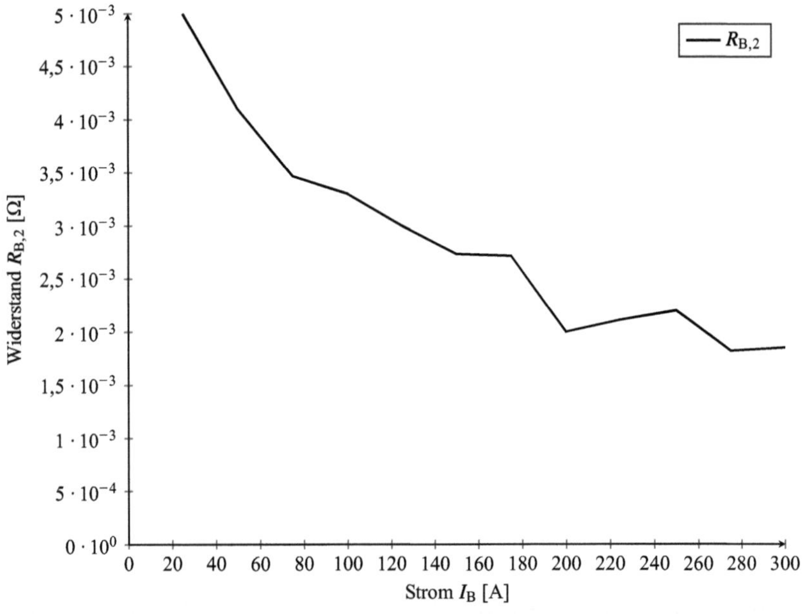

Abbildung 4.58 Parametrierung von $R_{B,2}$ der 12 V-Batterie

Die resultierenden simulierten sowie zugehörigen gemessenen Spannungsverläufe sind für verschiedene Batterieströme in Abb. 4.59 dargestellt. Hierbei sind auch die zugehörigen Zeitkonstanten $\tau_{B,2}$ mit abgebildet. Eine Verbesserung der Ergebnisse ist durch eine von Batteriestrom, Batterieladezustand sowie Umgebungstemperatur abhängige Parametrierung von $\tau_{B,2}$ denkbar. Darauf wird aber aufgrund der anderweitigen Schwerpunktsetzung der Arbeit verzichtet.

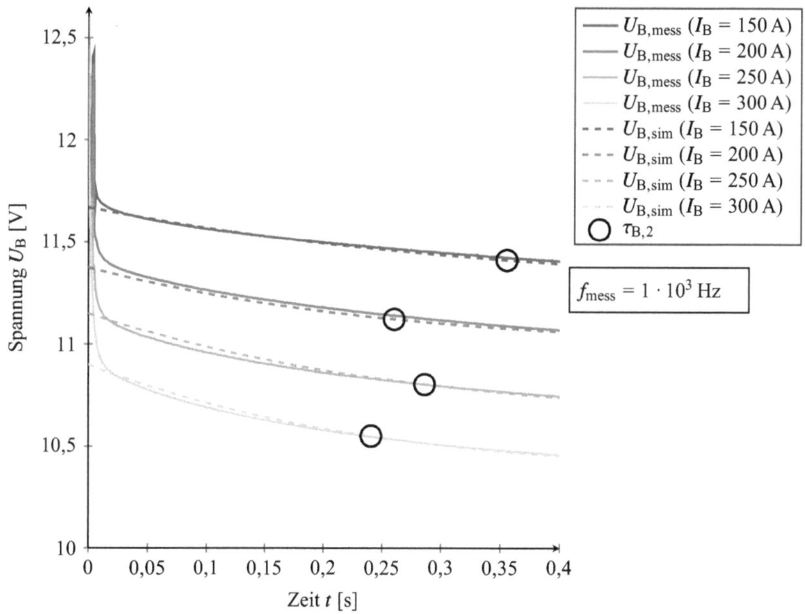

Abbildung 4.59 Parametrierung des R-C-Gliedes der 12 V-Batterie

Elektrisch (Alterung) Der Zustand der Batterie wird mittels des State-of-Healths SOH beschrieben. Dieser stellt den Zusammenhang zwischen der initialen Kapazität der Batterie $C_{B,init}$ und der Kapazität der Batterie C_B zum Zeitpunkt t dar (Jiang und Song 2022, S. 2). Es ist anzumerken, dass die initiale Bestimmung der Kapazität C_B sowie die Bestimmung zum Zeitpunkt t unter gleichen Randbedingungen erfolgen müssen. Als exemplarische Randbedingungen können hierbei die Umgebungstemperatur und der Ladezustand genannt werden. Unter dieser Voraussetzung gilt für den SOH:

$$SOH(t) = \frac{C_{\mathrm{B}}(t)}{C_{\mathrm{B,init}}} \cdot 100\,\% \tag{4.153}$$

Auch der Innenwiderstand der Batterie ist von dessen SOH abhängig. Das Verhältnis des Innenwiderstandes der Batterie R_{B} zu deren SOH kann gemäß (Liu, Y. Yang et al. 2016, S. 584) für die ersten 7 a eines typischen Nutzungsprofils einer Batterie als linear angenommen werden. Basierend auf dieser Vereinfachung gilt unter der Voraussetzung gleicher Randbedingungen bei der Bestimmung von R_{B} zu den verschiedenen Zeitpunkten:

$$R_{\mathrm{B}}(t) = \frac{100}{SOH(t)} \cdot R_{\mathrm{B,init}} \tag{4.154}$$

Der in dieser Arbeit verwendete einfache Zusammenhang zwischen der Änderung der Kapazität beziehungsweise des Innenwiderstandes und dem Gesundheitszustand der Batterie ist in Abb. 4.60 dargestellt. So wird angenommen, dass sich der Innenwiderstand der Batterie durch Alterung verdoppelt, während sich die Kapazität der Batterie halbiert. Werte für den SOH kleiner 50 % werden im Rahmen der Arbeit nicht berücksichtigt.

Validierung

Das zur Validierung des Simulationsmodells der 12 V-Batterie verwendete Modell ist in Abb. B.25 dargestellt. Das Verhältnis von Rechenzeit zu Simulationszeit beträgt dabei:

$$\frac{t_{\mathrm{B,kalk}}}{t_{\mathrm{B,sim}}} = 0{,}5 \tag{4.155}$$

Die Anforderung an die Recheneffizienz mit einem Verhältnis von Rechenzeit $t_{\mathrm{B,kalk}}$ zu Simulationszeit $t_{\mathrm{B,sim}}$ von 1,0 gemäß Abschnitt 4.3.2 ist damit erfüllt. Auf eine umfangreiche Validierung der Klemmenspannung des Batteriemodells in Abhängigkeit des Ladezustandes wird aufgrund der Parametrierung des Modells anhand von Messdaten verzichtet. Es wird daher lediglich die korrekte Parametrierung des Modells aufgezeigt. In Abb. 4.61 sind Entladekurven für verschiedene Entladeraten bei einer Umgebungstemperatur von 20 °C dargestellt. Hierbei ist eine hohe Übereinstimmung der Klemmenspannung des Batteriemodells mit der Messung für alle betrachteten Entladeraten erkennbar. Zudem wird die maximal zulässige Abweichung zwischen Simulation und Messung ΔU von 0,1 V von keiner Kurve überschritten. Weiterhin ist erkennbar, dass das Simulationsmodell auch bei niedrigen Ladezuständen Ergebnisse liefert. Die Validität der Werte wird aufgrund der geringen praktischen Relevanz von SOC-Werten unter 50 % und der Nichtberück-

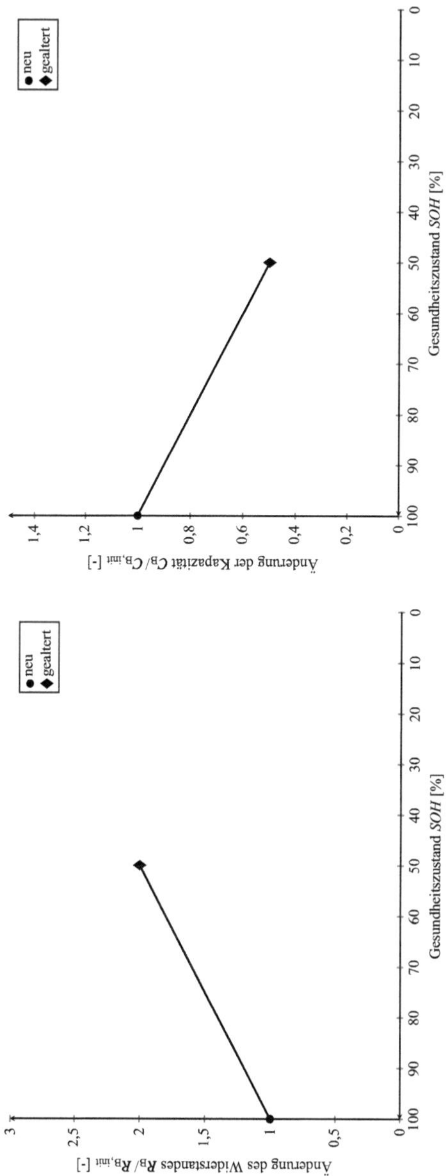

(a) Widerstand R_B

(b) Kapazität C_B

Abbildung 4.60 Einfluss der Alterung auf die 12 V-Batterie

sichtigung entsprechender Ladezustände im weiteren Verlauf dieser Arbeit nicht weitergehend diskutiert.

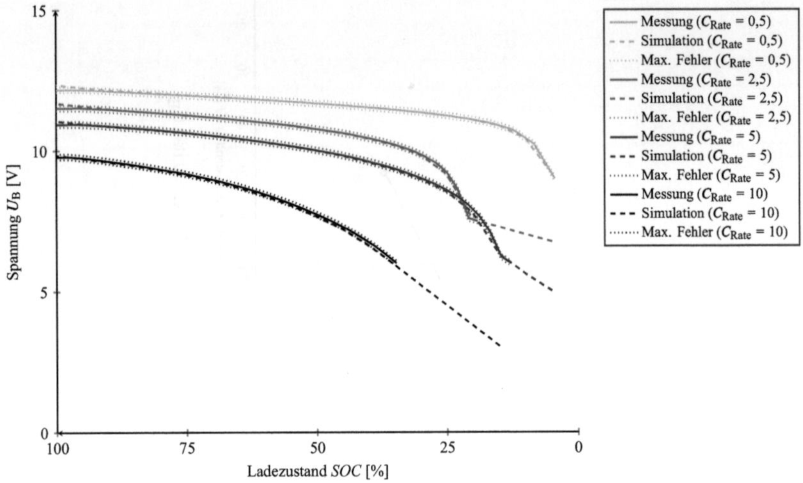

Abbildung 4.61 Entladekurven der 12 V-Batterie ($T_u = 20\,°C$)

Der Vergleich der Klemmenspannung der Batterie bei verschiedenen Umgebungstemperaturen bei einer exemplarischen Entladerate von 2,5 ist in Abb. 4.62 dargestellt. Auch hier wird die maximal zulässige Abweichung zwischen Simulation und Messung nicht überschritten. Der vollständige Vergleich der Klemmenspannung des Batteriemodells mit Messergebnissen für Umgebungstemperaturen von 0 °C, −18 °C und 20 °C ist in Abb. B.27, Abb. B.26 beziehungsweise Abb. B.28 abgebildet. Das Simulationsmodell der 12 V-Batterie wird basierend auf den gezeigten Ergebnissen als valide bewertet. Es ist anzumerken, dass es sich bei der Validierung um eine punktuelle Betrachtung mit lediglich einer 12 V-Batterie handelt. Aus der Fertigung oder der Umgebung resultierende Abweichungen des Verhaltens der Batterie werden hierdurch nicht abgebildet. Aufgrund der abweichenden Schwerpunktsetzung der Arbeit wird diese Betrachtungsweise als ausreichend erachtet.

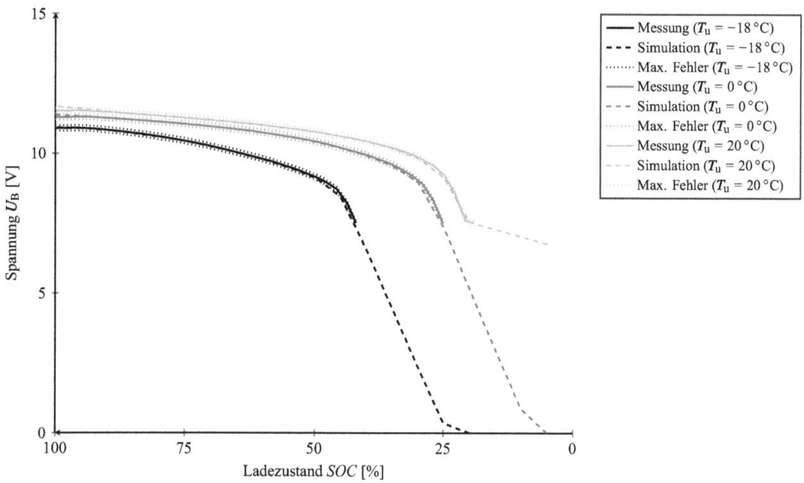

Abbildung 4.62 Entladekurven der 12 V-Batterie ($C_{Rate} = 2,5$)

4.7 Modellierung der aktiven Quelle

Aktive Quellen stellen dem EBN im regulären Fahrbetrieb Energie zur Verfügung und müssen daher in der EBN-Simulation berücksichtigt werden. In Fahrzeugen, die ausschließlich durch einen Verbrennungsmotor angetrieben werden, werden Drehstrom-Generatoren als aktive Quelle verwendet. Fahrzeugkonfigurationen mit Gleichspannungswandler, wie Hybrid- oder batterieelektrische Fahrzeuge, werden nachfolgend nicht näher untersucht. Ursache hierfür ist die von der Motordrehzahl unabhängige hohe Stromsteilheit des Gleichspannungswandlers im Vergleich mit Drehstrom-Generatoren. Durch die damit einhergehende geringere Belastung der 12 V-Batterie bei schnellen Lastsprüngen sind Rückwirkungen auf sicherheitsrelevante Lasten im EBN im Vergleich zu Fahrzeugen mit Drehstrom-Generator von äquivalenter Größe weniger kritisch (Roden 2022, S. 10; Verband der Automobilindustrie e. V. 2023, S. 18). Auf die Berücksichtigung einer etwaigen adaptiven Steuerung der aktiven Quellen durch übergeordnete Energiemanagement-Systeme wird in dieser Arbeit verzichtet. In aktuellen Serienfahrzeugen werden dreiphasige elektrisch erregte Synchrongeneratoren in Form von Klauenpolgeneratoren eingesetzt. Die Erregerwicklung liegt bei Drehstrom-Generatoren im Rotor. Während des Motorstartvorganges wird diese durch den Batteriestrom erregt (Hochrein 2013, S. 31). Die Drehzahl des im Inneren angeordneten Rotors ist über einen Zahnriemen fest mit der Drehzahl des Verbrennungsmotors gekoppelt. Durch die mechanisch erzwungene rotatorische Bewegung des Läufers bildet sich ein magnetisch rotierendes Feld. Gemäß des Induktionsgesetzes wird in die Statorwicklung eine Spannung induziert. Die induzierte Spannung ist aufgrund des Funktionsprinzips von der Drehzahl des Verbrennungsmotors abhängig (Bode 2019, S. 11). In den Stator des Drehstrom-Generators wird wegen der um 120° versetzten Wicklungen eine 3-Phasen Wechselspannung induziert. Der Erregerstrom des Rotors und damit die in den Stator induzierte Spannung wird über Schleifkontakte eingestellt. Die Spannung wird im Anschluss zur Versorgung des EBN gleichgerichtet (Wang 2016). Als Gleichrichter wird eine aus 6 Dioden bestehende B6-Schaltung verwendet (Borgeest 2020, S. 41). Die Sollspannung des Drehstrom-Generators liegt im Normalbetrieb typischerweise zwischen 14 V und 14,4 V (Schroth 2005, S. 8; Wang 2016, S. 14; Bode 2019, S. 54). Jedoch sind in Abhängigkeit verschiedener Randbedingungen Sollspannungen zwischen 10,7 V und 16 V möglich (Büchner 2008, S. 22). Als relevante Randbedingungen können hierbei exemplarisch die Umgebungstemperatur sowie der Ladezustand der Batterie genannt werden. Der im Rahmen dieser Arbeit betrachtete Drehstrom-Generator liefert gemäß Herstellerangaben einen Maximalstrom $I_{G,max}$ von 140 A (Valeo 2024). Die Kennwerte des Drehstrom-Generators werden in Tabelle 4.9 zusammengefasst.

Tabelle 4.9 Kennwerte des Drehstrom-Generators

Parameter	Wert	Einheit
Typ	Valeo® TG14N LLD	[–]
Nennspannung $U_{G,N}$	14,3	[V]
Maximaler Strom $I_{G,max}$	140	[A]

Der maximale Strom des betrachteten Drehstrom-Generators $I_{G,max}$ in Abhängigkeit der Drehzahl des Drehstrom-Generators N_G und der Umgebungstemperatur T_u ist in Abb. 4.63 bei $U_{G,N}$ gemäß Tabelle 4.9 dargestellt. Hierbei ist ersichtlich, dass der maximale Generatorstrom $I_{G,max}$ bei höheren Umgebungstemperaturen geringer ist. Zudem fällt der maximale Generatorstrom mit zunehmender Alterung des Drehstrom-Generators ab (Fabis 2006, S. 50; Roden 2022, S. 9).

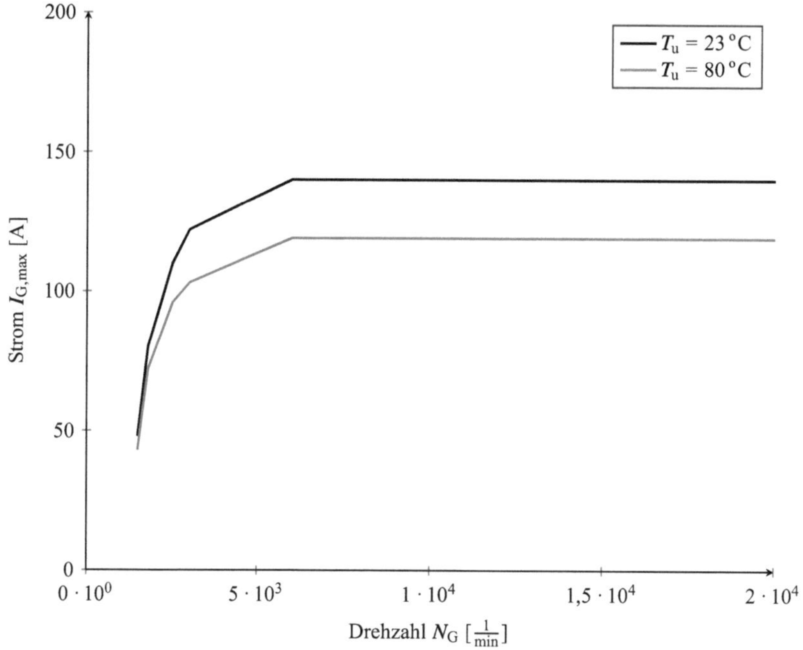

Abbildung 4.63 Kennfeld des Drehstrom-Generators

Modellierung

Die Modellierung des Drehstrom-Generators kann sowohl als Spannungsquelle als auch als Stromquelle erfolgen. So wird der Drehstrom-Generator beispielsweise in (Ruf 2015) als Stromquelle modelliert. Der Generatorstrom wird dabei anhand von Näherungsfunktionen bestimmt, die auf messtechnisch ermittelten Kennfeldern basieren und den Zusammenhang zwischen Erregerstrom und Generatordrehzahl berücksichtigen (Ruf 2015, S. 20). Währenddessen wird der Drehstrom-Generator in (Wang 2016) als geregelte Spannungsquelle abgebildet. Die Modellierung als Spannungsquelle ermöglicht dabei die Simulation des dynamischen Hochlaufes sowie Abwurfes des Drehstrom-Generators ohne Berücksichtigung einer passiven Quelle (Wang 2016, S. 14). Da entsprechende Szenarien in dieser Arbeit betrachtet werden, wird der Drehstrom-Generator nachfolgend als Spannungsquelle anhand von (Wang 2016) modelliert. Das ESB des Drehstrom-Generators ist in Abb. 4.64 dargestellt. Darin sind der Erregerkreis in Form des Rotors, der Stator sowie der Gleichrichter erkennbar.

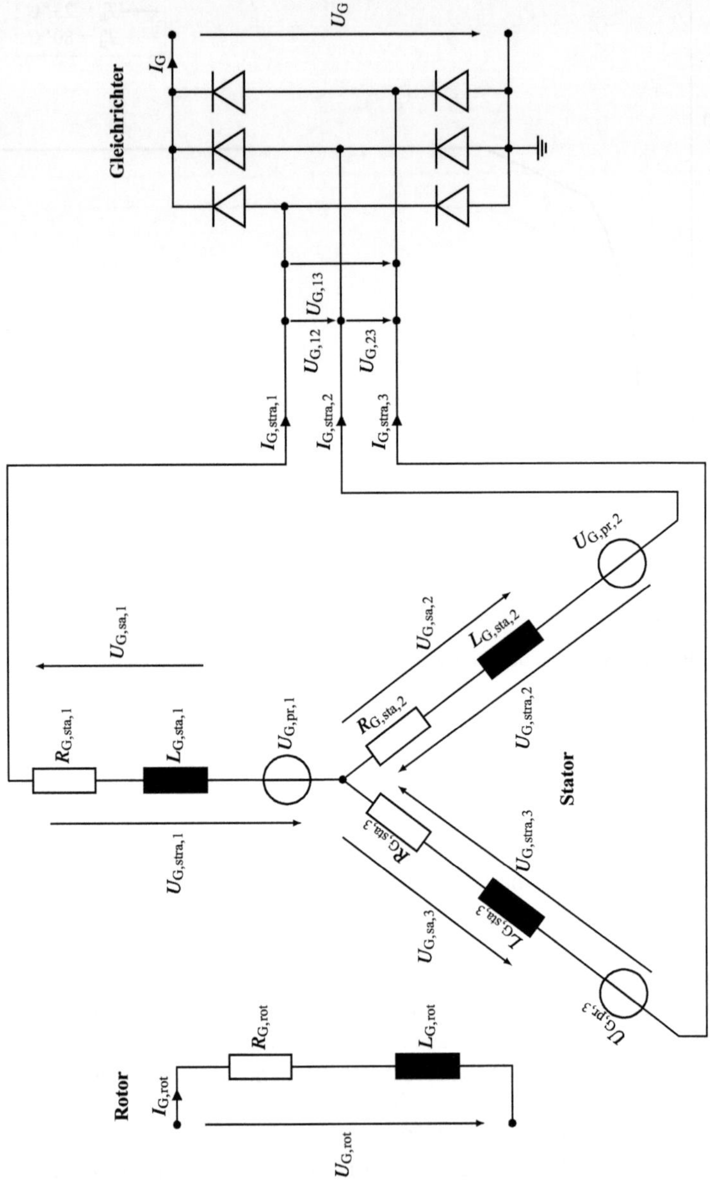

Abbildung 4.64 ESB des Drehstrom-Generators

Die elektrischen Zusammenhänge werden im Regelkreis des Drehstrom-Generators berücksichtigt. Daraus ergibt sich das vereinfachte ESB des Drehstrom-Generators in Abbildung Abb. 4.65. Hierbei wird der Widerstand eines Statorstranges $R_{G,sta,i}$ als Innenwiderstand des Drehstrom-Generators verwendet. Die anderen Widerstände gemäß Abb. 4.64 werden nachfolgend lediglich in der Regelstrecke berücksichtigt.

Abbildung 4.65 Vereinfachtes ESB des Drehstrom-Generators

Das Blockschaltbild des Regelkreises des Drehstrom-Generators ist in Abb. 4.66 dargestellt. Die Soll-Spannung des Drehstrom-Generators $U_{G,soll}$ dient als Eingangsgröße und entspricht der Führungsgröße. In realen Fahrzeugen wird diese durch das Niedervolt-Energiemanagement vorgegeben. Diese wird mit der Regelgröße in Form der Ist-Spannung des Drehstrom-Generators U_G verglichen. Hierbei wird die Spannung am Ausgang des Drehstrom-Generators nach Abb. 4.65 verwendet. Die Differenz aus der Führungsgröße und der Regelgröße ΔU_G wird als Regelabweichung bezeichnet. Der Ausgang des Reglers ist die Stellgröße in Form der Spannung des Rotors $U_{G,rot}$. Die Regelstrecke beschreibt, wie über eine Anpassung der Rotorspannung $U_{G,rot}$ die Ausgangsspannung $U_{G,0}$ auf den Sollwert geregelt wird (Wang 2016, S. 14).

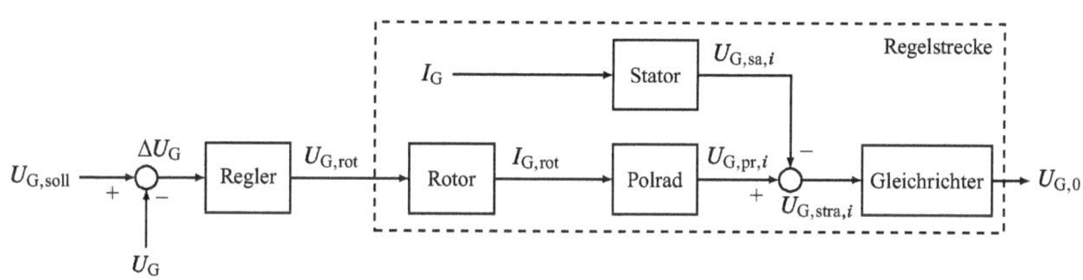

Abbildung 4.66 Blockschaltbild des Regelkreises des Drehstrom-Generators

Die Abhängigkeit des Verhaltens des Drehstrom-Generators von der Umgebungstemperatur wird im Folgenden aufgrund des geringen Einflusses gemäß (Hohmann 2009, S. 72) zur Reduzierung der Komplexität des Modells nicht berücksichtigt.

Auch der Einfluss zunehmender Alterung auf das Verhalten der Komponente wird aufgrund der unzureichenden Beschreibung der quantitativen Auswirkungen von dieser in der Literatur nicht berücksichtigt. Das Simulationsmodell des Drehstrom-Generators ist in Abb. B.29 dargestellt.

Regler Der Regler eines Drehstrom-Generators vergleicht die Ist-Spannung U_{G} mit der Soll-Spannung $U_{\mathrm{G,soll}}$. Dazu wird der Strom des Rotors bis zum Erreichen des Sollwertes angepasst. Die Einstellung des Stromes erfolgt dabei durch die Aktivierung und Deaktivierung eines Halbleiterschalters und ist entsprechend als Zweipunktregler ausgeführt (Borgeest 2020, S. 42). Dieses Regelungskonzept wird in (Schroth 2005, S. 36; Ruf 2015, S. 19) modelliert. In (Wang 2016, S. 21; Bode 2019, S. 10) wird dahingegen im Rahmen der Modellierung eines Drehstrom-Generators ein Proportional-Integral-Regler verwendet. Dieser Ansatz wird nachfolgend aufgrund der stetigen und damit einhergehend präziseren Regelung übernommen. Für einen Proportional-Integral-Regler gilt für eine Verstärkung K_{p} und eine Nachstellzeit t_{nach}:

$$U_{\mathrm{G,rot}}(t) = K_{\mathrm{p}} \cdot (\Delta U_{\mathrm{G}}(t) + \frac{1}{t_{\mathrm{nach}}} \cdot \int_{t_1}^{t_2} \Delta U_{\mathrm{G}}(t)\mathrm{d}t) \tag{4.156}$$

K_{p} und t_{nach} werden im Rahmen dieser Arbeit entsprechend (Ziegler und Nichols 1942) bestimmt.

Regelstrecke Anhand der Stellgröße in Form der Rotorspannung $U_{\mathrm{G,rot}}$ kann gemäß Abb. 4.64 der Rotorstrom $I_{\mathrm{G,rot}}$ wie folgt berechnet werden:

$$\frac{\mathrm{d}I_{\mathrm{G,rot}}(t)}{\mathrm{d}t} = -\frac{R_{\mathrm{G,rot}}}{L_{\mathrm{G,rot}}} \cdot I_{\mathrm{G,rot}}(t) + \frac{1}{L_{\mathrm{G,rot}}} \cdot U_{\mathrm{G,rot}}(t) \tag{4.157}$$

Mithilfe von $I_{\mathrm{G,rot}}$ kann die induzierte Polradspannung $\hat{U}_{\mathrm{G,pr}}$ ermittelt werden. Die Amplitude der Polradspannung $\hat{U}_{\mathrm{G,pr}}$ ist dabei proportional zu dem im Rotor generierten magnetischen Fluss $\Psi_{\mathrm{G,rot}}$ sowie zur Winkelgeschwindigkeit des Drehstrom-Generators ω_{G}. Mit der Maschinenkonstante des Drehstrom-Generators k_{G} folgt daher:

$$\hat{U}_{\mathrm{G,pr}} = k_{\mathrm{G}} \cdot \omega_{\mathrm{G}} \cdot \Psi_{\mathrm{G,rot}} \tag{4.158}$$

Der Rotorstrom $I_{\mathrm{G,rot}}$ ist die Ursache des magnetischen Flusses $\Psi_{\mathrm{G,rot}}$. Entsprechend ist $\Psi_{\mathrm{G,rot}}$ gemäß des Durchflutungsgesetzes direkt von $I_{\mathrm{G,rot}}$ abhängig. Ein empirischer Zusammenhang zwischen $\hat{U}_{\mathrm{G,pr}}$ und $I_{\mathrm{G,rot}}$ wird in (Schroth 2005, S.

42) angewendet. Für die um jeweils 120° phasenverschobenen Polradspannungen $U_{G,pr,i}$ an den Statorsträngen $i \in \{1, 2, 3\}$ ergibt sich bei einer Generatorfrequenz f_G:

$$U_{G,pr,i}(t) = \hat{U}_{G,pr} \cdot \sin\left(2 \cdot \pi \cdot f_G \cdot t - (i - 1) \cdot \frac{2 \cdot \pi}{3}\right) \tag{4.159}$$

Aufgrund des Widerstandes sowie der Induktivität des Stators fällt an jedem Statorstrang die Spannung $U_{G,sa,i}(t)$ ab. Für diese gilt in Abhängigkeit des Stromes des jeweiligen Statorstranges $I_{G,stra,i}(t)$:

$$U_{G,sa,i}(t) = I_{G,stra,i}(t) \cdot R_{G,sta,i} + L_{G,sta,i} \cdot \frac{dI_{G,stra,i}(t)}{dt} \tag{4.160}$$

Anhand dessen ergeben sich die Strangspannungen des Stators $U_{G,stra,i}(t)$ wie folgt:

$$U_{G,stra,i}(t) = U_{G,pr,i}(t) - U_{G,sa,i}(t) \tag{4.161}$$

Für die Ausgangsspannung des Gleichrichters $U_G(t)$ ergibt sich für eine dreiphasige Eingangsspannung $U_{G,ij}(t)(i, j \in \{1, 2, 3\}, j \neq i)$ die folgende Beschreibung:

$$U_G(t) = \max(U_{G,ij}(t)) \tag{4.162}$$

Entsprechend gibt es 6 mögliche Werte für die Ausgangsspannung. Dabei gilt:

$$U_{G,ji}(t) = -U_{G,ij}(t) \tag{4.163}$$

Die Spannung zwischen den Phasen i und j ergibt sich dabei wie folgt:

$$U_{G,ij}(t) = U_{G,stra,i}(t) - U_{G,stra,j}(t) \tag{4.164}$$

Aufbauend darauf können für jeden Zeitpunkt die Ströme der Statorstränge $I_{G,stra,i}(t)$ anhand des Ausgangsstromes des Gleichrichters I_G berechnet werden. (Wang 2016)

Validierung
Das zur Validierung der Rechenzeit verwendete Modell ist in Abb. B.30 dargestellt. Das Verhältnis von Rechenzeit zu Simulationszeit beträgt dabei:

$$\frac{t_{G,kalk}}{t_{G,sim}} = 0{,}49 \tag{4.165}$$

Die Anforderung an die Recheneffizienz mit einem Verhältnis von Rechenzeit $t_{G,kalk}$ zu Simulationszeit $t_{G,sim}$ von 1,0 gemäß Abschnitt 4.3.2 ist damit erfüllt.

Elektrisch Der Versuchsaufbau zur Validierung des Simulationsmodells des Drehstrom-Generators ist in Abb. 4.67 schematisch dargestellt. Elektrische Leitungen und Kontaktsysteme werden in der Darstellung aus Gründen der Übersichtlichkeit vernachlässigt. Der Drehstrom-Generator versorgt beim Versuchsaufbau eine performante elektronische Last. Gestützt wird der Drehstrom-Generator durch eine 12 V-Batterie. Diese wird dabei gemäß der in Abschnitt 4.6 beschriebenen Vorgehensweise modelliert. Das zur Validierung des Simulationsmodells des Drehstrom-Generators im Verbund verwendete Modell ist in Abb. B.31 dargestellt.

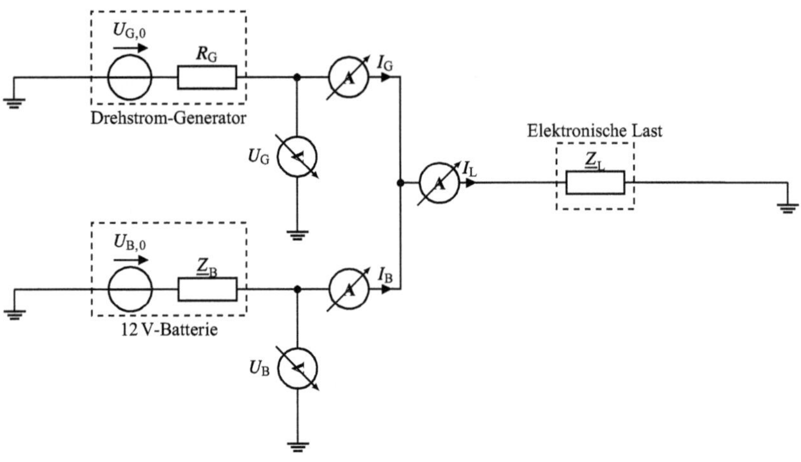

Abbildung 4.67 Versuchsaufbau zur Validierung des Modells des Drehstrom-Generators

Nachfolgend wird der Drehstrom-Generator im in Abb. 4.67 dargestellten Versuchsaufbau variierenden Sprüngen des Laststromes I_L ausgesetzt. Die Sollspannung des Drehstrom-Generators U_G wird auf 13,5 V eingestellt. Das Verhalten des Drehstrom-Generators bei einer Umgebungstemperatur T_u von 23 °C bei einem

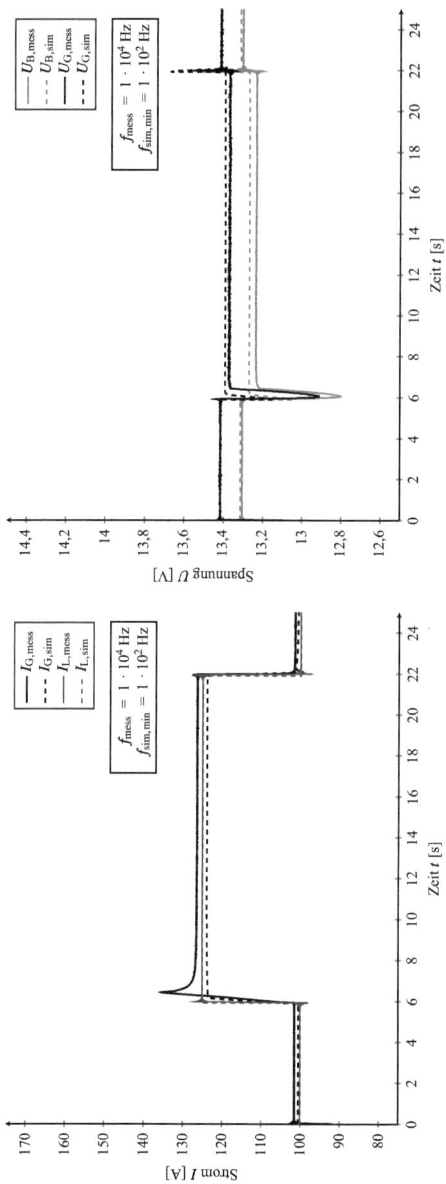

(a) Generator- und Laststrom

(b) Generator- und Batteriespannung

Abbildung 4.68 Validierung des Simulationsmodells des Drehstrom-Generators ($T_u = 23\,°C$)

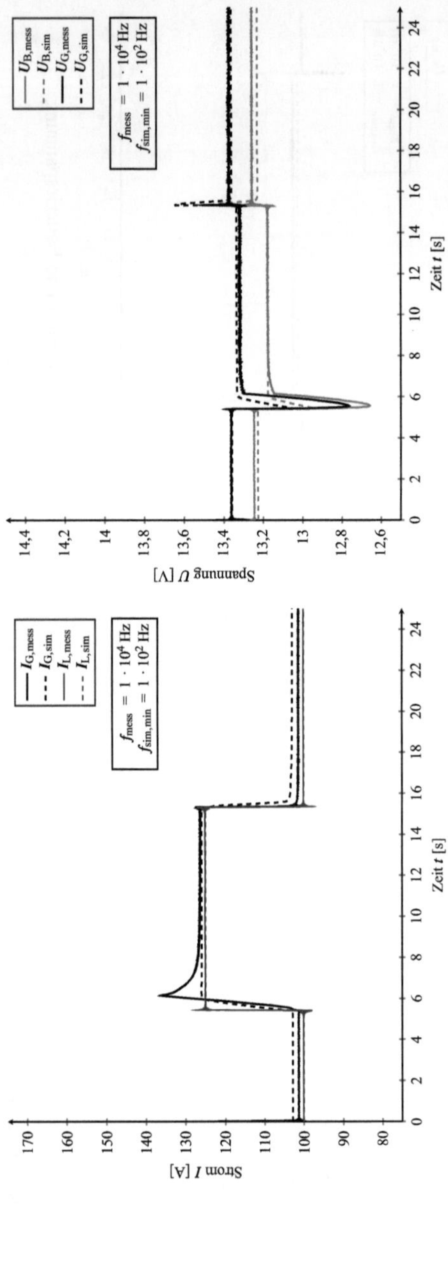

(a) Generator- und Laststrom

(b) Generator- und Batteriespannung

Abbildung 4.69 Validierung des Simulationsmodells des Drehstrom-Generators ($T_u = 80\,°C$)

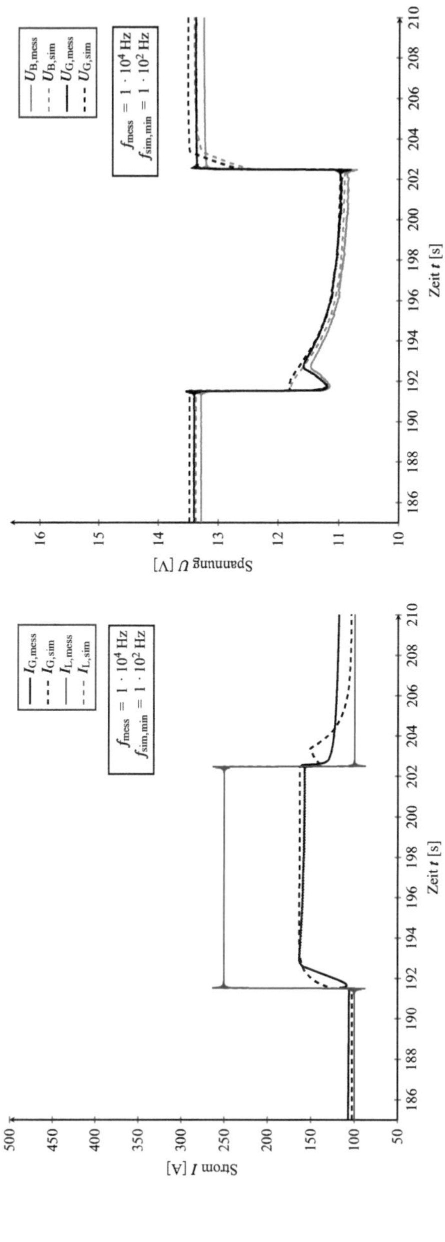

(a) Generator- und Laststrom

(b) Generator- und Batteriespannung

Abbildung 4.70 Validierung des Simulationsmodells des Drehstrom-Generators ($T_u = 23\,°C$)

Lastsprung von 100 A auf 125 A ist in Abb. 4.68 dargestellt. Hierbei ist eine hohe Übereinstimmung des Generatorstromes I_G zwischen Simulation und Messung in Abb. 4.68a erkennbar. Die zugehörigen Spannungen an Drehstrom-Generator U_{G} sowie Batterie U_{B} sind in Abb. 4.68b dargestellt. Die Abweichungen der Spannungen zwischen Simulation und Messung liegen hierbei unter dem in Abschnitt 4.3.1 eingeführten Grenzwert. Der gleiche Lastsprung bei einer Umgebungstemperatur T_{u} von 80 °C ist in Abb. 4.69 dargestellt. Auch hier sind die Abweichungen von Simulations- und Messergebnissen innerhalb der Grenzen gemäß Abschnitt 4.3.1. Die Annahme, dass die Auswirkungen der Umgebungstemperatur bei der Modellierung des Drehstrom-Generators vernachlässigt werden können, wird durch die vorliegenden Ergebnisse nicht widerlegt. In Abb. 4.70 ist die Verhaltensweise des Drehstrom-Generators bei einem Lastsprung von 100 A auf 250 A bei einer Umgebungstemperatur T_{u} von 23 °C dargestellt. Hierbei ist ersichtlich, dass der Laststrom in Simulation und Messung nicht vollumfänglich von dem Drehstrom-Generator gespeist werden kann. Das Verhalten des Simulationsmodells ist dementsprechend plausibel. Es ist jedoch erkennbar, dass der maximale Generatorstrom des Simulationsmodells den der Messungen übersteigt. Zusätzlich fallen Abweichungen im dynamischen Verhalten nach dem Lastsprung zwischen Simulation und Messung auf. Der gleiche Lastsprung bei einer Umgebungstemperatur T_{u} von 80 °C ist in Abb. B.32 abgebildet. Die in Abb. 4.68, Abb. 4.69, Abb. 4.70 sowie Abb. B.32 dargestellten Ergebnisse werden in Tabelle 4.10 zusammengefasst. Die Anforderung an die Genauigkeit der Spannung des Drehstrom-Generators ΔU_{G} gemäß Abschnitt 4.3.1 wird basierend auf den in Tabelle 4.10 aufgeführten Werten von dem Simulationsmodell bei einem Lastsprung auf 250 A und einer Umgebungstemperatur von 80 °C nicht erfüllt. Aufgrund des hohen Lastsprunges, der erhöhten Umgebungstemperatur und der vergleichsweise geringen Differenzen werden die Abweichungen im Folgenden akzeptiert. Weiterhin sind Abweichungen zwischen Simulation und Messung beim Generatorstrom I_{G} erkennbar. Auf eine Anpassung des maximalen Generatorstromes im Modell anhand der gezeigten Messergebnisse wird jedoch verzichtet. So können Streuungen des durch den Drehstrom-Generator bereitgestellten Stromes aufgrund unterschiedlicher Umgebungsbedingungen oder auch abweichender Fertigungsbedingungen nicht ausgeschlossen werden. Nun soll, aufgrund des Simulationszieles dieser Arbeit, der schlechtest mögliche Fall betrachtet werden und als Grundlage für weitere Betrachtungen dienen. Zudem können die Auswirkungen des abweichenden maximalen Generatorstromes auf die Simulation im Verbund als gering eingestuft werden. Diese haben bei auftretenden Strömen unterhalb des maximalen Generatorstromes keinen Einfluss auf die Spannung im 12 V-EBN. Bei Strömen, die den maximalen Generatorstrom übersteigen, wird die Batterie in der Simulation stärker belastet und die Spannung im System fällt entsprechend gegen-

Tabelle 4.10 Validierung des Simulationsmodells des Drehstrom-Generators

Messung				**Simulation**			
$I_{L,mess}$ [A]	$I_{G,mess}$ [A]	$U_{G,mess}$ [V]	$U_{B,mess}$ [V]	$I_{L,sim}$ [A]	$I_{G,sim}$ [A]	$U_{G,sim}$ [V]	$U_{B,sim}$ [V]
$T_u = 23\,°C$ (Lastsprung von 100 A auf 125 A & 250 A)							
125,1	126,53	13,37	13,23	125,0	123,94	13,39	13,27
250,18	157,51	10,95	10,88	250,0	162,64	10,98	10,91
$T_u = 80\,°C$ (Lastsprung von 100 A auf 125 A & 250 A)							
125,1	126,26	13,32	13,17	125,0	125,99	13,34	13,18
250,19	131,42	10,81	10,68	250,0	150,95	10,67	10,6

über der Realität stärker ab. Aufgrund der überschaubaren Abweichung des maximalen Generatorstromes zwischen Simulation und Versuch wird dies akzeptiert. Von Vorteil ist hierbei zudem der Fakt, dass die auftretenden Kurzschlussströme typischerweise aufgrund der höheren Dynamik der 12 V-Batterie durch diese gespeist werden. Auf dieser Basis wird das Simulationsmodell des Drehstrom-Generators für die Zwecke der Simulationen in dieser Arbeit als geeignet bewertet. Die Validierung des Modells des Drehstrom-Generators erfolgt nur für ein Bauteil und in wenigen Szenarien. Eine umfassende Validierung wird aufgrund der abweichenden Schwerpunktsetzung der Arbeit nicht durchgeführt.

4.8 Modellierung der Lasten

Die Modellierung der Lasten des EBN ist für die Simulation von Last- und Fehlerszenarien elementar. Eine typische Unterteilung der Lasten wird in Abb. 4.71 gegeben. Unter ohmschen Verbrauchern werden Lasten mit einer ohmschen Verhaltensweise zusammengefasst. Diese werden mittels eines konstanten Widerstandes abgebildet. Entsprechend steigt der Strombedarf ohmscher Verbraucher bei steigender Spannung an. Insbesondere Heiz- (wie Sitz- und Heckscheibenheizung) sowie Lichtsysteme mit Glühbirnen weisen eine entsprechende Verhaltensweise auf. Unter Leistungsverbraucher fallen typischerweise SGs mit verbauten µC, Prozessoren oder Sensoren. Diese zeichnen sich durch einen konstanten Leistungsbedarf aus. Die Auswirkungen von Leistungsverbrauchern auf die Bordnetzstabilität werden im Detail in (Wang 2016) untersucht. Nachfolgend werden aufgrund der ähnlichen Verhaltensweise auch leistungselektronisch geregelte Aktoren dieser Gruppe zugeordnet. Der Einfluss leistungselektronisch geregelter Aktoren im

Fahrwerksbereich auf die Spannungsstabilität in modernen Fahrzeugen ist aufgrund ihres hohen Leistungsbedarfes signifikant. Als exemplarische Lasten können hierbei die EPS und die Hinterachsregelung genannt werden. Der Stromverbrauch von Leistungsverbrauchern sowie leistungselektronisch geregelten Aktoren hängt elementar von der Spannung ab. Andere Verbraucher zeichnen sich durch ein weitestgehend spannungsunabhängiges konstantes Stromprofil aus. Dieser nachfolgend als Stromverbraucher bezeichneten Gruppe gehören insbesondere durch ungeregelte Gleichstrommaschinen angetriebene Aktoren an. Beispielhaft können hierbei Fensterheber, Sitzverstellungssysteme und Außenspiegelverstellungen genannt werden. (Ruf, Barthels et al. 2012, S. 1; Ruf, Kohler et al. 2012, S. 249; Ruf 2015, S. 21)

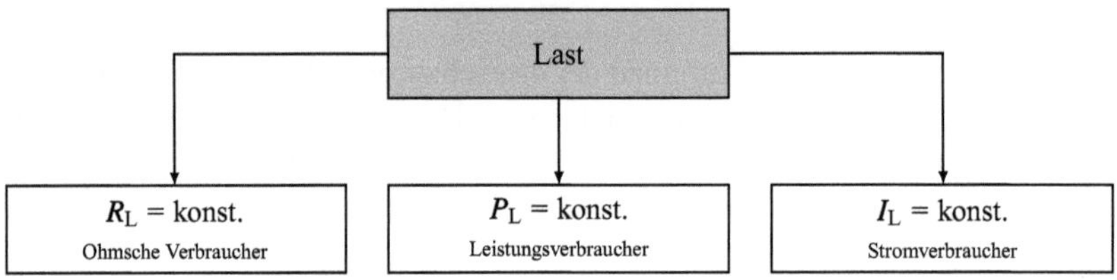

Abbildung 4.71 Unterteilung der Lasten (Ruf 2015, S. 21)

Modellierung

Die Modellierung der Lasten ist prinzipiell sowohl als Stromquelle als auch als Widerstand möglich. Beide Modellierungsansätze sollen nun anhand eines einfachen Simulationsmodells verglichen werden. Das zugehörige ESB ist in Abb. 4.72 abgebildet. Eine Aufnahme des tatsächlichen Simulationsmodells ist in Abb. B.33 dargestellt. Die resultierenden Verläufe für Strom und Spannung beider Modellierungsansätze bei einem Schaltvorgang nach einer Zeit $t_{L,akt,1}$ von 5 s sind in Abb. 4.73 dargestellt. Im in Abb. 4.73a dargestellten Verlauf ist ersichtlich, dass der Strom unabhängig von der Stellung des Schalters bei der Modellierung als Stromquelle fließt. Währenddessen fließt der Strom bei der Modellierung als Widerstand erst nach dem Schließen des Schalters. Bei der Modellierung der Last als Stromquelle treten negative Spannungen vor dem Schalter auf. Die aufgeführten Problemstellungen können durch eine Regelung des Strombedarfes der Last anhand der anliegenden Spannung gemäß (Diebig und Frei 2012, S. 2) vermieden werden. Die Modellierung der Lasten als Widerstand wird jedoch wegen der einfacheren Modellierung bevorzugt. Lasten werden in der Literatur als schaltbarer variabler Widerstand R_L mit einem parallelen resistiven $R_{L,C}$ sowie kapazitiven Anteil C_L beschrieben. Etwaige induktive Anteile werden hierbei nicht berücksichtigt (Bechteler, Scheßl et al. 2010,

S. 1150; Gerten, Frei, Kiffmeier et al. 2022, S. 3). Das zugehörige ESB der Last ist in Abb. 4.74 dargestellt. Das zur Vereinfachung in nachfolgenden Darstellungen verwendete vereinfachte ESB der Last ist in Abb. 4.75 dargestellt. Eine Aufnahme des Simulationsmodells der Last ist in Abb. B.34 dargestellt.

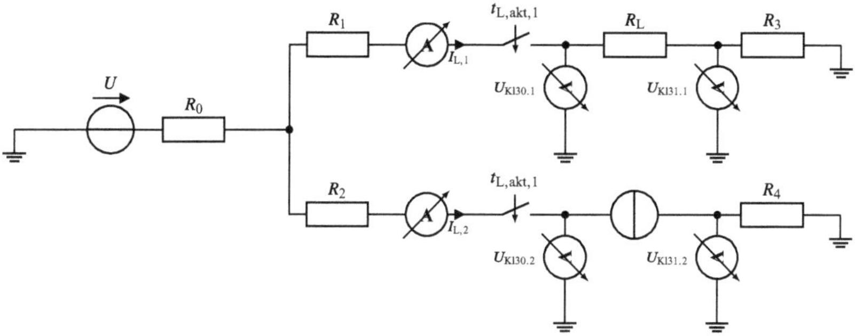

Abbildung 4.72 ESB des Aufbaus zum Vergleich der Modellierungsansätze für Lasten

Elektrisch (Dauerverhalten) Die typische Verhaltensweise der jeweiligen Last gemäß Abb. 4.71 muss bei der Modellierung zwingend berücksichtigt werden. Das Vorgehen für die Parametrierung von R_L wird in Tabelle 4.11 in Abhängigkeit des Lasttypen definiert. Als lastspezifische Eingangsgröße wird hierbei stets der Nennstrom der jeweiligen Last $I_\mathrm{L,N}$ vorgegeben. Im Fall einer ohmschen Last ergibt sich unter Annahme einer Nennspannung der Last $U_\mathrm{L,N}$ dessen Widerstand. Der Wert der angenommenen Nennspannung ist für den sich ergebenden Strom elementar. Die Nennleistung eines Leistungsverbrauchers ergibt sich als Produkt aus dessen Nennspannung $U_\mathrm{L,N}$ und dem Nennstrom $I_\mathrm{L,N}$. Der Widerstand des Leistungsverbrauchers wird nun mittels eines einfachen Regelkreises eingestellt. Dafür wird der im Modell kontinuierlich gemessene Spannungsabfall über dem Widerstand der Last $U_\mathrm{L}(t)$ durch die berechnete Nennleistung der Last geteilt. Auf die Einführung einer Zeitkonstante der Regelung wird hierbei verzichtet. Die Modellierung geregelter Aktoren erfolgt äquivalent zur beschriebenen Modellierung von Leistungsverbrauchern. Der Widerstand ungeregelter Aktoren wird durch den kontinuierlich im Modell gemessenen Spannungsabfall über der Last $U_\mathrm{L}(t)$ sowie den gegebenen Nennstrom der Last geregelt. Auch hier wird auf die Einführung einer Zeitkonstante bei der Regelung verzichtet. Etwaige Schutzmechanismen der Lasten,

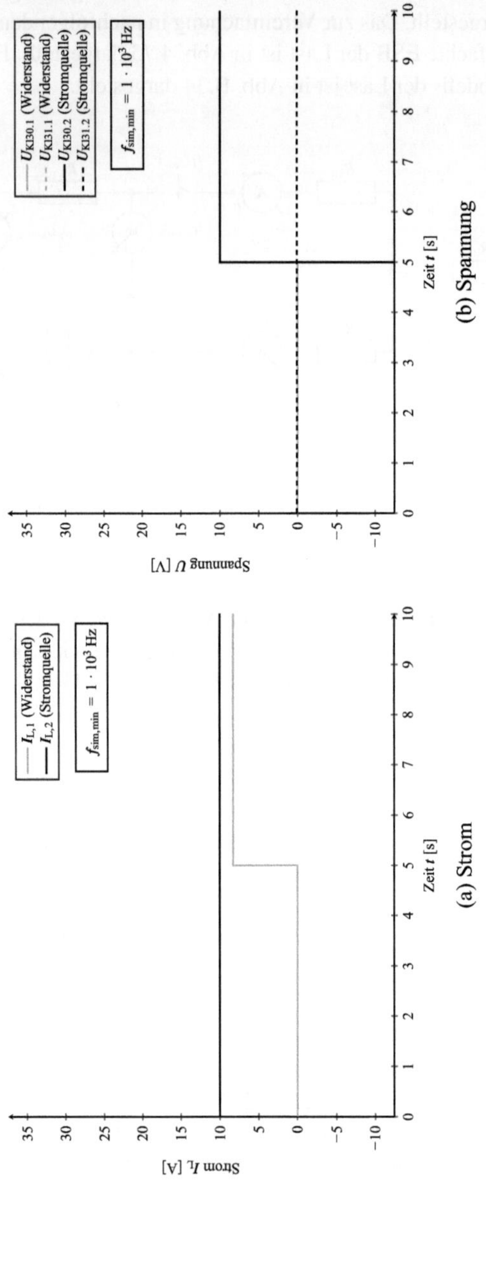

Abbildung 4.73 Ansätze zur Modellierung der Lasten

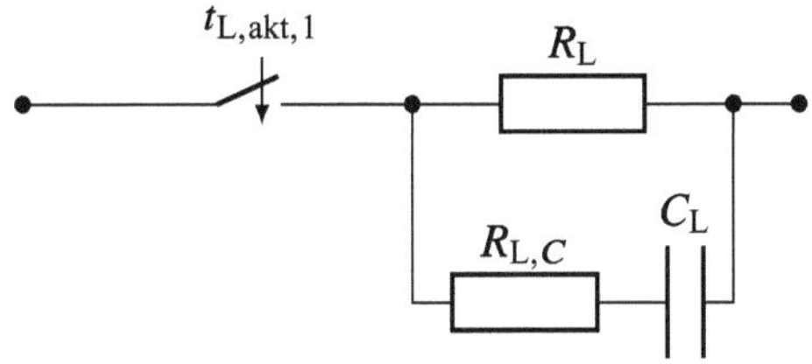

Abbildung 4.74 ESB der Last

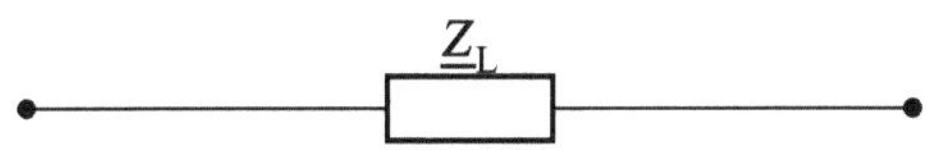

Abbildung 4.75 Vereinfachtes ESB der Last

wie ein Unterspannungsschutz, werden wegen der Vereinfachung der Rückverfolgbarkeit des Verhaltens im Gesamtsystem nicht berücksichtigt.

Tabelle 4.11 Parametrierung von R_L

Lasttyp [-]	Bedatung von R_L [-]
Ohmsche Verbraucher	$R_L = \frac{U_{L,N}}{I_{L,N}}$
Leistungsverbraucher	$R_L = \frac{U_L(t)^2}{U_{L,N} \cdot I_{L,N}}$
Stromverbraucher	$R_L = \frac{U_L(t)}{I_{L,N}}$

Der Nennstrom der Last $I_{L,N}$ wird anhand von gemessenen Dauerströmen der jeweiligen Last parametriert. Hierzu werden Fahrzeugmessungen der jeweiligen Lasten verwendet. Eine vergleichbare Vorgehensweise wird in (Gehring, Fröschl et al. 2009, S. 71) angewendet. Auf eine Filterung der Messdaten wird im Rahmen dieser Arbeit verzichtet. Die Parametrierung von Lasten von denen keine Messungen vorliegen, erfolgt, insofern möglich, anhand von (Büchner 2008, S. 8). Eine Übersicht über Stromwerte im weiteren Verlauf der Arbeit betrachteter Lasten wird in Tabelle B.4 gegeben.

Elektrisch (Einschaltverhalten) Auch der parallele kapazitive sowie resistive Anteil ist stark von der betrachteten Last abhängig. Deshalb wird dieser folgend anhand von vorliegenden Messdaten des Einschaltvorganges der jeweiligen Last parametriert. Die verwendeten Größen werden in Abb. 4.76 anhand des Stromprofils einer exemplarischen Last in Form eines Scheinwerfers veranschaulicht.

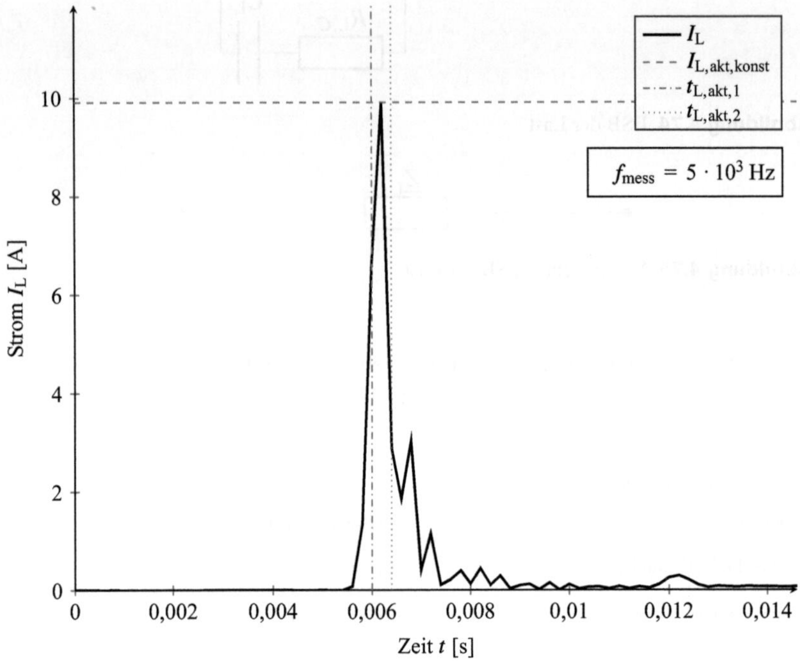

Abbildung 4.76 Stromverlauf beim Einschalten eines exemplarischen Scheinwerfers

Unter Annahme eines konstanten Einschaltstromes $I_{L,akt,konst}$ ergibt sich die Kapazität C_L für eine zugehörige Zeit $t_{L,akt,2} - t_{L,akt,1}$ für eine lineare Änderung der Spannung $\Delta U_{L,akt}$ wie folgt (Bechteler, Scheßl et al. 2010, S. 1149):

$$C_L = \frac{(t_{L,akt,2} - t_{L,akt,1}) \cdot I_{L,akt,konst}}{\Delta U_{L,akt}} \tag{4.166}$$

Der parallele Widerstand $R_{L,C}$ begrenzt dabei den konstanten Einschaltstrom $I_{L,akt,konst}$ und ergibt sich wie folgt:

$$R_{L,C} = \frac{\Delta U_{L,akt}}{I_{L,akt,konst}} \tag{4.167}$$

Für die Parametrierung von C_{L} und $R_{\mathrm{L},C}$ wird angenommen, dass das Laden der Kapazität stets bis zu einem Spannungswert $U_{\mathrm{L,akt}}$ von 12 V erfolgt. Es ist anzumerken, dass der verwendete Ansatz zur Parametrierung der Last aufgrund der getroffenen Annahmen lediglich einer groben Näherung entspricht. Die Kapazität und der Parallelwiderstand von Lasten, für die keine Messungen vorliegen, werden im Folgenden vernachlässigt. Diese Annahme basiert auf dem geringen Strom dieser Lasten von maximal 1,67 A und dem damit einhergehenden geringen Einfluss auf das Gesamtsystem. Eine Übersicht über die sich ergebenden Werte für die im weiteren Verlauf der Arbeit betrachteten Lasten wird in Tabelle B.4 gegeben.

Validierung
Das Simulationsmodell der Last wird im Folgenden zunächst hinsichtlich seiner Verhaltensweise plausibilisiert. Zudem wird das Einschaltverhalten des parametrierten Simulationsmodells mit Messungen exemplarischer Lasten verglichen. Das zur Validierung verwendete Modell ist in Abb. A.39 dargestellt. Das Verhältnis von Rechenzeit zu Simulationszeit beträgt dabei:

$$\frac{t_{\mathrm{L,kalk}}}{t_{\mathrm{L,sim}}} = 0{,}39 \tag{4.168}$$

Die Anforderung an die Recheneffizienz mit einem Verhältnis von Rechenzeit $t_{\mathrm{L,kalk}}$ zu Simulationszeit $t_{\mathrm{L,sim}}$ von 1,0 gemäß Abschnitt 4.3.2 ist damit erfüllt.

Elektrisch (Dauerverhalten) Die Plausibilisierung des Verhaltens des Simulationsmodells der Last erfolgt in Abb. 4.77. Hierfür wird die Spannung an einer Last mit einem Nennstrom $I_{\mathrm{L,N}}$ von 10 A zum Zeitpunkt $t = 2{,}5$ s von 12 V auf 8 V reduziert. Auf die Berücksichtigung von $R_{\mathrm{L,C}}$ und C_{L} wird wegen der gesonderten Betrachtung des Einschaltverhaltens anhand exemplarischer realer Lasten verzichtet. Es ist ersichtlich, dass der simulierte Stromverlauf eines Stromverbraucher unabhängig von der Spannung ist. Währenddessen ist der Strom einer Last mit konstantem Widerstand oder konstanter Leistung von der Spannung abhängig. Diese Verhaltensweise des jeweiligen Lasttyps ist plausibel.

Elektrisch (Einschaltverfahren) Der Vergleich des Einschaltverhaltens des Simulationsmodells von 2 exemplarischen Lasten mit Messungen ist in Abb. 4.78 dargestellt. Sowohl $I_{\mathrm{L,N}}$ als auch $R_{\mathrm{L},C}$ sowie C_{L} werden anhand von realen Messungen der jeweiligen Last parametriert. Abweichungen im Anlaufverhalten der jeweiligen Last sind dabei deutlich erkennbar. Die Stromspitze sowie das anschließende Abklingverhalten werden dahingegen durch das Simulationsmodell jeweils

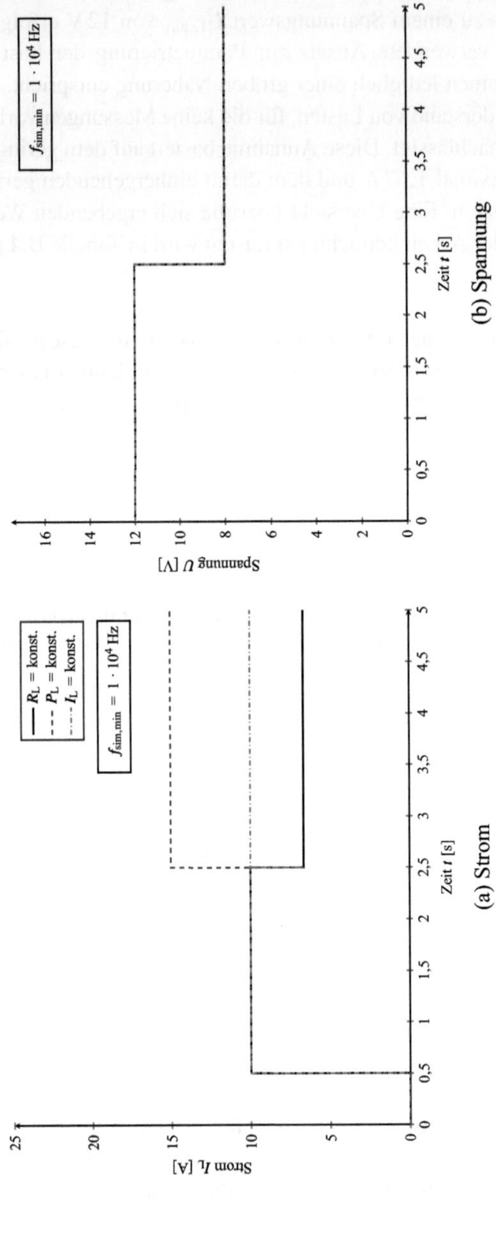

Abbildung 4.77 Plausibilisierung der Verhaltensweise des Simulationsmodells der Last

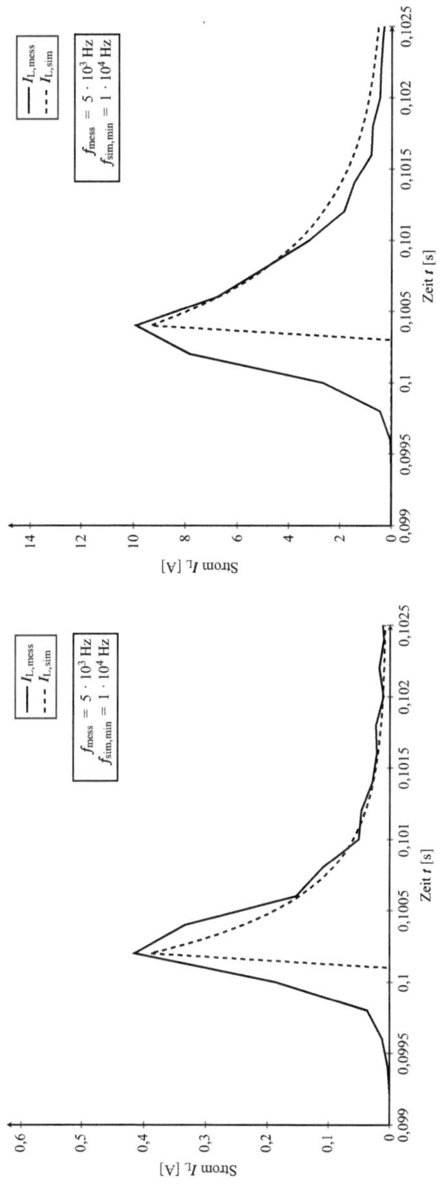

(a) Alarmhorn

(b) Diagnose-Interface für Datenbus

Abbildung 4.78 Einschaltstrom exemplarischer Lasten

gut abgebildet. Das Modell der Last wird nachfolgend basierend auf der in Abb. 4.77 gezeigten Verhaltensweise als plausibel bewertet. Einer idealisierten Darstellung der Lasten wird daher im Sinne der Schwerpunktsetzung der Arbeit genüge getan. Auf eine detaillierte Abbildung des lastspezifischen Anlaufverhaltens wird wegen der abweichenden Schwerpunktsetzung der Arbeit verzichtet. Es ist anzumerken, dass es sich lediglich um eine punktuelle Validierung des Simulationsmodells der Last handelt.

4.9 Modellierung der Massepunkte

Die Minuspole der Lasten werden, wie auch der Minuspol der Batterie, mithilfe von Leitungen mit den Massebolzen in der Fahrzeugkarosserie verbunden. Dies bedeutet, dass die Fahrzeugkarosserie als Leiter zum Schließen des Stromkreises verwendet wird. Der Widerstand der Fahrzeugkarosserie wird in (Gehring, Fröschl et al. 2009, S. 44) tiefergehend untersucht. Der Widerstand der Fahrzeugkarosserie wird nachfolgend vernachlässigt. Zudem werden auch etwaige Ladungen der Karosserie nicht betrachtet und entsprechend im Modell nicht berücksichtigt.

Modellierung
Eine Aufnahme des Simulationsmodells des Massepunktes ist in Abb. B.36 dargestellt.

Elektrisch Die Massepunkte werden als elektrische Referenz modelliert. Das zugehörige ESB ist in Abb. 4.79 dargestellt.

Abbildung 4.79 ESB des Massepunktes

Validierung
Das zur Validierung verwendete Modell ist in Abb. B.37 abgebildet. Das Verhältnis von Rechenzeit zu Simulationszeit beträgt dabei:

$$\frac{t_{\mathrm{MP,kalk}}}{t_{\mathrm{MP,sim}}} = 0,27 \tag{4.169}$$

Die Anforderung an die Recheneffizienz mit einem Verhältnis von Rechenzeit $t_{MP,kalk}$ zu Simulationszeit $t_{MP,sim}$ von 1,0 gemäß Abschnitt 4.3.2 ist damit erfüllt. Auf eine weiterführende Validierung des Simulationsmodells des Massepunktes wird aufgrund der simplen Modellierung als elektrische Referenz verzichtet.

4.10 Modellierung der Fehlerfälle

Fehlerarten im EBN können gemäß (Kiffmeier und Frei 2016a, S. 2) wie folgt klassifiziert werden:

- Kurzschlüsse
- Bruch von elektrischen Leitungen
- Alterung von Kontaktsystemen
- Ermüdung der Isolation von elektrischen Leitungen
- Veränderung des Verhaltens von Lasten
- Lichtbögen

Zusätzlich muss hinsichtlich des Fehlerortes im EBN differenziert werden. Gemäß (Kiffmeier und Frei 2016a, S. 2) ist dabei zwischen Fehlern an der Batterieleitung und Fehlern an der Verbraucherzuleitung zu unterscheiden. Gemäß (Bierwirth, Fröschl et al. 2020a, S. 2) kann zudem zwischen einem Fehler an der Verkabelung und einem Fehler am Kontaktsystem differenziert werden. Anderweitige Ansätze zur Unterteilung von Fehlern werden in (Kiffmeier und Frei 2016b, S. 7) beschrieben. Aufgrund ihrer Kritikalität für die Spannungsstabilität im EBN erfolgt im Rahmen dieser Arbeit die Betrachtung des Fehlerfalls des Kurzschlusses gegen Masse. Leitungsbrüche in Form offener Leitungsenden werden nicht weiter berücksichtigt, da ihre Auswirkungen auf parallel angeordnete Lasten im Falle entsprechender Fehler vernachlässigbar sind. Die Alterung der Kontaktsysteme in Form von Stecksystemen wird im Rahmen der Untersuchung der Einflussfaktoren in Kapitel 7 betrachtet. Auf die Berücksichtigung des Fehlerbildes der Ermüdung der Isolation der elektrischen Leitung wird aufgrund der Untersuchung des häufig daraus resultierenden Fehlerbildes des Kurzschlusses bei variierenden Kurzschlusswiderständen verzichtet. Das schleichende Fehlerbild der Änderung des Verhaltens der Lasten wird im Rahmen dieser Arbeit aufgrund der Parametrierung der Lasten anhand realer Messdaten vernachlässigt. Der Fehlerfall des Lichtbogens kann zudem aufgrund der Untersuchung eines EBN mit lediglich einem Spannungslevel von 12 V im Rahmen dieser Arbeit vernachlässigt werden. Weitere Einteilungen von Fehlerfällen werden beispielsweise in (Automotive Electronics Council Component Technical Committee 2007, S. 6) gegeben.

Modellierung
Das Simulationsmodell des Kurzschlusses ist in Abb. B.38 dargestellt.

Elektrisch Der Kurzschluss wird nun als Schalter zur Masse beziehungsweise elektrischen Referenz modelliert. Dieser kann durch einen parametrierbaren Widerstand $R_{\mathrm{ks,ex}}$ eingestellt werden. So besteht die Möglichkeit der Parametrierung des Widerstandes und damit der Intensität des Kurzschlusses. Das entsprechende ESB ist in Abb. 4.80 dargestellt.

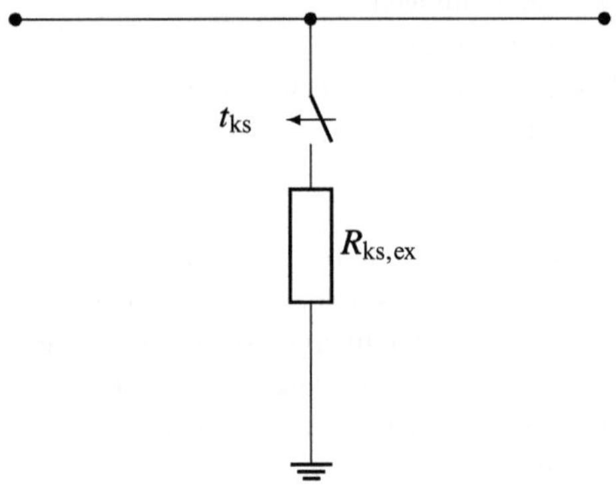

Abbildung 4.80 ESB des Kurzschlusses

Validierung
Auf eine Validierung des Modells des Kurzschlusses wird im Folgenden aufgrund der einfachen Modellierung als Schalter gegen eine elektrische Referenz ohne weiterführende Logik verzichtet. Lediglich die Anforderung an die Recheneffizienz des Modells wird betrachtet. Das dafür verwendete Modell ist in Abb. B.39 dargestellt. Das Verhältnis von Rechenzeit zu Simulationszeit beträgt dabei:

$$\frac{t_{\mathrm{ks,kalk}}}{t_{\mathrm{ks,sim}}} = 0{,}49 \tag{4.170}$$

Die Anforderung an die Recheneffizienz mit einem Verhältnis von Rechenzeit $t_{\mathrm{ks,kalk}}$ zu Simulationszeit $t_{\mathrm{ks,sim}}$ von 1,0 gemäß Abschnitt 4.3.2 ist damit erfüllt.

4.11 Modellierung des Hybriden Trenn- und Verbindungselementes

Nachfolgend wird die Modellierung des in Kapitel 3 eingeführten HTV beschrieben. Das Modell setzt sich dabei aus den im Rahmen dieser Arbeit modellierten und validierten ATVs sowie PTVs zusammen. Das Modell wird in einem einfachen Versuchsaufbau in Verbindung mit den Simulationsmodellen der passiven Quelle sowie der Last validiert. Hierdurch wird die Validität der Simulationsmodelle der modellierten Komponenten des EBN in einem einfachen Verbund sichergestellt.

Modellierung
Das händisch erstellte Simulationsmodell des HTV ist in Abb. 4.81 dargestellt. Hierbei werden alle real im HTV verbauten Komponenten wie elektrische Leitungen, elektrische Stecksysteme, Trennelemente und elektromagnetische Schalter berücksichtigt und entsprechend der realen Umsetzung parametriert. Zusätzlich werden auch die Messwiderstände des HTV im Rahmen der Modellierung berücksichtigt. Mittels einer Maske sind die verschiedenen mittels des HTV darstellbaren Absicherungskonzepte im Simulationsmodell wählbar und parametrierbare Komponenten wie beispielsweise die elektronischen Sicherungen einstellbar. Masken von Simulationsmodellen werden in Abschnitt 4.1.3 eingeführt. Die Maske des Simulationsmodells des HTV ist in Abb. 4.82 abgebildet.

Validierung
Das Verhalten des Simulationsmodells des HTV im Verbund wird nun mit realen Messungen verglichen. Hierdurch soll die Validität der Simulationsmodelle der modellierten EBN-Komponenten in einem Verbund sichergestellt werden. Dies ergänzt die in Kapitel 4 erfolgte Validierung der Simulationsmodelle der jeweiligen EBN-Komponenten und steigert die Aussagekraft der im Rahmen dieser Arbeit generierten Ergebnisse zusätzlich. Der für die realen Messungen mit dem HTV verwendete Versuchsaufbau ist in Abb. 4.83 schematisch dargestellt. Der Querschnitt sowie die Länge der eingesetzten elektrischen Leitungen wird in Tabelle B.5 angegeben. Im Rahmen des Versuchsaufbaus wird eine elektronische Last an Kanal 3 des HTV angeschlossen. Die zugehörige Kl wird als Kl 30.3 bezeichnet. Zusätzlich werden 2 weitere elektronische Lasten direkt mit der 12 V-Batterie verbunden. Die entsprechenden Kl werden folgend als Kl 30.4 sowie Kl 30.5 bezeichnet. Durch die Verortung der beiden Lasten parallel zum HTV können unter anderem thermische Wechselwirkungen zwischen den Kanälen des HTV ausgeschlossen werden.

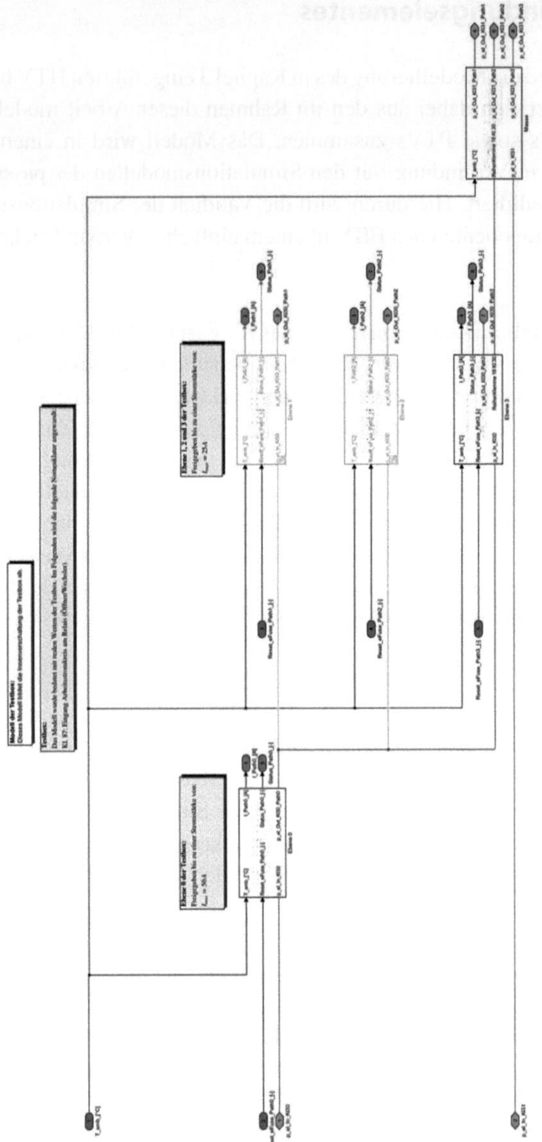

Abbildung 4.81 Simulationsmodell des HTV

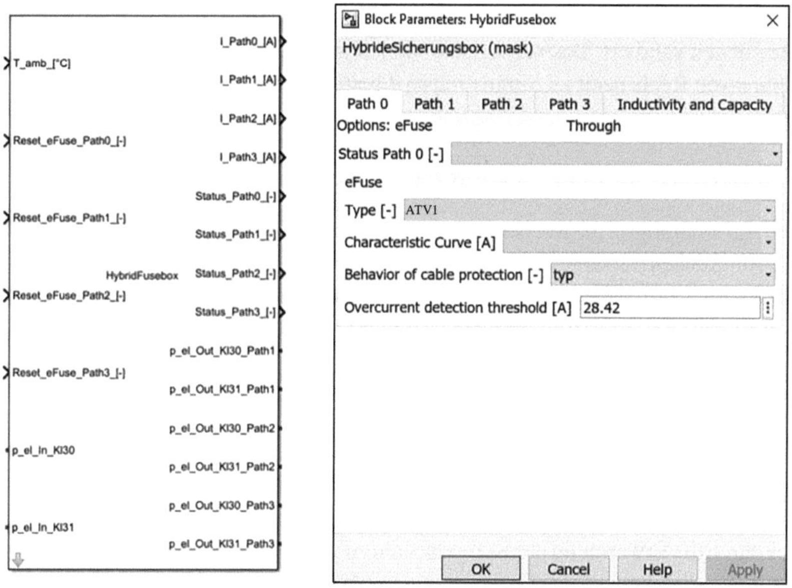

(a) Maske (b) Parameter

Abbildung 4.82 Maske des Simulationsmodells des HTV

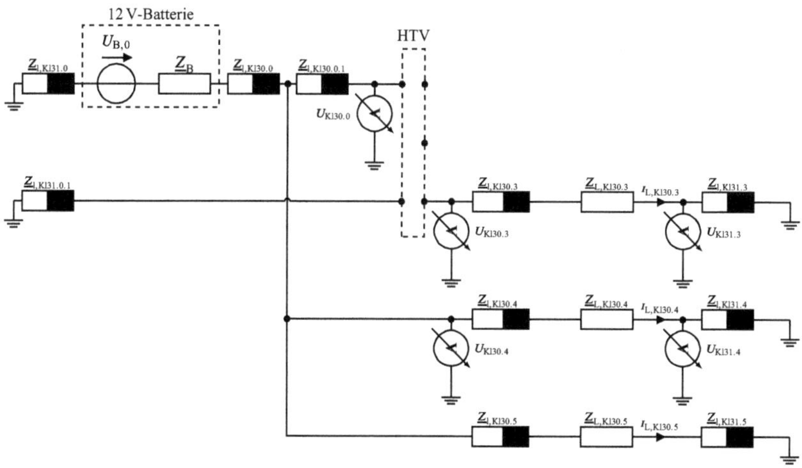

Abbildung 4.83 Vereinfachtes ESB des Versuchsaufbaus des HTV

Das Simulationsmodell des Versuchsaufbaus mit HTV wird nun anhand von Messungen validiert. Das verwendete Modell ist in Abb. B.40 abgebildet. Das Verhältnis von Rechenzeit zu Simulationszeit beträgt dabei:

$$\frac{t_{\mathrm{HTV,kalk}}}{t_{\mathrm{HTV,sim}}} = 21{,}67 \tag{4.171}$$

Die Anforderung an die Recheneffizienz von EBN-Komponenten mit einem Verhältnis von Rechenzeit $t_{\mathrm{HTV,kalk}}$ zu Simulationszeit $t_{\mathrm{HTV,sim}}$ von 1,0 gemäß Abschnitt 4.3.2 wird deutlich überschritten. Dies entspricht aufgrund des Aufbaus des Simulationsmodells des Versuchsaufbaus mit HTV aus den Modellen der EBN-Komponenten der Erwartungshaltung. Die Abweichung wird im Folgenden aufgrund der Komplexität des Simulationsmodells akzeptiert.

Elektrisch (Widerstand) Der Vergleich des ohmschen Widerstandes der Kanäle des HTV ist in Abb. 4.84 dargestellt. Zur Bestimmung des Widerstandes werden die Kanäle des HTV einzeln mit einem Strom belastet. Um einen Anstieg des Widerstandes durch die Erwärmung der Komponenten zu vermeiden, wird jeweils ein geringer Strom von 1 A verwendet. Im Anschluss wird anhand der gemessenen Spannungen am Eingang $U_{\mathrm{Kl30.0}}$ und den Ausgängen $U_{\mathrm{Kl30.}x}$ des HTV sowie dem Strom der Widerstand des jeweiligen Kanals des HTV berechnet. Die Messung der Spannungen an Kl 30.1 und Kl 30.2 des HTV erfolgt dabei äquivalent zu Kl 30.3 gemäß des in Abb. 4.83 dargestellten Aufbaus. Aufgrund der hohen Übereinstimmung der simulativ bestimmten ohmschen Widerstände der Kanäle des HTV mit Messungen können diese als valide bewertet werden. Damit einhergehend kann auch der Widerstand der Simulationsmodelle der EBN-Komponenten als plausibel bewertet werden. Die erkennbaren Abweichungen können auf eine während der Messung nicht erfasste Umgebungstemperatur sowie auf Streuungen des Widerstandes der einzelnen Komponenten zurückgeführt werden. Diese Streuungen können auf herstellungsbedingte geometrische und materialspezifische Abweichungen zurückgeführt werden.

Elektrisch (Auslösezeit und Spannungsabfall) Nachfolgend wird das Simulationsmodell des HTV in einem einfachen Verbund durch den Vergleich von Auslösezeiten von Messung und Simulation validiert. Die Begrifflichkeit der Auslösezeit ist in Abschnitt 2.3.1 definiert. Auch wird das Modell des Verbundes anhand des Spannungsabfalls im Fehlerfall validiert. Als Spannungsabfall wird dabei die Differenz der Eingangsspannung einer Last vor und während eines erhöhten Stromes aufgrund eines Fehlers auf einem parallelen EBN-Kanal definiert. Hierbei wird Kl 30.3 des HTV zunächst kontinuierlich mit einem Dauer-

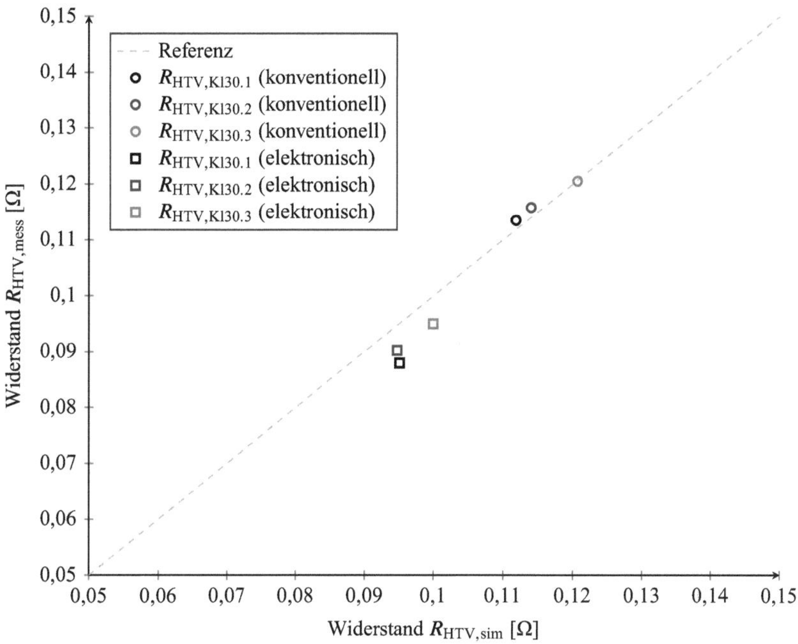

Abbildung 4.84 Validierung des Widerstandes des HTV

strom $I_{L,Kl30.3}$ von 4 A bestromt. Zu einem definierten Zeitpunkt wird der Laststrom auf einen Maximalwert $I_{L,Kl30.3,max}$ erhöht. Diese Stromerhöhung soll einen Kurzschlussstrom nachbilden. Der maximale Laststrom $I_{L,Kl30.3,max}$ wird zwischen 7 A und 70 A variiert. Durch das kontrollierte Einstellen des Maximalstromes wird die Reproduzierbarkeit der Ergebnisse sichergestellt. Um etwaige Beschädigungen der PTVs und ATVs in dem HTV auszuschließen, wird der maximale Laststrom auf 70 A begrenzt. Die Pfade parallel zum HTV werden mit jeweils 30 A bestromt. Entsprechend gilt:

$$I_{L,Kl30.4} = I_{L,Kl30.5} = 30\,\mathrm{A} \tag{4.172}$$

Die Betrachtung wird für die verschiedenen mithilfe des HTV umsetzbaren Absicherungskonzepte durchgeführt. Hierbei werden die folgenden Trennelemente je Absicherungskonzept verwendet:

- Konventionelles Absicherungskonzept: In Kl 30.0 wird keine Sicherung verwendet. In Kl 30.3 des HTV wird eine passive elektrische Sicherung des Typs C mit einem Nennstrom $I_{Si,N}$ von 5 A eingesetzt.
- Hybrides Absicherungskonzept: In Kl 30.0 wird eine elektronische Sicherung nach (Infineon Technologies AG 2023a) verwendet. Der Überstromschutz dieser elektronischen Sicherung liegt gemäß (Infineon Technologies AG 2023a, S. 48) zwischen 18 A und 52 A. Der tatsächliche Wert wird mithilfe von Versuchen ermittelt. Hierbei wird der Laststrom I_L kontinuierlich mit 0,1 A inkrementiert. Für die verwendete elektronische Sicherung ergibt sich ein Wert von 28,4 A für $I_{eSi,OCT}$. In Kl 30.3 wird eine passive elektrische Sicherung des Typs C mit einem Nennstrom $I_{Si,N}$ von 5 A eingesetzt.
- Elektronisches Absicherungskonzept: In Kl 30.0 wird keine Sicherung verwendet. In Kl 30.3 des HTV wird eine elektronische Sicherung nach Infineon Technologies AG 2023e verwendet. Der Überstromschutz der elektronischen Sicherung liegt gemäß (Infineon Technologies AG 2023e, S. 48) zwischen 4 A und 12 A. Der tatsächliche Wert wird entsprechend der Vorgehensweise bei dem hybriden Absicherungskonzept mithilfe von Versuchen ermittelt. Der Wert für $I_{eSi,OCT}$ ergibt sich dabei zu 6,3 A.

Der Vergleich eines gemessenen und eines simulierten Strom- sowie Spannungsverlaufes ist für einen maximalen Laststrom $I_{L,Kl30.3,max}$ von 7 A in Abb. 4.85 dargestellt. Die Kurven werden dabei zum Zeitpunkt des Beginns der Erhöhung des Stromes übereinander gelegt. Hierbei ist eine prinzipiell hohe Übereinstimmung von Simulation und Messung ersichtlich. Die erkennbaren Abweichungen der Auslösezeit des Simulationsmodells von der Messung können auf die geringe Genauigkeit des Modells der passiven elektrischen Sicherung bei geringen Überströmen zurückgeführt werden. Dies wird in Abschnitt 4.4.4 im Detail erläutert. Der Vergleich der Auslösezeiten sowie Spannungsabfälle zwischen Messung und Simulation ist in Abb. 4.86 für verschiedene Absicherungskonzepte dargestellt. Im Falle des konventionellen Absicherungskonzeptes ist in Abb. 4.86a eine hohe Übereinstimmung der Auslösezeit zwischen Simulation und Messungen sichtbar. Die höheren Abweichungen der Auslösezeit zwischen Simulation und Messung bei geringen Überströmen und entsprechend längeren Auslösezeiten sind auch hier erkennbar. Ein vergleichbares Verhalten ist auch für das hybride Absicherungskonzept in Abb. 4.86c erkennbar. Für die Auslösezeit des elektronischen Absicherungskonzeptes sind in Abb. 4.86e signifikante Abweichungen erkennbar. Diese können auf die im Rahmen der Simulation verwendete maximale Schrittweite von 100 µs in Kombination mit der Notwendigkeit mehrerer Rechenschritte zur Erfüllung der Auslösebedingungen des Simulationsmodells der elektronischen Sicherung zurückgeführt werden. Der simulierte Abfall der Spannung an der Last stimmt bei dem konventionellen Absicherungskonzept in Abb. 4.86b im hohen Maß mit der Messung überein. Bei dem hybriden Absicherungskonzept in Abb. 4.86d liegen die Abweichungen bei geringen Strömen aufgrund der Auslösung durch die passive elektrische Sicherung erwartungsgemäß in einer vergleichbaren Größenordnung. Bei höheren Strömen sowie bei dem elektronischen Absicherungskonzept sind in Abb. 4.86d beziehungsweise Abb. 4.86f signifikante Abweichungen in der Höhe des Spannungsabfalls zwischen Simulation und Messung erkennbar. Der simulierte Spannungsabfall ist jeweils deutlich größer als der gemessene. Die Abweichungen können auf eine unzureichende Parametrierung des R-C-Gliedes der 12 V-Batterie gemäß Abb. 4.59 für Zeiten unter 1 ms zurückgeführt werden. Weiterhin ist denkbar, dass entsprechende Effekte aufgrund der verwendeten Messfrequenz nicht erfasst wurden. Die Abweichungen werden im Folgenden akzeptiert. So liegt der Abfall der Spannung unter der geforderten Genauigkeit der Spannung für einen Verbund von 1 V gemäß Abschnitt 4.3.1, während die Dauer des Spannungsabfalls die zeitliche Anforderung lediglich im geringen Maße überschreitet. Zudem ist anzumerken, dass die Simulation gegenüber der Messung aufgrund des höheren Spannungsabfalls einen konservativen Fall darstellt. Das Verhalten des Simulationsmodells des HTV im Verbund wird basierend auf den in Abb. 4.86 dargestellten Ergebnissen hinsichtlich der Auslösezeit sowie der Höhe des Spannungsabfalls im Fehlerfall als valide bewertet. Es ist anzumerken, dass es sich lediglich um eine punktuelle Validierung des Verbundes mit HTV handelt. Aufgrund der abweichenden Zielstellung der Arbeit und der zuvor durchgeführten Validierung der Simulationsmodelle der EBN-Komponenten wird diese als hinreichend erachtet.

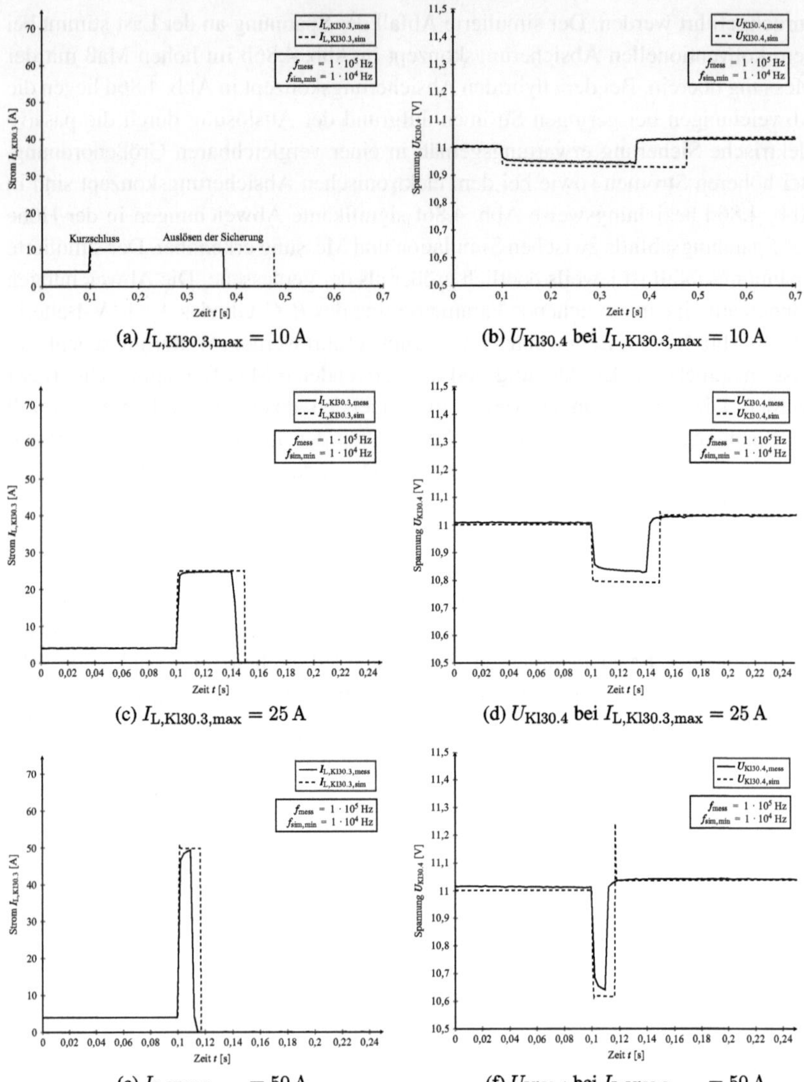

(a) $I_{L,Kl30.3,max} = 10$ A

(b) $U_{Kl30.4}$ bei $I_{L,Kl30.3,max} = 10$ A

(c) $I_{L,Kl30.3,max} = 25$ A

(d) $U_{Kl30.4}$ bei $I_{L,Kl30.3,max} = 25$ A

(e) $I_{L,Kl30.3,max} = 50$ A

(f) $U_{Kl30.4}$ bei $I_{L,Kl30.3,max} = 50$ A

Abbildung 4.85 Validierung des Verbundes mit HTV ($T_u = 23$ °C, konventionell)

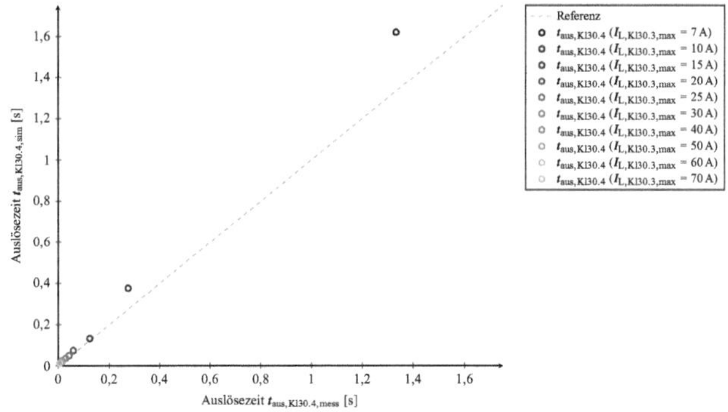

(a) Auslösezeit (konventionell)

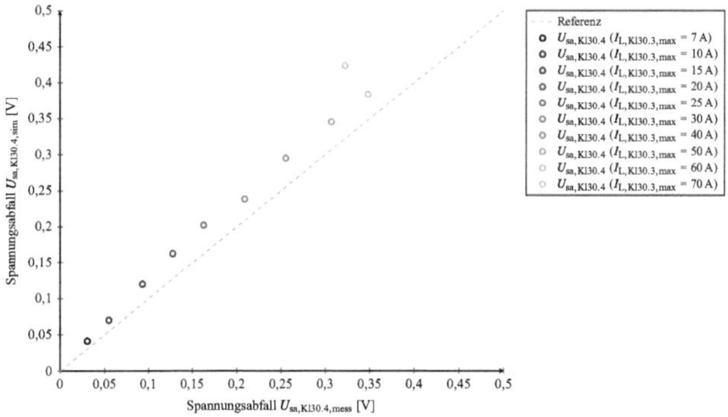

(b) Spannungsabfall (konventionell)

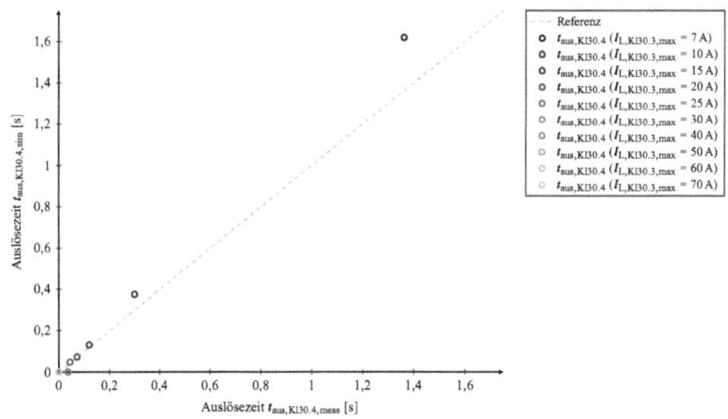

(c) Auslösezeit (hybrid)

Abbildung 4.86 Validierung des Verbundes mit HTV ($T_u = 23\,°C$)

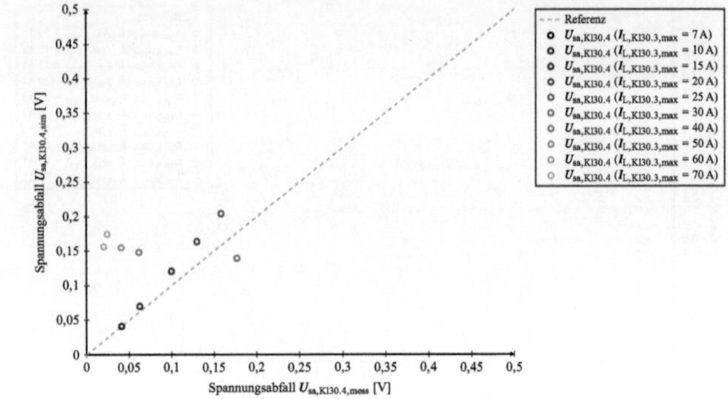

(d) Spannungsabfall (hybrid)

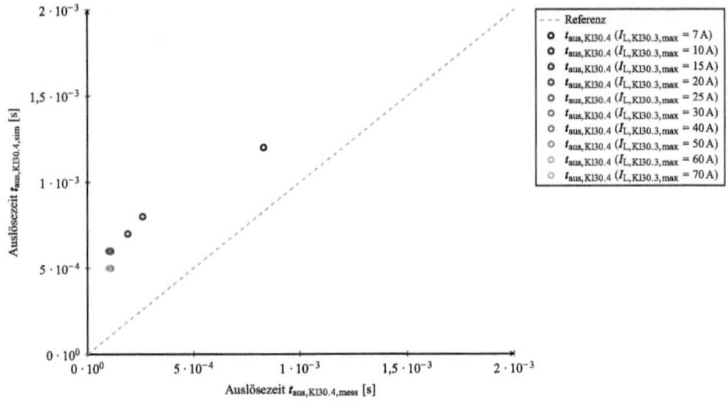

(e) Auslösezeit (elektronisch)

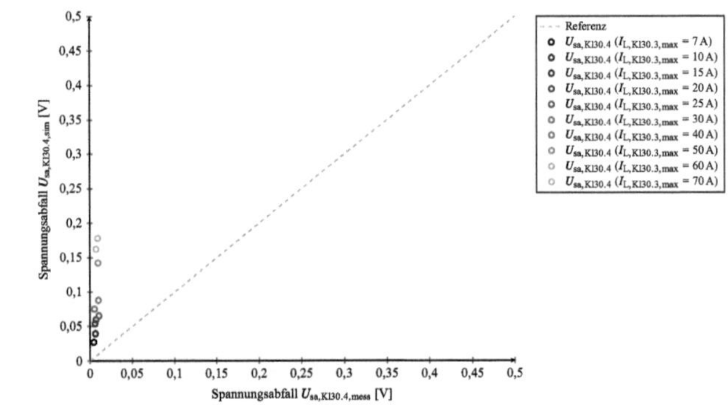

(f) Spannungsabfall (elektronisch)

Abbildung 4.86 (continued)

5 Methode zur automatisierten Erstellung von Simulationsmodellen

Zur Untersuchung von Rückwirkungen zwischen Kanälen des 12 V-EBN wird eine Methode zur automatisierten Erstellung von Simulationsmodellen desselben erarbeitet. Der Fokus ist hierbei, beispielsweise gegenüber der Erstellung von Strukturen des EBN zur Beantwortung wirtschaftlicher Fragestellungen in (Gemmerich 2008), die Erstellung eines Simulationsmodells der elektrischen Schaltung des EBN. Neuwertig gegenüber existierenden Lösungen wie (Kiffmeier 2022, S. 11) ist nach Kenntnisstand des Autors die Erarbeitung eines Ansatzes zur Erstellung von Modellen des EBN gesamter Fahrzeuge unter Berücksichtigung einer konkreten Ausstattungsvariante. Zu diesem Zweck wird eine geeignete Datengrundlage in Form einer maschinenlesbaren Beschreibung des EBN für den automatisierten Aufbau des Modells gewählt. Eine Vorgehensweise zur Verarbeitung dieser maschinenlesbaren Beschreibung wird erarbeitet. Die eingeführte Methode wird zuletzt anhand definierter Kriterien systematisch mit der händischen Modellierung verglichen und hinsichtlich ihrer Praxistauglichkeit bewertet.

Ergänzende Information Die elektronische Version dieses Kapitels enthält Zusatzmaterial, auf das über folgenden Link zugegriffen werden kann https://doi.org/10.1007/978-3-658-50847-0_5.

D. Huschke, *Simulationsbasierte Auslegung aktiver Trennelemente zur Sicherstellung der Rückwirkungsfreiheit zwischen Energiebordnetz-Kanälen von Kraftfahrzeugen*, AutoUni – Schriftenreihe 183,
https://doi.org/10.1007/978-3-658-50847-0_5

5.1 Mehrwerte einer automatisierten Erstellung von Simulationsmodellen

Die virtuelle Absicherung des EBN birgt eine Vielzahl an Vorteilen im gesamten PEP. Bereits in frühen Phasen des PEP können mithilfe von Simulationen erste belastbare Aussagen zu Fragestellungen wie der Spannungsstabilität im Fehlerfall getroffen werden. Das EBN eines gesamten Fahrzeuges als Betrachtungsumfang ist hierbei zur Beantwortung dieser Fragestellungen zielführend. Die vollständig automatisierte Erstellung von Simulationsmodellen von EBN hat darauf aufbauend vielfältige Mehrwerte im gesamten PEP (Huschke 2022a, S. 5; Kiffmeier 2022, S. 23). Hierbei können die folgenden Vorteile explizit genannt werden:

+ Durch den automatisierten Aufbau von Simulationsmodellen kann der händische Aufwand bei der Modellerstellung reduziert und so Ressourcen in Form von Zeit und Kosten gespart werden.
+ Die simulative Beantwortung von Fragestellungen ist wegen der Zeitersparnis bei der Modellerstellung schneller und flexibler möglich. Dies ist insbesondere vor dem Hintergrund kürzer werdender Entwicklungszyklen von Fahrzeugen vorteilhaft.
+ Durch den automatisierten Aufbau können händische Fehler beim Modellaufbau vermieden werden.
+ Es kann eine Vielzahl an Varianten des EBN automatisiert aufgebaut und anschließend simulativ untersucht werden.
+ Die verschiedenen Varianten des EBN können unter vielfältigen Bedingungen und bei verschiedenen Szenarien in einer risikofreien Umgebung analysiert werden.
+ Das EBN ist im PEP stark von anderen E/E-Komponenten abhängig. Die daraus resultierende Verortung in späteren Phasen des PEP führt zu einem hohen Änderungsaufwand. Diese Anpassungen am EBN können durch eine automatisierte Modellerstellung schnell im Simulationsmodell abgebildet und ihre Auswirkungen untersucht werden.

Die folgenden Einschränkungen sind dabei jedoch zu erwähnen:

– Die Qualität der zugrunde liegenden Daten ist entscheidend für den automatisierten Aufbau von Simulationsmodellen. Die Pflege dieser Daten erfordert einen hohen Zeitaufwand.

- Um im Verbund sinnvolle Aussagen treffen zu können, ist aufgrund der Vielzahl der Komponenten in einem EBN eine hohe Präzision der Simulationsmodelle der einzelnen Bauteile erforderlich.
- Auf die Durchführung von Messungen zur Validierung der Simulationsergebnisse kann nicht vollumfänglich verzichtet werden. Insbesondere die Validierung komplexer Szenarien stellt dabei eine Herausforderung dar. Ein komplexes Szenario wäre beispielsweise eine dynamische Fahrsituation mit einem Fehler im EBN bei sehr hohen Temperaturen.

Die Vorteile der virtuellen Absicherung des EBN sowie der automatisierten Modellerstellung überwiegen insgesamt deutlich.

5.2 Einordnung der Methode in den Produktentstehungsprozess

Um die Relevanz sowie die Herausforderungen besser zu verstehen, wird die simulative Untersuchung des EBN mit dem Fokus der automatisierten Modellerstellung in den PEP eingeordnet. Der PEP eines EBN wird in Abb. 5.1 grundlegend aufgezeigt. Der PEP für mechatronische Systeme in allgemeiner Form kann beispielsweise der Verein Deutscher Ingenieure e.V. (VDI)-Richtlinie 2206 entnommen werden (Verein Deutscher Ingenieure e. V./Verband der Elektrotechnik e. V 2021).

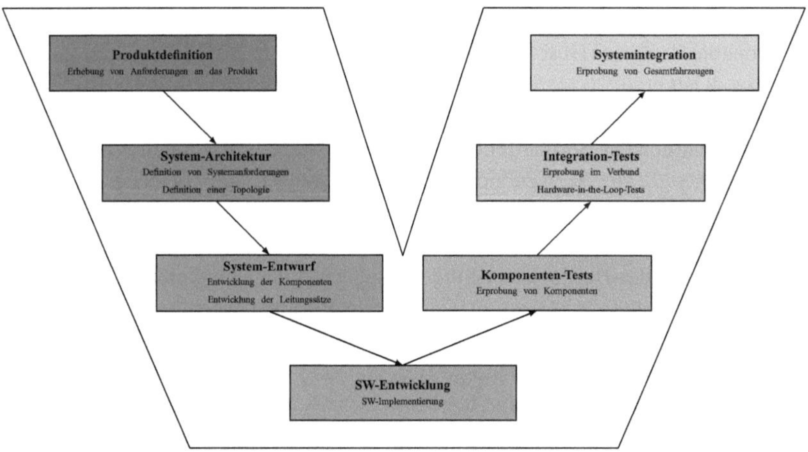

Abbildung 5.1 PEP mit Schwerpunkt EBN

Im Rahmen der linken Seite des V-Modells erfolgt die Spezifikation des Systems und seiner Teilsysteme. Dabei werden in einem ersten Schritt Anforderungen an das Produkt als Gesamtsystem definiert. Hier werden neben den Anforderungen an das tatsächliche Produkt auch Anforderungen an den Entwicklungsprozess, wie beispielsweise eine mit der ISO-Norm 26262 konforme Entwicklung, festgelegt. Im Folgeschritt wird die System-Architektur erarbeitet. Einen Aspekt stellt dabei das Absicherungskonzept des EBN dar. Der Nachweis der Funktion der Konzepte auf Ebene des Absicherungskonzeptes des EBN durch virtuelle Methoden ist in der Praxis üblich. Es folgt die Entwicklung der Komponenten des EBN. Exemplarisch können hierbei SiBo oder neue elektrische Stecksysteme genannt werden. In diesem Schritt werden Methoden der virtuellen Absicherung sowohl zur Definition der Anforderungen an die jeweilige Komponente als auch zur Untersuchung des Verhaltens derselben angewendet. Es schließt sich die Implementierung in SW an. Die Absicherung der Implementierung in SW ist beispielsweise mittels Virtueller Steuergeräte (vECUs) möglich. Diese sind nicht Betrachtungsumfang dieser Arbeit. Die Erprobung und Absicherung des Systems und seiner Teilsysteme ist der Fokus der rechten Seite des V-Modells. Hierbei werden zunächst die Komponenten erprobt, ehe diese im Verbund und im Anschluss im Gesamtfahrzeug abgesichert werden. Insbesondere während der Phasen auf der rechten Seite des V-Modells ist die virtuelle Absicherung von hoher Relevanz. Die Absicherung auf Ebene des Gesamtfahrzeuges steht im Fokus dieser Arbeit. Voraussetzung für die automatisierte Modellerstellung ist eine vorliegende maschinenlesbare Beschreibung des EBN sowie Simulationsmodelle der verbauten EBN-Komponenten. Eine Erstellung der Modelle der Komponenten ist in der Praxis sowohl durch den Fahrzeughersteller als auch durch den Hersteller der jeweiligen Komponente denkbar (Huschke 2023, S. 15; Huschke und Melchior 2023, S. 16; Huschke, Klatt et al. 2024, S. 19). Der Reifegrad der Beschreibung des EBN wird in Abb. 5.2 auf den PEP bezogen. Bei einem Reifegrad 1 liegen keine bis wenige Daten hinsichtlich der Beschaffenheit des Leitungssatzes vor. Eine mögliche Übergangslösung stellt die Verwendung von Daten bereits fortgeschrittener technisch vergleichbarer Fahrzeugprojekte dar. Die hierbei verwendeten Daten und dahinter liegenden Prämissen müssen jedoch stets genau bewertet werden. Wegen des geringen Reifegrades des Bordnetzes ist die Aussagekraft der Simulationsergebnisse in solch frühen Phasen stets kritisch zu hinterfragen. Bei einer Datenbasis des Reifegrades 2 liegen erste Konstruktionsdaten vor. Bei Daten mit einem Reifegrad 3 handelt es sich um eine beinahe vollständige Beschreibung des Leitungssatzes. Kleinere Fehler oder Ungenauigkeiten sind hierbei jedoch noch nicht auszuschließen. Daten mit Reifegrad 4 sind vollständig und quasi fehlerfrei. So liegt beispielsweise die Variantensteuerung erst in einer späten Phase des PEP, kurz vor der Finalisierung des Produktes, in einer zufriedenstellenden Ausprägung vor. Auch bei der Variantensteuerung kann die Verwendung von Informationen ähnlicher Fahrzeugprojekte eine mögliche Umgehungslösung sein. Es muss jedoch beachtet werden, dass die Variantierung bestimmter Fahrzeugfunktionen (einschließlich der damit verbundenen technischen und vertrieblichen Einschränkungen) stark von dem jeweiligen Fahrzeug abhängt. In den letzten Phasen des PEP kann die automatisierte Modellerstellung zur schnellen und flexiblen Validierung von serienrelevanten Änderungen verwendet werden.

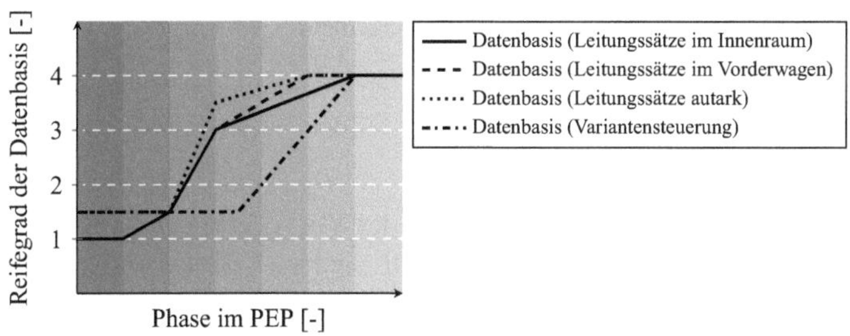

Abbildung 5.2 Reifegrad der Datenbasis entlang des PEP

Eine Einordnung der virtuellen Absicherung basierend auf automatisiert erstellten Simulationsmodellen in den Systems-Engineering-Kontext ist denkbar. Nachfolgend wird darauf jedoch aufgrund der anderweitigen Schwerpunktsetzung der Arbeit verzichtet.

5.3 Datengrundlage der automatisierten Erstellung von Simulationsmodellen

Die Kabelbaumliste (KBL) gilt als aktueller Industrie-Standard zur maschinenlesbaren Beschreibung des Bordnetzes. Der Vehicle Electric Container (VEC) ersetzt die KBL jedoch zunehmend. Beide Formate kommen grundsätzlich für die automatisierte Erstellung von Simulationsmodellen des EBN in Betracht. Die Datenformate werden in Tabelle 5.1 gemäß (J. Becker 2022, S .1) hinsichtlich einzelner Kriterien verglichen.

Tabelle 5.1 Exemplarischer Vergleich der KBL mit dem VEC (J. Becker 2022, S. 1)

Kategorie	KBL	VEC
	Elektrologisch	
Pinning von E/E-Komponenten	✗	✓
	Geometrie	
Gesamtbordnetz	✗	✓
Leitungsrouting	✓	✓
Topologiezonen	✗	✓
	Variantenmanagement	
Variantensteuerung	(✓)	✓
Variantencodes	✗	✓

Dabei werden in Tabelle 5.1 die Vorteile des VEC gegenüber der KBL deutlich. Weitere Vorteile des VEC gegenüber der KBL sind in (J. Becker 2022; Ganß 2022) aufgeführt. Insbesondere die mögliche Beschreibung eines Gesamtbordnetzes sowie die Implementierung einer vollumfänglichen Variantierung sind für die Ziele dieser Arbeit relevant. Weiterhin ist die potenzielle Implementierung von Topologiezonen, wie etwa Temperaturbereichen, für die simulative Analyse von Gesamtbordnetzen von Interesse. Diese wird jedoch im Rahmen dieser Arbeit wegen der fehlenden Berücksichtigung in der Beschreibung des betrachteten repräsentativen Gesamtfahrzeugs nicht weiter verfolgt. Basierend darauf erfolgt die Implementierung der automatisierten Erstellung eines Simulationsmodells des EBN anhand des VEC. Ein Prozess zur Generierung eines VEC wird in (Döring, Müller et al. 2023, S. 6; Müller 2024, S. 6; T-Systems 2024) aufgezeigt.

5.3.1 Schichten des VEC

Der VEC bietet 3 Schichten zur Beschreibung der Elektrologik auf einer jeweils anderen Abstraktionsebene. Der Inhalt dieser Abstraktionsebenen wird in Abb. 5.3 dargestellt. In der Architectural Layer ist die Kommunikation zwischen SGs definiert. Hierbei werden keine weiterführenden Informationen hinsichtlich der physischen Realisierung der Verbindungen gegeben. Beispielsweise kann diese Schicht zur Definition des verwendeten Kommunikationsprotokolls, wie dem Controller Area Network (CAN), verwendet werden. Die erste Definition der Kommunikation zwischen SGs erfolgt gemäß Abb. 5.1 in der frühen Phase der System-Architektur

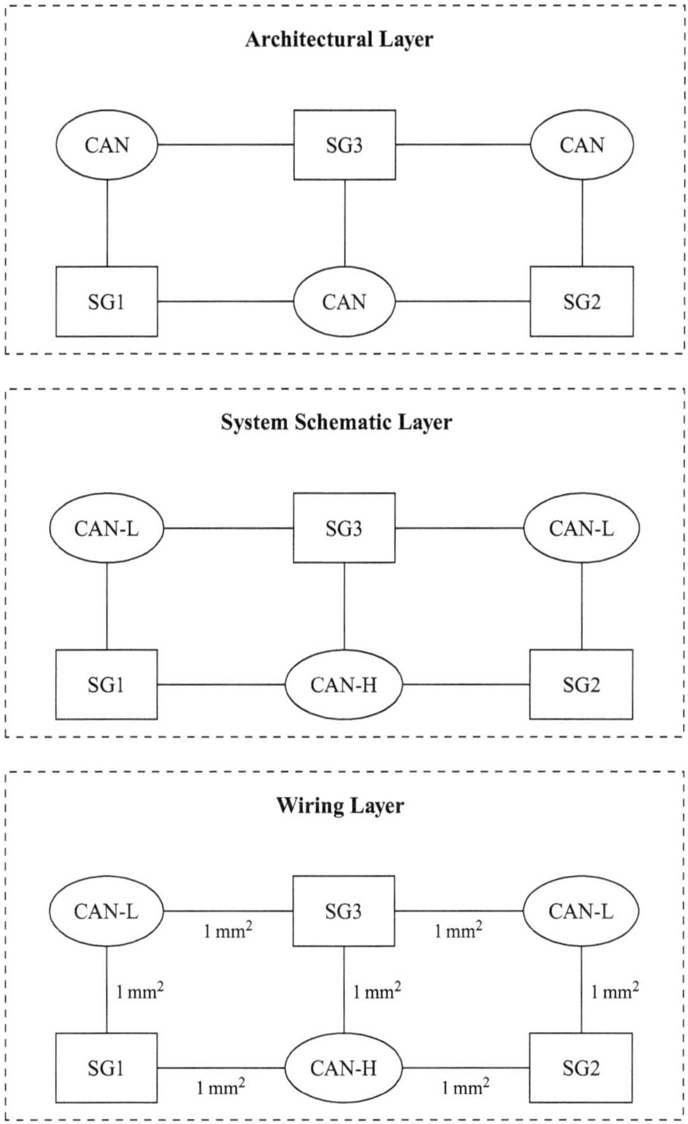

Abbildung 5.3 Elektrologische Schichten des VEC (J. Becker 2021, S. 1)

des PEP. Die System Schematic Layer weist gegenüber der Architectural Layer eine höhere Detailtiefe auf. So ist hier die elektrologische Umsetzung der Elemente der Architectural Layer definiert. Beispielsweise erfolgt eine weitergehende Differenzierung der Datenleitungen. So kann zwischen CAN-Leitungen mit den Bezeichnungen High (H) und Low (L) unterschieden werden, die verschiedene elektrische Potentiale führen. Dieser Schritt kann im PEP zwischen den Phasen der System-Architektur und des System-Entwurfs angesiedelt werden. Eine physische Realisierung der Verbindungen wird auch in der System Schematic Layer nicht definiert. Diese ist in der Wiring Layer beschrieben. Hier werden beispielsweise Typ, Länge, Querschnitt und Farbe der Leitungen zwischen den SGs festgelegt. Die Entwicklung der Leitungssätze erfolgt im PEP gemäß Abb. 5.1 in der Phase des System-Entwurfs. Hierbei ist jedoch anzumerken, dass das Bordnetz auch in nachgelagerten Phasen noch einen hohen Änderungsaufwand hat. Entsprechend ist auch die Beschreibung des Bordnetzes in der Wiring Layer des VEC bis in späte Phasen des PEP Änderungen unterworfen (J. Becker 2021, S. 1). Zur Simulation der Energieverteilung sind Informationen hinsichtlich der physischen Realisierung der Verbindung zwischen E/E-Komponenten unabdingbar. Die Beschreibung funktionaler Zusammenhänge zwischen den Komponenten reicht hierbei nicht aus. Deshalb wird in dieser Arbeit die Wiring Layer des VEC verwendet.

5.3.2 Signale des VEC

Die Signale im VEC werden in Energie- (engl. *energy*), Masse- (engl. *ground*) und Kommunikationssignale (engl. *information*) untergliedert. Lediglich Energiesowie Masseleitungen sind im Rahmen dieser Arbeit relevant und werden berücksichtigt. Eine weiterführende Untergliederung der Signale durch die Einführung einer benutzerdefinierten Eigenschaft (engl. *custom property*) nach Tabelle 5.2 ist möglich. Durch diese kann beispielsweise zwischen Energie-Signalen anhand ihrer Spannungsklasse differenziert werden. So wird eine Hochvolt-Verbindung in der benutzerdefinierten Eigenschaft separat gekennzeichnet (Attribut: HV), während diese anhand des Signaltyps nicht von einer 12 V-Verbindung unterschieden werden kann. Die Anwendung dieser weiterführenden Untergliederung der Signale wird nachfolgend fallspezifisch angewendet.

Tabelle 5.2 Benutzerdefinierte Eigenschaft zur Erweiterung der Signaltypen im VEC

Wert [–]	Inhalt [–]	Berücksichtigt? [–]
A	Antennen	✗
D	Datenverbindungen, Bus-Systeme, Netzwerke	✗
H	Hochvolt	✗
M	Masse, Massebolzen, Karosserie	✓
N	Neue Signale – Klassenzuordnung muss noch erfolgen	✗
O	Kein elektrisches Medium	✗
S	Signal- und Steuerverbindungen	✗
V	Versorgungsverbindungen	✓
X	Ist für Entfall vorgesehen	✗

5.4 Implementierung der automatisierten Erstellung von Simulationsmodellen

Die automatisierte Erstellung eines Simulationsmodells wird nun mittels eines zweistufigen Ansatzes umgesetzt. Die Eingangsdaten werden zunächst durch einen Parser analysiert. Anschließend wird durch einen Modellgenerator ein Simulationsmodell erstellt. Der implementierte Ansatz zur automatisierten Erstellung von Simulationsmodellen ist in Abb. 5.4 dargestellt. Dieser wird in dieser Arbeit vollständig in der verwendeten Simulationsumgebung umgesetzt. Die durch den Anwender bereitgestellten Eingangsdaten sind der VEC des zu untersuchenden Fahrzeugs sowie ein gültiger Eigenschafts-Schlüssel der konkreten zu untersuchenden Fahrzeugvariante. Jeder Ausdruck des Schlüssels steht für ein Ausstattungsmerkmal des konkreten Fahrzeugs. Die Ausdrücke werden dabei durch ein + getrennt. Beispielsweise steht der Ausdruck L0L der Eigenschafts-Familie der Lenkkraftanordnung (LEA) für ein Fahrzeug mit dem Lenkrad auf der linken Seite. Währenddessen ist das Lenkrad bei dem Ausdruck L0R auf der rechten Seite angeordnet. In jeder Eigenschafts-Familie kann nur ein Ausdruck mit dem zugehörigen Ausstattungsmerkmal aktiv sein. Durch die Berücksichtigung des vollständigen Schlüssels wird sichergestellt, dass das Simulationsmodell einer validen sowie real baubaren Fahrzeugkonfiguration generiert wird. Lenkräder auf der linken sowie rechten Seite des Fahrzeugs wären entsprechend im vorangegangenen Beispiel ausgeschlossen. Der Eigenschafts-Schlüssel wird in der Praxis mittels Tools des jeweiligen Fahrzeugherstellers erstellt und kann anschließend beispielsweise als .xlsx-Datei exportiert werden.

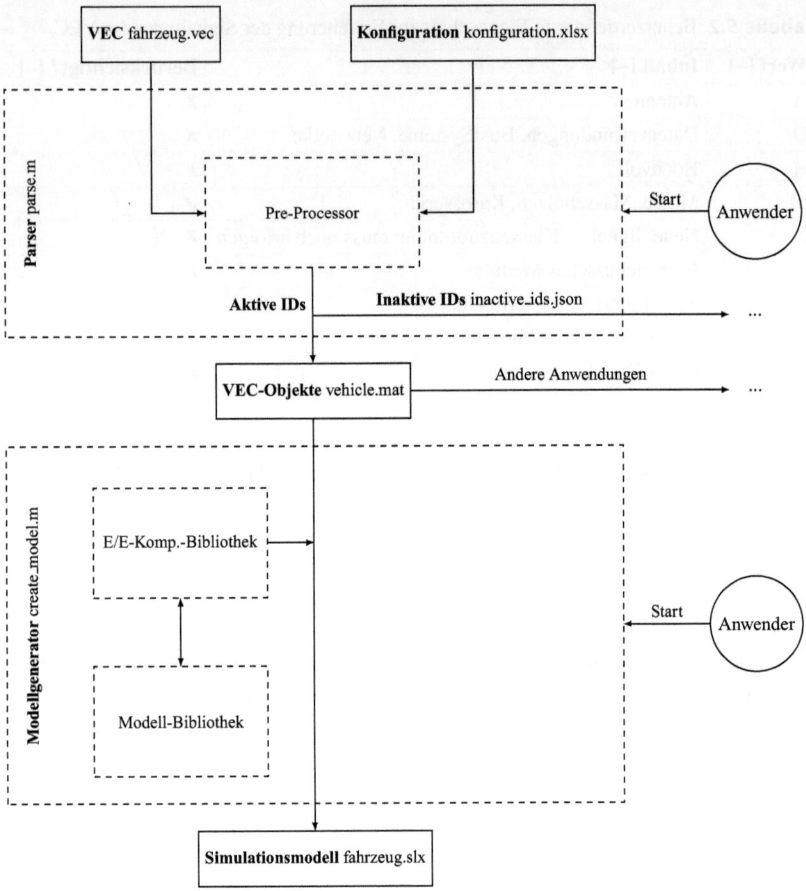

Abbildung 5.4 Arbeitsablauf zur automatisierten Erstellung eines Simulationsmodells

Der Pre-Processor identifiziert, basierend auf den im Eigenschafts-Schlüssel eines Fahrzeugs enthaltenen Ausdrücken, die Identifikationen (IDs) der aktiven E/E-Komponenten im VEC. Die Übersetzung im VEC erfolgt dabei mithilfe des Variant-ConfigurationTypes (prostep IVIP 2021). Die Vorgehensweise des Pre-Processors wird in Abb. 5.5 schematisch veranschaulicht. Die IDs inaktiver E/E-Komponenten werden durch den Pre-Processor aus Gründen der Nachvollziehbarkeit in einer .json-Datei abgelegt. Die Validität der bereitgestellten Informationen zur Variantierung werden durch den Pre-Processor geprüft. So überprüft dieser, ob lediglich ein Ausstattungsmerkmal pro Eigenschafts-Familie aktiv ist. Falls dies nicht der Fall ist, würde der Anwender durch eine Warnung informiert und ein Beliebiges der aktiven Merkmale der jeweiligen Familie gewählt werden. Weiterhin wird geprüft, ob ein Ausstattungsmerkmal jeder Eigenschafts-Familie verwendet wird. Falls dies nicht der Fall ist, wird ebenfalls eine Warnung ausgegeben und ein beliebiges Austattungsmerkmal aus der jeweiligen Eigenschafts-Familie gewählt. Hierbei erfolgt, falls vorhanden, die Wahl von Ausstattungsmerkmalen, die eine entsprechende Funktionalität ausschließen. Beispielsweise würde in der Familie TV-Empfang (TVE) der Ausdruck QV0 gewählt werden, der einen TV-Empfang beziehungsweise digitalen Radioempfang ausschließt.

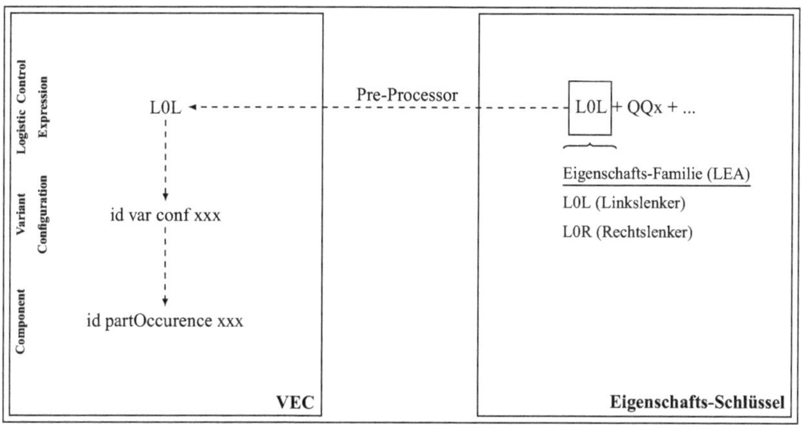

Abbildung 5.5 Pre-Process zur Variantierung des VEC

Als Alternative zur Verwendung des Eigenschafts-Schlüssels zur Variantierung ist die Verwendung der Modulteilenummern der Teilumfänge des Leitungssatzes möglich. Deren Verknüpfung mit Fahrzeugfunktionen ist ohne zusätzliche Informationen nicht möglich. Deshalb wird die Verwendung der Modulteilenummern nachfolgend nicht tiefergehend betrachtet. Zusätzlich zur Steuerung nach einer konkreten Fahrzeugvariante werden die im VEC vorhandenen Verbindungen anhand ihrer Art gefiltert. Die Filterung erfolgt hierbei primär anhand der in Tabelle 5.2 eingeführten benutzerdefinierten Eigenschaft. Hierbei werden als Versorgungs- (Attribut: V) sowie als Masseverbindung (Attribut: M) gekennzeichnete Signale weiter berücksichtigt. Sollte das Attribut keinen Wert enthalten, wird der im VEC hinterlegte Signaltyp analysiert. Auch hier werden Versorgungs- (Signaltyp: energy) sowie Masseverbindungen (Signaltyp: ground) weiter verwendet. Hintergrund der bevorzugten Filterung der benutzerdefinierten Eigenschaft des Signals ist, wie in Abschnitt 5.3.2 beschrieben, die dadurch mögliche Differenzierung zwischen Spannungsklassen. Das Signal wird ignoriert, wenn weder die benutzerdefinierte Eigenschaft noch der Signaltyp einen Wert enthält. Die Objekte der aktiven IDs des VEC werden anschließend in einer .mat-Datei abgespeichert. Basierend auf der Beschreibung der in der .mat-Datei gespeicherten Objekte können vielfältige analytische und numerische Untersuchungen in der Simulationsumgebung durchgeführt werden. So ist die Berechnung von Ausfallraten von Kanälen des EBN möglich. Dies wird in (M. Becker, Krüll et al. 2023, S. 12; Krüll 2023, S. 38) gezeigt. Einen weiteren Anwendungsfall stellt die Überprüfung der Eignung des Leitungssatzes zur automatisierten Konfektionierung sowie Integration dar. So gewinnt die Fragestellung der Automatisierbarkeit von Bordnetzen zunehmend an Relevanz (Huschke 2022b; Huschke 2022c; Titzmann 2023). In (Lucas 2022, S. 6) wird ein Ansatz zur rechengestützten Überprüfung der Gestaltungsrichtlinien hinsichtlich der automatisierten Konfektionierung gemäß DIN-Norm 72036 an einem Leitungssatz gezeigt (Deutsches Institut für Normung e. V. 2022). Nachfolgend wird anhand der Beschreibung der Objekte des VEC automatisiert das Simulationsmodell der validen Fahrzeugkonfiguration generiert. Hierbei werden lediglich E/E-Komponenten, die mit anderen E/E-Komponenten verbunden sind, berücksichtigt. Dadurch wird die Simulationsfähigkeit des Modells trotz etwaiger Inplausiblitäten in der Datenbasis ermöglicht. Es werden zunächst Simulationsmodelle der aktiven E/E-Komponenten basierend auf ihrer Teilenummer aus einer Bibliothek mit entsprechenden E/E-Komponenten in das Simulationsmodell geladen. Diese sind mit einer übergeordneten Modellbibliothek mit den in Kapitel 4 modellierten EBN-Komponenten verknüpft. Sollte kein Modell mit entsprechender Teilenummer vorliegen, wird automatisiert ein Modell der E/E-Komponente in der Bibliothek der Modelle der E/E-Komponenten als Platzhalter erstellt. Hierbei werden die im VEC beschriebenen Pins der E/E-Komponente im Stern verschalten. Nachträglich kann dieses Platzhalter-Modell durch ein Simulationsmodell der jeweiligen Komponente ausgetauscht und die korrekten Verbindungen des Modells mit den Pins händisch eingepflegt werden. Dieser Schritt muss für jede Teilenummer einmal durchgeführt werden. Bei einer erneuten Generierung des Simulationsmodells würde das Modell der Komponente mit der entsprechenden Teilenummer direkt berücksichtigt werden. Durch diese Vorgehensweise wächst die Anzahl an E/E-Komponenten in der Bibliothek kontinuierlich an. Nach der Erstellung der E/E-Komponenten des Fahrzeugs werden diese mit den im VEC spezifizierten elektrischen Leitungen verbunden. Für fehlende Informationen zu den Leitungen im VEC werden Standardwerte angenommen. In diesem Fall wird eine Leitung des

Typs FLR aus Cu-ETP1 mit einer Isolation aus PVC angenommen. Es ist möglich, weitere Daten zu berücksichtigen, um von der Teilenummer der Leitung auf deren Spezifikation zu schließen. Zur Reduktion der Komplexität wird jedoch im Folgenden darauf verzichtet. Die in Abschnitt 4.10 modellierten Fehlerfälle werden automatisiert in das Modell eingebracht. Dafür werden die Informationen zum Fehlerfall in einer Tabelle, wie beispielhaft in Tabelle 5.3 für den Fehlerfall eines Kurzschlusses dargestellt, hinterlegt. Dabei sind der Pin, an dem der Fehler eingebracht werden soll, der Fehlertyp sowie die Benennung des Fehlers mit der zugehörigen ID anzugeben.

Tabelle 5.3 Beschreibung von Fehlerfällen bei der Modellerstellung

ID [–]	**housing [–]**	**Pin [–]**	**Fehler [–]**
id_ee_role_8430	B	3	Kurzschluss
id_ee_role_9341	C	2	Kurzschluss

Das Ergebnis ist das automatisiert generierte Simulationsmodell des gesamten EBN eines real konfigurierbaren Fahrzeugs. Die Komponenten werden zwecks Lesbarkeit in 3 Spalten angeordnet. Diese beinhalten die E/E-Komponenten, die Fehlerfälle sowie die Leitungen. Der beschriebene Aufbau wird in Abb. 5.6 schematisch veranschaulicht. Aus funktionaler Sicht sind beliebige Positionierungen der Modelle der Komponenten denkbar. Auf eine etwaige Verwendung der realen geometrischen Positionen der E/E-Komponenten im Fahrzeug wird dabei verzichtet. Ursächlich hierfür sind potentielle Überschneidungen der Simulationsmodelle der Komponenten im Gesamtmodell. Eine geeignetere Lösung stellt die Anordnung der Modelle anhand der Position auf dem System- beziehungsweise Kabelschaltplan dar. Darauf wird nachfolgend wegen des lediglich darstellungstechnischen Effektes jedoch verzichtet.

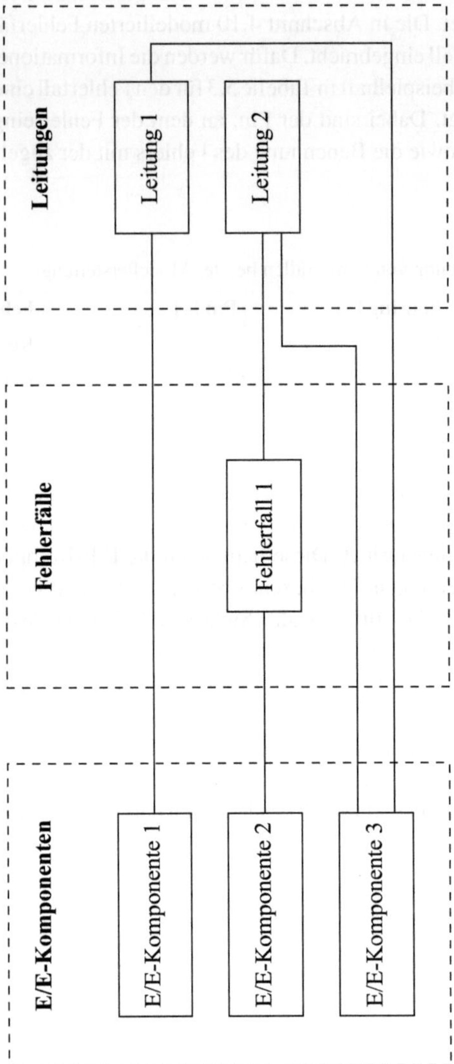

Abbildung 5.6 Aufbau eines automatisiert generierten Simulationsmodells

5.5 Ansätze zur Plausibilisierung des automatisiert erstellten Simulationsmodells

Eine Plausibilisierung des automatisiert erstellten Simulationsmodells wird wegen der schwierigen Rückverfolgbarkeit des Modellaufbaus als prinzipiell sinnvoll erachtet. Hierbei sind exemplarisch die folgenden Überprüfungen hinsichtlich der Plausibilität des generierten Simulationsmodells denkbar:

- Prüfung, ob die passiven sowie aktiven Quellen existieren.
- Prüfung, ob die Lasten mit einem Massepunkt verbunden sind.
- Prüfung, ob die Leitungen mindestens 2 Pins verbinden.

Auf die Implementierung automatischer Überprüfungen wird im Rahmen dieser Arbeit wegen der detaillierten händischen Untersuchung des nachfolgend automatisiert generierten Modells des Testnetzes sowie des repräsentativen Fahrzeugs verzichtet. Bei der praktischen Anwendung einer solchen Methode zur Untersuchung vielfältiger Fahrzeugkonfigurationen bei verschiedenen Fahrzeugen werden diese Tests jedoch empfohlen.

5.6 Erstellung des Simulationsmodells des Testnetzes

Die eingeführte Methode wird nun anhand der Erstellung eines Simulationsmodells einer einfachen Schaltung überprüft. Die einfache Schaltung entspricht dabei dem in Abschnitt 4.11 zur Validierung des HTV verwendeten und in Abb. 4.83 dargestellten Aufbau. Dieser wird nachfolgend als Testnetz bezeichnet. Die Ergebnisse des automatisiert generierten Simulationsmodells werden im Anschluss mit denen des manuell erstellten Modells aus Abschnitt 4.11 verglichen. Abschließend werden Simulationsmodelle des Testnetzes als Referenz durch verschiedene Personen händisch erstellt und bewertet.

5.6.1 VEC des Testnetzes

Der VEC des Testnetzes wird im Rahmen von (Haab 2024, S. 60) händisch erstellt und ist in (Huschke 2025) öffentlich zugänglich. Alternativ zur händischen Generierung des VEC ist die Modellierung und darauf aufbauende Erstellung des VEC in Modellierungs-Werkzeugen wie PREEvision® möglich.

Der VEC des Testnetzes beschreibt genau eine Variante. Die im VEC des Testnetzes beschriebene Schaltung ist in Abb. 5.7 schematisch abgebildet. Die Zuordnung der 5 E/E-Komponenten des Testnetzes zu fiktiven Teilenummern sowie zu den in Kapitel 4 modellierten EBN-Komponenten wird in Tabelle C.1 gegeben. Das Testnetz beinhaltet 10 elektrische Leitungen. Der Querschnitt A_l sowie die Länge l_l der verwendeten Leitungen des Testnetzes ist in Tabelle C.2 aufgeführt. Das Material des Leiters aller Leitungen ist hierbei Cu-ETP1. Die Isolation besteht aus PVC.

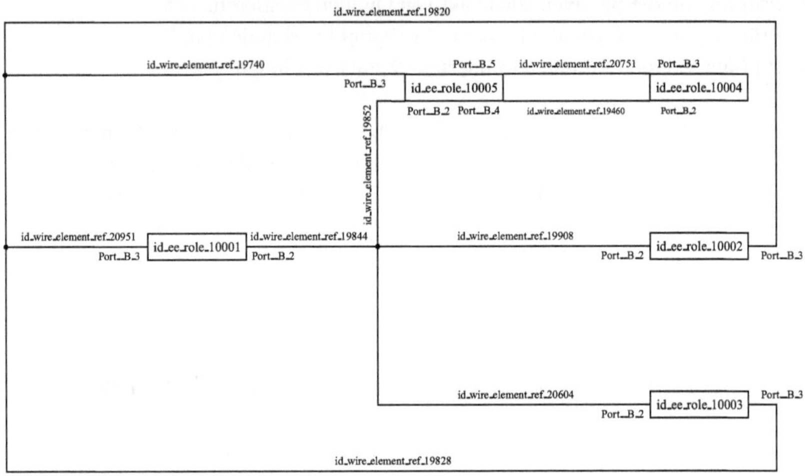

Abbildung 5.7 Schematische Darstellung des Testnetzes

Das Testnetz ist in Abb. 5.8, basierend auf dem zugehörigen VEC, als Graph dargestellt. Die Bedeutung der verwendeten Symbole wird in Tabelle 5.4 erläutert. Hierbei ist ersichtlich, dass alle E/E-Komponenten sowie Leitungen Teil eines Graphs sind. Dies entspricht der Erwartungshaltung, da alle E/E-Komponenten eines EBN im regulären Zustand mit der 12 V-Batterie verbunden sind. Die Aussagekraft einer EBN-Simulation wäre andernfalls kritisch zu hinterfragen.

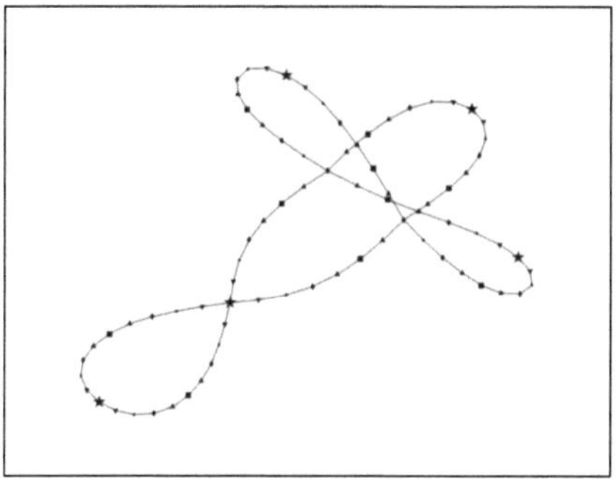

Abbildung 5.8 Graph des Testnetzes

Tabelle 5.4 Nomenklatur der Symbole

Symbol [–]	Erklärung [–]
♦	contact_point
+	mounting
▲	wire_end
■	wire
★	ee_component
▼	ee_component_port

5.6.2 E/E-Komponenten des Testnetzes

Die in Kapitel 4 erstellten Modelle der EBN-Komponenten werden in die automatisiert generierten Platzhalter-Modelle der E/E-Komponenten des Testnetzes eingebracht. Zusätzlich zu den Modellen der passiven Quelle in Form der 12 V-Batterie sowie der Last werden Strom- und Spannungssensoren in den Modellen der E/E-Komponenten berücksichtigt. Anhand dieser wird das elektrische Verhalten des Systems aufgezeichnet. Zudem wird der Auslösestatus von Kl 30.3 des HTV überwacht.

5.6.3 Simulationsmodell des Testnetzes

Die automatisierte Erstellung des Simulationsmodells des Testnetzes dauert unter Berücksichtigung des Parsens sowie der Generierung des Modells 218 s. Hierbei wird die zur Überprüfung der Recheneffizienz der Modelle eingesetzte Rechentechnik (siehe Abschnitt 4.3.2) verwendet. Das automatisiert generierte Modell des Testnetzes wird zu Zwecken der Auswertung durch ein Skript in einem sich anschließenden Schritt wie folgt angepasst:

- Es werden Scopes zur Überwachung der folgenden Größen eingeführt und mit den zugehörigen Ausgängen der jeweiligen E/E-Komponente verbunden:
  - Ströme und Spannungen der E/E-Komponenten id_ee_role_ref_10001 bis id_ee_role_ref_10004
  - Auslösestatus des Trennelementes von Kl 30.3 der E/E-Komponente id_ee_role_ref_10005.
- Die Signale aller überwachten Größen werden eindeutig benannt.
- Das Aufzeichnen der Signale der überwachten Größen wird aktiviert.
- Alle verbliebenen unverbundenen Ausgänge werden terminiert.

Das sich ergebende Simulationsmodell des Testnetzes ist in Abb. 5.9 dargestellt. Hierbei ist der in Abb. 5.6 schematisch dargestellte Aufbau mittels des vorgestellten Ansatzes automatisiert generierter Modelle ersichtlich. Auch ist erkennbar, dass die Anzahl der E/E-Komponenten mit denen aus Abb. 5.7 übereinstimmt. Die einzelnen Leitungen werden in Leitungssträngen zusammengefasst.

5.6.4 Validierung des Simulationsmodells des Testnetzes

Das elektrische Verhalten des automatisiert erstellten Simulationsmodells des Testnetzes wird mit dem des händisch erstellten Modells des Versuchsaufbaus (siehe Abschnitt 4.11) verglichen. Der Vergleich der Modelle erfolgt anhand der in Abschnitt 4.11 verwendeten Kriterien. Die Ergebnisse beider Modelle werden in Abb. 5.10 verglichen. Hierbei ist eine vollständige Übereinstimmung der Ergebnisse erkennbar. Dies entspricht aufgrund der verwendeten identischen Modelle der EBN-Komponenten der Erwartungshaltung. Es ist jedoch anzumerken, dass durch

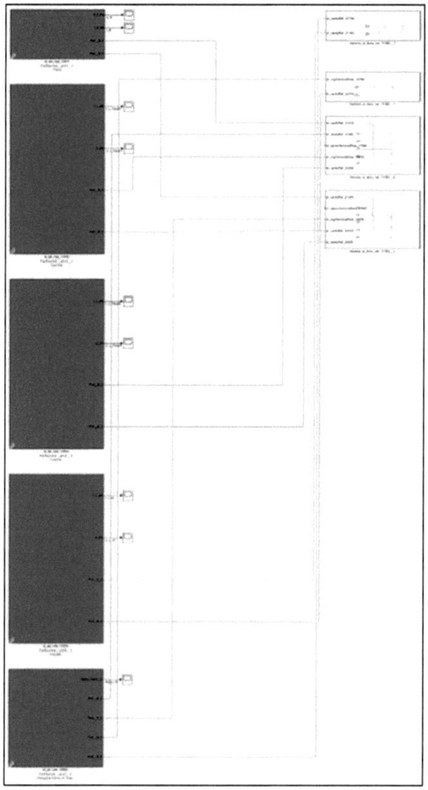

Abbildung 5.9 Automatisiert erstelltes Simulationsmodell des Testnetzes

den angewendeten Ansatz der Validierung keine vollumfängliche Testabdeckung erreicht werden kann. Für eine vollumfängliche Validierung wäre eine Überprüfung aller Ein- und Ausgänge des generierten Simulationsmodells notwendig. Die wenigen sichtbaren Auslösezeiten bei dem elektronischen Absicherungskonzept in Abb. 5.10e sind dabei auf die fest hinterlegte Auslösezeit der elektronischen Sicherung beim Auslösen des Überstromschutzes zurückzuführen.

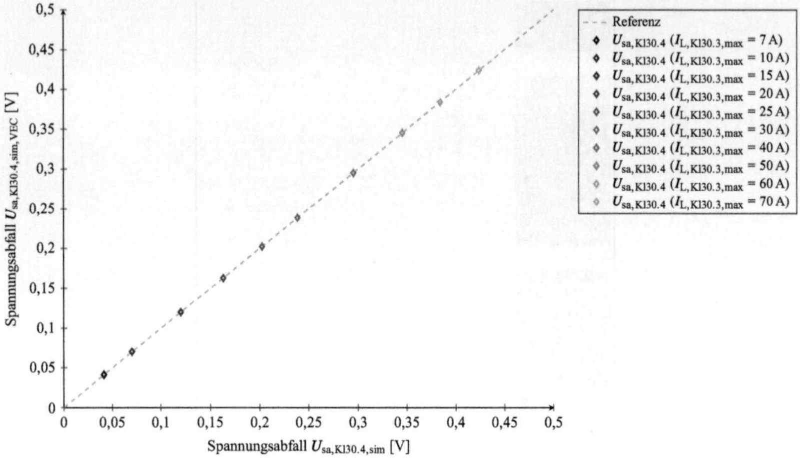

(a) Auslösezeit (konventionell)

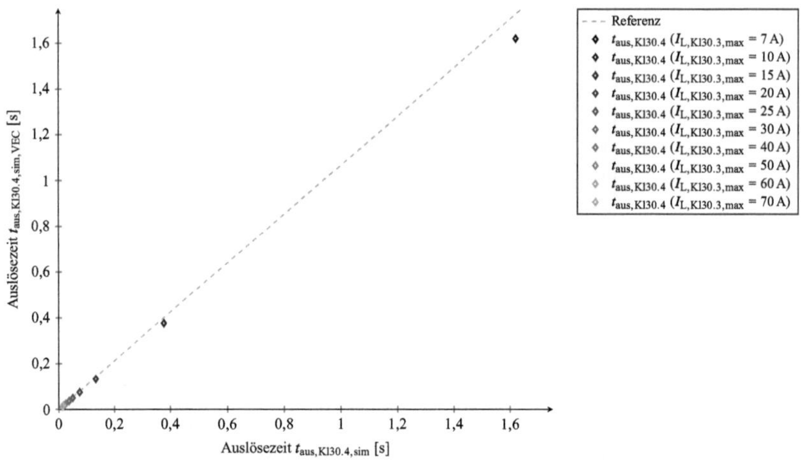

(b) Spannungsabfall (konventionell)

Abbildung 5.10 Validierung des automatisiert erstellten Simulationsmodells des Testnetzes

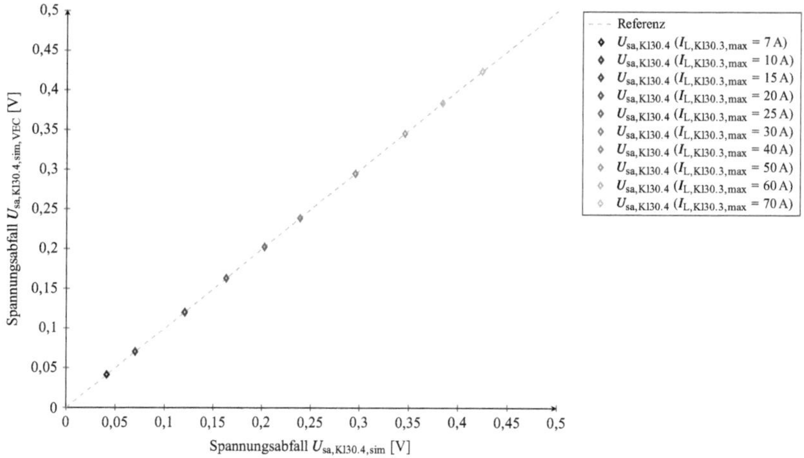

(c) Auslösezeit (hybrid)

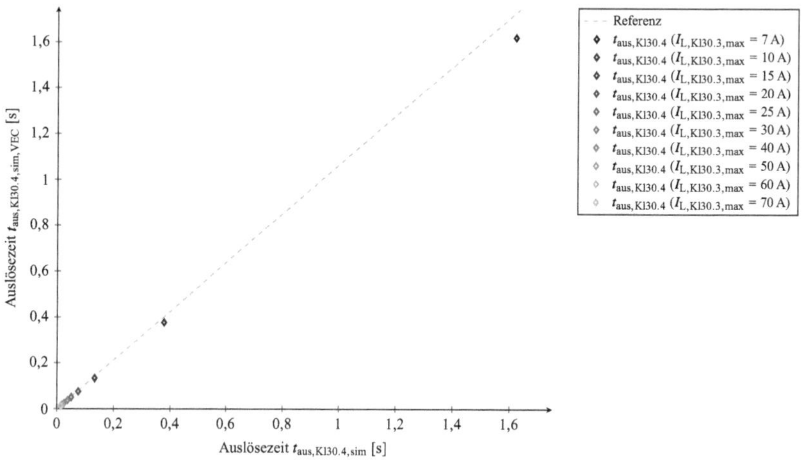

(d) Spannungsabfall (hybrid)

Abbildung 5.10 (continued)

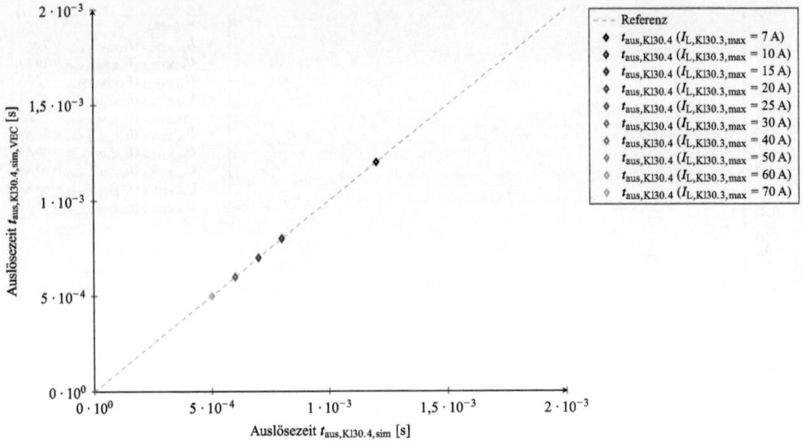

(e) Auslösezeit (elektronisch)

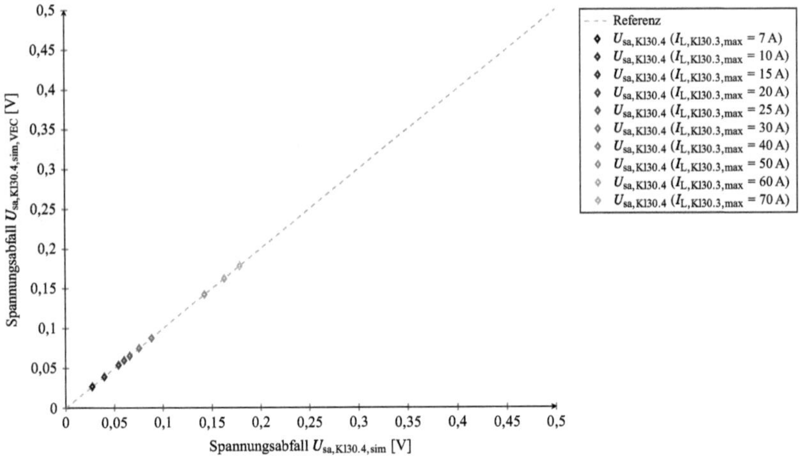

(f) Spannungsabfall (elektronisch)

Abbildung 5.10 (continued)

5.6.5 Händische Erstellung des Simulationsmodells des Testnetzes

Nachfolgend wird das Simulationsmodell des Testnetzes zu Vergleichszwecken händisch erstellt. Die Erstellung erfolgt hierbei durch verschiedene Personen. Alle Personen weisen Erfahrung in der verwendeten Simulationsumgebung auf. Das Testnetz ist allen Personen vor der Durchführung des Versuchs unbekannt. Den Personen werden die Informationen aus Abb. 5.7, Tabelle C.1 sowie Tabelle C.2 sowie die notwendigen Modelle der E/E-Komponenten zur Verfügung gestellt. Die Modelle der verwendeten E/E-Komponenten werden dabei in der in Abb. C.1 abgebildeten Form bereitgestellt. Die benötigte Zeit zur Erstellung des Simulationsmodells des Testnetzes durch die jeweilige Person ist in Tabelle 5.5 aufgeführt. Zusätzlich werden die Modelle händisch auf Fehler überprüft. Dabei wird zwischen Fehlern in der Verbindung von Komponenten sowie Fehlern in der Parametrierung von Komponenten differenziert. Alle erstellten Modelle sind kompilierbar. Ein Modell weist einen Fehler in Form von falsch verbundenen Komponenten auf. Die geringe Anzahl aufgetretener Fehler im Rahmen des Versuchs kann auf die Einfachheit des zu modellierenden Testnetzes zurückgeführt werden.

Tabelle 5.5 Versuch zur händischen Erstellung des Modells des Testnetzes

Person [–]	t_{erst} [s]	Fehler [–]		Modell kompilierbar? [–]
		Verbindung	Parametrierung	
1	1911	1	0	ja
2	1037	0	0	ja
3	1002	0	0	ja
4	817	0	0	ja
5	792	0	0	ja

Aufnahmen der in der längsten $\max(t_{\text{erst}})$ sowie der kürzesten Zeit $\min(t_{\text{erst}})$ händisch erstellten Modelle sind in 5.11 dargestellt. Hierbei sind große Abweichungen in der Anordnung der Modelle der EBN-Komponenten ersichtlich. Dies ist auf verschiedene persönliche Präferenzen in der Anordnung der Komponenten im Modell zurückzuführen. Weitere händisch generierte Modelle sind in Abb. C.2 dargestellt.

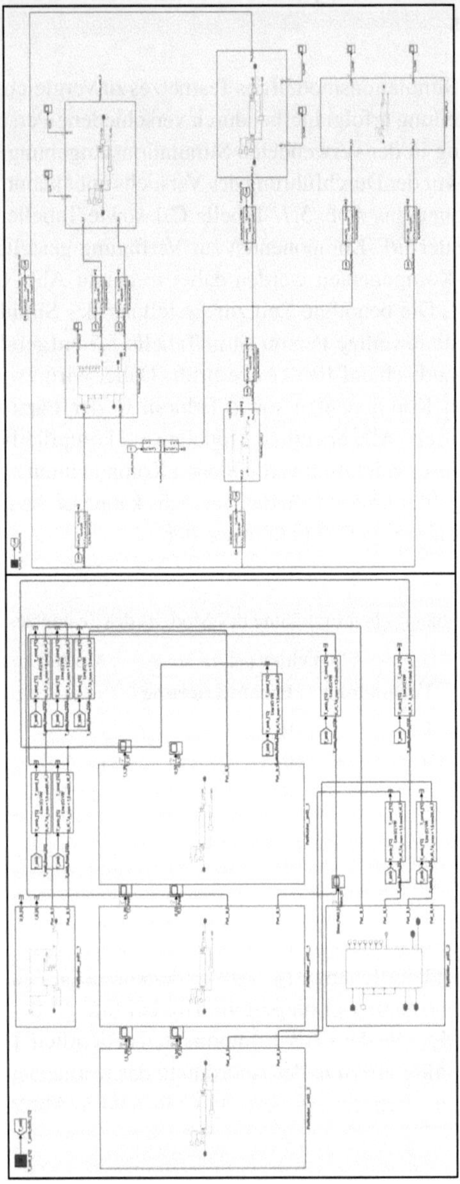

(a) Person 1 ($t_{\text{erst}} = 1911\,\text{s}$)

(b) Person 5 ($t_{\text{erst}} = 792\,\text{s}$)

Abbildung 5.11 Händisch erstellte Simulationsmodelle des Testnetzes

5.7 Erstellung des Simulationsmodells des repräsentativen Fahrzeugs

In 5.6 wird die Funktionalität der eingeführten Vorgehensweise zur automatisierten Erstellung von Simulationsmodellen von EBN für ein Netz mit einer geringen Zahl an E/E-Komponenten sowie elektrischen Leitungen nachgewiesen. Nachfolgend soll die erarbeitete Methode auf ein Gesamtfahrzeug angewendet werden. Dazu wird der VEC eines repräsentativen Fahrzeugs verwendet.

5.7.1 VEC des repräsentativen Fahrzeugs

Der VEC des nachfolgend betrachteten Fahrzeugs ist der einzige öffentlich verfügbare VEC eines Bordnetzes eines Kraftfahrzeugs (prostep IVIP 2021). Der VEC hat die Version 1.2.0. Das in diesem beschriebene Bordnetz wird in 5.12 mithilfe des Visualisierungswerkzeuges LDorado Vestigo dreidimensional dargestellt.

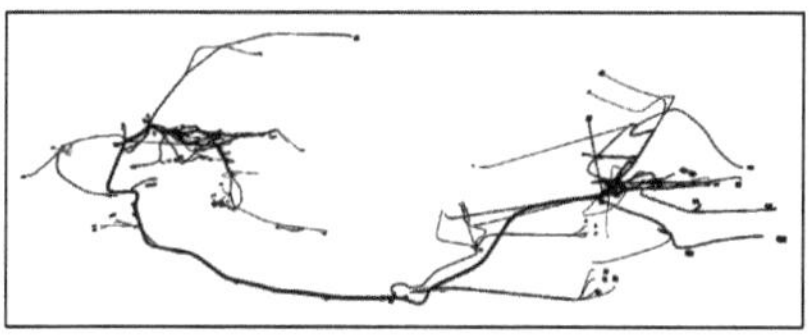

Abbildung 5.12 Darstellung des Bordnetzes des repräsentativen Fahrzeugs

Der VEC des repräsentativen Fahrzeugs enthält verschiedene Varianten eines Leitungssatzes. Zunächst werden sämtliche im VEC beschriebenen Energie- sowie Masseverbindungen dargestellt. Diese nicht baubare Fahrzeugkonfiguration wird als 150 %-Ausstattung bezeichnet. Im Anschluss werden die Verbindungen anhand der Variantierung nach Ausstattungsmerkmalen gefiltert. Es ergibt sich eine 100 %-Ausstattung des Fahrzeugs.

150 %-Ausstattung Das im VEC beschriebene und nicht anhand der Variantierung gefilterte EBN des repräsentativen Fahrzeugs ist in Abb. 5.13 als Graph dargestellt. Die Symbole des Graphen werden in Tabelle 5.4 erläutert. Es fällt auf, dass der Graph aus 2 Subgraphen besteht. Da E/E-Komponenten in diesem Fall keine Verbindung zu einer Quelle haben, wird das dargestellte Netz als unplausibel bewertet.

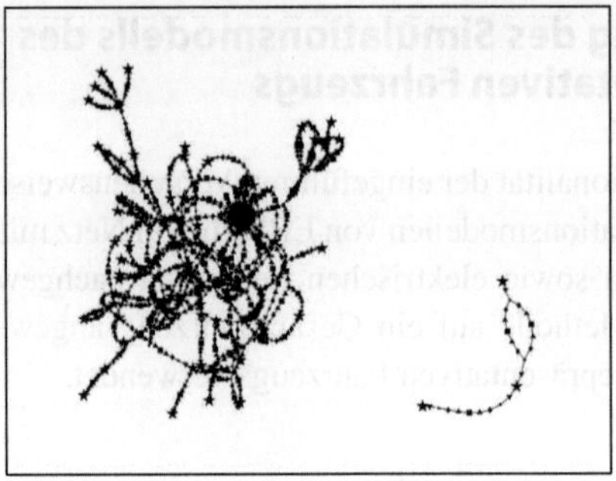

Abbildung 5.13 Vollständiger Graph des EBN des repräsentativen Fahrzeugs

100 %-Ausstattung Es wird nun der in Tabelle C.3 aufgeführte Schlüssel mit Ausstattungsmerkmalen zur Variantierung des repräsentativen Fahrzeugs verwendet. Der sich ergebende Graph des EBN ist unter Verwendung der Variantierung gemäß Tabelle C.3 in Abb. 5.14 dargestellt. Auch hier ist ersichtlich, dass der Graph aus 2 Subgraphen besteht. Entsprechend ist das Netz auch nach Anwendung der Steuerung nach einer Fahrzeugvariante nicht plausibel. Die Ergebnisse des Simulationsmodells dieses Netzes wären aufgrund der fehlenden Verbindung von Komponenten mit den Quellen lediglich beschränkt aussagekräftig.

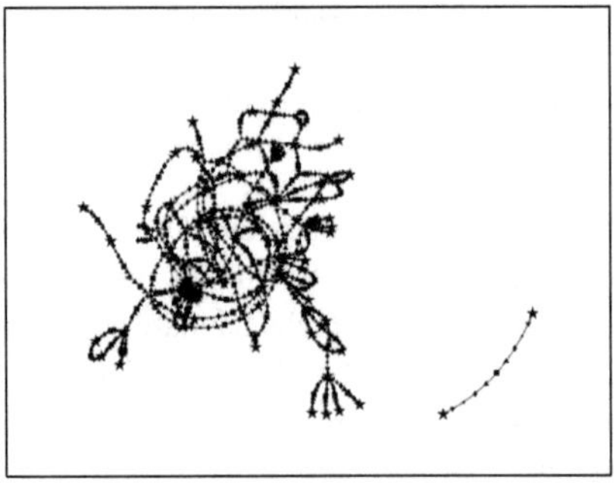

Abbildung 5.14 Graph der Variante des EBN des repräsentativen Fahrzeugs

Die Beschreibung des EBN des repräsentativen Fahrzeugs im betrachteten VEC ist für die Durchführung von Schaltungssimulationen nicht geeignet. Aufgrund des methodischen Fokus wird auf eine manuelle Erstellung des Modells verzichtet, stattdessen erfolgt eine manuelle Anpassung der Datengrundlage. Lücken in der Datenbasis werden dabei fallspezifisch diskutiert.

5.7.2 Anpassung des VEC des repräsentativen Fahrzeugs

Die folgenden Anpassungen des VEC des repräsentativen Fahrzeugs sind zur Steigerung der Plausibilität des beschriebenen EBN denkbar:

- Anpassung der Variantensteuerung
- Anpassung der Signalbeschreibungen
- Anpassung der Signale von Verbindungen
- Anpassung der Spezifikationen von Leitungen
- Anpassung der Sicherungen

Auf eine Anpassung der Variantensteuerung im VEC wird verzichtet. Ursächlich hierfür ist die Verknüpfung zahlreicher E/E-Komponenten mit einer Variante und die sich daraus ergebenden Auswirkungen einer Änderung auf andere Umfänge des EBN im VEC. Alle weiteren Ansätze werden nun angewendet. Diese werden anhand eines Beispiels kurz erläutert. Der sich ergebende VEC ist in (Huschke 2025) öffentlich zugänglich. Der Graph des EBN des sich ergebenden VEC ist in 5.15 dargestellt. Aus Gründen der Übersichtlichkeit werden hierbei lediglich einzelne E/E-Komponenten explizit beschriftet.

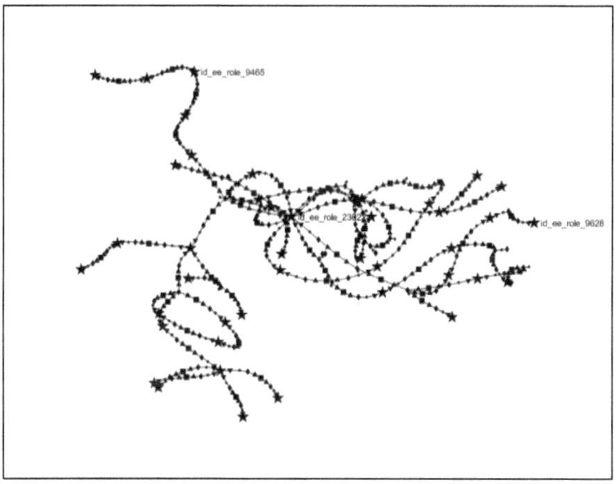

Abbildung 5.15 Graph der bereinigten Variante des repräsentativen Fahrzeugs

Die Zuordnung der beschrifteten E/E-Komponenten zu EBN-Komponenten sowie fiktiven Teilenummern kann Tabelle 5.6 entnommen werden.

Tabelle 5.6 E/E-Komponenten des repräsentativen Fahrzeugs

E/E-Komponente [–]	Teilenummer [–]	Beschreibung [–]
id_ee_role_ref_9465	PartNumber__2Ka102612a61BD__2	Batterie
id_ee_role_ref_9628	PartNumber__a3910a41a391E__3	Drehstrom-Generator
id_ee_role_ref_23022	PartNumber__4E310481500__4	SiBo

Anpassung von Signalbeschreibungen Im VEC des repräsentativen Fahrzeugs werden 59 verschiedene Signaltypen eingeführt. Dabei wird, wie in Abschnitt 5.3.2 beschrieben, zwischen Energie-, Masse- und Kommunikationssignalen unterschieden. Für das EBN relevant sind alle Energie- und Massesignale. Jedoch sind die Verbindungen einzelner im VEC hinterlegter Energie- beziehungsweise Massesignale nicht plausibel. Als Beispiel kann id_signal_41 des VEC genannt werden. Dieser als „Referenzmasse" beschriebene Signaltyp wird im VEC wie folgt eingeführt:

```
<Signal id="id_signal_41">
    <Identification>42sfg</Identification>
    <SignalName>31ref</SignalName>
    <Description xsi:type="ns2:LocalizedString" id="id_localizedString_42">
        <LanguageCode>De</LanguageCode>
        <Value>Referenzmasse</Value>
    </Description>
    <SignalType>ground</SignalType>
</Signal>
```

Da die in der Datenbasis beschriebenen Verbindungen des Signaltyps nicht plausibel sind, wird dieser um eine benutzerdefinierte Eigenschaft mit dem Wert X gemäß Tabelle 5.2 versehen. Dadurch werden Verbindungen dieses Signaltyps im Rahmen der Variantierung nicht beachtet. Die Änderung des VEC ist in den Zeilen 2 bis 5 zu finden:

```
<Signal id="id_signal_41">
<CustomProperty xsi:type="ns2:SimpleValueProperty" id="id_simpleValueProperty_4">
        <PropertyType>Class</PropertyType>
        <Value>X</Value>
    </CustomProperty>
    <Identification>42sfg</Identification>
    <SignalName>31ref</SignalName>
    <Description xsi:type="ns2:LocalizedString" id="id_localizedString_42">
        <LanguageCode>De</LanguageCode>
        <Value>Referenzmasse</Value>
    </Description>
    <SignalType>ground</SignalType>
</Signal>
```

Die gezeigte Vorgehensweise wird ebenfalls für id_signal_53 mit der Beschreibung „X-Klemme-X-Relais“ angewendet. Der Signaltyp der Signale id_signal_125, id_signal_158 und id_signal_167 ist im VEC nicht gepflegt. Diese sind dabei als „Masse Leuchtweitenregulierung“, „Karosseriemasse El. Parkbremse li.“ und „Karosseriemasse El. Parkbremse re.“ beschrieben. Vor dem Hintergrund der Beschreibung wird in allen aufgeführten Signalen die benutzerdefinierte Eigenschaft mit dem Attribut M nachgepflegt. Weiterhin wird der Signaltyp id_signal_999 zusätzlich eingeführt. Dieser hat eine benutzerdefinierte Eigenschaft mit dem Wert X. Im weiteren Verlauf wird dieser Signaltyp zum Ausschluss unplausibler Verbindungen in der Datenbasis verwendet.

```
<Signal id="id_signal_999">
    <CustomProperty xsi:type="ns2:SimpleValueProperty" id="id_simpleValueProperty_60">
        <PropertyType>Class</PropertyType>
        <Value>X</Value>
    </CustomProperty>
    <Identification>Ign</Identification>
    <SignalName>Ign</SignalName>
</Signal>
```

Anpassung der Signale von Verbindungen Vielfältige Energie- und Masse-Verbindungen im VEC des repräsentativen Gesamtfahrzeugs sind nicht plausibel. Diese werden nun mit dem neu eingeführten Signal id_signal_999 verknüpft. Die Verknüpfung der Leitung id_wire_element_ref_20076 mit dem Signaltyp erfolgt in Zeile 5:

```
<WireElementReference id="id_wire_element_ref_20076">
    <Identification>87</Identification>
    <Connection>id_connection_8023</Connection>
  <ReferencedWireElement>id_wireElement_14708</ReferencedWireElement>
    <Signal>id_signal_999</Signal>
    <WireEnd id="id_wireEnd_20077">
        <Identification>87YB2G23B3</Identification>
        <PositionOnWire>0.0</PositionOnWire>
        <ConnectionEnd>id_conn_end_8026</ConnectionEnd>
    </WireEnd>
    <WireEnd id="id_wireEnd_20078">
        <Identification>87C447C44732#841W2652TZT1a0a21YB2G221212#851W2652TZT1a0a21YB2G221312#861
        W2652TZT1a0a21YB2G231212#871W2652TZT1a0a21YB2G231312#9a1W2652TZT1a0a21C44712122</Identification>
        <PositionOnWire>1.0</PositionOnWire>
    </WireEnd>
    <WireLength id="id_wireLength_20079">
        <LengthType>DMU</LengthType>
        <LengthValue id="id_num_Value_20080">
            <UnitComponent>id_unit_1436</UnitComponent>
            <ValueComponent>1357.43</ValueComponent>
        </LengthValue>
    </WireLength>
</WireElementReference>
```

Alle entsprechend der gezeigten Vorgehensweise angepassten Leitungen sind unter Angabe einer kurzen Begründung in Tabelle C.4 aufgeführt.

Anpassung der Spezifikationen von Leitungen Die Leitungen id_wire_element_ref_21048 und id_wire_element_ref_21053 mit den zugehörigen Elementen id_wireElement_21028 beziehungsweise id_wireElement_21037 sind im VEC des repräsentativen Fahrzeugs lediglich unzureichend spezifiziert. So ist der Typ der Leitung im VEC für id_wireElement_21028 nicht angegeben.

```
<Specification xmlns:xsi="http://www.w3.org/2001/XMLSchema−instance" xsi:type="ns2:WireElementSpecification" id
   ="id_wire_element_spec_21029">
   <Identification>/OVMM</Identification>
   <MinBendRadiusStatic id="id_num_Value_21031">
      <UnitComponent>id_unit_1436</UnitComponent>
      <ValueComponent>4.8</ValueComponent>
   </MinBendRadiusStatic>
   <OutsideDiameter id="id_num_Value_21030">
      <UnitComponent>id_unit_1436</UnitComponent>
      <ValueComponent>1.6</ValueComponent>
   </OutsideDiameter>
   <ConductorSpecification>id_core_conductor_spec_21036</ConductorSpecification>
   <InsulationSpecification>id_insulation_spec_21032</InsulationSpecification>
</Specification>
```

Zur Vollständigkeit werden diese Informationen im Folgenden ergänzt, obwohl gemäß Abschnitt 5.4 im Fall fehlender Informationen automatisiert Standardwerte angenommen werden würden. Der Leitungstyp wird nachfolgend in den Zeilen 3 bis 6 ergänzt. Hierbei wird eine Leitung des Typs FLR angenommen.

```
<Specification xmlns:xsi="http://www.w3.org/2001/XMLSchema−instance" xsi:type="ns2:WireElementSpecification" id
   ="id_wire_element_spec_21029">
   <Identification>/OVMM</Identification>
   <Type id="id_wiretype_16835">
      <Type>FLR</Type>
      <ReferenceSystem>VobesSpecific</ReferenceSystem>
   </Type>
   <MinBendRadiusStatic id="id_num_Value_21031">
      <UnitComponent>id_unit_1436</UnitComponent>
      <ValueComponent>4.8</ValueComponent>
   </MinBendRadiusStatic>
   <OutsideDiameter id="id_num_Value_21030">
      <UnitComponent>id_unit_1436</UnitComponent>
      <ValueComponent>1.6</ValueComponent>
   </OutsideDiameter>
   <ConductorSpecification>id_core_conductor_spec_21036</ConductorSpecification>
   <InsulationSpecification>id_insulation_spec_21032</InsulationSpecification>
</Specification>
```

Auch das Material des Leiters ist für einzelne elektrische Leitungen im VEC nicht beschrieben.

```
<Specification xmlns:xsi="http://www.w3.org/2001/XMLSchema−instance" xsi:type="ns2:CoreSpecification" id="
   id_core_conductor_spec_21036">
   <Identification>/OVMM</Identification>
   <CrossSectionArea id="id_num_Value_21035">
      <UnitComponent>id_unit_1436</UnitComponent>
      <ValueComponent>0.5</ValueComponent>
   </CrossSectionArea>
</Specification>
```

Es wird angenommen, dass es sich bei dem Leitermaterial von Leitungen mit fehlender Spezifikation desselben um Cu-ETP1 handelt. Dieses wird nachfolgend in den Zeilen 7 bis 10 ergänzt. Zusätzlich wird die Einheit des Querschnitts des Leiters in Zeile 4 korrigiert.

```
<Specification xmlns:xsi="http://www.w3.org/2001/XMLSchema-instance" xsi:type="ns2:CoreSpecification" id="
  id_core_conductor_spec_21036">
   <Identification>/OVMM</Identification>
   <CrossSectionArea id="id_num_Value_21035">
      <UnitComponent>id_unit_11532</UnitComponent>
      <ValueComponent>0.5</ValueComponent>
   </CrossSectionArea>
   <Material id="id_material_16825">
         <Key>Cu-ETP1</Key>
         <ReferenceSystem>VobesSpecific</ReferenceSystem>
   </Material>
</Specification>
```

Neben dem Material des Leiters ist auch das Material der Isolation in der Datenbasis teilweise nicht angegeben.

```
<Specification xmlns:xsi="http://www.w3.org/2001/XMLSchema-instance" xsi:type="ns2:InsulationSpecification" id="
  id_insulation_spec_21032">
   <Identification>/OVMM</Identification>
   <BaseColor id="id_color_21033">
      <Key>ws</Key>
      <ReferenceSystem>VobesSpecific</ReferenceSystem>
   </BaseColor>
   <FirstIdentificationColor id="id_color_21034">
      <Key>bl</Key>
      <ReferenceSystem>VobesSpecific</ReferenceSystem>
   </FirstIdentificationColor>
</Specification>
```

Deshalb wird dieses nun ergänzt. Dabei wird PVC als Isolationsmaterial angenommen. Dieses wird in den Zeilen 11 bis 14 ergänzt.

```
<Specification xmlns:xsi="http://www.w3.org/2001/XMLSchema-instance" xsi:type="ns2:InsulationSpecification" id="
  id_insulation_spec_21032">
   <Identification>/OVMM</Identification>
   <BaseColor id="id_color_21033">
      <Key>ws</Key>
      <ReferenceSystem>VobesSpecific</ReferenceSystem>
   </BaseColor>
   <FirstIdentificationColor id="id_color_21034">
      <Key>bl</Key>
      <ReferenceSystem>VobesSpecific</ReferenceSystem>
   </FirstIdentificationColor>
   <Material id="id_material_16829">
      <Key>PVC</Key>
      <ReferenceSystem>VobesSpecific</ReferenceSystem>
   </Material>
</Specification>
```

Die identische Vorgehensweise wird für id_wireElement_21037 angewendet.

Anpassung der Sicherungen Die Beschreibung der Sicherungen im VEC wird in (prostep IVIP 2023) vorgestellt. Die Sicherungen der jeweiligen Kanäle sind im VEC des repräsentativen Fahrzeugs sternförmig mit der SiBo verknüpft. Dies wird anhand des Ausschnitts des Graphen des EBN in Abb. 5.16 illustriert. Eine Verknüpfung der jeweiligen Sicherungen zur Versorgung der jeweiligen Last ist im VEC nicht abgebildet. Somit ist die Beschreibung der Sicherungen in der Datenbasis des repräsentativen Fahrzeugs für das verfolgte Simulationsziel nicht geeignet. Die Berücksichtigung der Sicherung erfolgt nun im Rahmen der Modellierung der SiBo des Fahrzeugs. Diese wird im Detail in Abschnitt 5.7.3 beschrieben. Die Beschreibung der Sicherungen im VEC wird entfernt.

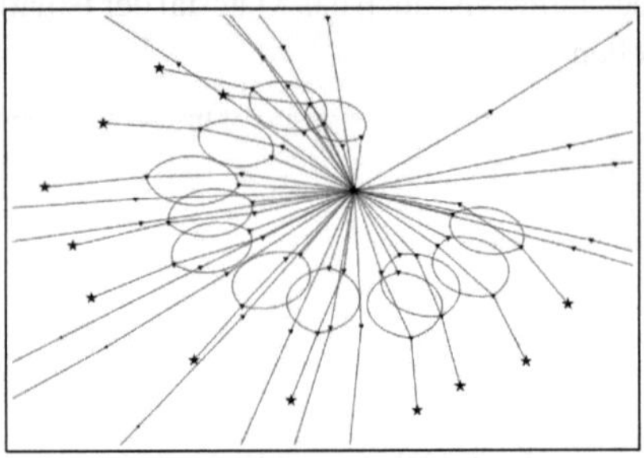

Abbildung 5.16 SiBo des repräsentativen Fahrzeugs

Die Beschreibung der Sicherungen ist beispielhaft anhand der id_ee_role_22821 aufgeführt.

```xml
<Role xsi:type="ns2:EEComponentRole" id="id_ee_role_22821">
    <Identification>TJ1TJUS1G22</Identification>
    <EEComponentSpecification>id_fuse_spec_16957</EEComponentSpecification>
    <HousingComponentRef id="id_housing_comp_ref_22822">
        <HousingComponent>id_housing_comp_16958</HousingComponent>
        <ConnectorHousingRole id="id_conHousingRole_22823">
            <ConnectorHousingSpecification>id_connect_hous_spec_16959</ConnectorHousingSpecification>
            <SlotReference xsi:type="ns2:SlotReference" id="id_slotRef_22824">
                <ReferencedSlot>id_slot_16960</ReferencedSlot>
                <CavityReference id="id_cavityRef_22825">
                    <Identification>2</Identification>
                    <ReferencedCavity>id_cavity_16961</ReferencedCavity>
                </CavityReference>
                <CavityReference id="id_cavityRef_22826">
                    <Identification>2B</Identification>
                    <ReferencedCavity>id_cavity_16962</ReferencedCavity>
                </CavityReference>
            </SlotReference>
        </ConnectorHousingRole>
        <PinComponentRef id="id_pin_comp_ref_22827">
            <Identification>2</Identification>
            <PinComponent>id_pin_comp_16963</PinComponent>
        </PinComponentRef>
        <PinComponentRef id="id_pin_comp_ref_22828">
            <Identification>2B</Identification>
            <PinComponent>id_pin_comp_16964</PinComponent>
        </PinComponentRef>
    </HousingComponentRef>
</Role>
```


Die E/E-Komponente id_ee_role_22821 zeigt dabei in Zeile 8 auf die Slot-Referenz id_slotRef_22824. Die zugehörige Koppelstelle id_coupling_point_23597 wird herauskommentiert. Hierdurch wird die Sicherung im weiteren Verlauf aus dem auf dem VEC aufbauenden Simulationsmodell entfernt.


```xml
<CouplingPoint id="id_coupling_point_23597">
    <Identification>YB2TB22G22</Identification>
    <FirstConnector>id_conHousingRole_23224</FirstConnector>
    <SecondConnector>id_conHousingRole_22823</SecondConnector>
    <SlotCoupling id="id_slotCoupling_23598">
        <FirstSlot>id_slotRef_23225</FirstSlot>
        <SecondSlot>id_slotRef_22824</SecondSlot>
        <CavityCoupling id="id_cavity_coupling_23599">
            <Identification>22B</Identification>
            <FirstCavity>id_cavityRef_23226</FirstCavity>
            <SecondCavity>id_cavityRef_22825</SecondCavity>
        </CavityCoupling>
        <CavityCoupling id="id_cavity_coupling_23600">
            <Identification>22C</Identification>
            <FirstCavity>id_cavityRef_23227</FirstCavity>
            <SecondCavity>id_cavityRef_22825</SecondCavity>
        </CavityCoupling>
    </SlotCoupling>
</CouplingPoint>
```


Alle angepassten Sicherungen mit den zugehörigen Koppelstellen (engl. *coupling points*) sind in Tabelle C.6 aufgeführt.

5.7.3 E/E-Komponenten des repräsentativen Fahrzeugs

Nun wird die Modellierung der E/E-Komponenten des repräsentativen Fahrzeugs beschrieben. Entsprechend Abschnitt 5.6 werden die Quellen sowie Lasten des Fahrzeugs um Strom- und Spannungsmessgeräte ergänzt. Dadurch kann das elektrische Verhalten des Systems nachvollzogen werden. Zusätzliche Anpassungen der Lasten sowie der SiBo werden nun detailliert vorgestellt.

Lasten Die Lasten des EBN des repräsentativen Fahrzeugs werden gemäß Tabelle B.4 parametriert. Dabei wird angenommen, dass die aufgeführten Ströme der Lasten bei einer Spannung am Lasteingang von 12 V auftreten. Die Ströme von Lasten mit konstanter Leistung oder konstantem Widerstand weichen bei anderen Spannungswerten ab. Dies ist im Rahmen der Modellierung der Last in Abschnitt im Detail beschrieben. Weiterhin werden elektrische Stecksysteme am Ein- sowie Ausgang aller Lasten ergänzt. Diese werden anhand von Tabelle D.1 parametriert. Exemplarisch ist in Abb. 5.17 das Modell des Scheinwerfer vorne links dargestellt..

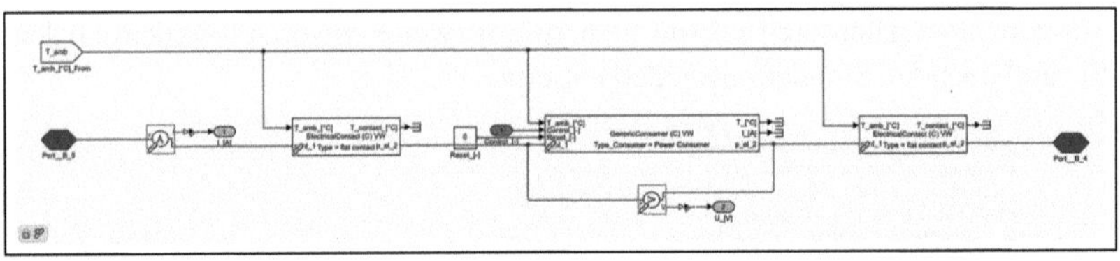

Abbildung 5.17 Simulationsmodell des Scheinwerfers des repräsentativen Fahrzeugs

SiBo Für die im VEC vorgesehenen Sicherungen werden passive elektrische Sicherungen in der SiBo implementiert. Die Parametrierung dieser Sicherungen erfolgt anhand von Tabelle D.1. Auch wird zur Untersuchung des Verhaltens des EBN bei verschiedenen Trennelementen ein aktives Trennelement berücksichtigt. Dieses wird am EBN-Kanal der Scheibenwaschpumpe integriert. Die Aktivierung beziehungsweise Deaktivierung der elektronischen oder passiven elektrischen Sicherung des entsprechenden EBN-Kanals erfolgt mittels einer Rückruffunktion. Das verwendete Modell der SiBo ist in Abb. 5.18 dargestellt.

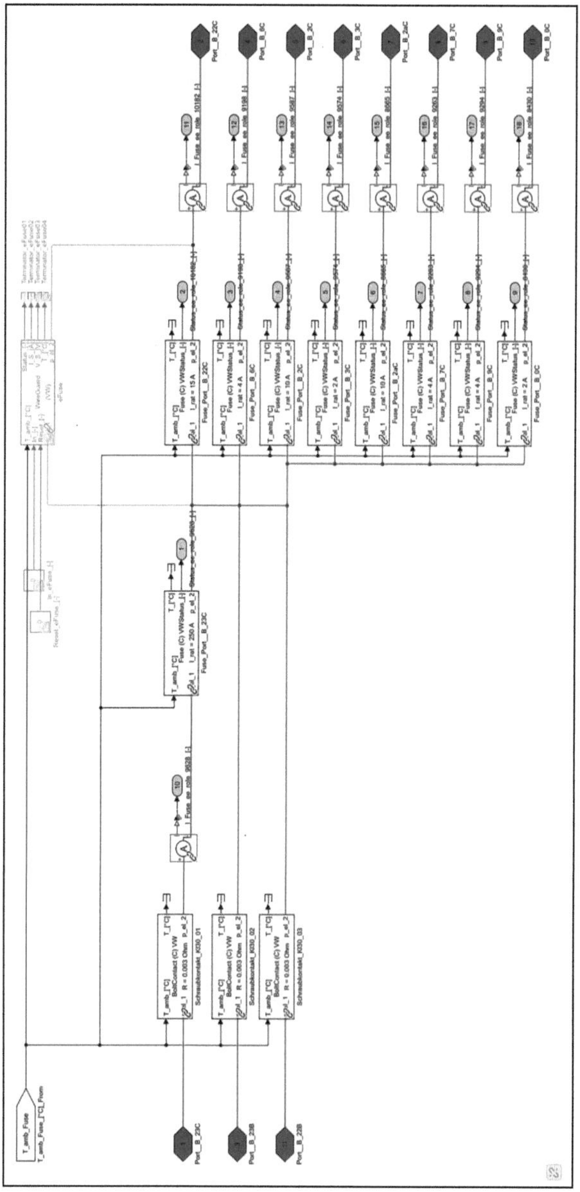

Abbildung 5.18 Simulationsmodell der SiBo des repräsentativen Fahrzeugs

5.7.4 Simulationsmodell des repräsentativen Fahrzeugs

Der automatisierte Aufbau des Simulationsmodells des repräsentativen Fahrzeugs benötigt unter Berücksichtigung von Parsen und Modellgenerierung mit der in Abschnitt 4.3.2 aufgeführten Rechentechnik 340 s. Das automatisiert generierte Modell des repräsentativen Fahrzeugs wird nun mittels eines applikationsspezifischen Skriptes, vergleichbar zum Testnetz, ergänzt. Durch die Anpassungen wird eine automatisierte Durchführung und Auswertung der Simulationen ermöglicht. Die folgenden Anpassungen werden im Detail vorgenommen:

- Es wird eine zusätzliche E/E-Komponente in Form einer Grundlast eingeführt. Die Kl 30 der Grundlast wird mit Kl 30 der SiBo verbunden. Die Masse der Grundlast wird mit der Masse der Batterie verbunden.
- Es werden Blöcke zur Aktivierung und Deaktivierung der E/E-Komponenten in Form von Lasten eingeführt.
- Es werden Scopes zur Überwachung der Ströme und Spannungen der E/E-Komponenten ins Modell eingeführt.
- Die Signale der überwachten Ströme und Spannungen werden eindeutig benannt.
- Das Aufzeichnen der Signale der überwachten Ströme und Spannungen wird aktiviert.

Das resultierende Modell der Wiring Layer des repräsentativen Fahrzeugs ist in Abb. 5.19 dargestellt. Das generierte Simulationsmodells des repräsentativen Fahrzeugs beinhaltet dabei die folgenden E/E-Komponenten:

- 43 E/E-Komponenten davon
  - 2 Quellen,
  - 20 Lasten,
  - 1 SiBo,
  - 4 Schalter,
  - 2 Koppelstellen,
  - 11 Massepunkte,
  - 3 weitere E/E-Komponenten.

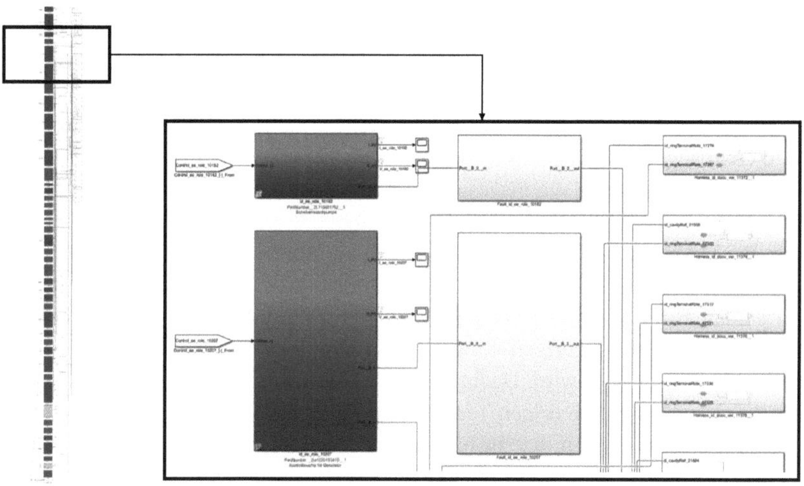

Abbildung 5.19 Simulationsmodell des repräsentativen Fahrzeugs

5.7.5 Validierung des Simulationsmodells des repräsentativen Fahrzeugs

Eine Validierung in Form des Vergleiches der Simulationsergebnisse des repräsentativen Fahrzeugs mit realen Messungen ist nicht möglich. Ursache hierfür ist, dass die Beschreibung des repräsentativen Fahrzeugs kein reales Fahrzeug abbildet. Entsprechend wird das Simulationsmodell nachfolgend lediglich plausibilisiert. Aufgrund der Validierung der EBN-Komponenten wird dies im Folgenden als ausreichend angesehen. Hierfür wird die Umgebungstemperatur von einzelnen von der Umgebungstemperatur abhängigen Komponenten des Simulationsmodells variiert. Die sich ergebenden Zeiten des Spannungsabfalls unter 6,5 V $t_{<6,5\,\mathrm{V}}$ werden relativ zueinander hinsichtlich ihrer Plausibilität bewertet. Dabei werden die in Tabelle 5.7 aufgeführten Fälle untersucht. Die resultierenden Szenarien dienen dabei explizit der Plausibilisierung der Simulationsergebnisse und bilden keine realen Anwendungsfälle ab. Die simulierten Werte für $t_{<6,5\,\mathrm{V}}$ sind in Abhängigkeit des betrachteten Falls in Tabelle 5.8 aufgeführt. Der Ladezustand der Batterie beträgt hierbei 100 %. Die Referenz stellt Fall 1 dar, bei dem alle Komponenten des EBN eine Temperatur von 25 °C aufweisen. Bei einer tieferen Temperatur an der 12 V-Batterie, wie in Fall 2, steigt $t_{<6,5\,V}$. Ursächlich hierfür ist der erhöhte Innenwiderstand der Batterie bei niedrigen Temperaturen, der zu einem entsprechend geringeren Kurzschlussstrom führt. Der Anstieg des Innenwiderstandes ist auf die verringerte Beweglichkeit der Ionen im Elektrolyten, die erhöhte Viskosität des Elektrolyten und die insgesamt verlangsamten chemischen Prozesse in der Batterie zurückzuführen. Das Verhalten des Innenwiderstandes der Batterie ist in Abb. B.23, Abb. B.24 sowie Abb. 4.57 abgebildet sowie in (Keil und Jossen 2022, S. 8) beschrieben. Niedrige Temperaturen an den passiven elektrischen Sicherungen gemäß Fall 3 bewirken ebenfalls eine Verlängerung von $t_{<6,5\,V}$. Ursächlich hierfür ist, dass bei niedrigen Temperaturen eine höhere Energie zum Auslösen der Sicherung benötigt wird. Dadurch hat die Sicherung eine längere Auslösezeit. Die Kombination aus niedrigen Temperaturen der 12 V-Batterie und den passiven elektrischen Sicherungen, wie in Fall 4, führt zu einer zusätzlichen Verlängerung von $t_{<6,5\,V}$. Da sich die zuvor beschriebenen Effekte nicht ausschließen, ist diese Verhaltensweise plausibel. Eine zusätzlich niedrige Temperatur an den elektrischen Leitungen und Stecksystemen, wie in Fall 5, führt hingegen zu einer Verkürzung von $t_{<6,5\,V}$. Dies kann mit dem geringeren elektrischen Widerstand der Komponenten bei niedrigen Temperaturen und dem damit einhergehenden höheren Kurzschlussstrom begründet werden. Basierend auf den sich ergebenden Resultaten kann das Verhalten des Simulationsmodells des repräsentativen Fahrzeugs als plausibel bewertet werden.

Tabelle 5.7 Parameter zur Plausibilisierung des Simulationsmodells

	Umgebungstemperatur T_u [°C]		
Fall [–]	**12V-Batterie**	**Elektrische Sicherungen**	**Leitungen & Stecksysteme**
1	25,0	25,0	25,0
2	−25,0	25,0	25,0
3	25,0	−25,0	25,0
4	−25,0	−25,0	25,0
5	−25,0	−25,0	−25,0

Tabelle 5.8 Plausibilisierung des Simulationsmodells des repräsentativen Fahrzeugs

Fall [–]	$t_{<6,5\,V}$ [s]
1	0,012 96
2	0,014 84
3	0,0146
4	0,016 62
5	0,013 44

5.8 Bewertung der Methode

Die erarbeitete Methode zur automatisierten Modellerstellung anhand des VEC soll nun mit der händischen Erstellung eines Simulationsmodells anhand des System- beziehungsweise Kabelschaltplans verglichen werden. Hierfür werden die im Rahmen der automatisierten Erstellung des Modells des Testnetzes (siehe Abschnitt 5.6) sowie des Modells des repräsentativen Gesamtfahrzeugs (siehe Abschnitt 5.7) gewonnenen Erfahrungswerte bilanziert. Als Vergleichskriterien dienen hierbei die Anzahl der Fehler während der initialen Erstellung des Simulationsmodells, die Nachvollziehbarkeit des Modells, sowie der zeitliche Aufwand bei der Erstellung. Die auftretenden Fehler sowie der zeitliche Aufwand werden hierbei aufgrund der starken Abhängigkeit von dem Umfang des zu erstellenden Modells in Abhängigkeit der Anzahl an Komponenten eines Modells betrachtet. Eine Komponente entspricht hierbei einem in 4 modellierten Bauteil. Es ist jedoch zu beachten, dass die aufgeführten Werte als Größenordnungen zu verstehen sind. Ursächlich hierfür sind die vielfältigen zu beachtenden Rahmenbedingungen. So variiert der Aufwand zur Parametrierung der in Kapitel 4 erstellten Modelle der Komponenten signifikant. Die Kriterien werden von sehr schlecht (– –) bis sehr gut (+ +) bewertet. Die Beschreibung des EBN im VEC wird durch die beschriebene Vorgehensweise zur automatisierten Modellerstellung fehlerfrei in ein Simulationsmodell überführt. Etwaige Fehler oder Lücken in der Datenbasis können durch die vorgestellte Methode nur in Grenzen ausgeglichen werden. So werden fehlende Ausstattungsmerkmale in dem Eigenschafts-Schlüssel gemäß einer definierten Logik gefüllt. Weiterhin werden nicht verbundene E/E-Komponenten bei der Modellerstellung nicht berücksichtigt. Die Maßnahmen stellen jedoch lediglich eine Simulationsfähigkeit des Simulationsmodells und keine Annäherung des Modells an die Realität sicher. Zusätzlich zu Fehlern wegen einer unzureichenden Beschreibung des EBN sind bei der manuellen Modellerstellung Übertragungsfehler, insbesondere bei komplexeren Netzen, nicht auszuschließen. Im Rahmen der manuellen Modellerstellung können Simulationsmodelle nach den Anforderungen des Anwenders erstellt werden. Dies führt zu einer höheren Übersichtlichkeit und damit zur Nachvollziehbarkeit der Modelle. So können Fehler und Lücken im Simulationsmodell durch den Anwender mit geringerem Mehraufwand korrigiert werden. Es ist jedoch anzumerken, dass sich dies insbesondere auf deutlich erkennbare Fehler oder Lücken im Simulationsmodell, wie beispielsweise verpolte Quellen, bezieht. Geringfügige Abweichungen im Simulationsmodell, wie etwa leicht unterschiedliche Längen oder Querschnitte der elektrischen Leitungen, sind für den Nutzer nur schwer wahrnehmbar. Die händische Modellerstellung ist gegenüber dem automatisierten Ansatz weitaus zeitaufwendiger. So ist die Zeitersparnis durch die automatisierte Erstellung des Modells vor allem bei komplexeren Modellen signifikant. Die sich ergebenden Bewertungen sind in Tabelle 5.9 aufgeführt.

Tabelle 5.9 Bewertung der Ansätze zur Modellerstellung

Kriterium [–]	Händische Erstellung [–]		Automatisierte Erstellung [–]	
Fehler	$> \frac{10\ \text{Fehler}}{100\ \text{Komponenten}}$	– –	$> \frac{10\ \text{Fehler}}{100\ \text{Komponenten}}$	– –
	$\leq \frac{10\ \text{Fehler}}{100\ \text{Komponenten}}$	–	$\leq \frac{10\ \text{Fehler}}{100\ \text{Komponenten}}$	–
	$\boldsymbol{\leq \frac{3\ \text{Fehler}}{100\ \text{Komponenten}}}$	+	$\leq \frac{3\ \text{Fehler}}{100\ \text{Komponenten}}$	+
	$= \frac{0\ \text{Fehler}}{100\ \text{Komponenten}}$	+ +	$\boldsymbol{= \frac{0\ \text{Fehler}}{100\ \text{Komponenten}}}$	+ +
Nachvollziehbarkeit	– –		– –	
	–		**–**	
	+		+	
	+ +		+ +	
Zeitaufwand	**> 10 h**	**– –**	> 10 h	– –
	≤ 10 h	–	≤ 10 h	–
	≤ 1 h	–	≤ 1 h	–
	≤ 0,083 h	–	**≤ 0,083 h**	**–**

Es ist erkennbar, dass die automatisierte Erstellung von Simulationsmodellen insbesondere beim Kriterium des notwendigen Zeitaufwandes überlegen ist. Während der Iterationen des PEP kann hierdurch in Summe viel Zeit eingespart werden. Voraussetzung ist, dass die Datenbasis ohne manuellen Aufwand verwendet werden kann. Für die Anwendung der automatisierten Vorgehensweise in der Praxis ist daher eine deutlich bessere Beschreibung des EBN erforderlich.

Methode zur Auslegung von Energiebordnetz-Kanälen

6

Ein Ansatz zur automatisierten Auslegung von EBN-Kanälen zur Vermeidung von Rückwirkungen wird erarbeitet. Mittels des auf Strom-Zeit-Kennlinien basierenden Ansatzes werden die EBN-Komponenten in Form des Trennelementes, der elektrischen Leitung sowie des elektrischen Stecksystems ausgelegt. Die Automatisierbarkeit des Ansatzes sowie die Berücksichtigung des elektrischen Stecksystems im Rahmen der erarbeiteten Lösung ist gegenüber anderen auf Strom-Zeit-Kennlinien basierenden Ansätzen, wie in (Önal, Henke et al. 2020, S. 5; Henke 2022, S.1), neuwertig. Im Folgenden wird die Generierung der Strom-Zeit-Kennlinien der EBN-Komponenten, anhand der in Kapitel 4 entwickelten Simulationsmodelle, erläutert. Zudem wird eine geeignete äquivalente Beschreibung des Laststromes eingeführt. Aufbauend auf den Strom-Zeit-Kennlinien wird ein auf zuvor definierten Regeln basierender Ansatz zur Auslegung der Komponenten eingeführt. Das ESB eines exemplarischen Kanals des EBN ist in Abb. 6.1 dargestellt. Die elektrische Leitung, die die Last versorgt, wird durch eine oder mehrere hintereinandergeschaltete Sicherungen geschützt. Mehrere hintereinandergeschaltete Sicherungen werden als kaskadierte Sicherungen bezeichnet.

Ergänzende Information Die elektronische Version dieses Kapitels enthält Zusatzmaterial, auf das über folgenden Link zugegriffen werden kann https://doi.org/10.1007/978-3-658-50847-0_6.

D. Huschke, *Simulationsbasierte Auslegung aktiver Trennelemente zur Sicherstellung der Rückwirkungsfreiheit zwischen Energiebordnetz-Kanälen von Kraftfahrzeugen*, AutoUni – Schriftenreihe 183,
https://doi.org/10.1007/978-3-658-50847-0_6

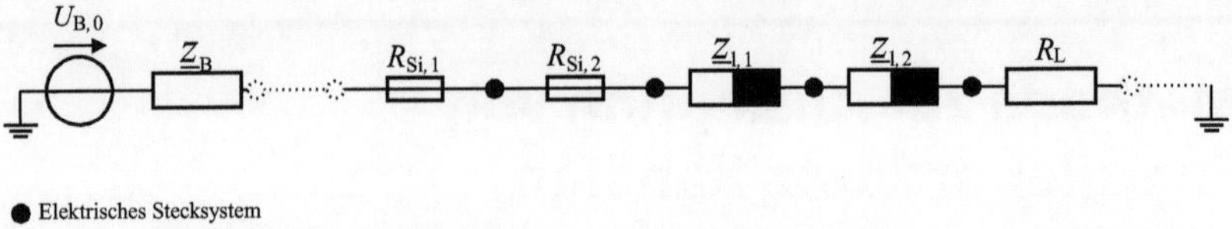

Abbildung 6.1 ESB eines exemplarischen EBN-Kanals

6.1 Generierung von Strom-Zeit-Kennlinien der Energiebordnetz-Komponenten

Die für die Auslegung der EBN-Komponenten erforderlichen Strom-Zeit-Kennlinien werden im Folgenden auf Grundlage der in Kapitel 4 erstellten Simulationsmodelle generiert. Während die Strom-Zeit-Kennlinien bei elektrischen Leitungen und Stecksystemen als Isothermen interpretiert werden, entsprechen diese bei Trennelementen Auslösecharakteristiken. Es ist jedoch anzumerken, dass auch die Auslösecharakteristik einer passiven elektrischen Sicherung als Isotherme interpretiert werden kann. Die maximale Temperatur entspricht dabei der Schmelztemperatur des Schmelzleiters. Die nachfolgend beschriebene Vorgehensweise bietet verschiedene Vorteile gegenüber einer skriptbasierten Berechnung der Strom-Zeit-Kennlinien. Zum einen basiert diese auf einer für sowohl stationäre als auch transiente Untersuchungen geeigneten konsistenten Beschreibung der Verhaltensweise der EBN-Komponente in Form eines Simulationsmodells. Andererseits können von anderen Teilhabern (engl. *stakeholdern*) bereitgestellte Simulationsmodelle zur Erzeugung entsprechender Strom-Zeit-Kennlinien verwendet werden. Es ist auch möglich, entsprechende Kennlinien auf Basis geschützter Modelle zu generieren, die von anderen Teilhabern bereitgestellt werden. Diese können beispielsweise in Form von FMU vorliegen. Die Strom-Zeit-Kennlinien der Komponenten werden mithilfe der Variierung eines Parameters (engl. *parameter sweeps*) erzeugt (The MathWorks, Inc. 2024c). Dabei wird eine Vielzahl an Einzelsimulationen mit einer zuvor definierten Schrittweite bis zu einem definierten Grenzwert durchgeführt und die so generierten Punkte im Anschluss zu einer Strom-Zeit-Kennlinie, beispielsweise in Form einer Isothermen, zusammengesetzt. Zur Berechnung werden konstante Ströme verwendet. Da transiente Charakteristiken durch diese Vorgehensweise nicht abgedeckt sind, kommt die beschriebene, auf den Strom-Zeit-Kennlinien aufbauende Dimensionierung der EBN-Komponenten einer Vorauslegung gleich. Die Anwendung der Vorgehensweise auf transiente Verläufe ist grundsätzlich möglich, wird jedoch in dieser Arbeit nicht weiter vertieft, da die transiente Untersuchung im Anschluss mithilfe von Schaltungssimulationen erfolgt. Das Vorgehen zur Generierung einer Isothermen einer elektrischen Leitung des Typs FLRY-A mit einem Nennquerschnitt A_l von 1 mm^2 und einer Länge l_{LT} von 1000 mm bei einer Umgebungstemperatur T_u von 55 °C wird in Abb. 6.2 veranschaulicht. Als Leitermaterial wird hierbei Cu-ETP1 und als Isolationsmaterial PVC verwendet. Als Grenztemperatur der elektrischen Leitung $T_{l,max}$ werden daher 105 °C angenommen. Ab Temperaturen größer 105 °C ist gemäß (Pischinger und Seiffert 2021, S. 881) eine thermische Beschädigung der PVC-Isolation der Leitung nicht auszuschließen. In logarithmischer Darstellung ergibt sich für die betrachtete Umgebungstemperatur von 55 °C die in Abb. 6.3 dargestellte Isotherme für eine elektrische Leitung mit einem Querschnitt von 1 mm^2. Hierbei wird der Laststrom mit jeweils 5 A inkrementiert. Durch eine Verkleinerung des Inkrements kann die Darstellung der Isothermen verbessert werden. Da damit einhergehend die Rechenzeit steigt wird darauf im Folgenden verzichtet. Die gezeigte Vorgehensweise wird in identischer Form zur Erzeugung der Isothermen der elektrischen Stecksysteme verwendet. Auch hier wird die maximal zulässige Temperatur der Isolation der angrenzenden Leitung als kritische Größe herangezogen. Auch die Auslösecharakteristiken der Sicherungen werden auf diese Art und Weise generiert. Hierbei wird der Auslösestatus St_{Si} des jeweiligen Trennelementes als Grenzwert verwendet. Dieser binäre Wert beinhaltet die Information, ob das Trennelement ausgelöst hat oder nicht. Die entsprechende Generierung der Auslösecharakteristik wird für den exemplarischen Fall einer passiven elektrischen Sicherung in Abb. D.1 veranschaulicht.

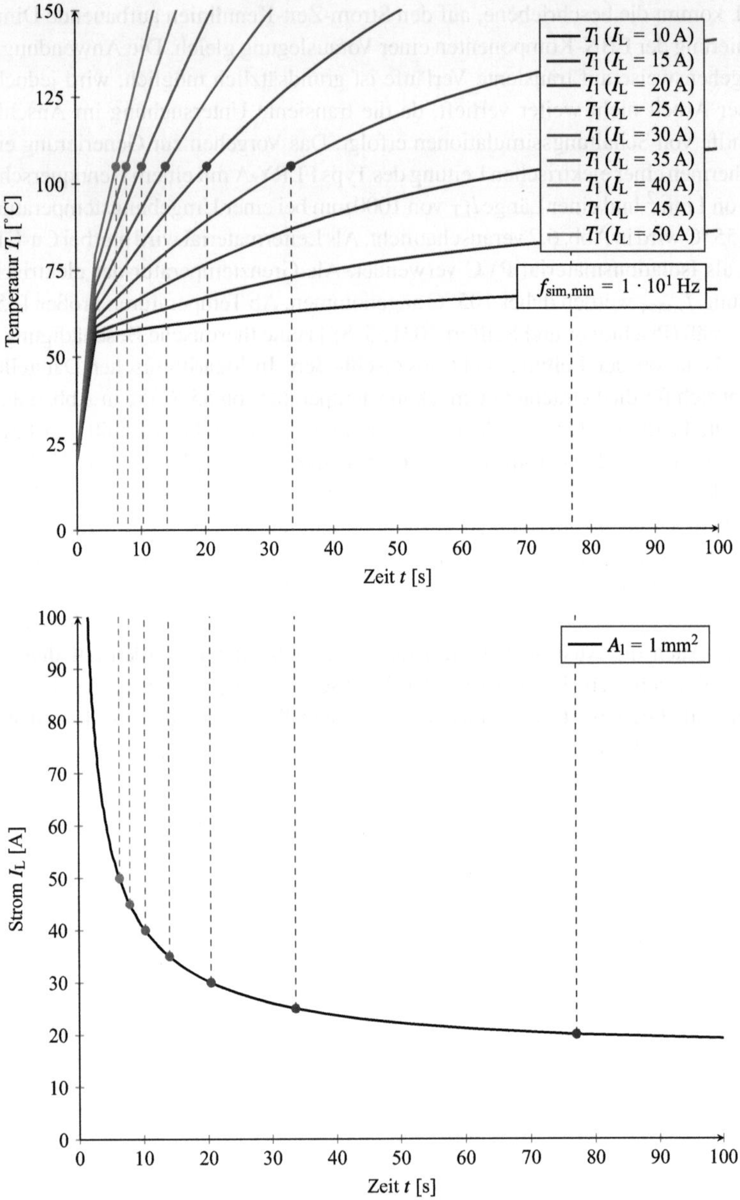

Abbildung 6.2 Vorgehen zur Generierung einer Isothermen einer Leitung ($A_l = 1\text{mm}^2$)

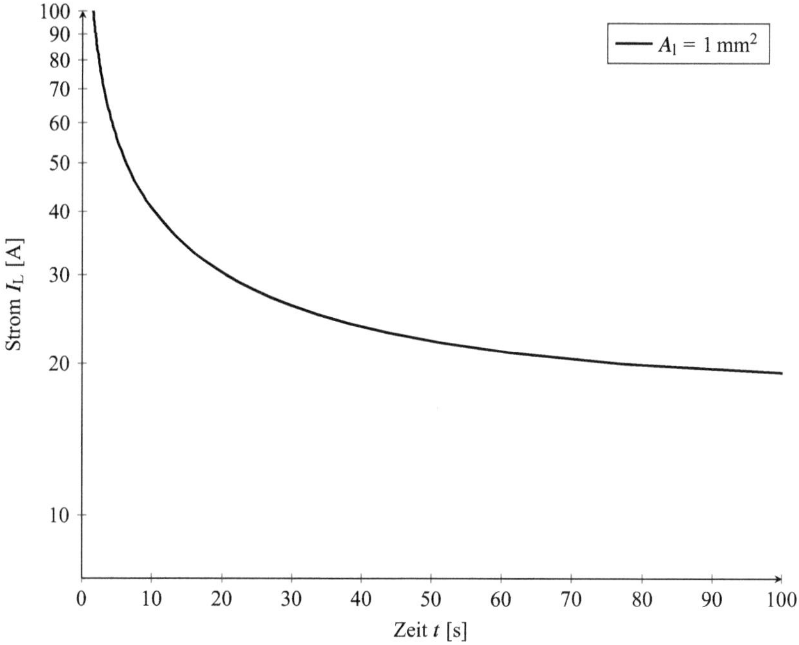

Abbildung 6.3 Isotherme einer Leitung ($A_l = 1\text{mm}^2$) in logarithmischer Darstellung

6.2 Beschreibung des Laststromes

Eine für die Auslegung der EBN-Komponenten anhand der Strom-Zeit-Kennlinien geeignete Beschreibung des Laststromes muss gefunden werden. Dabei sind verschiedene Ansätze zur Beschreibung transienter Ströme denkbar. Einen einfachen Ansatz stellt die kontinuierliche Berechnung des Mittelwertes des Laststromes $I_{\text{L,mittel}}$ dar. Dieser berechnet sich von t_0 bis t_0+t_1 in kontinuierlicher sowie diskreter Darstellung wie folgt:

$$I_{\text{L,mittel}} = \frac{1}{t_1} \int_{t_0}^{t_0+t_1} I_{\text{L}}(t)dt = \frac{\sum_{i=1}^{n} \Delta t_i \cdot I_{\text{L},i}}{\sum_{i=1}^{n} \Delta t_i} \tag{6.1}$$

Diese Vorgehensweise hat den Nachteil, dass Ausschläge bei der Bildung des Mittelwertes des Stromwertes über einen längeren Zeitraum lediglich einen sehr geringen Einfluss haben. Durch die Berechnung eines gleitenden Mittelwertes kann dieser Nachteil weitestgehend vermieden werden. Die Auswahl eines sinnvollen Zeitintervalls ist von dem betrachteten Anwendungsfall abhängig. Andere sehr einfache Ansätze zur Glättung des Laststromes, wie beispielsweise die Verwendung des Median- oder des Moduswertes des Stromes, werden nachfolgend nicht weiter betrachtet. Eine Alternative stellt die Verwendung des Effektivwertes (engl. *root mean square*) des Laststromes dar. Dieser beschreibt die mittlere Leistung, die ein Strom in einem Widerstand erzeugen würde (Dupuy 2022, S. 5). Der Effektivwert des Laststromes $I_{\mathrm{L,eff}}$ berechnet sich anhand des Quadrates des Laststromes I_{L}^2 über einen Zeitraum von t_0 bis $t_0 + t_1$ wie folgt:

$$I_{\mathrm{L,eff}} = \sqrt{\frac{1}{t_1} \cdot \int_{t_0}^{t_0+t_1} I_{\mathrm{L}}^2(t)dt} = \sqrt{\frac{\sum_{i=1}^{n} \Delta t_i \cdot I_{\mathrm{L},i}^2}{\sum_{i=1}^{n} \Delta t_i}} \tag{6.2}$$

Für konstante Lastströme entspricht der Effektivwert dem Mittelwert. Generell ist der Effektivwert gleich oder größer als der Mittelwert. Der zugehörige Nachweis wird in der Literatur in Form der Effektivwert-Mittelwert-Ungleichung (engl. *root mean square-arithmetic mean-inequality*), beispielsweise in (Nahin 2003), erbracht. Entsprechend gilt in diskreter Schreibweise:

$$I_{\mathrm{L,mittel}} = \frac{\sum_{i=1}^{n} \Delta t_i \cdot I_{\mathrm{L},i}}{\sum_{i=1}^{n} \Delta t_i} \leq \sqrt{\frac{\sum_{i=1}^{n} \Delta t_i \cdot I_{\mathrm{L},i}^2}{\sum_{i=1}^{n} \Delta t_i}} = I_{\mathrm{L,eff}} \tag{6.3}$$

In Abb. 6.4 sind der Effektivwert und der Mittelwert des Laststromes I_{L} über 3 aufeinanderfolgende Perioden eines exemplarischen Stromprofils einer Last dargestellt. Hier ist insbesondere die Glättung von Lastspitzen in beiden Ansätzen ersichtlich. Auch die Tatsache, dass der Effektivwert des Stromes $I_{\mathrm{L,eff}}$ größer ist als der Mittelwert $I_{\mathrm{L,mittel}}$, wird deutlich.

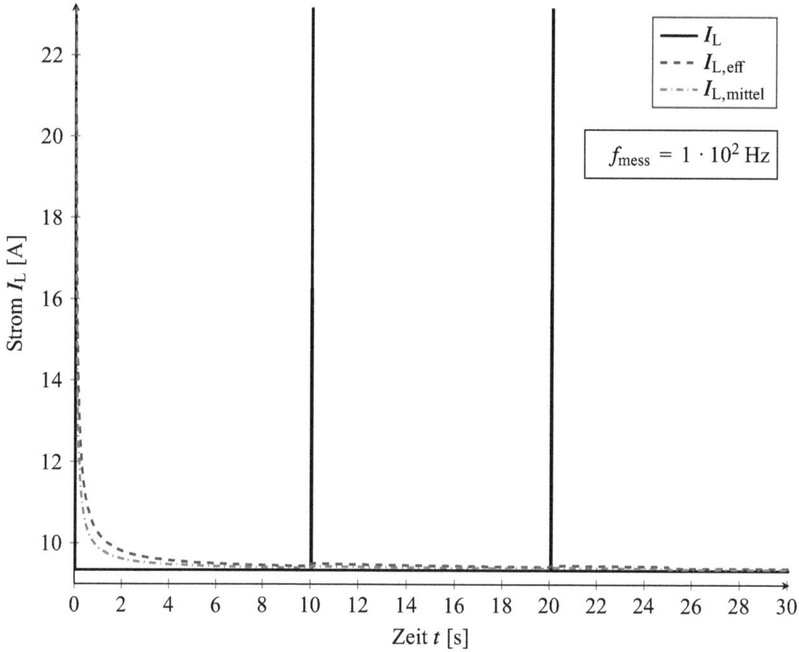

Abbildung 6.4 Stromverlauf einer exemplarischen Last

Die Schwächen des Ansatzes zur Verwendung des Effektivwertes werden in (Henke 2023, S. 7) im Kontext seiner Anwendung als kontinuierlich berechneter Schutzmechanismus anhand eines beispielhaften transienten Lastprofils diskutiert. Wie der Mittelwert ist auch der Effektivwert des Stromes signifikant von den Grenzen des ausgewerteten Zeitraumes t_0 und t_1 abhängig. In dem in (Henke 2023, S. 7) diskutierten Anwendungsbeispiel hängt eine mögliche Detektion der Überhitzung der elektrischen Leitung zum Zeitpunkt $t_0 + t_1$ von der Dauer des in der Berechnung berücksichtigten Zeitraumes $t_1 - t_0$ ab. Sowohl bei einem zu kurz, als auch bei einem zu lang gewählten Zeitraum kann die Erkennung der Überhitzung der Leitung nicht sichergestellt werden. Auch ist eine Berechnung des absoluten Wertes der Temperatur der Leitung mithilfe des Ansatzes der Berechnung des Effektivwertes des Stromes nicht möglich. Die Wichtigkeit der Wahl der Differenz der Zeitgrenzen

t_0 und t_1 wird in Abb. 6.5 anhand einer exemplarischen Last veranschaulicht. Je nach Wahl der Grenzen sind signifikante Abweichungen in dem sich ergebenden Effektivwert des Stromes erkennbar.

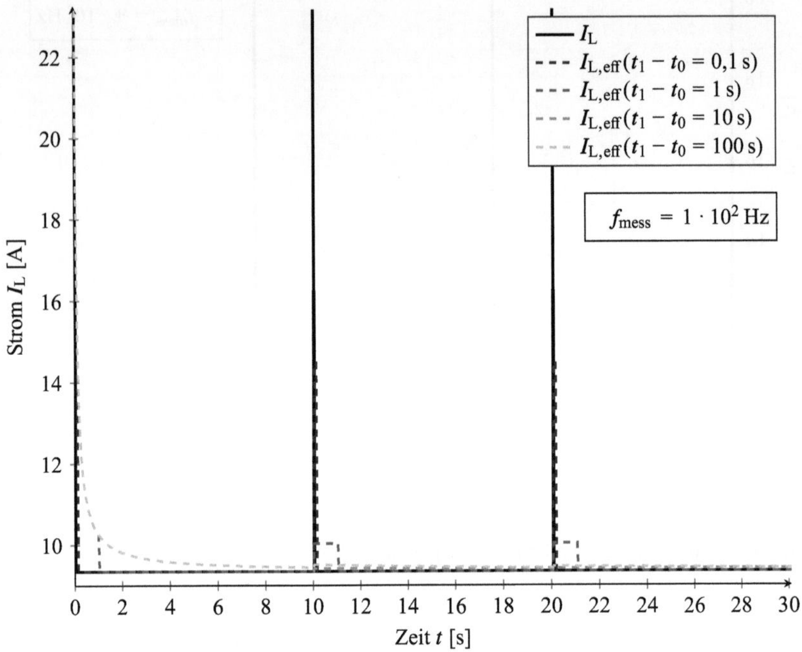

Abbildung 6.5 Auswirkungen der Zeitgrenzen t_0 und t_1 auf $I_{L,eff}$

Nachfolgend wird wegen der Äquivalenz zur mittleren generierten Leistung in einem Widerstand und damit einhergehend der Erwärmung der Leitung der Effektivwert des Stromes verwendet. Die zuvor beschriebenen Schwächen dieses Ansatzes zur Beschreibung dynamischer Lastprofile sind besonders bei einer kontinuierlichen Berechnung des Effektivwertes bei einem zuvor unbekannten Stromprofil in Kombination mit für den jeweiligen Anwendungsfall ungeeigneten Grenzen relevant. Bei der Berechnung des Effektivwertes des Stromes eines bereits bekannten Stromprofils einer Last können die Grenzen sinnig gewählt werden. So erfolgt die Berechnung des Effektivwertes des Stromes nachfolgend gleitend für die Zeitkonstante der Erwärmung der elektrischen Leitung. Zur Abbildung des kritischsten Falles, einer Leitung mit geringem Querschnitt und der damit verbundenen schnellen Erwärmung, wird eine Zeitkonstante von 25 s gemäß Abb. 4.14 angenommen. Es muss jedoch darauf hingewiesen werden, dass die gewählte Vorgehensweise durch die Festlegung der Zeitkonstante auf Basis des gemessenen Temperaturverlaufes speziell für eine bestimmte Leitung sehr einfach ist. Ebenso ist die Bestimmung der absoluten Leitungstemperatur im Rahmen dieses Vorauslegungsschrittes nicht vorgesehen und daher die dahingehende Schwäche des Ansatzes nicht relevant.

6.3 Vorgehensweise zur Auslegung von Energiebordnetz-Kanälen

Die Auslegung der elektrischen Leitungen, der elektrischen Stecksysteme sowie der Trennelemente wird im Folgenden anhand der zuvor generierten Strom-Zeit-Kennlinien durchgeführt. Zu diesem Zweck werden die Kennlinien in einem Strom-Zeit-Diagramm übereinander gelegt. Eine Durchführung des Vergleiches in einem dreidimensionalen Strom-Zeit-Temperatur-Diagramm ist zur Überprüfung verschiedener Temperaturbereiche denkbar und wird in (Haab 2023, S. 54) beschrieben. Abweichungen im thermischen Verhalten der elektrischen Leitungen und Stecksysteme, etwa durch fertigungsbedingte Toleranzen, werden im Folgenden nicht berücksichtigt. Die Berücksichtigung entsprechender Abweichungen erfolgt lediglich für die streuenden Auslösecharakteristiken der Trennelemente. Die Indizierung der Bezeichnung der EBN-Komponenten orientiert sich nachfolgend an Abb. 6.1. Die Auslegung erfolgt daher gemäß der folgenden Regeln für $i \in \{1, 2\}$:

- Die minimale Auslösecharakteristik der passiven elektrischen Sicherung $I(t_{\mathrm{Si},i,\mathrm{aus,min}})$ befindet sich im Strom-Zeit-Diagramm zu jeder Zeit oberhalb des Effektivwertes des Laststromes $I_{\mathrm{L,eff}}(t)$. Entsprechend gilt:

$$I(t_{\mathrm{Si},i,\mathrm{aus,min}}) > I_{\mathrm{L,eff}}(t) \tag{6.4}$$

  Dies gilt auch für elektronische Sicherungen:

$$I(t_{\mathrm{eSi},i,\mathrm{aus,min}}) > I_{\mathrm{L,eff}}(t) \tag{6.5}$$

Schnittpunkte der Kennlinien werden ausgeschlossen. Etwaige Schnittpunkte würden zum Auslösen der jeweiligen Sicherung während des regulären Betriebes der Last und somit zu einer sinkenden Verfügbarkeit derselben führen. Bei Streuungen des Stromprofiles der Last sind die Maximalwerte zu verwenden.

- Bei kaskadierten Sicherungskonzepten muss die minimale Auslösecharakteristik der lastferneren Sicherung (beziehungsweise Sicherung auf einer höheren Sicherungsebene) $I(t_{\mathrm{Si,1,aus,min}})$ zu jeder Zeit oberhalb der maximalen Kennlinie der lastnäheren Sicherung (beziehungsweise Sicherung auf einer niedrigeren Sicherungsebene) $I(t_{\mathrm{Si,2,aus,max}})$ liegen. Im Falle etwaiger Schnittpunkte wäre eine Auslösung der lastferneren Sicherung vor der lastnäheren Sicherung denkbar. Dadurch wäre die Isolation ganzer Lastgruppen möglich. Eine hinreichende Selektivität der Sicherungen wäre in diesem Fall nicht gegeben. Die Verfügbarkeit der Lasten des Systems würde sinken. Bei Verwendung passiver elektrischer Sicherungen gilt entsprechend für den exemplarischen EBN-Kanal in Abb. 6.1:

$$I(t_{\mathrm{Si,1,aus,min}}) > I(t_{\mathrm{Si,2,aus,max}}) \tag{6.6}$$

  Ebenso gilt für elektronische Sicherungen:

$$I(t_{\mathrm{eSi,1,aus,min}}) > I(t_{\mathrm{eSi,2,aus,max}}) \tag{6.7}$$

  Das eingeführte Kriterium gilt auch bei Kaskadierung elektronischer und passiver elektrischer Sicherungen.

- Das Auftreten von Spitzen des Stromes der Last $I_{\mathrm{L}}(t)$ größer dem Überstromschutz einer elektronischen Sicherung $I(t_{\mathrm{eSi,aus,OCT}})$ muss im regulären Betrieb ausgeschlossen werden. Andernfalls ist von einer Sofortabschaltung des Kanals im regulären Betrieb auszugehen. Die Verfügbarkeit der Lasten des EBN-Kanals wäre beeinträchtigt. So gilt:

$$I(t_{\mathrm{eSi},i,\mathrm{aus,OCT}}) > \max(I_{\mathrm{L}}(t)) \tag{6.8}$$

- Die Isotherme der Leitung $I(t(T_{\mathrm{l},i,\max}))$ befindet sich im Laststrom-Zeit -Diagramm oberhalb der maximalen Auslösecharakteristik der Sicherung, die die Leitung schützt. Schnittpunkte der Kennlinien werden ausgeschlossen. Etwaige Schnittpunkte würden hierbei durch die Sicherung ungeschützten Bereichen der Leitung entsprechen. Eine thermische Beschädigung der Leitung wäre denkbar.

$$I(t(T_{\mathrm{l},i,\max})) > I(t_{\mathrm{Si},i,\mathrm{aus,max}}) \tag{6.9}$$

Äquivalent gilt bei Verwendung elektronischer Sicherungen:

$$I(t(T_{1,i,\max})) > I(t_{\mathrm{eSi},i,\mathrm{aus},\max}) \tag{6.10}$$

- Bei einer variierenden Stromtragfähigkeit der elektrischen Leitung(en) eines Kanals des EBN ist die Isotherme der elektrischen Leitung mit der geringsten Stromtragfähigkeit zu berücksichtigen.

$$I(t(T_{1,i,\max})) = \begin{cases} I(t(T_{1,1,\max})) & \text{für} I(t(T_{1,1,\max})) < I(t(T_{1,2,\max})) \\ I(t(T_{1,2,\max})) & \text{sonst.} \end{cases} \tag{6.11}$$

  Dies gilt äquivalent bei Berücksichtigung der beispielsweise aus Toleranzen resultierenden Streuung des thermischen Verhaltens der elektrischen Leitung.
- Die Vorgehensweise bei der Auslegung des elektrischen Stecksystems entspricht dem Ansatz bei der elektrischen Leitung.

Das Zielbild der Anordnung der Strom-Zeit-Kennlinien der EBN-Komponenten entsprechend der beschriebenen Regeln wird in Abb. 6.6 in einem Strom-Zeit-Diagramm veranschaulicht. Der Laststrom befindet sich dabei, wie zuvor beschrieben, unterhalb der Auslösecharakteristik der Sicherung. Die Isotherme der Leitung befindet sich dagegen genau wie die Isotherme des elektrischen Stecksystems oberhalb der Sicherungskennlinie. Es existieren keine Schnittpunkte der Strom-Zeit-Kennlinien der Last und der Sicherung. Zudem sind auch keine Schnittpunkte der Kennlinien der Sicherung und der Leitung sowie des Stecksystems vorhanden. Hierbei ist jedoch anzumerken, dass insbesondere Schnittpunkte der Isothermen der Leitung und der Sicherungskennlinie mittels des in der Realität auftretenden Lastkollektivs sowie einer zugehörigen Sicherheits- und Risikoanalyse in der Praxis durchaus begründet werden können. Sicherung 1 ist in Abb. 6.6 als elektronische Sicherung ausgeführt. Dies wird aufgrund des vorhandenen Überstromschutzes deutlich. Die Kennlinie von Sicherung 2 entspricht währenddessen im dargestellten Beispiel der einer passiven elektrischen Sicherung.

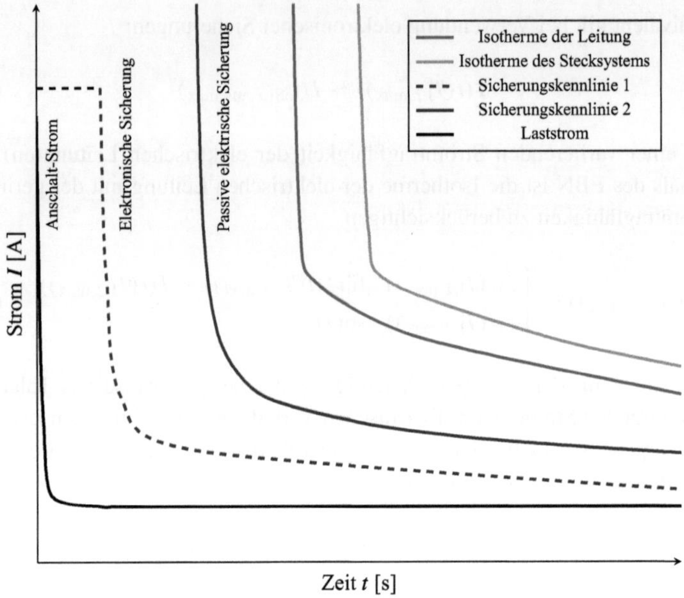

Abbildung 6.6 Vorgehen zur Auslegung von Leitung, Stecksystem und Sicherung

6.3.1 Algorithmus zur Auslegung von Energiebordnetz-Kanälen

Im Rahmen der Arbeit wird ein Algorithmus zur Auslegung von EBN-Kanälen, bestehend aus elektrischer Leitung, elektrischem Stecksystem sowie Sicherungen eingeführt, validiert und diskutiert.

Einführung des Algorithmus

Der Algorithmus ist schematisch in Abb. 6.7 dargestellt. Voraussetzung für den gezeigten Algorithmus sind vorliegende Strom-Zeit-Kennlinien der jeweiligen Komponenten des EBN. Ein Ansatz zur Generierung entsprechender Kennlinien wird im Rahmen dieser Arbeit in Abschnitt 6.1 beschrieben.

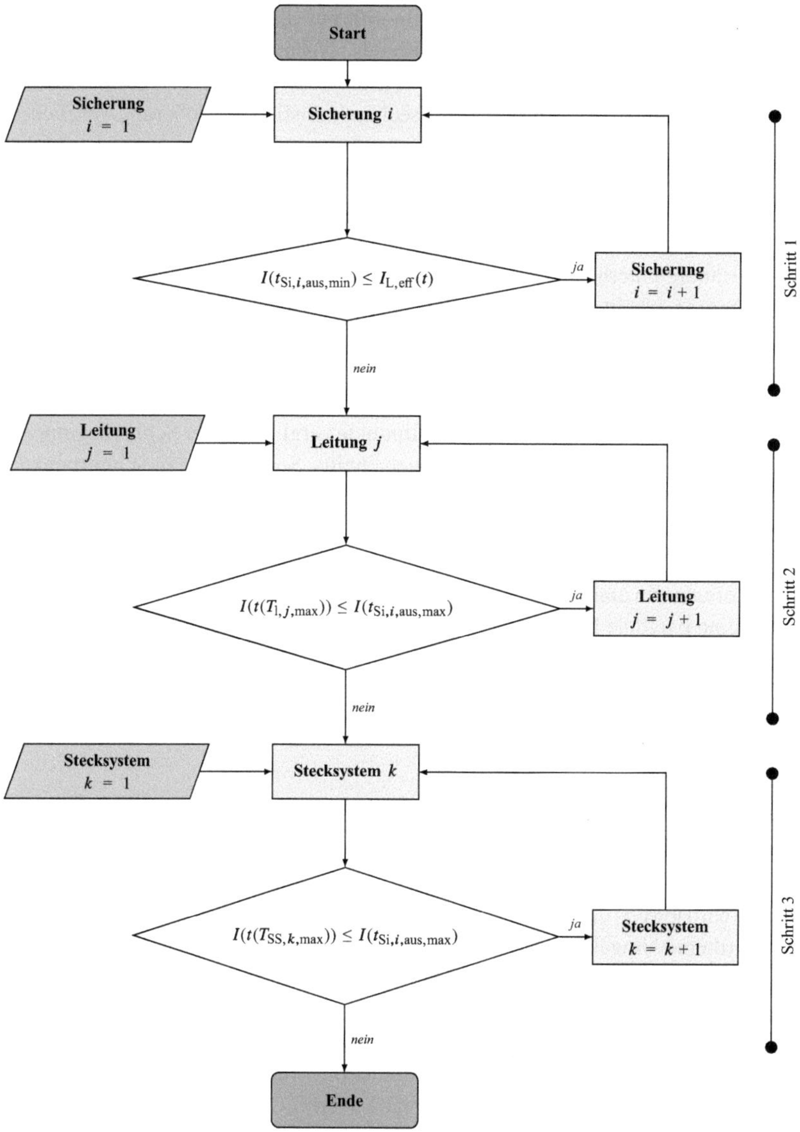

Abbildung 6.7 Algorithmus zur Auslegung eines EBN-Kanals

Als initiale Eingangsgröße für den Algorithmus dient das Stromprofil der Last beziehungsweise der Lasten des EBN-Kanals. Nach dem Start des Algorithmus durch den Anwender wird der Effektivwert dieses Stromprofiles gebildet und im ersten Schritt mit der minimalen Auslösecharakteristik der Sicherung verglichen. Hierbei wird zunächst die kleinste Sicherung sowie im Falle elektronischer Sicherungen zusätzlich die kleinst mögliche Sicherungskennlinie betrachtet. Sollte ein Schnittpunkt des Stromes und der Kennlinie vorliegen, wird der Wert der Sicherung erhöht und der Vergleich erneut durchgeführt. Auch wenn die Sicherungskennlinie vollständig unterhalb des Effektivwertes des Stromes liegt, wird der Nennwert der Sicherung erhöht. Wenn kein Schnittpunkt vorhanden ist und die Sicherungskennlinie oberhalb des Effektivwertes des Laststromes liegt, wird die entsprechende Sicherung ausgewählt und als Eingangsgröße für den nächsten Schritt verwendet. Nun werden die maximale Auslösecharakteristik der Sicherung und die Isotherme der Leitung hinsichtlich möglicher Schnittpunkte verglichen. Der Schritt beginnt mit der Betrachtung des kleinsten Leitungsquerschnitts. Sollte dieser zu Schnittpunkten führen oder die maximale Auslösecharakteristik der Sicherung oberhalb der Isothermen der Leitung liegen, wird der nächstgrößere Leitungsquerschnitt betrachtet. Das Vorgehen zur Wahl des elektrischen Stecksystems ist äquivalent zur elektrischen Leitung. So dient auch hier die gewählte elektrische Sicherung als Eingangsgröße. Eine parallele Durchführung der Auslegung für Leitung sowie Stecksystem ist möglich. Die Auslegung gilt als abgeschlossen, sobald kein Schnittpunkt zwischen der maximalen Auslösecharakteristik der Sicherung und der Isothermen des elektrischen Stecksystems besteht und die Isotherme des Stecksystems oberhalb der maximalen Sicherungskennlinie liegt.

Validierung des Algorithmus

Der in Abb. 6.7 eingeführte Algorithmus wird nun für den Fall einer passiven elektrischen sowie für den Fall einer elektronischen Sicherung exemplarisch angewendet. Hierbei wird jeweils das in Abb. 6.4 dargestellte Lastprofil betrachtet. Für die Bewertung wird eine Umgebungstemperatur T_u von 55 °C angenommen. Zudem werden elektrische Leitungen der Bauform FLRY-A mit einer Länge l_l von 1000 mm berücksichtigt. In Abb. 6.8a ist das Ergebnis der Auslegung des EBN-Kanals mit einer passiven elektrischen Sicherung anhand des Algorithmus dargestellt. Hierbei wird eine Sicherung des Typs C mit einem Nennstrom von 15,0 A gewählt, der Nennquerschnitt der elektrischen Leitung beträgt 1,5 mm^2. Die Kontaktgröße des elektrischen Stecksystems beträgt 1,2 mm. In Abb. 6.8b ist das Ergebnis der Auslegung des EBN-Kanals mit einer elektronischen Sicherung abgebildet. Es wird das ATV2 mit einem Nennstrom von 11,4 A durch den Algorithmus ausgewählt (Infineon Technologies AG 2023d, S. 54). Der Nennquerschnitt der Leitung beträgt 0,75 mm^2,

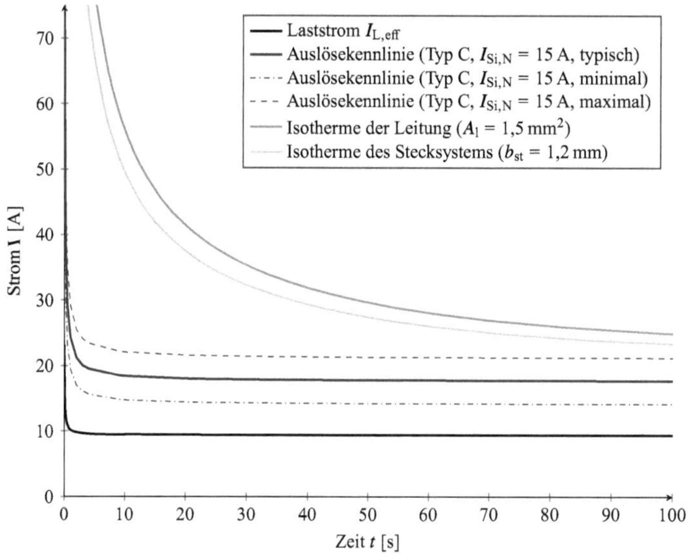

(a) Passive elektrische Sicherung

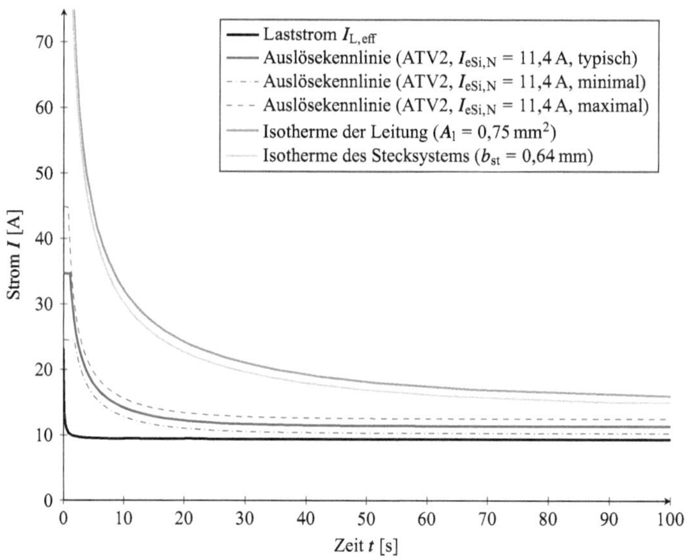

(b) Elektronische Sicherung

Abbildung 6.8 Auslegung eines EBN-Kanals

das Stecksystem hat eine Größe von 0,64 mm. Die Wahl der EBN-Komponenten durch den Algorithmus ist für beide Sicherungen valide. Es ist ersichtlich, dass A_l in dem betrachteten Anwendungsfall bei Verwendung einer elektronischen Sicherung kleiner ist als bei der Verwendung einer passiven elektrischen Sicherung.

Diskussion des Algorithmus

Die Ergebnisse des Algorithmus werden nachfolgend diskutiert. Deshalb werden die elektrischen Leitungen, Stecksysteme sowie Sicherungen der EBN-Kanäle des im Rahmen dieser Arbeit betrachteten repräsentativen Gesamtfahrzeugs durch den beschriebenen Algorithmus sowie zu Vergleichszwecken anhand der in Abschnitt 2.4 beschriebenen Vorgehensweise ausgelegt. Dabei wird eine Umgebungstemperatur T_u von 55 °C angenommen. Auf eine Berücksichtigung der Verbauzone im Gesamtfahrzeug wird aufgrund des geringen Mehrwertes im Rahmen der Beschreibung der Methodik verzichtet. Eine Übersicht über die sich ergebenden elektrischen Leitungen, Stecksysteme sowie Sicherungen wird in D.1 gegeben. Hierbei ist erkennbar, dass die automatisiert gewählte Größe der passiven elektrischen Sicherung der gemäß (Volkswagen AG 2020, S. 6) gewählten Größe entspricht oder kleiner ist. Dadurch kann die Anzahl der Fälle, in denen Rückwirkungen auftreten, im Vergleich zu den gemäß (Volkswagen AG 2020, S. 6) ausgelegten EBN-Kanälen verringert werden. Die Querschnitte der durch den Algorithmus gewählten elektrischen Leitungen fallen dagegen gegenüber der Referenz gleich oder größer aus. Diese Auffälligkeit ist auf teils nicht durch die passive elektrische Sicherung geschützte Bereiche der Leitung gemäß der in Abschnitt 2.4 beschriebenen Vorgehensweise zurückzuführen. Da Überschneidungen im Algorithmus ausgeschlossen werden, wählt dieser eine größere elektrische Leitung aus. Eine Implementierung von Überschneidungen in den in Abb. 6.7 dargestellten Algorithmus sind prinzipiell denkbar. Eine eindeutige Definition nicht abgesicherter Bereiche ist zu diesem Zweck jedoch zwingend erforderlich. Die händische Durchführung entsprechender Optimierungsschritte wird daher als zielführender bewertet, da Erfahrungswerte für eine sichere Auslegung des EBN unabdingbar sind. Es wird daher auf die Implementierung entsprechender Schnittpunkte in dem Algorithmus verzichtet. Eine weitere potentielle Ursache für die auftretenden Abweichungen zwischen Algorithmus und Vorgehensweise gemäß Abschnitt 2.4 ist die fehlende eindeutige Definition einer Stromspitze in (Volkswagen AG 2020, S. 6). Da in der Praxis zur risikofreien Freigabe von Fahrzeugen zahlreiche zusätzliche Laborversuche und Fahrzeugmessungen erforderlich sind, stellen die Überschneidungen dort kein Problem dar. Die anhand des Algorithmus gewählten elektronischen Sicherungen sowie Stecksysteme können mit keinerlei Referenzwerten verglichen werden, da diese in (Volkswagen AG 2020) keine Berücksichtigung finden.

6.3.2 Vorgehensweise zur Auslegung des Überstromschutzes

Neben der Funktion zum Schutz der Leitung wird der Überstromschutz elektronischer Sicherungen im Rahmen dieser Arbeit berücksichtigt (siehe Abschnitt 4.5.2). Für die Wahl der Grenzen des Überstromschutzes wird eine einfache Vorgehensweise eingeführt. Dabei muss sichergestellt werden, dass die elektronische Sicherung während des Normalbetriebes einer Last nicht auslöst und zugleich bei Überströmen, die zur Verletzung der Sicherheitsziele anderer Lasten führen, reagiert. Die Überstromgrenze $I(t_{\mathrm{eSi},i,\mathrm{aus,OCT}})$ der Halbleiterschalter wird dabei mithilfe des maximal auftretenden Stromes der Last $\max(I_{\mathrm{L}}(t))$ sowie einem Sicherheitsbeiwert sb berechnet. Der maximal auftretende Strom entspricht dabei häufig dem Einschaltstrom $I_{\mathrm{L,akt}}$. Dabei gilt der folgende einfache Zusammenhang:

$$I(t_{\mathrm{eSi},i,\mathrm{aus,OCT}}) = (1 + sb) \cdot \max(I_{\mathrm{L}}(t)) \tag{6.12}$$

sb kann je nach Qualität der vorhandenen Datengrundlage fallspezifisch angepasst werden. So kann dieser bei detailliert untersuchten Stromprofilen kleiner ausfallen als bei lediglich unzureichend betrachteten Lasten. Hier sind exemplarisch die in Tabelle 6.1 aufgeführten Zahlenwerte denkbar.

Tabelle 6.1 sb zur Bestimmung von $I(t_{\mathrm{eSi},i,\mathrm{aus,OCT}})$

Stromprofil basiert auf ... [–]	sb [–]
... systematischen Messungen	1,2
... einzelnen Messungen	1,4
... keinen Messungen	2,0

Einschränkungen ergeben sich durch die real wählbaren Stromwerte des Überstromschutzes der elektronischen Sicherung. Ist $I(t_{\mathrm{eSi},i,\mathrm{aus,OCT}})$ kleiner als der minimale wählbare Stromwert des Überstromschutzes, ist dieser zu verwenden. Überschreitet $I(t_{\mathrm{eSi},i,\mathrm{aus,OCT}})$ hingegen den maximalen wählbaren Wert für den Überstromschutz, ist die gewählte elektronische Sicherung ungeeignet. Falls feste Stromwerte im Baustein hinterlegt sind, ist der nächstgelegene größere Wert gegenüber $I(t_{\mathrm{eSi},i,\mathrm{aus,OCT}})$ zu verwenden.

6.4 Implementierung in ein Rechenwerkzeug

Die Implementierung der vorgestellten Vorgehensweise zur Auslegung von elektrischen Leitungen, elektrischen Stecksystemen und Trennelementen in ein Rechenwerkzeug ist erfolgt. Das entsprechende Werkzeug ist in Abb. 6.9 dargestellt. Die Implementierung erfolgt hierbei mittels der Applikation App Designer der verwendeten Simulationsumgebung (The MathWorks, Inc. 2024b). Die Möglichkeit der Implementierung einer Anwendung in der Simulationsumgebung wird in Abschnitt 4.1.2 als Bewertungskriterium benannt und entsprechend für die im Rahmen dieser Arbeit verwendete Umgebung als Vorteil ausgewiesen.

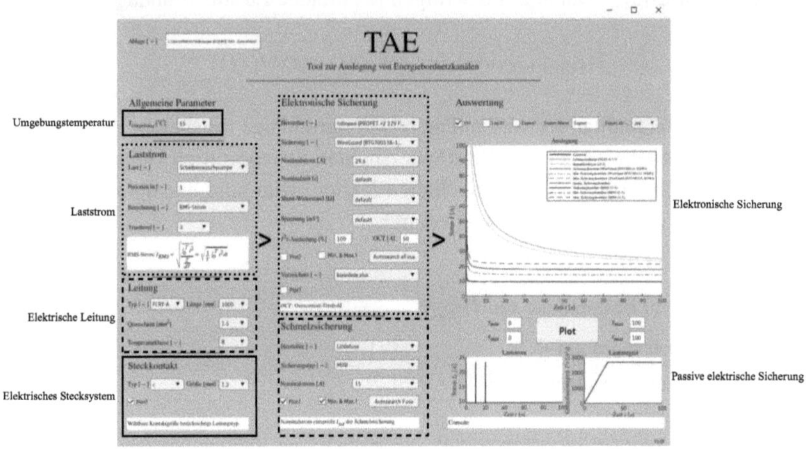

Abbildung 6.9 Implementierung der Methode zur Auslegung in ein Rechenwerkzeug

Die Erstellung der graphischen Benutzeroberfläche erfolgt in der Applikation durch Ziehen und Ablegen (engl. *drag and drop*). Die Eingabe von Inhalten ist in der Benutzeroberfläche mittels Auswahl- oder auch Freitextfeldern möglich. Bei Betätigung der jeweiligen Taste zur automatisierten Suche (engl. *autosearch*) wird die Funktion mit der eingeführten Algorithmik zur automatisierten Auslegung von EBN-Kanälen ausgeführt. Die Verknüpfung in der Applikation erfolgt hierbei mithilfe von Rückruffunktionen. Bei Betätigung der Taste zur Erzeugung der Grafik (engl. *plot*) werden die Kennlinien der gewählten Komponenten in der Oberfläche dargestellt. Im in Abb. 6.9 dargestellten Rechenwerkzeug wird das Lastprofil in Form eines tabellarischen Dateiformates eingelesen. Außerdem können verschiedene Isothermen der elektrischen Leitungen und Stecksysteme des EBN sowie Auslösecharakteristiken des jeweiligen Trennelementes berechnet und dem Anwender präsentiert werden. Hierdurch ist die Wahl einer für das auftretende Lastprofil geeigneten Sicherung, einer elektrischen Leitung sowie eines elektrischen Stecksystems möglich. Diese Wahl kann zusätzlich im Werkzeug vollständig automatisiert erfolgen, basierend auf der in Abschnitt 6.3 beschriebenen Vorgehensweise.

Untersuchung der Rückwirkungen zwischen Energiebordnetz-Kanälen

7

Eine einfache Methode zur systematischen Untersuchung von Rückwirkungen zwischen Kanälen des 12 V-EBN wird erarbeitet. Durch die Anwendung der methodischen Vorgehensweise werden anhand eines EBN-Kanals eines repräsentativen Fahrzeugs kritische Einflussfaktoren identifiziert. Für Rückwirkungen relevante Einflussfaktoren sind vor dem Hintergrund der Definition eines für die Stabilität des EBN kritischen Szenarios in (Kilian, Köhler et al. 2021, S. 107764) aufgeführt. Eine Untersuchung der konkreten Auswirkungen dieser Faktoren erfolgt dabei nicht. In (Beckmann 2016, S. 6) wird der Einfluss der Umgebungstemperatur sowie des Lastszenarios in einem einfachen EBN betrachtet. Ein Ansatz zur effizienten Untersuchung der Spannungsstabilität in verschiedenen Varianten eines EBN wird in (Gerten, Henke et al. 2022) vorgestellt. Der Einfluss der Verwendung passiver elektrischer sowie elektronischer Sicherungen wird zudem in (Gerten, Rübartsch et al. 2022a, S. 19) detailliert untersucht. Nach Kenntnis des Autors ist in der Literatur kein systematischer Ansatz zur Untersuchung der Einflussfaktoren auf Rückwirkungen zwischen EBN-Kanälen zu finden. Daher stellt auch der Vergleich der Sensitivität dieser Einflussfaktoren eine Neuheit dar. Die Grundlage für den nachfolgend vorgestellten Ansatz bildet die automatisierte Erstellung des Simulationsmodell eines Gesamtfahrzeugs gemäß der in Kapitel 5 eingeführten Vorgehensweise. In dem Simulationsmodell werden die Rückwirkungen eines Fehlers unter Berücksichtigung verschiedener Einflussfaktoren analysiert. Das Verhalten

Ergänzende Information Die elektronische Version dieses Kapitels enthält Zusatzmaterial, auf das über folgenden Link zugegriffen werden kann https://doi.org/10.1007/978-3-658-50847-0_7.

D. Huschke, *Simulationsbasierte Auslegung aktiver Trennelemente zur Sicherstellung der Rückwirkungsfreiheit zwischen Energiebordnetz-Kanälen von Kraftfahrzeugen*, AutoUni – Schriftenreihe 183,
https://doi.org/10.1007/978-3-658-50847-0_7

des Simulationsmodells des Gesamtfahrzeugs ergibt sich aus dem Verhalten der in Kapitel 4 modellierten EBN-Komponenten. Nachfolgend werden die Einflussfaktoren $(x_1, \ldots, x_j)$ definiert. Darauf aufbauend erfolgen EBN-Simulationen im Sinne einer Parameterstudie, bei der diese Einflussfaktoren systematisch variiert werden. Der Parameterraum χ umfasst dabei Kombinationen der Einflussfaktoren $(x_1, \ldots, x_j)$.

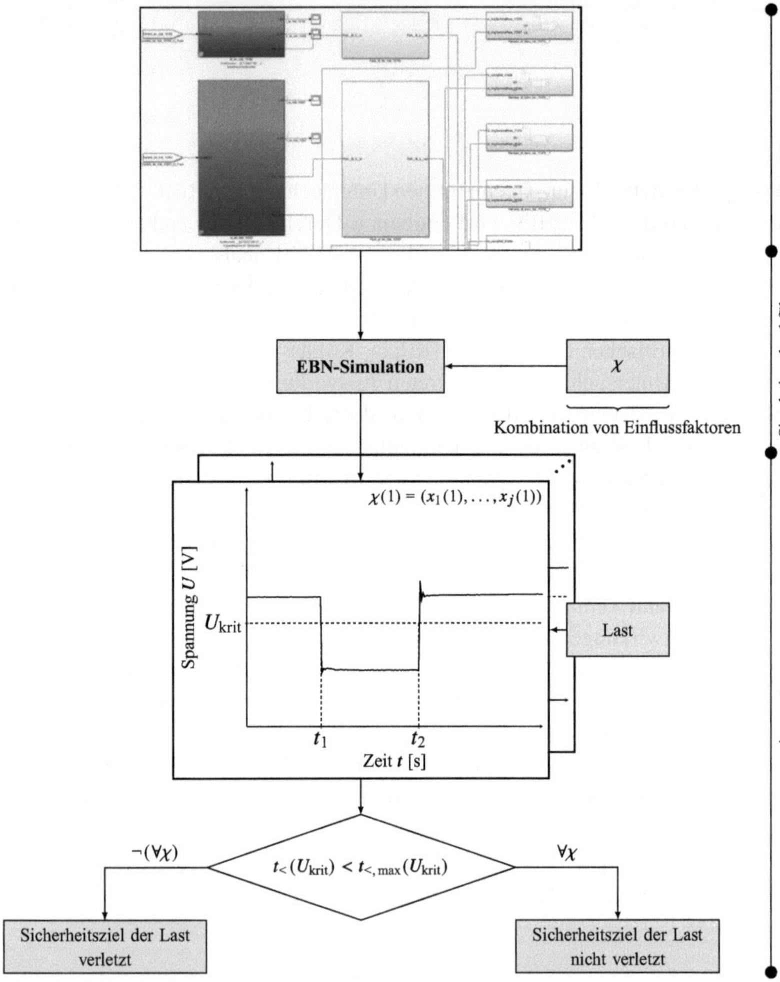

Abbildung 7.1 Methode zur systematischen Untersuchung der Rückwirkungen

Der Parameterraum χ ergibt sich bei Betrachtung aller theoretisch möglichen Kombinationen der Einflussfaktoren unter Verwendung des kartesischen Produktes wie folgt:

$$\chi = \{x_1(1), \ldots, x_1(n_1)\} \times \{x_2(1), \ldots, x_2(n_2)\} \times \ldots \times \{x_j(1), \ldots, x_j(n_j)\} \quad (7.1)$$

$x_j(1), \ldots, x_j(n_j)$ sind hierbei die Werte des Einflussfaktors x_j. Für χ gilt, wenn lediglich ein Einflussfaktor x_k gezielt variiert wird mit $i_j \in \{1, \ldots, n_j\}$:

$$\chi = \{x_1(i_1)\} \times \{x_2(i_2)\} \times \ldots \times \{x_k(1), \ldots, x_k(n_k)\} \times \ldots \times \{x_j(i_j)\} \quad (7.2)$$

Die Auswertung erfolgt schließlich für eine definierte Last anhand des in Abschnitt 4.2 eingeführten Kriteriums zur Erkennung von Rückwirkungen. Wenn $t_{<,\max}(U_{\text{krit}})$ für alle betrachteten Kombinationen der Einflussfaktoren größer als $t_{<}(U_{\text{krit}})$ ist, wird das Sicherheitsziel der Last in keinem der betrachteten Fälle verletzt. Tritt dieser Fall nicht ein, wird das Sicherheitsziel der Last bei bestimmten Kombinationen der Einflussfaktoren verletzt. Damit einhergehend erfolgt die Überprüfung ob Rückwirkungen durch die in Kapitel 6 erfolgte Auslegung der Trennelemente vermieden werden können. Die Schritte der angewendeten Methode werden in Abb. 7.1 veranschaulicht.

7.1 Wahl der zu untersuchenden Einflussfaktoren

Die im Rahmen der Arbeit betrachteten Einflussfaktoren werden nachfolgend definiert. In (Kilian, Köhler et al. 2021, S. 107764) sind die Auslösecharakteristik der passiven elektrischen Sicherung gemäß der ISO-Norm 8820, die Grundlast des EBN, die Verhaltensweise der aktiven Lasten, die Umgebungstemperatur, Alterungseffekte von EBN-Komponenten, der Ladezustand der 12 V-Batterie sowie der Widerstand des Kurzschlusses als relevante Einflussfaktoren aufgeführt. In (Huschke, Klatt et al. 2024, S. 14) werden diese durch den Typ des Trennelementes, den Typ des Fehlers sowie den Widerstand der elektrischen Leitungen ergänzt. Der Einfluss der Impedanz der elektrischen Leitung wird zudem in (Gerten, Henke et al. 2022) untersucht. Einflussfaktoren für Rückwirkungen zwischen EBN-Kanälen werden nachfolgend im Detail diskutiert. Darauf aufbauend werden konkrete im Rahmen dieser Arbeit zu betrachtende Werte für die untersuchten Einflussfaktoren eingeführt. Die Untersuchung aller Einflussfaktoren erfolgt sowohl bei Verwendung einer passiven elektrischen als auch bei Verwendung einer elektronischen Sicherung auf dem fehlerhaften EBN-Kanal. Der Widerstand der Trennelemente weicht in der Praxis voneinander ab. Aus dem abweichenden Widerstand des Trennelementes resultieren Unterschiede in den Widerständen des jeweiligen EBN-Kanals. Zur schwerpunktmäßigen Betrachtung der unterschiedlichen Auslösezeiten der Trennelemente wird ein konstanter Widerstand der passiven elektrischen R_{Si} und der elektronischen Sicherung R_{eSi} des fehlerhaften EBN-Kanals von $0{,}005\,\Omega$ angenommen. Der Einfluss eines abweichenden Widerstandes des Kurzschlusses wird in Abschnitt 7.1.4 gesondert betrachtet. Es ist jedoch anzumerken, dass eine pauschale Vernachlässigung der Abweichungen der Widerstände der Trennelemente nicht zielführend ist. Wie in Abb. 2.9 dargestellt, ist der Widerstand der in dieser Arbeit untersuchten elektronischen Sicherungen bei Nennströmen über 15 A ähnlich zu dem Widerstand von passiven elektrischen Sicherungen des Typs C. Bei Nennströmen unterhalb dieses Werts weicht der Widerstand dagegen signifikant voneinander ab. Die betrachteten Trennelemente werden in Tabelle 7.1 zusammengefasst.

Tabelle 7.1 Betrachtete Trennelemente

	1	2
Trennelement [–]	elektrisch	elektronisch

Die Einflussfaktoren werden im Folgenden in beeinflussende Faktoren für Fehler, Lasten, Quellen, die Energieverteilung sowie übergreifend für alle Komponenten unterteilt. Alternativ lassen sich auch andere Unterteilungen vornehmen. Beispielsweise ist eine Differenzierung zwischen zufälligen und systematischen Einflussfaktoren denkbar.

7.1.1 Einflussfaktoren auf die Fehler

Die Art des Fehlers und dessen Auftretensort beeinflussen die auftretenden Wechselwirkungen zwischen den Kanälen des EBN. Als Fehler werden in dieser Arbeit explizit Kurzschlüsse gegen Masse untersucht. Der Betrachtungsumfang wird zudem wegen der hinreichenden Unwahrscheinlichkeit multipler Kurzschlüsse auf einfache Kurzschlüsse reduziert. Fehler des Drehstrom-Generators, des Anlassers, des Bordnetzes sowie der Beleuchtung machten im Jahr 2024 einen Anteil von 22,8 % bei Pannenursachen in Deutschland aus (ADAC 2024). Eine weiterführende Unterteilung der Fehlerursachen erfolgt nicht, wodurch die Ableitung praxisnaher Fehlerszenarien nicht möglich ist. Der Fehler wird im Folgenden nach einer simulierten Dauer von 4 s an der Kl 30 der Last mit dem höchsten Strombedarf im repräsentativen Fahrzeug eingebracht. Im repräsentativen Fahrzeug ist dies gemäß Tabelle B.4 die Scheibenwaschpumpe (ee_role_10182). Auch Fehler auf den elektrischen Leitungen des EBN-Kanals sind potentiell denkbar. Trotz einer theoretischen Ausfallrate von 0 FiT gemäß (Verband der Elektro- und Digitalindustrie 2021a, S. 31) können Beschädigungen der Leitungen beispielsweise im Fall von Unfällen oder durch Schädlinge nicht ausgeschlossen werden. Auf die Betrachtung von Fehlern im Verlauf der elektrischen Leitung wird aufgrund der separaten Betrachtung des Einflusses des Kurzschlusswiderstandes in Abschnitt 7.1.4 jedoch verzichtet.

Fehlerhafte Last

Der Strom der Last stellt das entscheidende Kriterium bei der Auslegung des Trennelementes dar. Der damit einhergehende Einfluss des Laststromes der fehlerhaften Last auf die auftretenden Wechselwirkungen zwischen EBN-Kanälen wird analysiert. Zur von der Gesamtlast im EBN $I_{L,Gr,ges}$ unabhängigen Betrachtung dieses Faktors wird diese dabei konstant gehalten. Zu diesem Zweck wird neben dem Strom der fehlerhaften Last I_L auch der Stromwert einer zusätzlichen Last $I_{L,Gr,ex}$ angepasst. Eine Übersicht über die betrachteten fehlerhaften Lasten wird in Tabelle 7.2 gegeben. Die zugehörige Auslegung der passiven elektrischen sowie elektronischen Sicherungen ist in Tabelle D.1 angegeben. Standardmäßig wird der Fehler an einer Last in Form der Scheibenwaschpumpe mit einem Laststrom I_L von 9,34 A eingebracht.

Tabelle 7.2 Betrachtete fehlerhafte Lasten

	1	**2**	**3**	**4**
I_L [A]	9,34	18,68	28,02	37,36
$I_{L,Gr}$ [A]	29,06	29,06	29,06	29,06
$I_{L,Gr,ex}$ [A]	28,02	18,68	9,34	0,0
$I_{L,Gr,ges}$ [A]	66,42	66,42	66,42	66,42

Auf eine Betrachtung des Lasttyps der fehlerhaften Last wird verzichtet. Bei diesem handelt es sich gemäß Tabelle B.4 im Rahmen dieser Arbeit stets um eine Last mit konstantem Strom. Zudem wird die aus dem Laststrom und der damit einhergehenden Erwärmung resultierende Veränderung des Widerstandes der elektrischen Leitungen und Stecksysteme vernachlässigt. Begründet werden kann dies mit der kurzen simulierten Zeitspanne von 6,4 s in Verbindung mit der Zeitkonstanten der Erwärmung dieser EBN-Komponenten gemäß Abschnitt 4.4. Die

Widerstände dieser EBN-Komponenten werden daher im Modell nicht ausdrücklich konstant gehalten.

7.1.2 Einflussfaktoren auf die Lasten

Die Grundlast beschreibt die zeitgleich aktiven Lasten des EBN eines Fahrzeugs. Die Auswirkungen der Variierung der Grundlast wird im Folgenden ebenfalls untersucht. Die Verhaltensweisen der einzelnen Lasten können Tabelle B.4 entnommen werden. Auf eine detaillierte Betrachtung des Lasttypen der Grundlast nach Abb. 4.71 wird zur Reduzierung der Komplexität verzichtet.

Grundlast

Als Grundlage für die Definition der aktiven Lasten des repräsentativen Fahrzeugs wird das Fahrszenario eines Fahrspurwechsels herangezogen. Das betrachtete Fahrszenario wird schematisch in Abb. 7.2 veranschaulicht.

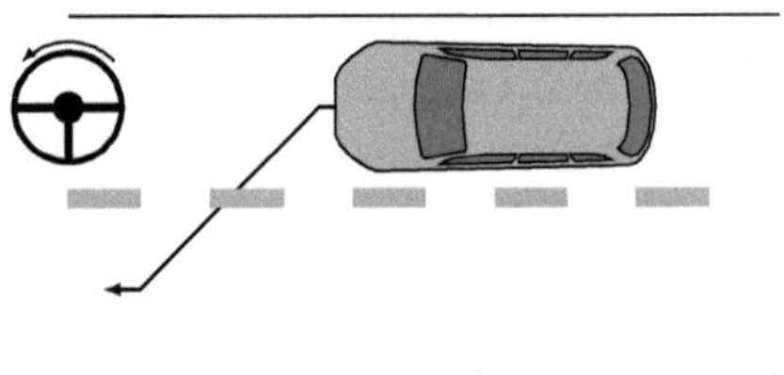

Abbildung 7.2 Schematische Darstellung des Fahrszenarios

Die im System vorliegende Grundlast wird anhand der Stromwerte der in dem betrachteten Fahrszenario aktiven Lasten bei kalten, niederschlagsreichen und dunklen Umgebungsbedingungen empirisch bestimmt. Der Zustand der Lasten im verwendeten Lastszenario wird in Abb. E.1 im Detail veranschaulicht. Die Variierung der Grundlast erfolgt über eine zusätzliche Last $I_{\mathrm{L,Gr,ex}}$. Die sich ergebenden Grundlasten sind in Tabelle 7.3 aufgeführt. Standardmäßig wird ein Wert von 28,02 A für die zusätzliche Last $I_{\mathrm{L,Gr,ex}}$ verwendet. Damit ergibt sich eine gesamte Grundlast $I_{\mathrm{L,Gr,ges}}$ von 66,42 A. Es ist anzumerken, dass hochdynamische Lasten mit einem hohen Leistungsbedarf, wie beispielsweise eine EPS, im betrachteten repräsentativen Gesamtfahrzeug nicht enthalten sind und entsprechend in dieser Arbeit nicht berücksichtigt werden.

Tabelle 7.3 Betrachtete zusätzliche Grundlasten $I_{L,Gr,ex}$

	1	**2**	**3**	**4**	**5**	**6**	**7**	**8**
I_L [A]	9,34	9,34	9,34	9,34	9,34	9,34	9,34	9,34
$I_{L,Gr}$ [A]	29,06	29,06	29,06	29,06	29,06	29,06	29,06	29,06
$I_{L,Gr,ex}$ [A]	0,0	9,34	18,68	28,02	37,36	46,7	56,04	65,38
$I_{L,Gr,ges}$ [A]	38,4	47,74	57,08	66,42	75,76	85,1	94,44	103,78
	9	**10**	**11**	**12**	**13**	**14**	**15**	**16**
I_L [A]	9,34	9,34	9,34	9,34	9,34	9,34	9,34	9,34
$I_{L,Gr}$ [A]	29,06	29,06	29,06	29,06	29,06	29,06	29,06	29,06
$I_{L,Gr,ex}$ [A]	74,72	84,06	93,4	102,74	112,08	121,42	130,76	140,1
$I_{L,Gr,ges}$ [A]	113,12	122,46	131,8	141,14	150,48	159,82	169,16	178,5

7.1.3 Einflussfaktoren auf die Quellen

Generell ist zwischen einem regulären Betrieb des EBN mit passiver und aktiver Quelle und einem singulären Betrieb mit lediglich einer der Quellen zu differenzieren. Das Verhalten der passiven Quelle wird neben der Umgebungstemperatur insbesondere von deren Ladezustand beeinflusst. Entsprechend wird dieser im Folgenden im Detail betrachtet. Das Verhalten der aktiven Quelle in Form eines Drehstrom-Generators wird von der Drehzahl des Motors und der vorgegebenen Sollspannung beeinflusst. Auf eine detaillierte Analyse des Verhaltens in Abhängigkeit der Drehzahl der aktiven Quelle wird verzichtet, da der maximale Strom des Drehstrom-Generators bei für Fahrszenarien typischen Motor- und damit einhergehend auch Generatordrehzahlen gemäß Abb. 4.63 nahezu konstant bleibt. Nachfolgend wird eine Drehzahl des Verbrennungsmotors N_{mot} von $3000\,\text{min}^{-1}$ verwendet. Die Sollspannung des Generators wird dagegen als Einflussfaktor mit betrachtet.

Quellenzustand

Beim Quellenzustand wird zwischen einem regulären Betrieb mit aktiver sowie passiver Quelle und einem singulären Betrieb mit lediglich einer Quelle unterschieden. Der Zustand der Quellen beeinflusst die Spannung an den Lasten und somit auch den Kurzschlussstrom. Die betrachteten Zustände der Quellen werden in Tabelle 7.4 zusammengefasst. Standardmäßig wird von einem regulären Betrieb mit 12 V-Batterie und Drehstrom-Generator ausgegangen.

Tabelle 7.4 Betrachtete Quellenzustände

	1	**2**	**3**
Quellenzustand [–]	Batterie & Generator	Batterie	Generator

Ladezustand

Die Spannung der 12 V-Batterie ist von deren Ladezustand abhängig. Aufgrund der Abhängigkeit der Spannung an den Lasten von dem Ladezustand der Batterie sind auch etwaige Verletzungen von Spannungsgrenzen im Fehlerfall von dem Ladezustand abhängig. Zusätzlich hängt der auftretende Strom im Fehlerfall von der Spannung der Batterie ab. Die betrachteten Ladezustände sind in Tabelle 7.5 aufgeführt. Auf eine Berücksichtigung von Ladezuständen unter 50 % wird wegen der geringen praktischen Relevanz verzichtet. So tritt ein so geringer Ladezustand in der Praxis bei einem angenommenen gemittelten Ruhestrombedarf des Fahrzeugs von 0,05 A unter Verwendung der in dieser Arbeit eingeführten Batterie erst nach rund 20 d auf. Standardmäßig wird ein Ladezustand der Batterie *SOC* von 100 % angenommen.

Tabelle 7.5 Betrachtete Ladezustände der 12 V-Batterie *SOC*

	1	**2**	**3**	**4**	**5**	**6**
SOC [%]	50,0	60,0	70,0	80,0	90,0	100,0

Sollspannung

Auch die Sollspannung des Drehstrom-Generators hat einen direkten Einfluss auf die Spannung an den Lasten sowie den auftretenden Strom im Fall eines Fehlers und damit die im Fehlerfall potentiell auftretenden Rückwirkungen zwischen EBN-Kanälen. Die betrachteten Sollspannungen sind in Tabelle 7.6 aufgeführt. Standardmäßig wird eine Sollspannung von 13,5 V verwendet.

7.1.4 Einflussfaktoren auf die Energieverteilung

Auch die Verteilung der Energie der Quellen zu den Lasten ist von vielfältigen Einflussfaktoren abhängig. Hierbei ist der Widerstand des Kurzschlusses zu nennen. Dieser Einfluss wirkt sich unmittelbar auf den Kurzschlussstrom aus und wird daher den Einflussfaktoren der Energieverteilung und nicht denen des Fehlers zugeord-

Tabelle 7.6 Betrachtete Sollspannungen des Drehstrom-Generators $U_{G,soll}$

	1	**2**	**3**	**4**	**5**	**6**	**7**
$U_{G,soll}$ [V]	12	12,5	13	13,5	14	14,5	15

Tabelle 7.7 Betrachtete Kurzschlusswiderstände $R_{ks,ex}$

	1	**2**	**3**	**4**
$R_{ks,ex}$ [Ω]	$1 \cdot 10^{-3}$	$2 \cdot 10^{-3}$	$3 \cdot 10^{-3}$	$4 \cdot 10^{-3}$
	5	**6**	**7**	**8**
$R_{ks,ex}$ [Ω]	$5 \cdot 10^{-3}$	$6 \cdot 10^{-3}$	$7 \cdot 10^{-3}$	$8 \cdot 10^{-3}$

net. Zudem wird die Auslösecharakteristik des Trennelementes als Einflussfaktor mit betrachtet. Weiterhin ist eine Untersuchung der Auswirkungen der Streuung des Widerstandes der Trenn- und Verbindungselemente des EBN denkbar. Diese resultiert aus Abweichungen der Geometrie sowie der eingesetzten Materialien der jeweiligen EBN-Komponenten. Beispielsweise sind die Grenzwerte für den Widerstand elektrischer Leitungen in Tabelle 4.4 aufgeführt. Auf die Berücksichtigung dieser Streuungen wird nachfolgend verzichtet. Der Einfluss dieser wird durch die Betrachtung des Kurzschlusswiderstandes mit berücksichtigt. Bei Leitungen sind die Streuungen zudem insbesondere bei kleinen Querschnitten relevant, die im EBN lediglich von untergeordneter Bedeutung sind.

Kurzschlusswiderstand

Die Höhe des Kurzschlussstromes ist direkt von dem Kurzschlusswiderstand abhängig. Dieser stellt daher einen relevanten Einflussfaktor für Rückwirkungen zwischen EBN-Kanälen dar. Der Kurzschlusswiderstand wird nachfolgend anhand eines zusätzlichen Widerstandes $R_{ks,ex}$ zwischen dem Punkt des Kurzschlusses im EBN und der Masse variiert. Die betrachteten zusätzlichen Kurzschlusswiderstände sind in Tabelle 7.7 aufgeführt. Standardmäßig wird ein zusätzlicher Widerstand $R_{ks,ex}$ von $1 \cdot 10^{-3}$ Ω berücksichtigt. Dieser Widerstandswert entspricht näherungsweise einer zusätzlichen Leitung aus Kupfer mit einem Querschnitt von 1 mm^2 bei einer Länge von 58,5 mm.

Auslösecharakteristik

Die Auftretensdauer des Kurzschlussstromes ist unmittelbar von der Auslösezeit des Trennelementes abhängig. Die Auslösezeit passiver elektrischer Sicherungen ist dabei von vielfältigen Faktoren abhängig. Diese werden in Abschnitt 2.3.1 beschrieben. Die minimale sowie maximale Auslösecharakteristik ist in der ISO-Norm 8820 standardisiert. So ist die maximale Auslösezeit einer Flachstecksicherung des Typs C bei dem 6-fachen ihres Nennstromes 0, 1 s, während die minimale Auslösezeit 0, 02 s beträgt (ISO Central Secretary 2015, S. 7). Da in der ISO-Norm 8820 keine minimalen und maximalen Auslösezeiten für darüber hinausgehende Überströme definiert sind, werden die genannten Grenzwerte nachfolgend verwendet. Die betrachteten Auslösecharakteristiken sind in Tabelle 7.8 aufgeführt. Standardmäßig wird davon ausgegangen, dass die Auslösecharakteristik des Trennelementes eine typische Verhaltensweise aufweist. Auf eine Betrachtung der Streuung des aktiven Trennelementes wird aufgrund von dessen sehr schneller Auslöseschwelle bei hohen Strömen verzichtet.

Tabelle 7.8 Betrachtete Auslösecharakteristiken

	1	2	3
Auslösecharakteristik [–]	typisch	minimal	maximal

7.1.5 Übergeordnete Einflussfaktoren

Übergeordnete Einflussfaktoren betreffen das EBN als Ganzes und nicht nur einzelne EBN-Komponenten oder Komponentengruppen. Als übergeordnete Einflussfaktoren können allgemein Umgebungsfaktoren genannt werden. Die Umgebungstemperatur wird als übergeordneter Einflussfaktor weitergehend analysiert. Weitere Umgebungsfaktoren können beispielsweise die Luftfeuchtigkeit oder die Luftverschmutzung sein. Diese und weitere Umgebungsfaktoren werden wegen der fehlenden Berücksichtigung im Rahmen der Modellierung der EBN-Komponenten nicht weiter berücksichtigt. Zudem wird der Alterungszustand des EBN als weiterer übergeordneter Einflussfaktor untersucht.

Umgebungstemperatur

Die Umgebungstemperatur T_u beeinflusst den Innenwiderstand sowie die Kapazität der 12 V-Batterie. Zusätzlich sind die Widerstände der PTVs temperaturabhängig. Bei elektrischen Sicherungen wird zudem die Auslösezeit stark von der Temperatur beeinflusst. Die Implementierung der Temperaturabhängigkeit der Komponenten des EBN wird im Rahmen der Modellierung in Kapitel 4 detailliert beschrieben. Es wird zwischen den in Tabelle 7.9 aufgeführten Umgebungstemperaturen variiert. Standardmäßig wird eine Umgebungstemperatur von 20 °C betrachtet.

Tabelle 7.9 Betrachtete Umgebungstemperaturen T_u

	1	**2**	**3**	**4**	**5**	**6**	**7**	**8**
T_u [°C]	−50,0	−40,0	−30,0	−20,0	−10,0	0,0	10,0	<u>20,0</u>
	9	**10**	**11**	**12**	**13**	**14**	**15**	**16**
T_u [°C]	30,0	40,0	50,0	60,0	70,0	80,0	90,0	100,0

Alterungszustand

Es wird zwischen einem neuen und einem gealterten EBN differenziert. Die Alterungseffekte sind sowohl im Modell des elektrischen Stecksystems (siehe Abschnitt 4.4.2) als auch im Modell der 12 V-Batterie (siehe Abschnitt 4.6) berücksichtigt und beeinflussen den Widerstand der jeweiligen Komponenten. Die betrachteten Alterungszustände werden in Tabelle 7.10 zusammengefasst. Standardmäßig wird angenommen, dass das EBN in einem neuen und damit nicht gealterten Zustand vorliegt.

Tabelle 7.10 Betrachtete Alterungszustände

	1	**2**
Alterungszustand [–]	<u>neu</u>	gealtert

7.2 Simulationsdurchführung

Die Simulationen des EBN des repräsentativen Fahrzeugs werden nachfolgend unter Variierung der in Abschnitt 7.1 eingeführten Einflussfaktoren durchgeführt. Dazu wird das verwendete Simulationsmodell des repräsentativen Fahrzeugs zusammenfassend vorgestellt. Die bei der Simulation verwendeten Einstellungen des Lösers werden definiert und die sich ergebenden Simulationszeiten bei Variierung der verschiedenen Einflussfaktoren diskutiert.

7.2.1 Simulationsmodell

Das ESB des 12 V-EBN des repräsentativen Fahrzeugs ist in Abb. 7.3 vereinfacht dargestellt. Dabei sind der EBN-Kanal mit dem Fehler sowie der EBN-Kanal mit dem höchsten Sicherheitsziel in der Darstellung exemplarisch berücksichtigt.

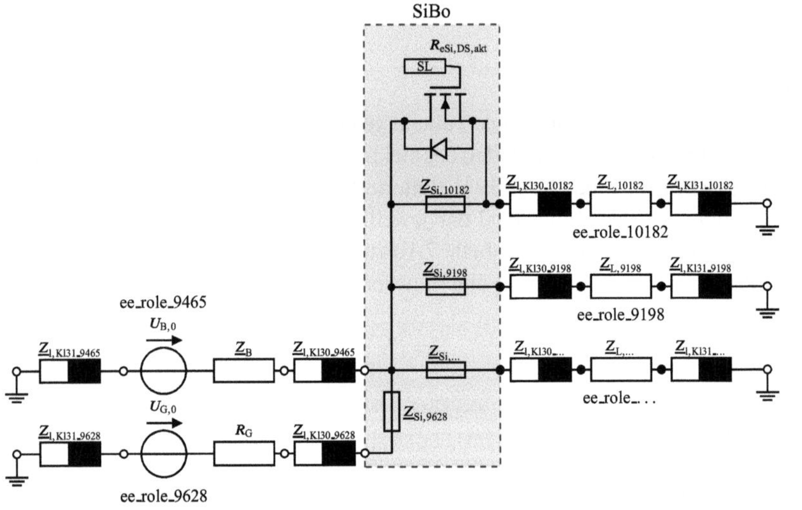

Abbildung 7.3 ESB des 12 V-EBN des repräsentativen Fahrzeugs

Die Trennelemente sowie die elektrischen Stecksysteme aller EBN-Kanäle werden hierbei anhand der in Kapitel 6 vorgestellten Vorgehensweise ausgelegt. Die Ergebnisse sind je Last in Tabelle D.1 aufgeführt. Es wird unabhängig von dem Einsatz eines passiven oder aktiven Trennelementes das größere sich ergebende elektrische Stecksystem gemäß Kapitel 6 verwendet. Hierdurch soll die Vergleichbarkeit des Widerstandes des EBN-Kanals bei Variierung der verwendeten Trennelemente sichergestellt werden. Zudem wird auf die Anpassung der Dimensionierung der elektrischen Leitungen gegenüber dem VEC zur Gewährleistung der Reproduzierbarkeit der nachfolgenden Ergebnisse für das repräsentative Fahrzeug verzichtet.

7.2.2 Einstellungen des Lösers

Aufgrund seiner Kompatibilität mit Modellen mit sowohl Simulink®- als auch Simscape Electrical-Inhalten wird der daessc-Löser der Simulationsumgebung verwendet. Dieser ist für die Lösung von aus physikalischen Systemen resultierenden differential-algebraischen Gleichungen optimiert (The MathWorks, Inc. 2024a). Die Simulationen werden wegen fehlender zeitlicher Anforderungen sowie der besseren Kontrollierbarkeit der sich ergebenden zeitlichen Auflösung der Ergebnisse mit fester Schrittweite durchgeführt. Die Schrittweite muss hierbei deutlich kleiner als die in Abschnitt 4.2 definierten Grenzwerte für die Erkennung einer Rückwirkung sein. Daher wird nachfolgend eine Schrittweite von $2 \cdot 10^{-5}$ s verwendet.

7.2.3 Simulationsfälle

Die in Abschnitt 7.1 definierten Werte je Einflussfaktor werden entsprechend der in Abb. 7.1 veranschaulichten Methode durchlaufen. Dabei werden für die nicht betrachteten Einflussfaktoren jeweils die in Abschnitt 7.1 definierten Standardwerte verwendet. Aus den in Abschnitt 7.1 definierten Einflussfaktoren resultieren insgesamt 128 Simulationsfälle für das EBN des analysierten repräsentativen Fahrzeugs. Auf die Simulation aller theoretisch möglichen Kombinationen der Einflussfaktoren wird wegen der sich ergebenden hohen Anzahl von 12 386 304 Simulationsfällen verzichtet. Die in der Arbeit verwendete Simulationsumgebung ermöglicht die parallele Durchführung von Simulationen auf verschiedenen Rechenkernen (The MathWorks, Inc. 2024c). Die folgenden Berechnungen werden auf einem Hochleistungscomputer gemäß (XFusion 2024 2024) durchgeführt. Dieser verwendet einen Prozessor des Typs (AMD 2024) mit einer Taktrate von 2,7 GHz. Die in der Literatur beschriebenen Ansätze zur effizienten Vorabbestimmung etwaiger kritischer Faktoren, wie (Gerten, Henke et al. 2022) oder (Gerten und Frei 2022), werden

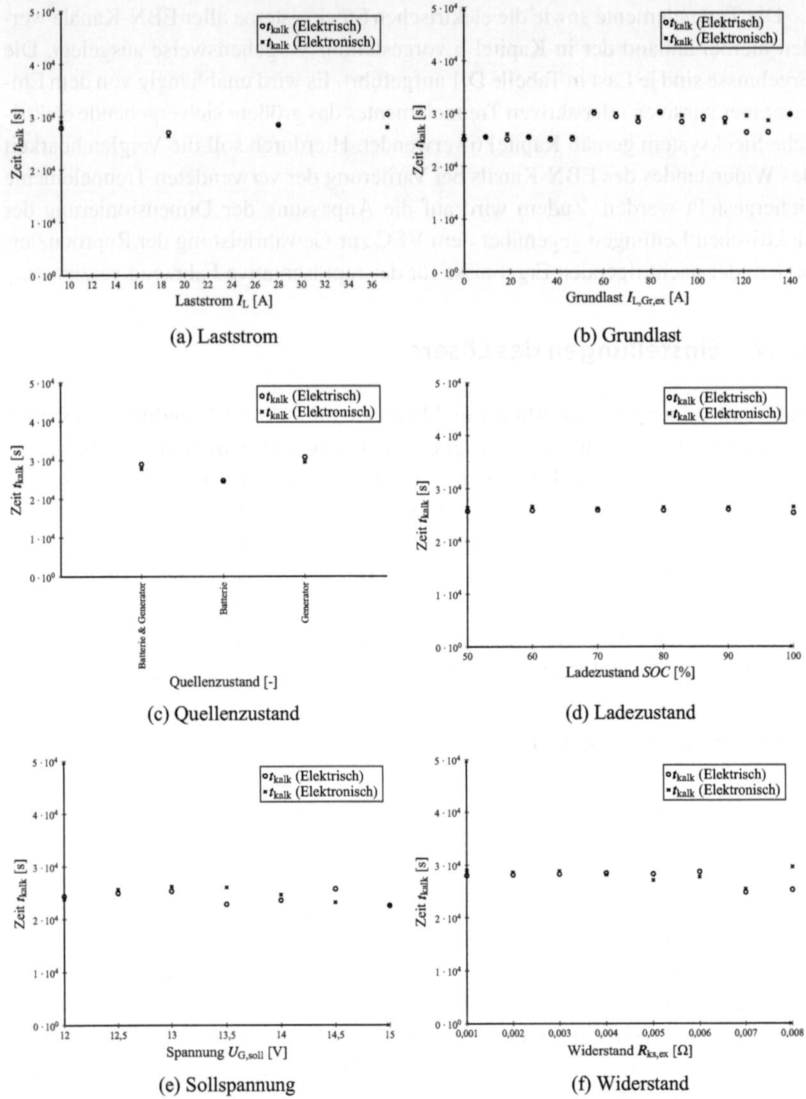

Abbildung 7.4 Rechenzeiten bei Variierung verschiedener Einflussfaktoren

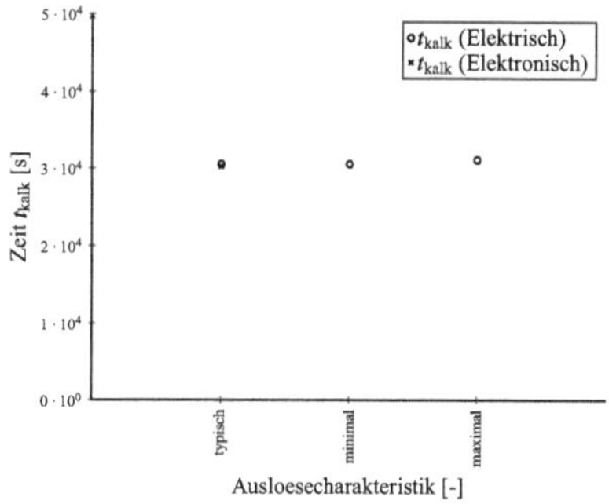

(g) Auslösecharakteristik

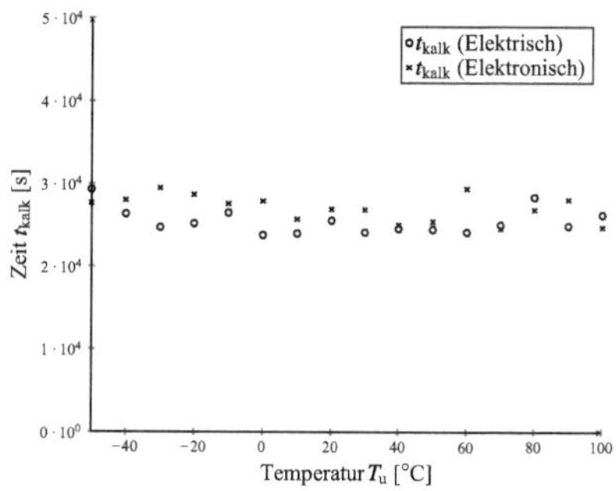

(h) Umgebungstemperatur

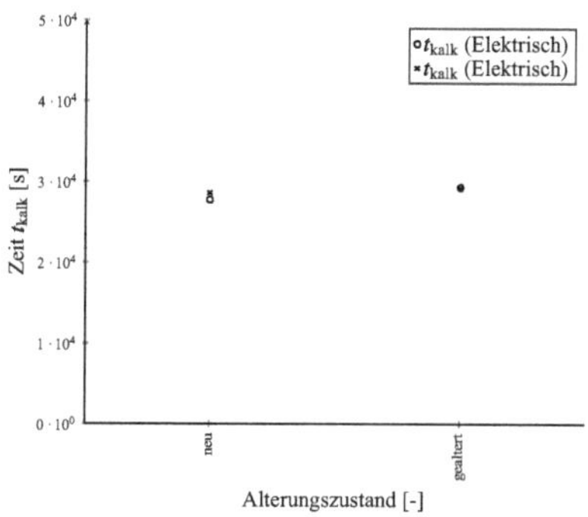

(i) Alterungszustand

Abbildung 7.4 (Continued)

aufgrund der angewendeten alternativen Methodik nicht berücksichtigt. Die benötigte Rechenzeit für eine simulierte Zeit von 6,4 s ist je Einflussfaktor in Abb. 7.4 aufgeführt. Hierbei ist keine systematische Abhängigkeit der Rechenzeit von dem betrachteten Einflussfaktor ersichtlich. Die Simulationszeit kann durch den Verzicht auf induktive und kapazitive Anteile im System potenziell erheblich reduziert werden. Aufgrund der daraus resultierenden ungenaueren Beschreibung der transienten Vorgänge sowie der fehlenden zeitlichen Einschränkungen für die Durchführung der Simulationen wird dieser Ansatz jedoch nicht weiter verfolgt. Die Simulationsergebnisse werden als .mat-Datei gespeichert. Die Auswertung erfolgt automatisiert anhand des in Abschnitt 4.2 definierten Kriteriums unter Verwendung entsprechender Skripte.

7.3 Untersuchung der Einflussfaktoren

Die Ergebnisse der EBN-Simulationen bei Variierung der in Abschnitt 7.1 eingeführten Einflussfaktoren werden nachfolgend anhand des Scheinwerfers vorne links (ee_role_9198) diskutiert. Die Scheinwerfer haben mit einem ASIL-B die höchste Anforderung an die Energieverfügbarkeit der Lasten des repräsentativen Fahrzeugs gemäß (Mürken 2023, S. 116). Eine Rückwirkung liegt gemäß Abschnitt 4.2 vor, wenn die Spannung an der Last für eine Dauer von mindestens 500 µs ununterbrochen unter 6,5 V bleibt.

7.3.1 Einfluss der fehlerhaften Last

Die Ströme und Spannungen in Abhängigkeit des Laststromes der fehlerhaften Last sind in Abb. 7.5 dargestellt. In Abb. 7.5a ist erkennbar, dass die Kurzschlussströme mit steigendem Strom der Last des EBN-Kanals zunehmen. Hierbei ist anzumerken, dass die Widerstände der Trennelemente in allen betrachteten Fällen identisch sind. Der Gesamtstrom in allen Fällen ist, wie in Abb. 7.6 anhand des Stromes der Quellen ersichtlich, vor dem Fehler identisch. Nach Eintritt des Fehlers sind Abweichungen bei der Spannung an den Lasten erkennbar. Daraus resultieren unterschiedliche Kurzschlussströme. Diese geringfügigen Abweichungen lassen sich durch die unterschiedliche Platzierung der zusätzlichen Grundlast gegenüber der eigentlichen Last erklären. Die zusätzliche Grundlast dient in den betrachteten Fällen zum Ausgleich der höheren Ströme dieser Last. So ist die zusätzliche Grundlast mit Kl 30 der SiBo verbunden, während die Last auf einer Sicherungsebene unterhalb der SiBo angeordnet ist. Daraus ergeben sich Unterschiede im thermischen Verhalten und damit auch in den Widerständen der elektrischen Leitungen und Stecksysteme. Die Abweichungen der Dauer des Kurzschlussstromes und des damit einhergehenden Spannungsabfalls in Abb. 7.5b sind signifikant. Ursächlich hierfür ist, dass die Auslösezeit einer größeren passiven elektrischen Sicherung bei einem vergleichbaren Kurzschlussstrom deutlich länger ausfällt. Die elektronische Sicherung löst dagegen bei allen betrachteten Lastströmen sehr schnell aus.

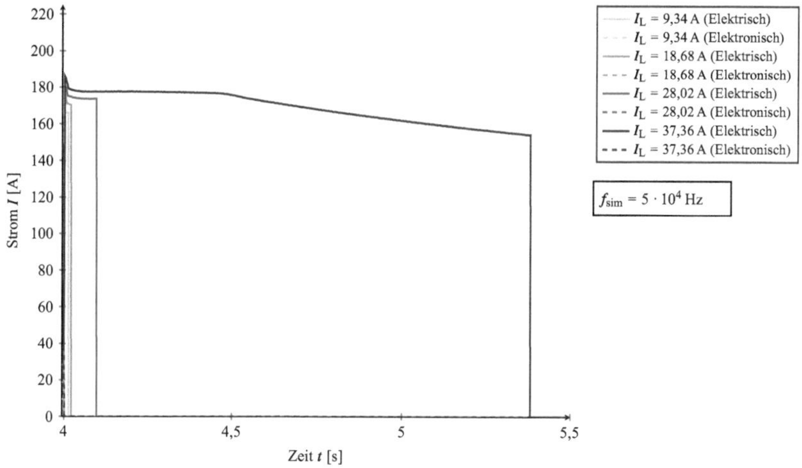

(a) Strom

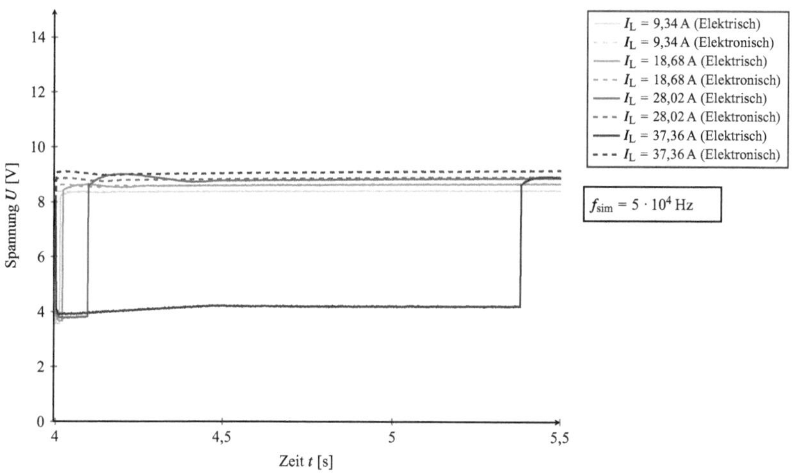

(b) Spannung

Abbildung 7.5 Verhalten in Abhängigkeit des Laststromes

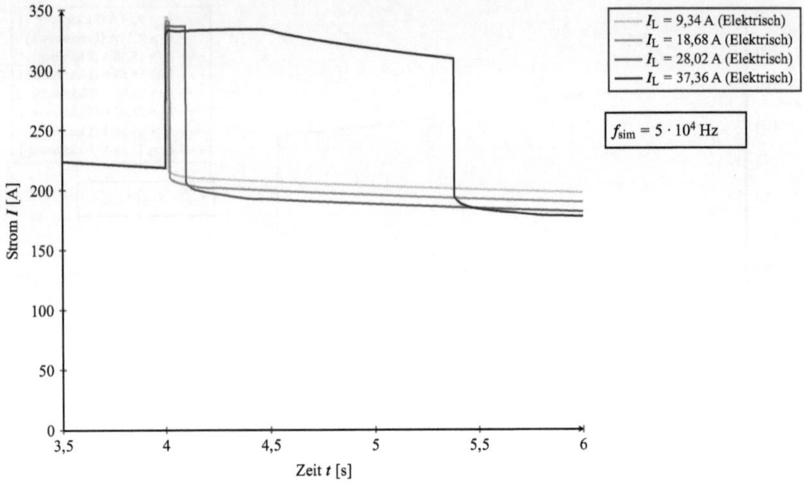

Abbildung 7.6 Strom der Quellen in Abhängigkeit des Laststromes

$t_{<6,5\,V}$ an der ASIL-Last ist für verschiedene Ströme der fehlerhaften Last in Abb. 7.7 dargestellt. Das Sicherheitsziel der sicherheitsrelevanten Last wird bei Verwendung einer passiven elektrischen Sicherung bei allen betrachteten Lastströmen der fehlerhaften Last verletzt. Die gezeigten Ergebnisse verdeutlichen zudem, dass insbesondere EBN-Kanäle mit Lasten mit hohem Strom und entsprechend dimensionierter passiver elektrischer Sicherung im Fehlerfall potentiell Rückwirkungen verursachen können. Lasten mit niedrigen Strömen und entsprechend dimensionierten passiven elektrischen Sicherungen können hingegen als weniger kritisch eingestuft werden. Das Verhältnis von dem auftretenden Kurzschlussstrom zum Auslösestrom der passiven elektrischen Sicherung ist hierbei für die Auslösezeit entscheidend. Bei Verwendung elektronischer Sicherungen wird das Sicherheitsziel der ASIL-Last dahingegen nicht verletzt. Basierend darauf sollten insbesondere EBN-Kanäle, die mit passiven elektrischen Sicherungen mit hohem Nennstrom abgesichert sind, kritisch auf die potentielle Verursachung von Sicherheitszielverletzungen überprüft werden. Neben dem Nennstrom ist auch der Typ der verwendeten passiven elektrischen Sicherung von Relevanz. So sind Sicherungen des Typs C beziehungsweise F weniger träge als beispielsweise Sicherungen des Typs E.

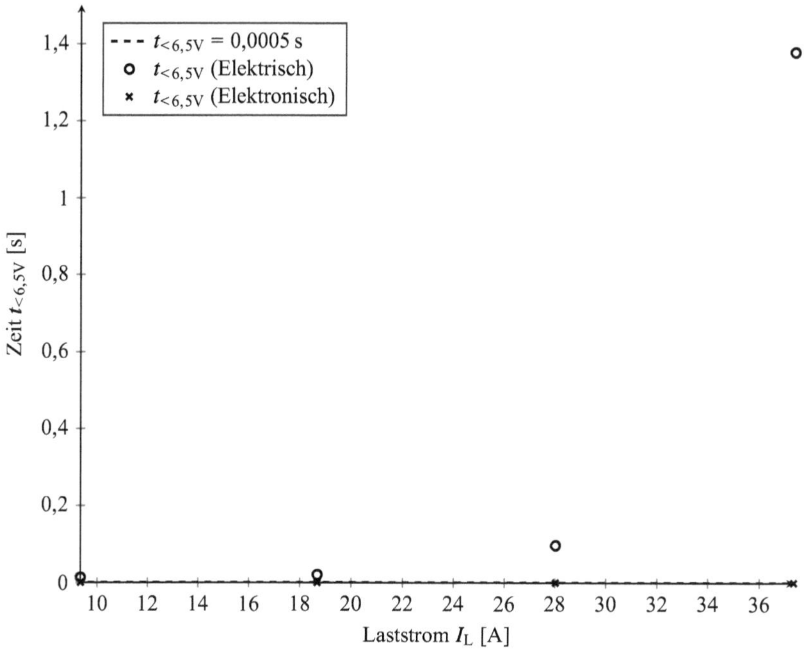

Abbildung 7.7 $t_{<6,5\,V}$ in Abhängigkeit des fehlerhaften Kanals

7.3.2 Einfluss der Grundlast

Die Verläufe von Strom und Spannung bei verschiedenen Grundlasten sind in Abb. 7.8 dargestellt. In Abb. 7.8a ist zu erkennen, dass der auftretende Kurzschlussstrom mit steigender Grundlast sinkt. Ursächlich hierfür ist der Anstieg des Innenwiderstandes der 12 V-Batterie mit steigender Entladegeschwindigkeit. Auch kann der aus dem höheren Strom, aufgrund der Erwärmung der Trenn- und Verbindungselemente, resultierende höhere Widerstand des EBN als Ursache angeführt werden. Ein geringerer Kurzschlussstrom tritt aufgrund der längeren Auslösezeit der passiven elektrischen Sicherung bei niedrigeren Strömen für eine längere Dauer auf. Die Darstellung von $t_{<6,5\,V}$ ist bei hohen Grundlasten nicht sinnvoll, da die Spannung selbst im fehlerfreien Zustand unter 6,5 V liegt. In solchen Fällen wird stattdessen $t_{<3\,V}$ herangezogen. $t_{<x\,V}$ an der ASIL-Last ist für verschiedene Grundlasten in Abb. 7.9 dargestellt. Das Sicherheitsziel der Last wird bei Verwendung einer passiven elektrischen Sicherung bei allen betrachteten Grundlasten verletzt. Bei Einsatz einer elektronischen Sicherung wird das Sicherheitsziel dahingegen eingehalten.

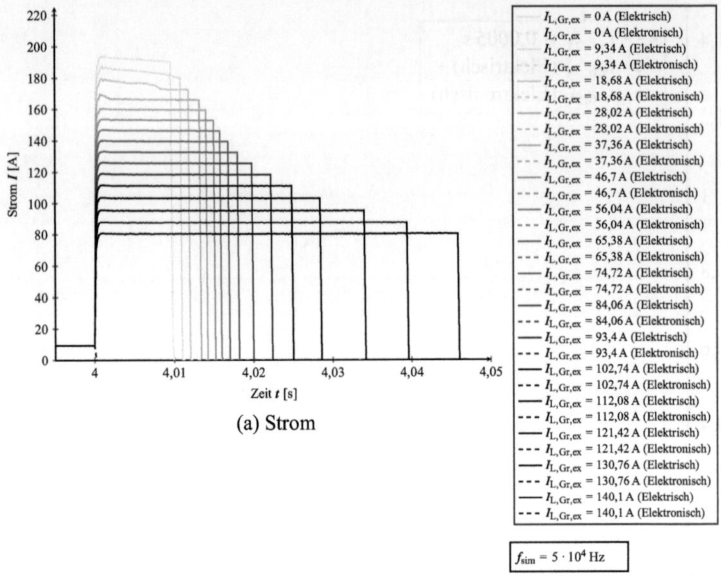

(a) Strom

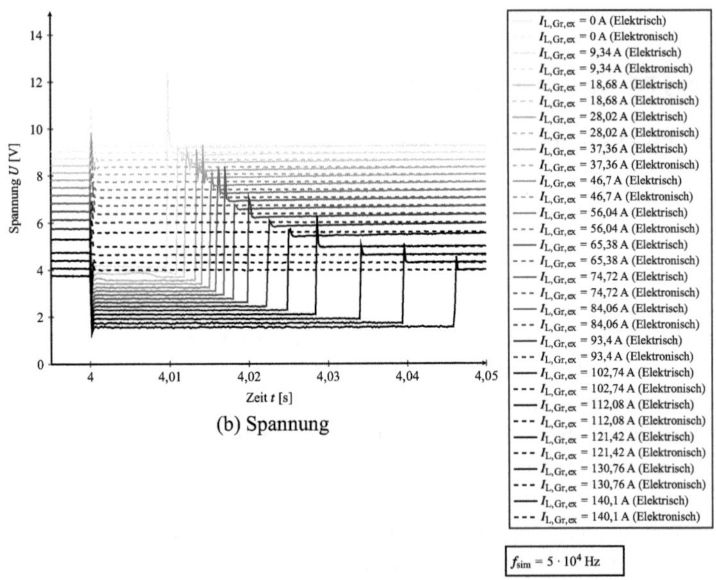

(b) Spannung

Abbildung 7.8 Spannungsabfall in Abhängigkeit der Grundlast

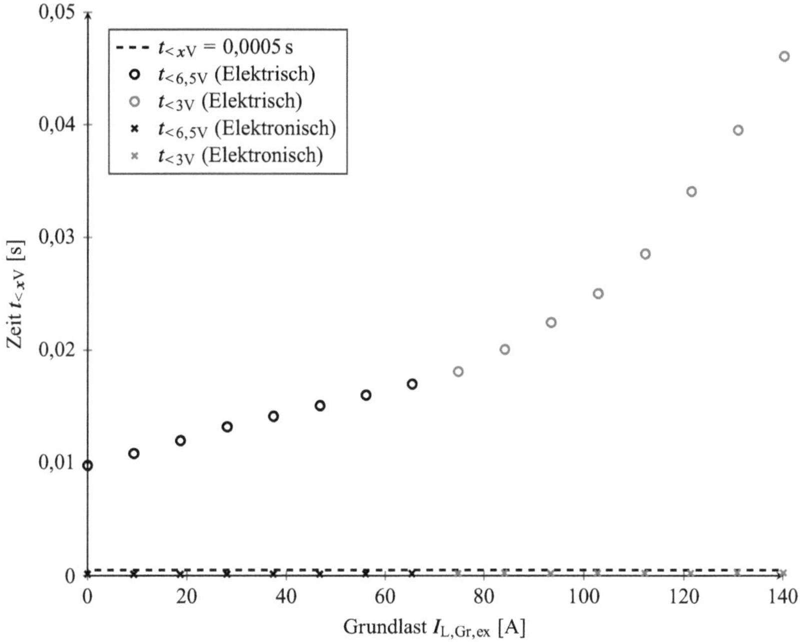

Abbildung 7.9 $t_{<xV}$ in Abhängigkeit der Grundlast

Daraus geht hervor, dass insbesondere bei hohen Grundlasten im EBN Rückwirkungen auftreten können. Hohe Grundlasten sind besonders in Winterszenarien typisch, bedingt durch die zahlreichen aktiven Heizelemente. Ein pauschaler Rückschluss auf besonders kritische Ausstattungsvarianten ist jedoch nicht möglich, da EBNs hoch ausgestatteter Fahrzeuge in der Regel über leistungsstärkere Quellen verfügen.

7.3.3 Einfluss des Quellenzustandes

Die Ströme und Spannungen bei den verschiedenen Zuständen der Quellen sind in Abb. 7.10 dargestellt. In Abb. 7.10a ist erkennbar, dass der Kurzschlussstrom im regulären Betrieb mit beiden Quellen gegenüber den auftretenden Strömen im singulären Betrieb deutlich höher ausfällt. Aufgrund der damit einhergehenden kürzeren Auslösezeit des Trennelementes ist in Abb. 7.10b eine kürzere Dauer des Spannungsabfalls erkennbar. Es wird weiterhin deutlich, dass die Spannung an der ASIL-Last im singulären Betrieb auch ohne Fehlerfall die Grenze von 6,5 V nicht

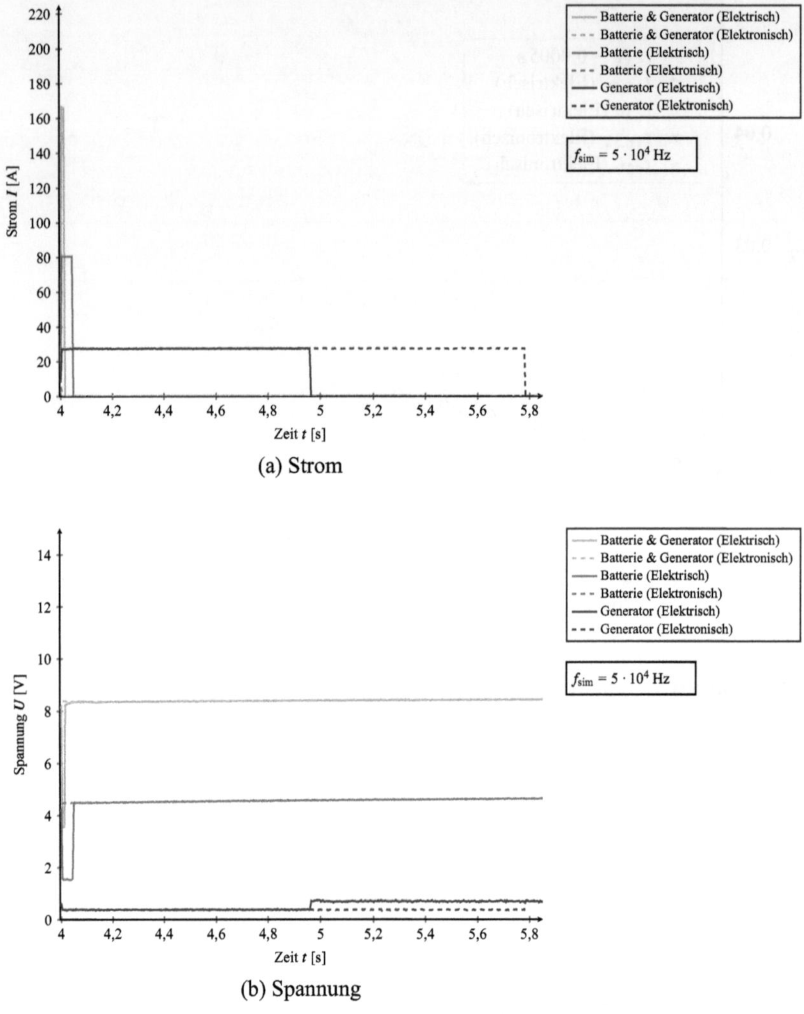

Abbildung 7.10 Verhalten in Abhängigkeit des Quellenzustandes

überschreitet. Ursächlich hierfür ist der vergleichsweise hohe Widerstand des EBN-Kanals der Quellen sowie der Last im repräsentativen Fahrzeug. Die Darstellung von $t_{<6,5\,V}$ in Abhängigkeit von dem Zustand der Quellen ist wegen der geringeren Spannungen im singulären Betrieb nicht zielführend. Entsprechend sind in Abb. 7.11 neben $t_{<6,5\,V}$ zusätzlich $t_{<3\,V}$ und $t_{<0,5\,V}$ abgebildet. Das Kriterium eines Maximalwertes von 500 µs für $t_{<xV}$ wird mit einer passiven elektrischen Sicherung bei keinem der betrachteten Quellenzustände erfüllt. Bei Verwendung einer elektronischen Sicherung wird die Grenze von 500 µs für $t_{<6,5\,V}$ beziehungsweise $t_{<3\,V}$ im regulären sowie singulären Betrieb mit 12 V-Batterie eingehalten. Aufgrund des geringen Fehlerstromes löst auch die elektronische Sicherung im singulären Betrieb mit einem Drehstrom-Generator sehr langsam aus. In diesem Fall wird das Sicherheitsziel der Last sowohl bei Verwendung einer passiven elektrischen Sicherung als auch einer elektronischen Sicherung verletzt. Die gezeigten Ergebnisse verdeutlichen, dass das Szenario einer singulären Versorgung des EBN im Rahmen der Fahrzeugauslegung zwingend betrachtet werden muss.

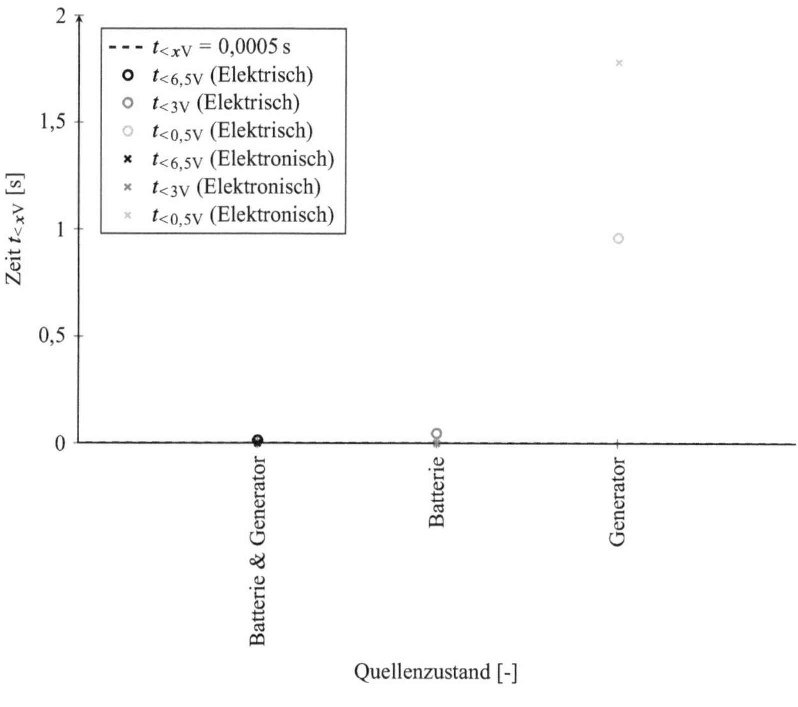

Abbildung 7.11 $t_{<xV}$ in Abhängigkeit des Quellenzustand

7.3.4 Einfluss des Ladezustandes

Die Ströme und Spannungen in Abhängigkeit des Ladezustandes sind in Abb. 7.12 dargestellt. In Abb. 7.12a ist ein steigender Kurzschlussstrom mit steigendem

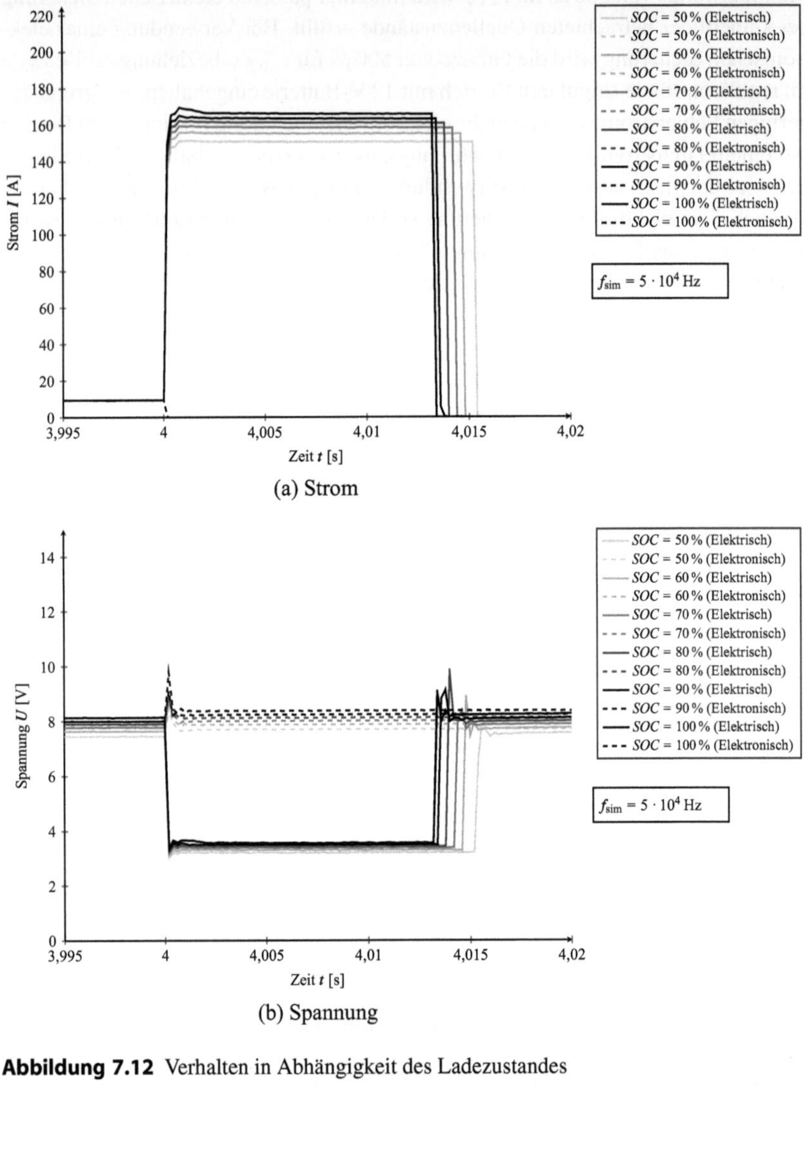

Abbildung 7.12 Verhalten in Abhängigkeit des Ladezustandes

Ladezustand erkennbar. Ursächlich hierfür ist der sinkende Innenwiderstand der 12 V-Batterie bei steigendem Ladezustand. Aus dem steigenden Kurzschlussstrom und der damit einhergehenden kürzeren Auslösezeit des Trennelementes resultiert in Abb. Abb. 7.12b eine kürzere Dauer des Spannungsabfalls. Für verschiedene Ladezustände *SOC* der passiven Quelle ist $t_{<6,5\,\mathrm{V}}$ in Abb. 7.13 dargestellt. Das Sicherheitsziel der Last wird bei Verwendung einer passiven elektrischen Sicherung bei allen betrachteten Ladezuständen verletzt, während es bei Einsatz einer elektronischen Sicherung stets eingehalten wird. Niedrige Ladezustände stellen den kritischen Fall bei der Auslegung des EBN dar. Die Auswirkungen sind jedoch gering, da der Innenwiderstand der 12 V-Batterie bei Ladezuständen zwischen 100 % und 50 % nur geringfügig ansteigt, wie in Abb. 4.57 dargestellt.

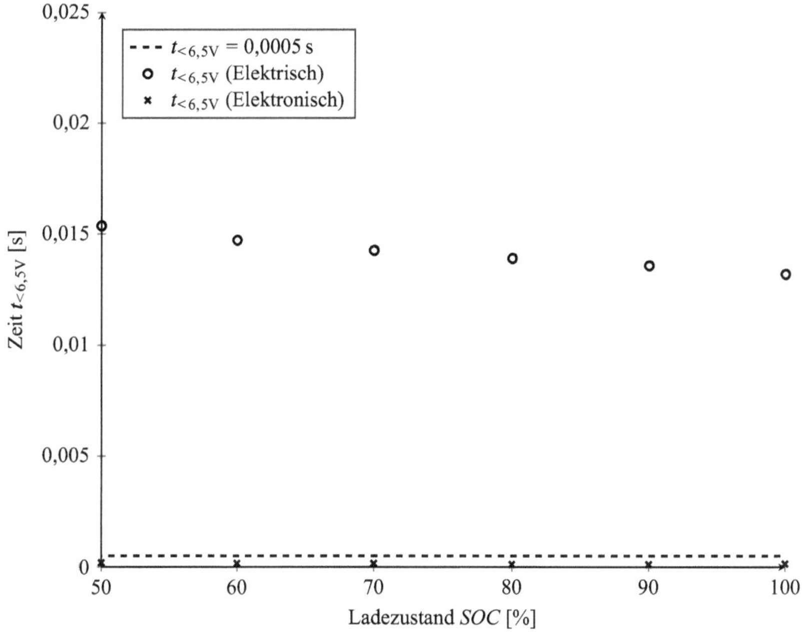

Abbildung 7.13 $t_{<6,5\,\mathrm{V}}$ in Abhängigkeit des Ladezustandes

7.3.5 Einfluss der Sollspannung der aktiven Quelle

Die Ströme und Spannungen bei verschiedenen Sollspannungen der aktiven Quelle in Form des Drehstrom-Generators sind in Abb. 7.14 dargestellt. In Abb. 7.14a ist ein

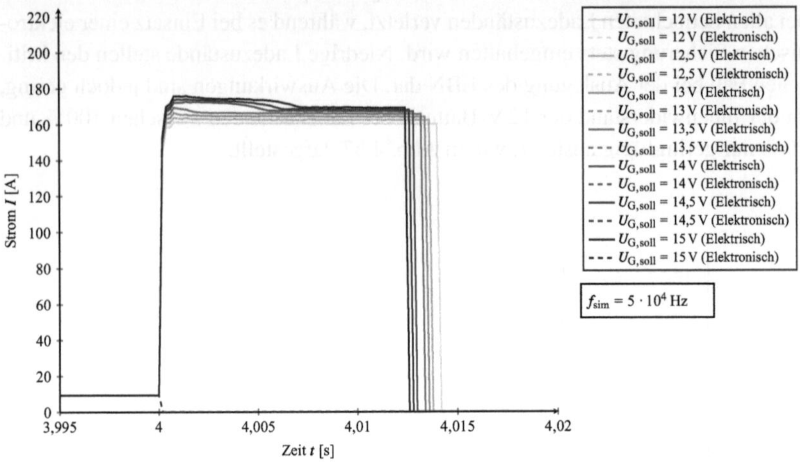

(a) Strom

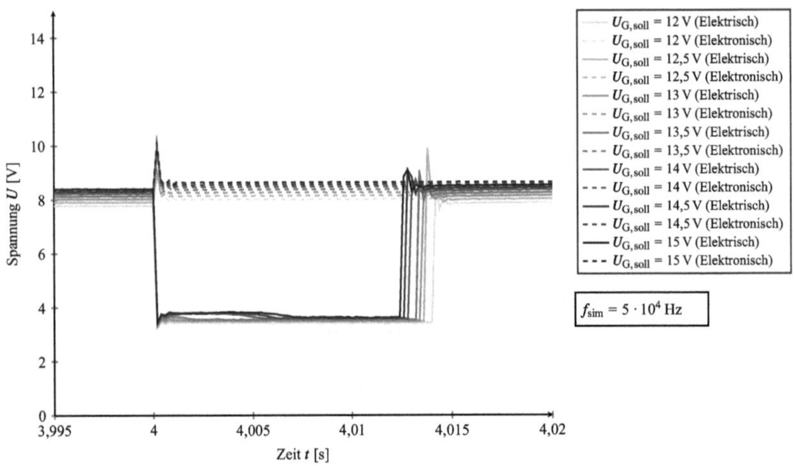

(b) Spannung

Abbildung 7.14 Verhalten in Abhängigkeit der Sollspannung der aktiven Quelle

Anstieg des Kurzschlussstromes mit steigender Sollspannung erkennbar. Wegen des steigenden Stromes löst das Trennelement schneller aus und die Dauer des Abfalls der Spannung ist, wie in Abb. 7.14b dargestellt, kürzer. Zudem ist in Abb. 7.14b, entsprechend der Erwartungshaltung, ein Anstieg der Spannung an der Last mit steigender Sollspannung der aktiven Quelle erkennbar. $t_{<6,5\,V}$ ist in Abb. 7.15 bei verschiedenen Sollspannungen der aktiven Quelle dargestellt. Das Sicherheitsziel der Last wird bei allen betrachteten Sollspannungen der aktiven Quelle mit einer passiven elektrischen Sicherung verletzt, während es bei Verwendung einer elektronischen Sicherung eingehalten wird. Niedrige Sollspannungen der aktiven Quelle sind bei der Auslegung als kritisch einzustufen, wenngleich die Kritikalität des Einflussfaktors der Sollspannung der aktiven Quelle insgesamt als gering eingeschätzt werden kann.

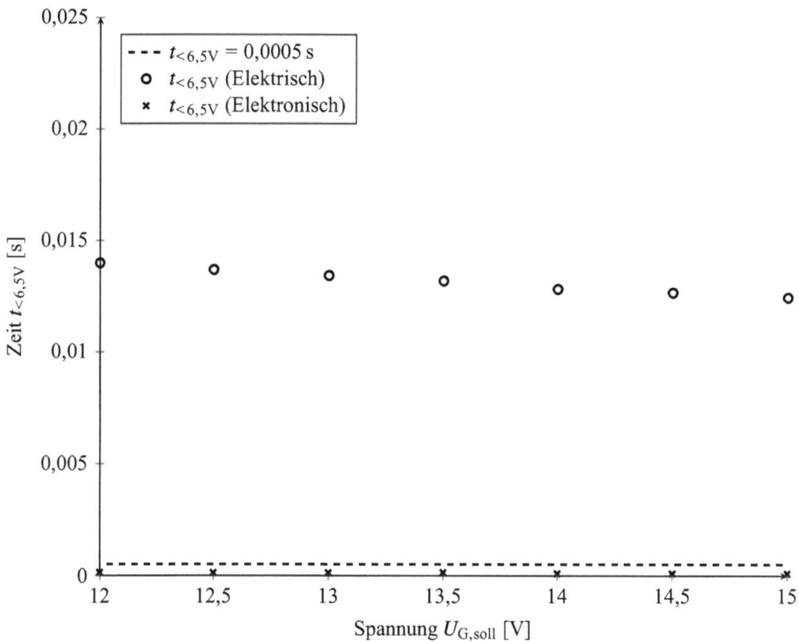

Abbildung 7.15 $t_{<6,5\,V}$ in Abhängigkeit der Sollspannung der aktiven Quelle

7.3.6 Einfluss des Kurzschlusswiderstandes

Die auftretenden Ströme bei verschiedenen Kurzschlusswiderständen sind in Abb. 7.16a abgebildet. Die höchsten Kurzschlussströme treten hierbei entsprechend der Erwartungshaltung bei den geringsten Widerständen auf. Die Dauer des Spannungs-

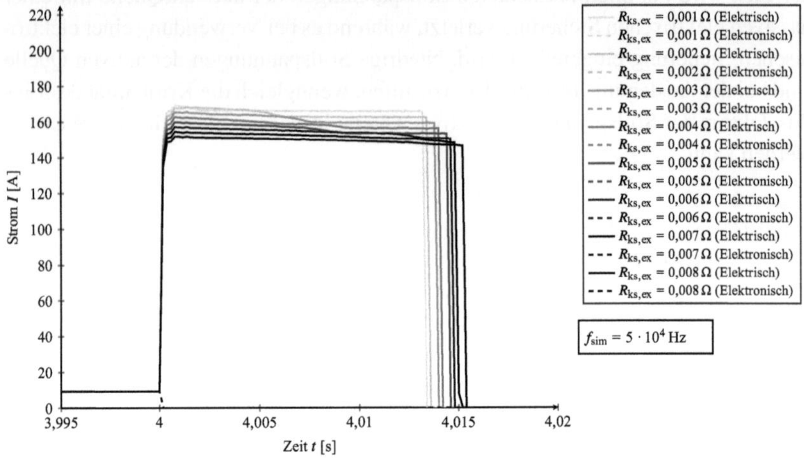

(a) Strom

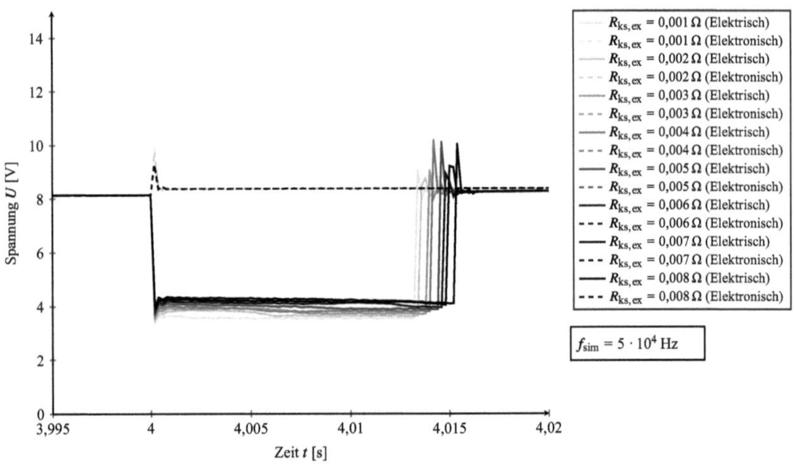

(b) Spannung

Abbildung 7.16 Verhalten in Abhängigkeit des Widerstandes

abfalls sinkt mit steigender Höhe des Kurzschlussstromes. Ursächlich hierfür ist die kürzere Auslösezeit der passiven elektrischen Sicherung bei höheren Strömen. Zudem ist in Abb. 7.16b erkennbar, dass die Spannung an der ASIL-Last mit steigendem Widerstand weniger stark abfällt. Auch hierfür ist die mit der Erhöhung des Widerstandes einhergehende Senkung des Kurzschlussstromes ursächlich. Anhand von Abb. 7.16 ergibt sich $t_{<6,5\,\mathrm{V}}$ in Abhängigkeit des Kurzschlusswiderstandes in Abb. 7.17. Das Sicherheitsziel der Last wird bei allen betrachteten Kurzschlusswiderständen mit einer passiven elektrischen Sicherung verletzt, während es bei Verwendung einer elektronischen Sicherung eingehalten wird.

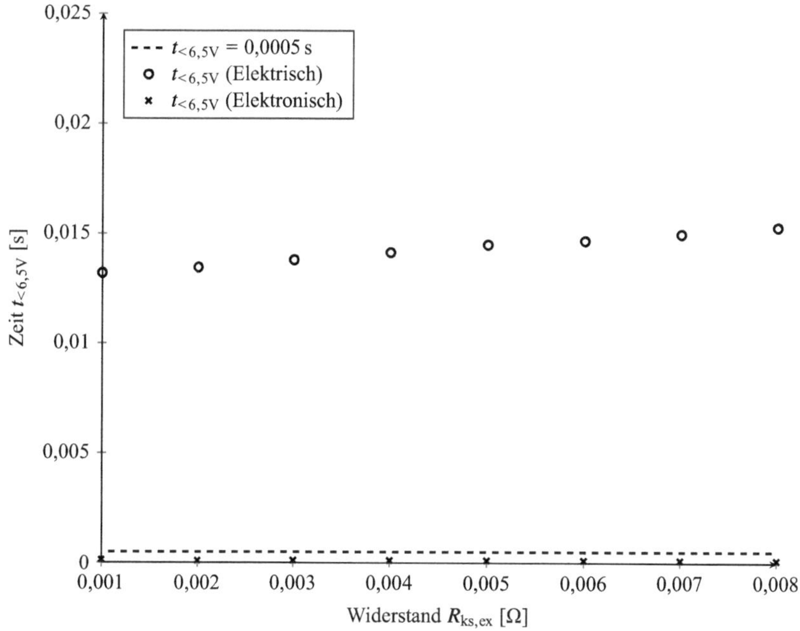

Abbildung 7.17 $t_{<6,5\,\mathrm{V}}$ in Abhängigkeit des Kurzschlusswiderstandes

Basierend darauf müssen Lasten in EBN-Kanälen mit niedrigen Widerständen, beispielsweise aufgrund kurzer elektrischer Leitungen mit großem Querschnitt, im Rahmen der Auslegung sorgfältig analysiert werden. Es ist jedoch zu beachten, dass der Einfluss des Kurzschlusswiderstandes fallspezifisch bewertet werden muss. Der durch den höheren Widerstand bedingte, länger andauernde Kurzschlussstrom kann erst zu einer Verletzung des Sicherheitszieles führen.

7.3.7 Einfluss der Auslösecharakteristik

Die sich ergebenden Ströme und Spannungen bei den verschiedenen Auslösecharakteristiken des Trennelementes in Form einer passiven elektrischen Sicherung sind in Abb. 7.18 dargestellt. Hierbei ist ersichtlich, dass die Auftretensdauer des Kurzschlussstromes und damit einhergehend des Spannungsabfalls in den Simulationen bei der typischen Auslösecharakteristik kürzer ist als bei der verwendeten minimalen Auslösecharakteristik für den 6-fachen Nennstrom der Sicherung gemäß ISO-Norm 8820. Dies entspricht aufgrund der Höhe des Stromes in Abb. 7.18a der Erwartungshaltung. In Abb. 7.18 fällt zudem auf, dass die maximale Auslösecharakteristik der Sicherung die Dauer der minimalen Charakteristik um ein Vielfaches übersteigt. Abweichungen der Spannung sind nicht erkennbar. Dies entspricht der Erwartungshaltung, da der Widerstand des EBN-Kanals in allen Fällen identisch ist. So ergeben sich die in Abb. 7.19 dargestellten Werte für $t_{<6{,}5\,\mathrm{V}}$. Das Sicherheitsziel wird bei allen Auslösecharakteristiken der passiven elektrischen Sicherung verletzt. Die Auslösecharakteristik der passiven elektrischen Sicherung beeinflusst direkt die Dauer bis zur Isolation des fehlerhaften EBN-Kanals und somit die Dauer des Kurzschlussstromes. Dabei ist zu beachten, dass die maximale Auslösezeit je nach Sicherungstyp erheblich variieren kann. Beispielsweise beträgt die maximale Auslösezeit einer passiven elektrischen Sicherung des Typs C bei dem 6-fachen ihres Nennstromes 0,1 s, während diese bei einer Sicherung des Typs E bei 1 s liegt (ISO Central Secretary 2015, S. 7).

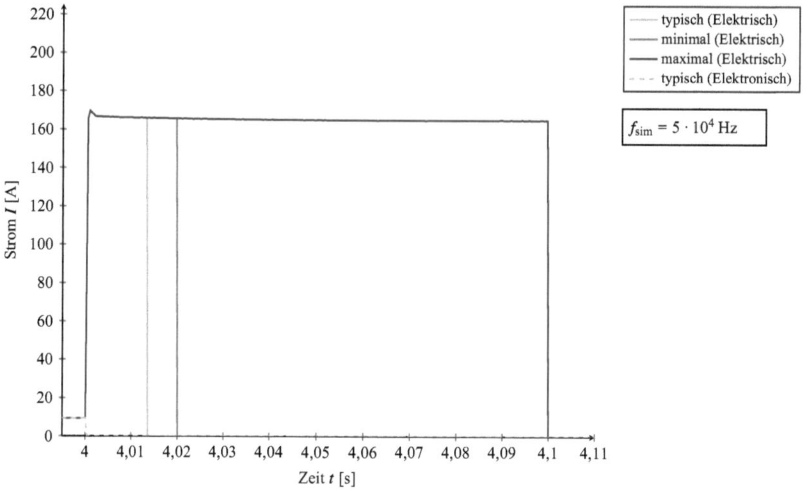

(a) Strom

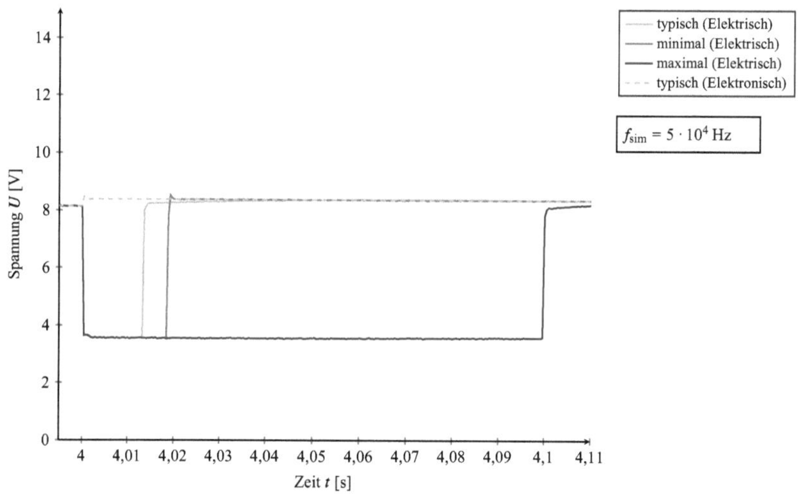

(b) Spannung

Abbildung 7.18 Spannungsabfall in Abhängigkeit der Auslösecharakteristik

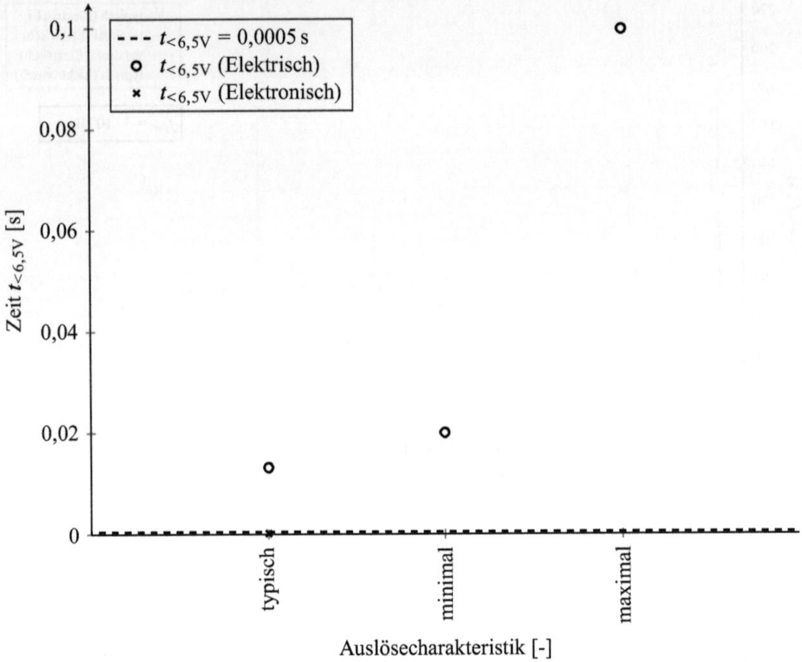

Abbildung 7.19 $t_{<6,5\,V}$ in Abhängigkeit der Auslösecharakteristik

7.3.8 Einfluss der Umgebungstemperatur

Der Strom am EBN-Kanal mit dem Fehler sowie die Spannung am EBN-Kanal mit der Last mit dem höchsten Sicherheitsziel sind in 7.20 dargestellt. In Abb. 7.20a ist ersichtlich, dass der höchste Strom bei der niedrigsten betrachteten Umgebungstemperatur auftritt. Der geringste Strom tritt dagegen bei der höchsten Temperatur auf. Dieses Verhalten kann mit den steigenden Widerständen der Trenn- und Verbindungselemente in Form elektrischer Leitungen und Stecksysteme mit steigender Temperatur begründet werden. Trotz des geringen Stromes ist die Dauer des Spannungseinbruches bei hohen Temperaturen gemäß Abb. 7.20b am geringsten. Ursächlich hierfür ist die kürzere Auslösezeit elektrischer Sicherungen bei hohen Temperaturen. Es ist jedoch zu beachten, dass das verwendete Simulationsmodell der 12 V-Batterie lediglich zwischen −18 °C und 20 °C parametriert ist. Das Verhalten des Fahrzeugmodells bei Temperaturen außerhalb dieses Bereichs muss entsprechend kritisch hinterfragt werden.

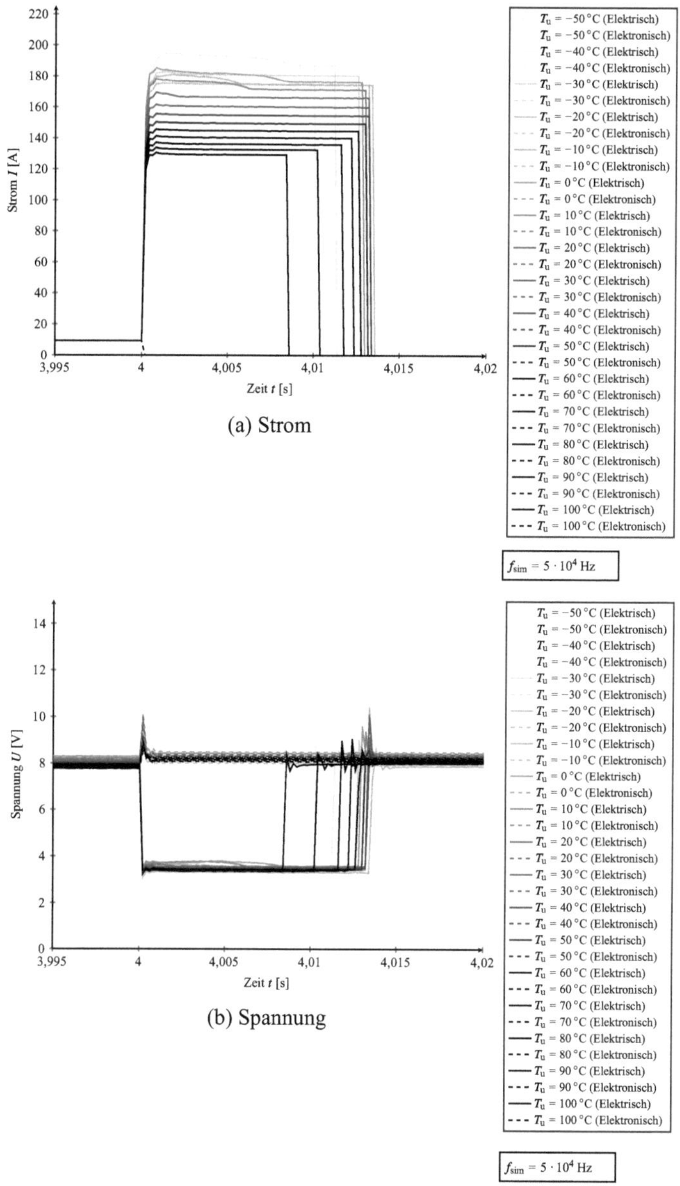

Abbildung 7.20 Verhalten in Abhängigkeit der Umgebungstemperatur

Basierend auf Abb. 7.20 ergibt sich $t_{<6,5\,\mathrm{V}}$ an der ASIL-Last für verschiedene Umgebungstemperaturen T_u in Abb. 7.21. Das Sicherheitsziel der Last wird bei allen betrachteten Temperaturen verletzt. In Abb. 7.20 ist ersichtlich, dass $t_{<6,5\,\mathrm{V}}$ bei sehr geringen und sehr hohen Temperatur am kürzesten ist. Es wird deutlich, dass der Einfluss der Umgebungstemperatur nicht linear verläuft, weshalb eine fallspezifische Analyse des Einflusses im Rahmen der Auslegung notwendig ist.

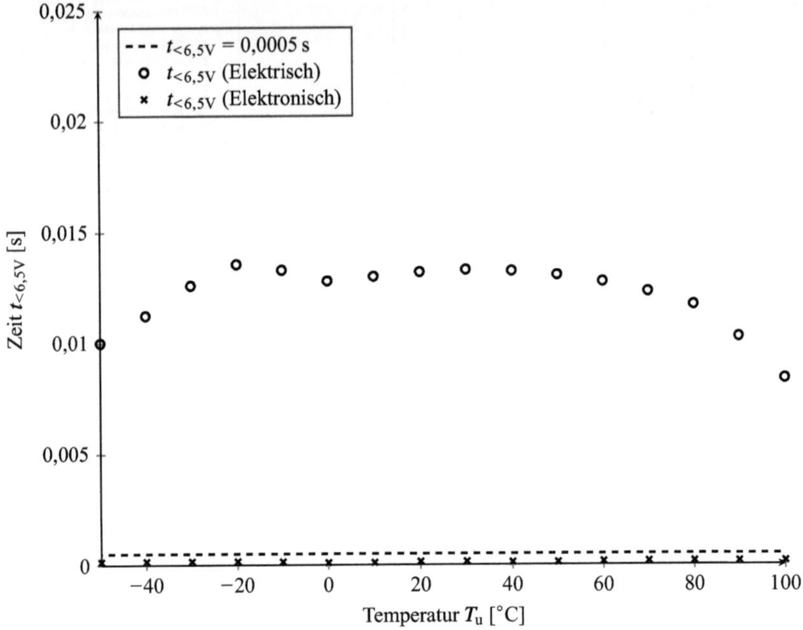

Abbildung 7.21 $t_{<6,5\,\mathrm{V}}$ in Abhängigkeit der Umgebungstemperatur

7.3.9 Einfluss des Alterungszustandes

Der Strom am fehlerhaften EBN-Kanal sowie die Spannung an der betrachteten Last sind bei verschiedenen Alterungszuständen des EBN in Abb. 7.22 dargestellt. In Abb. 7.22 ist erkennbar, dass der Kurzschlussstrom mit zunehmender Alterung des EBN sinkt. Ursache hierfür sind die mit voranschreitender Alterung steigenden Widerstände der 12 V-Batterie sowie der elektrischen Stecksysteme. So ist die

Spannung an der Last vor dem Kurzschluss im Fall eines nicht gealterten EBN, wie in Abb. 7.22b dargestellt, höher.

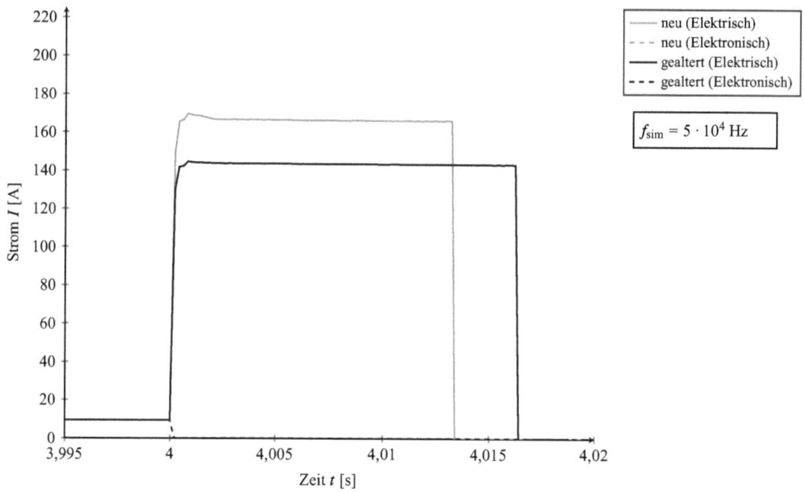

(a) Strom

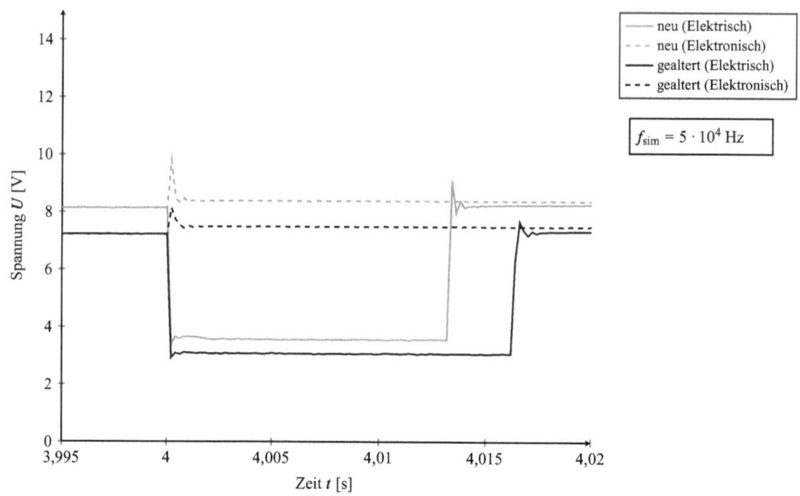

(b) Spannung

Abbildung 7.22 Verhalten in Abhängigkeit des Alterungszustandes

Die Dauer $t_{<6,5\,\mathrm{V}}$ ist bei verschiedenen Alterungszuständen des EBN in Abb. 7.23 abgebildet. $t_{<6,5\,\mathrm{V}}$ ist hierbei in allen betrachteten Fällen größer als 500 µs. Das Sicherheitsziel wird daher in keinem der betrachteten Alterungszustände bei Verwendung passiver elektrischer Sicherungen eingehalten. Es wird jedoch die Steigerung von $t_{<6,5\,\mathrm{V}}$ mit stattfindender Alterung deutlich.

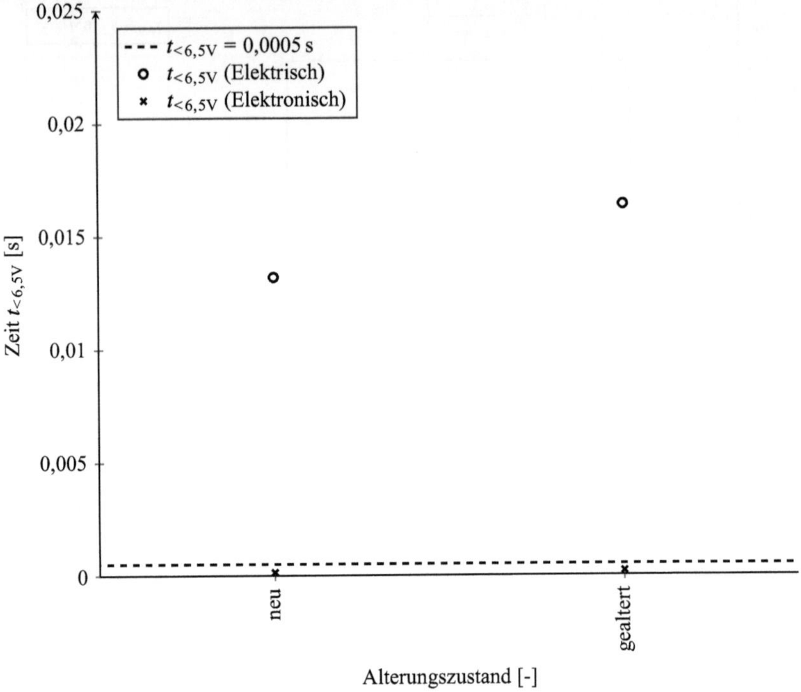

Abbildung 7.23 $t_{<6,5\,\mathrm{V}}$ in Abhängigkeit des Alterungszustandes

Der Einfluss der Alterung des EBN ist, wie der des Kurzschlusswiderstandes, fallbezogen zu beurteilen. Insgesamt kann der Einfluss jedoch als gering eingeschätzt werden.

7.4 Vergleich der Einflussfaktoren

Nachfolgend wird die Dauer des Spannungsabfalls unter 6,5 V $t_{<6,5\,\mathrm{V}}$ bei Variierung der verschiedenen Einflussfaktoren verglichen. Die Dauer $t_{<6,5\,\mathrm{V}}$ wird für den Einsatz passiver elektrischer Sicherungen in Abb. 7.24 zusammengefasst. Hierbei ist erkennbar, dass der Strom der Last des fehlerhaften EBN-Kanals, der Zustand der Quellen, sowie die Auslösecharakteristik der passiven elektrischen Sicherung den größten Einfluss auf $t_{<6,5\,\mathrm{V}}$ haben.

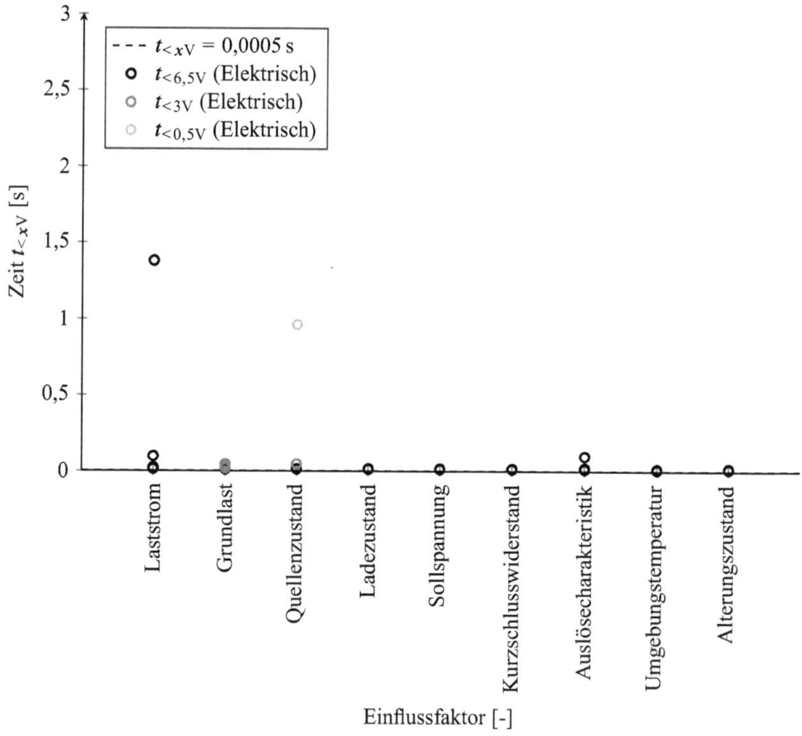

Abbildung 7.24 $t_{<6,5\,\mathrm{V}}$ mit passiver elektrischer Sicherung

Für einen tiefergehenden Vergleich der Einflussfaktoren wird in Abb. 7.25 eine Detailansicht gegeben. Zusätzlich zu den bereits erwähnten Einflussfaktoren wird hier die Bedeutung der Grundlast deutlich, insbesondere bei hohen Werten. Der Einfluss der anderen in dieser Arbeit untersuchten Faktoren ist hingegen überschaubar.

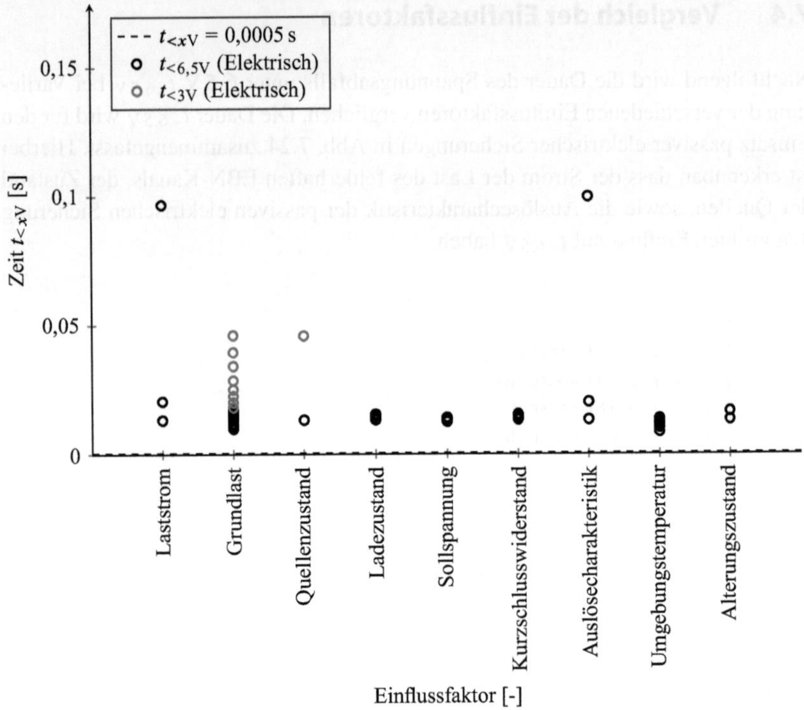

Abbildung 7.25 $t_{<6,5\,\mathrm{V}}$ mit passiver elektrischer Sicherung (Detail)

In Tabelle 7.11 ist aufgeführt, für welchen Wert des jeweiligen Einflussfaktors die minimale $\min(t_{<6,5\,\mathrm{V}})$ beziehungsweise die maximale Dauer $\max(t_{<6,5\,\mathrm{V}})$ im repräsentativen Fahrzeug bei Verwendung passiver elektrischer Sicherungen auftritt. Dabei ist anzumerken, dass der Einfluss vieler Faktoren fallspezifisch zu bewerten ist. Exemplarisch können hierbei der Kurzschlusswiderstand sowie der Alterungszustand des EBN genannt werden. Die auftretenden Kurzschlussströme sinken durch eine Steigerung des Widerstandes des EBN-Kanals. Jedoch sinkt durch eine Erhöhung des Widerstandes die Spannung an der Last. Zudem erhöht sich mit sinkendem Kurzschlussstrom die Auslösezeit des jeweiligen Trennelementes. Je nach Anwendungsfall können diese Effekte sowohl zu einer Verlängerung als auch zu einer Verkürzung von $t_{<6,5\,\mathrm{V}}$ führen. Daraus folgt, dass die Definition eines hinsichtlich etwaiger Rückwirkungen kritischen Szenarios fallspezifisch erfolgen muss. Die Untersuchung lediglich einzelner weniger Kombinationen von Einflussfaktoren ist dabei stets zu hinterfragen. Zudem wird in Tabelle 7.11 angegeben, dass eine minimale Auslösecharakteristik zur minimalen Dauer $\min(t_{<6,5\,\mathrm{V}})$ führt. Hierbei ist anzumerken, dass die minimale Auslösezeit bei über die ISO-Norm 8820 hinausgehenden Strömen fallspezifisch bestimmt werden muss.

Tabelle 7.11 Bewertung der Einflussfaktoren für das repräsentative Fahrzeug

Einflussfaktor	$\mathbf{min(t_{<6,5\,V})}$	$\mathbf{max(t_{<6,5\,V})}$
Laststrom I_L [A]	9,34	37,36
Grundlast $I_{L,Gr,ges}$ [A]	38,4	178,5
Kurzschlusswiderstand $R_{ks,ex}$ [Ω]	$1 \cdot 10^{-3}$	$8 \cdot 10^{-3}$
Auslösecharakteristik [–]	minimal	maximal
Quellenzustand [–]	Batterie & Generator	Generator
Ladezustand SOC [%]	100	50
Sollspannung $U_{G,soll}$ [V]	15	12
Umgebungstemperatur T_u [°C]	100	−20
Alterungszustand [–]	neu	gealtert

In Abb. 7.26 wird der Einfluss aller Faktoren bei Verwendung elektronischer Sicherungen verglichen. Hierbei ist die lange Dauer des Spannungsabfall unter 6,5 V beim singulären Betrieb des EBN mit Drehstrom-Generator erkennbar. Die lange Dauer ergibt sich aus einem geringen Fehlerstrom und der daraus resultierenden ausbleibenden schnellen Isolation des fehlerhaften EBN-Kanals durch den Überstromschutz der elektronischen Sicherung. Eine Detailansicht wird in Abb. 7.27 gegeben. $t_{<6,5\,\mathrm{V}}$ liegt mit Ausnahme des erläuterten Falls stets unter 500 µs. Der Einsatz elektronischer Sicherungen ermöglicht eine deutliche Verkürzung von $t_{<6,5\,\mathrm{V}}$ im Vergleich zur Verwendung passiver elektrischer Sicherungen. Im betrachteten repräsentativen Fahrzeug werden Rückwirkungen gemäß des in Abschnitt 4.2 definierten Kriteriums durch elektronische Sicherungen, mit einer Ausnahme, vermieden. Ein wesentlicher Vorteil des Einflussfaktors des Trennelementes besteht darin, dass dieses gezielt im Entwicklungsprozess ausgewählt wird. Im Gegensatz dazu lassen sich andere Einflussfaktoren, wie die Umgebungstemperatur oder die Alterung des EBN, entweder gar nicht oder nur indirekt steuern. Der Einsatz elektronischer Trennelemente stellt daher einen vielversprechenden Ansatz dar, um Verletzungen von Sicherheitszielen von sicherheitsrelevanten Funktionen durch kaskadierende Fehler in der Energieversorgung zu verhindern. Die Auslegung elektronischer Sicherungen stellt dabei eine Herausforderung dar, da sowohl eine zuverlässige Isolation fehlerhafter EBN-Kanäle als auch die gleichzeitige maximale Verfügbarkeit der Lasten gewährleistet werden muss.

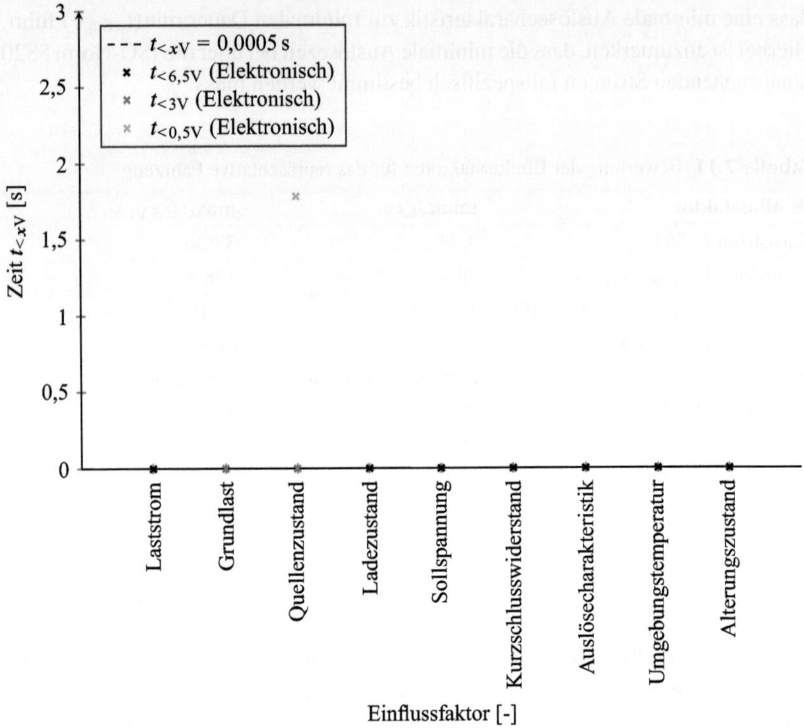

Abbildung 7.26 $t_{<6,5\,V}$ mit elektronischer Sicherung

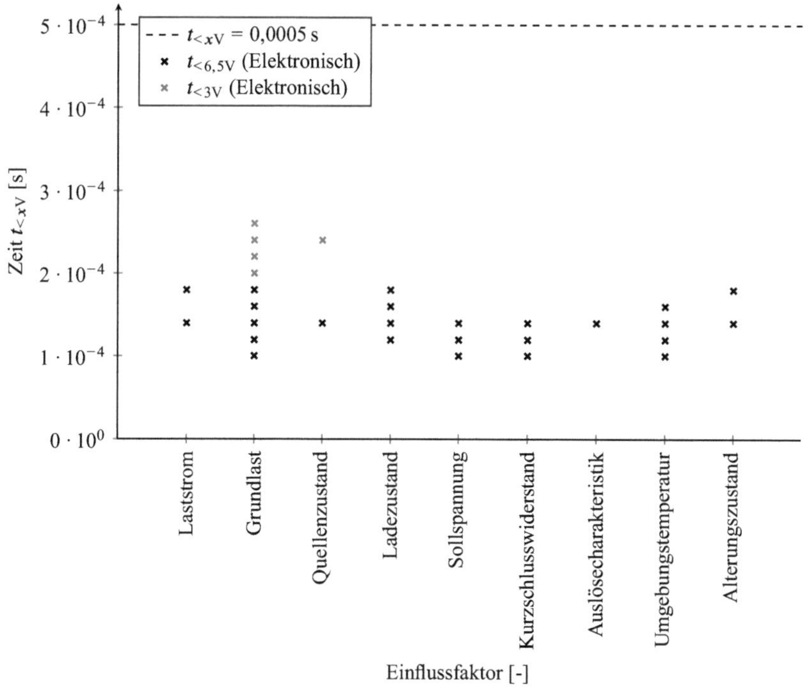

Abbildung 7.27 $t_{<6,5\,V}$ mit elektronischer Sicherung (Detail)

Zusammenfassung und Ausblick 8

Im Rahmen der Arbeit mit dem Titel „Simulationsbasierte Auslegung aktiver Trennelemente zur Sicherstellung der Rückwirkungsfreiheit zwischen Energiebordnetz-Kanälen von Kraftfahrzeugen“ werden kaskadierende Fehler zwischen Kanälen des EBN beim Einsatz verschiedener Trennelemente mithilfe von Schaltungssimulationen untersucht. Die Ergebnisse der in Abschnitt 1.3 formulierten Ziele werden im Folgenden zusammengefasst und ein Ausblick auf zukünftige Forschungsvorhaben wird gegeben.

8.1 Zusammenfassung

Zur Betrachtung von Rückwirkungen zwischen Kanälen des 12 V-EBN wird ein Simulationsmodell des EBN eines repräsentativen Fahrzeugs automatisiert generiert. Als Datengrundlage wird der VEC verwendet. Da die Beschreibung des EBN in der Datenbasis eines repräsentativen Fahrzeugs für Schaltungssimulationen nicht vollständig geeignet ist, werden manuelle Anpassungen an dieser vorgenommen. In der eingeführten Methode wird die maschinenlesbare Beschreibung in Form des VEC in einem zweistufigen Ansatz zunächst für eine spezifische Fahrzeugvariante ausgewertet und darauf aufbauend das zugehörige Simulationsmodell des EBN generiert. Die Machbarkeit der automatisierten Erstellung von Modellen gesamter EBN wird nachgewiesen. Zentraler Vorteil der Methode ist die signifikante Zeitersparnis gegenüber der manuellen Modellerstellung. Die Komponenten des EBN des repräsentativen Fahrzeugs werden mit der Zielstellung der Vermeidung von Rückwirkungen ausgelegt. Hierbei werden Trennelemente, elektrische Leitungen sowie elektrische Stecksysteme berücksichtigt. Die Methode basiert auf einem Vergleich

D. Huschke, *Simulationsbasierte Auslegung aktiver Trennelemente zur Sicherstellung der Rückwirkungsfreiheit zwischen Energiebordnetz-Kanälen von Kraftfahrzeugen*, AutoUni – Schriftenreihe 183,
https://doi.org/10.1007/978-3-658-50847-0_8

der Strom-Zeit-Kennlinien der jeweiligen EBN-Komponenten mit dem Laststrom. Die Kennlinien werden mithilfe von Simulationsmodellen der Komponenten für stationäre Ströme generiert. Die Auslegung erfolgt dabei anhand definierter Regeln bezüglich der Strom-Zeit-Kennlinien der Komponenten vollständig automatisiert. So ergeben sich gegenüber einer anderen in der Praxis geläufigen Vorgehensweise kleinere Trennelemente. Auf diese Weise kann die Anzahl der Fälle, in denen Rückwirkungen auftreten, im Vergleich zu den nach der referenzierten Vorgehensweise ausgelegten EBN-Kanälen verringert werden. Basierend auf dem automatisch generierten und anschließend parametrierten Simulationsmodell des 12 V-EBN des repräsentativen Fahrzeugs werden kaskadierende Fehler zwischen EBN-Kanälen anhand einer eingeführten Methode systematisch untersucht. Hierbei wird das Verhalten verschiedener Trennelemente bei variierenden Randbedingungen analysiert und so kritische Einflussfaktoren für Rückwirkungen identifiziert. Als Rückwirkung wird hierbei eine ununterbrochene Dauer des Spannungsabfalls an einer sicherheitsrelevanten Last unter 6,5 V von mehr als 500 µs definiert. Besonders der Einfluss des Laststromes des fehlerhaften EBN-Kanals sowie der Zustand der Quellen werden als entscheidend identifiziert. Zudem wird deutlich, dass die Bewertung der Auswirkungen vieler Einflussfaktoren fallspezifisch erfolgen muss.

8.2 Ausblick

Die Analyse des VEC, die für die automatisierte Erstellung von Simulationsmodellen des EBN erforderlich ist, bildet die Grundlage für die Beantwortung kennzahlenbasierter Fragestellungen. Hierbei sind exemplarisch die Berechnung von Ausfallwahrscheinlichkeiten von EBN-Kanälen sowie des Automatisierungsgrades des Bordnetzes zu nennen. Auch stellt die Übertragbarkeit der Vorgehensweise zur automatisierten Erstellung von Simulationsmodellen auf andere Umfänge des Bordnetzes, wie beispielsweise Bus-Leitungen, die Grundlage für weitere Analysen dar. Eine Erweiterung der Vorgehensweise zur Auslegung von EBN-Komponenten, um über die im Rahmen dieser Arbeit berücksichtigten Auslösemechanismen in Form des Leitungs- sowie Überstromschutzes hinaus, stellt eine Erweiterung des beschriebenen Ansatzes im Rahmen zukünftiger Betrachtungen dar. Beispielsweise können so sowohl auf physikalischen Größen wie Spannung oder Temperatur basierende, als auch auf Größen wie dem I^2t_{eSi}-Puffer elektronischer Sicherungen aufbauende Schaltkriterien untersucht werden. Einen Ansatz zur besseren Abbildung der Realität stellt die Integration realer Kommunikationsdaten des untersuchten Fahrzeugs in die Schaltungssimulationen dar. Zudem gewinnt die Analyse von Rückwirkungen zwischen Kanälen eines 48 V-EBN aufgrund der steigenden Bedeutung einer 48 V-Spannungslage in zukünftigen Fahrzeugplattformen gemäß (Specht und Mende 2024) zunehmend an Relevanz. Unabhängig von der Spannungslage stellt die Diskussion weiterer Maßnahmen zur Vermeidung von Rückwirkungen, unter Berücksichtigung der im Rahmen dieser Arbeit identifizierten Einflussfaktoren, einen Ansatz für zukünftige Arbeiten dar. Eine aus Sicht des Autors erwähnenswerte Idee ist hierbei die Implementierung der in dieser Arbeit gezeigten EBN-Simulation in eine eSiBo zur aktiven Regelung der Energieverteilung in einem Fahrzeug gemäß (Münzing, O. D. Koller et al. 2026). Dabei ist auch der Einsatz datenbasierter Ansätze zur Vorhersage von Rückwirkungen zwischen EBN-Kanälen denkbar.

Glossar

Absicherungskonzept	Anordnung der Trennelemente im EBN
Demonstrationsboard	Platine zur Evaluierung der Eigenschaften eines Bausteins
EBN	Umfasst die Speicherung, Wandlung und Verteilung der elektrischen Energie im Fahrzeug zu den Lasten sowie die Isolation fehlerhafter Elemente von dem Rest des EBN
Elektronische Sicherung	Halbleiterschalter zum Schutz des Stromkreises vor Überlast
Fehlertoleranzzeit	Zeitspanne, in der ein Fehler im System keinen Funktionsausfall verursacht
High-Side-Schalter	Im Versorgungspfad einer Last angeordneter Schalter
Kl 30	Dauerplus-Klemme nach DIN-Norm 72552
Kl 31	Masse-Klemme nach DIN-Norm 72552
Kurzschluss	Nicht vorgesehene elektrische Verbindung zwischen 2 Potentialen
Leitungsschutz	Schutz der elektrischen Leitung vor thermischer Beschädigung
Maske	Benutzeroberfläche eines Simulationsmodells
Nennstrom	Wert des elektrischen Stromes, welcher während des normalen Betriebes durch das Gerät fließt
Passive elektrische Sicherung	Komponente zum Schutz der elektrischen Leitung vor thermischer Beschädigung, häufig auch als Schmelzsicherung bezeichnet

D. Huschke, *Simulationsbasierte Auslegung aktiver Trennelemente zur Sicherstellung der Rückwirkungsfreiheit zwischen Energiebordnetz-Kanälen von Kraftfahrzeugen* AutoUni – Schriftenreihe 183,
https://doi.org/10.1007/978-3-658-50847-0

QM-Last	Last ohne Sicherheitsziele an die Energieversorgung
Rückwirkungsfreiheit	Abwesenheit kaskadierender Fehler
Sicherheitsrelevante Last	Last, die eine Teilfunktion einer fail-operational sicherheitsrelevanten Fahrfunktion (welche wiederum eine Sicherheitsanforderung an die Energieversorgung stellt) umsetzt
V-Modell	Vorgehensmodell für den Entstehungsprozess technischer Produkte

Literaturverzeichnis

ADAC (2024). „ADAC Pannenstatistik 2024: Gewinner und Verlierer". URL: https://www.adac.de/rund-ums-fahrzeug/unfall-schaden-panne/adac-pannenstatistik/ (besucht am 07. 11. 2024).

AMD (2024). „AMD EPYC 9334". URL: https://www.amd.com/de/products/processors/server/epyc/4th-generation-9004-and-8004-series/amd-epyc-9334.html (besucht am 16. 11. 2024).

Analog Devices, Inc. (2023). „LTspice". URL: https://www.analog.com/en/design-center/design-tools-and-calculators/ltspice-simulator.html (besucht am 29. 12. 2023).

Antonio, E. A., Ferrari, F. et al. (Okt. 2014). „A set of metrics for characterizing simulink model comprehension". In: „Journal of Computer Science and Technology" 14.02. URL: https://journal.info.unlp.edu.ar/JCST/article/view/574

Arbeitsgruppe LV 112 (Dez. 2011). „Bestimmung der Strombelastbarkeit von Fahrzeugleitungen". Norm. Arbeitsgruppe LV 112.

Arbeitsgruppe LV 112 (Apr. 2014a). „Elektrische Leitungen für Kraftfahrzeuge – Teil 1: Kupferleitung, einadrig, ungeschirmt". Norm. Arbeitsgruppe LV 112.

Arbeitsgruppe LV 112 (Apr. 2014b). „Elektrische Leitungen für Kraftfahrzeuge – Teil 2: Aluminiumleitung, einadrig, ungeschirmt". Norm. Arbeitsgruppe LV 112.

Automotive Electronics Council Component Technical Committee (2007). „Failure mechanism based stress test qualification for integrated circuits in automotive applications. Fault simulation and fault grading". Norm AEC-Q100-007. Automotive Electronics Council.

Baehr, H. und Stephan, K. (2010). „Wärme- und Stoffübertragung". Springer Berlin Heidelberg. ISBN: 9783642101946. URL: https://books.google.de/books?id=U60oBAAAQBAJ.

Baumann, M., Abouzari, A. et al. (Okt. 2023). „Resource-Saving Modeling of an Electronic Fuse in Vehicular Power Systems". In: https://doi.org/10.1109/VPPC60535.2023.10403182.

Baumann, M., Brem, T. et al. (2020). „Impedance-Based Modeling of an Automotive Electric Power Steering". In: „2020 Fifteenth International Conference on Ecological Vehicles and Renewable Energies (EVER)". https://doi.org/10.1109/EVER48776.2020.9243133.

Bechteler, M. S., Scheßl, C. M. et al. (2010). „Electrical Power Net Systems in Cars—Impedance Modeling and Measurement". In: „IEEE Transactions on Vehicular Technology" 59.3. https://doi.org/10.1109/TVT.2009.2037886.

D. Huschke, *Simulationsbasierte Auslegung aktiver Trennelemente zur Sicherstellung der Rückwirkungsfreiheit zwischen Energiebordnetz-Kanälen von Kraftfahrzeugen* AutoUni – Schriftenreihe 183,
https://doi.org/10.1007/978-3-658-50847-0

Becker, J. (Nov. 2021). „Electrological Layers“. URL: https://ecad-wiki.prostep.org/specifications/vec/guidelines/elog-layers/ (besucht am 10. 01. 2023).

Becker, J. (Sep. 2022). „Whitepaper: KBL vs. VEC“. URL: https://ecad-wiki.prostep.org/post/kbl-vs-vec/whitepaper-kbl-vs-vec.pdf (besucht am 10. 01. 2022).

Beckmann, M. (Juli 2016). „Simulation of Fault Tolerant Power Supply Networks for ADAS Vehicles with SaberRD“. Saber Seminar. Detroit, USA. URL: https://www.synopsys.com/content/dam/synopsys/verification/prototyping/documents/simulation-of-fault-tolerant-power-supply-systems-using-saber-runtime.pdf (besucht am 14. 12. 2024).

Behrens, V. (Okt. 2009). „Kontaktwerkstoffe für Niederspannungs-Schaltkontakte – eine Einführung“. VDE-Fachbericht 65. Karlsruhe, Deutschland.

Bergen, P. van (2023). „Methode zum simulationsbasierten Nachweis der funktionalen Sicherheit fehlertoleranter Systeme“. Dissertation. Institut für Maschinenelemente. URL: https://doi.org/10.18419/opus-13628 (besucht am 01. 08. 2024).

Bierwirth, F., Fröschl, J. et al. (Sep. 2020a). „Approach for Predictive Diagnosis of Highly Available Automotive Energy Systems“. In: https://doi.org/10.1109/EVER48776.2020.9242945.

Bierwirth, F., Fröschl, J. et al. (Sep. 2020b). „System Analysis of Vehicle Low-Voltage Energy Paths as Initial Step for a Predictive Diagnosis“. In: https://doi.org/10.1109/EVER48776.2020.9243135.

Blauth, M. (2017). „Parametrisierte Modelle zur konstruktiven Auslegung optimierter elektrischer Steckverbinderkontakte“. Dissertation. Ilmenau, Deutschland: Technische Universität Ilmenau. ISBN: 978-3-86360-155-3.

Bode, A. (Juli 2019). „Entwicklung und Simulation eines kaskadierten Reglers für Drehstromgeneratoren im KFZ“. Masterarbeit. Wolfsburg, Deutschland: Ostfalia – Hochschule für angewandte Wissenschaften.

Borgeest, K. (2020). „Elektronik in der Fahrzeugtechnik. Hardware, Software, Systeme und Projektmanagement“. 4. Aufl. Wiesbaden, Deutschland: Springer Vieweg. ISBN: 978-3-658-23663-2. https://doi.org/10.1007/978-3-658-23664-9.

Bosch (2024). „Powernet Guardian“. URL: https://www.bosch-mobility.com/de/loesungen/fahrsicherheit/powernet-guardian/ (besucht am 18. 06. 2024).

Brabetz, L., Ayeb, M., Jilwan, G. et al. (Jan. 2013). „A New Approach to the Test, Assessment and Optimization of Robust Electrical Distribution Systems“. In: „SAE International Journal of Materials and Manufacturing“ 6. https://doi.org/10.4271/2013-01-0396.

Brabetz, L. (Okt. 2021). „Assessment of Future Architectures for High-Reliability Electrical Distribution Systems (EDS)“. 9th International Conference Automotive Wire Harness. Ludwigsburg, Deutschland.

Brabetz, L., Ayeb, M. und Gysen, L. (März 2017). „Model-Based Circuit Protection Using Solid State Switches“. In: „SAE International Journal of Engines“ 10. https://doi.org/10.4271/2017-01-1641.

Brabetz, L., Ayeb, M. und Neumeier, H. (Apr. 2011). „A New Approach to the Thermal Analysis of Electrical Distribution Systems“. In: https://doi.org/10.4271/2011-01-1437.

Brabetz, L., Ayeb, M., Sadrinna, A. et al. (Apr. 2018). „Data-driven Modeling of Thermal Fuses“. In: https://doi.org/10.4271/2018-01-0768.

Büchner, S. (Juli 2008). „Energiemanagement Strategien für elektrische Energiebordnetze in Kraftfahrzeugen“. Dissertation. Dresden, Deutschland: Technische Universität Dresden. URL: https://nbn-resolving.org/urn:nbn:de:bsz:14-ds-1228736572957-56492.

Churchill, S. und Chu, H. (Sep. 1975). „Correlating Equations for Laminar and Turbulent Free Convection From a Horizontal Cylinder“. In: „International Journal of Heat and Mass Transfer“ 18. https://doi.org/10.1016/0017-9310(75)90222-7.

Cline, C. und Stultz, J. (1995). „Fuse protection of DC systems“. In: „Proceedings of the American Power Conference“. „57“. Illinois Institute of Technology.

Deutsches Institut für Normung e. V. (März 1965). „Kabelschuhe“. Norm DIN 46211. Deutsches Institut für Normung e. V.

Deutsches Institut für Normung e. V. (Juni1971). „Anschlüsse für elektrische Betriebsmittel“. Norm DIN 46206-2. Deutsches Institut für Normung e. V.

Deutsches Institut für Normung e. V. (Juli 1977). „Stromführende Anschlussbolzen bis 1600 A“. Norm DIN 46200. Deutsches Institut für Normung e. V.

Deutsches Institut für Normung e. V. (Jan. 2003). „Steckverbinder für elektronische Einrichtungen“. Norm DIN EN 60512-5-2. Deutsches Institut für Normung e. V.

Deutsches Institut für Normung e. V. (Juni 2014). „Klemmenbezeichnungen in Kraftfahrzeugen – Teil 4: übersicht“. Norm DIN 72552-4:2014-06. Berlin, Deutschland: Deutsches Institut für Normung e. V.

Deutsches Institut für Normung e. V. (2022). „Straßenfahrzeuge – Automatisierung der Leitungssatzfertigung“. Norm DIN 72036. Deutsches Institut für Normung e. V.

Deutsches Institut für Normung e.V. (Okt. 2015). „Elektromechanische Elementarrelais – Teil 1: Allgemeine Sicherheitsanforderungen (IEC 61810-1:2025); Deutsche Fassung EN 61810-1:2015“. Norm DIN EN 61810-1:2015. Deutsches Institut für Normung e. V.

Diebig, M. und Frei, S. (2012). „Simulationsbasierte Optimierung von Mehrspannungsbordnetzen“. In: URL: https://bs.etit.tu-dortmund.de/storages/bs-etit/r/Dokumente/Veroeffentlichungen/2012/2012_AmE_Dortmund_Simulationsbasierte_Optimierung_von_Mehrspannungsbordnetzen.pdf (besucht am 09. 01. 2022).

Diebig, M. (Juni 2016). „Entwicklung einer Methodik zur simulationsbasierten Dimensionierung von Kfz-Bordnetzen“. Dissertation. Dortmund, Deutschland: Technische Universität Dortmund. https://doi.org/10.17877/DE290R-17350.

Dupuy, P. (Juni 2022). „How Smartfuses can boost the performance and reliability of automotive power distribution systems“. eehe – Elektrik & Elektronik in Hybrid- und Elektrofahrzeugen und elektrisches Energiemanagement. Bamberg, Deutschland.

Eckert, C. (Juni 2022). „Hardware design aspects for semiconductor based fuses in automotive applications“. eehe – Elektrik & Elektronik in Hybrid- und Elektrofahrzeugen und elektrisches Energiemanagement. Bamberg, Deutschland.

Fabis, R. (Juli 2006). „Beitrag zum Energiemanagement in Kfz-Bordnetzen“. Dissertation. Berlin, Deutschland: Technische Universität Berlin. URL: https://d-nb.info/981503381/34.

Forghani-Zadeh, H. und Rincon-Mora, G. (2002). „Current-sensing techniques for DC-DC converters“. In: „The 2002 45th Midwest Symposium on Circuits and Systems, 2002. MWSCAS-2002.“ „2“. https://doi.org/10.1109/MWSCAS.2002.1186927.

Forschungsvereinigung Automobiltechnik e. V. (Nov. 2022). „Methodische Ansätze zur Auswahl von Bordnetzstrukturen mit erhohten Zuverlässigkeitsanforderungen“. Schrift FAT 364. Forschungsvereinigung Automobiltechnik e. V. URL: https://www.vda.de/de/aktuelles/publikationen/publication/methodische-ans-tze-zur-auswahl-von-bordnetzstrukturen-mit-erh-hten-zuverl-ssigkeitsanforderungen#publication-title (besucht am20. 11. 2024).

Forschungsvereinigung Automobiltechnik e. V. (FAT) (Dez. 2006). „Erstellung einer VHD-LAMS Modellbibliothek für die Simulation von Kfz-Systemen". Schrift FAT 207. Forschungsvereinigung Automobiltechnik e. V. (FAT).

Fraden, J. (Jan. 2010). „Handbook of Modern Sensors". ISBN: 978-1-4419-6465-6. https://doi.org/10.1007/978-1-4419-6466-3.

Ganß, R. (Aug. 2022). „VEC: Muss das sein? Spoiler – Ja". Bordnetz Kongress. Landshut, Deutschland.

Gatzsche, M. (2016). „Elektrisch-thermisches Betriebs- und Langzeitverhalten hochstromtragfähiger Kontaktelemente". Dissertation. Dresden, Deutschland: Technische üniversität Dresden.

Gehring, R., Fröschl, J. et al. (2009). „Modeling of the automotive 14 V power net for voltage stability analysis". In: „2009 IEEE Vehicle Power and Propulsion Conference". https://doi.org/10.1109/VPPC.2009.5289869.

Gehring, R. (Nov. 2013). „Beitrag zur Untersuchung und Erhöhung der Spannungsstabilität des elektrischen Energiebordnetzes im Kraftfahrzeug". Dissertation. Munchen, Deutschland: Technische Universität Munchen.

Gemmerich, R. (Jan. 2008). „Eine Methode zur Generierung einer kostenoptimalen Bordnetzarchitektur Schwerpunkt: Energieversorgung". Dissertation. Kassel, Deutschland: Universität Kassel.

Gerten, M., Rübartsch, M. et al. (Juni 2022a). „Transient analysis of switching events and electrical faults in automotive power supply systems". eehe – Elektrik & Elektronik in Hybrid- und Elektrofahrzeugen und elektrisches Energiemanagement. Bamberg, Deutschland.

Gerten, M. und Frei, S. (2022). „Analyzing Critical Resonances Within Automotive Power Supply Systems Affecting the Transient Voltage Stability". In: „2022 Second International Conference on Sustainable Mobility Applications, Renewables and Technology (SMART)". https://doi.org/10.1109/SMART55236.2022.9990246.

Gerten, M., Frei, S., Kiffmeier, M. et al. (Juni 2022). „Voltage Stability of Automotive Power Supplies During Tripping Events of Melting and Electronic Fuses". In: https://doi.org/10.1109/VTC2022-Spring54318.2022.9860939.

Gerten, M., Frei, S., Kiffmeier, M. et al. (Aug. 2023). „Influence of Electronic and Melting Fuses on the Transient Behavior of Automotive Power Supply Systems". In: „IEEE Transactions on Transportation Electrification". https://doi.org/10.1109/TTE.2023.3308290.

Gerten, M., Henke, A. et al. (Nov. 2022). „Fast Evaluation of the Transient Voltage Stability of Highly Reliable Automotive Power Supply Systems". In: https://doi.org/10.1109/SMART55236.2022.9990132.

Gerten, M., Rübartsch, M. et al. (Sep. 2022b). „Models of Automotive Power Supply Components for the Transient Analysis of Switching Events and Faults". Automotive meets Electronics. Dortmund, Deutschland.

Greenwood, J. A. (Dez. 1966). „Constriction resistance and the real area of contact". In: „British Journal of Applied Physics". URL: https://doi.org/10.1088/0508-3443/17/12/310.

Gysen, L. und Haase, J. (2018). „Leitungsmodell für Bordnetzuntersuchungen". https://doi.org/10.24406/publica-fhg-402109. URL: https://publica.fraunhofer.de/handle/publica/402109.

Haak, V., Yang, K. et al. (2024). „Investigation of the electrical quality and long-term stability of aluminum ground stud connections in automotive applications". In: „Journal of Advanced Joining Processes“ 10. ISSN: 2666-3309. https://doi.org/10.1016/j.jajp.2024.100262. URL: https://www.sciencedirect.com/science/article/pii/S2666330924000785.

HELLA GmbH & Co. KGaA (2020). „Relais und Relaisgeräte“. URL: https://www.hella.com/partnerworld/assets/documents/1716Broschuere_Relais_und_Relaisgeraete_HELLA_DE.pdf (besucht am 08. 09. 2024).

Henke, A. und Kiffmeier, M. (Juni 2023). „Simulation as Part of the Development Process for Automotive Power Supply Systems as Key to global Optimization“. eehe – Elektrik & Elektronik in Hybrid- und Elektrofahrzeugen und elektrisches Energiemanagement. Essen, Deutschland.

Henke, A. (Juni 2022). „Comparison of different tripping strategies for electronic fuses“. 10th International Conference Automotive Wire Harness. Ludwigsburg, Deutschland.

Henke, A. (Marz 2023). „Modeling of the Heat Transfer in Cables Using Analogies to the Electrical Transmission Line Theory“. Dissertation. Dortmund, Deutschland: Technische Universität Dortmund. URL: https://doi.org/10.17877/DE290R-23147.

Henke, A. und Frei, S. (Aug. 2020). „Analytic Approaches for the Transient Temperature Distribution in a Single Cable for Smart Fuses and Ampacity Derating Calculation“. In: https://doi.org/10.11159/htff20.138.

Hochrein, P. (Apr. 2013). „Leistungsoptimale Regelung von Hochstromverbrauchern im Fahrwerk“. Dissertation. Kassel, Deutschland: Universität Kassel. URL: https://www.uni-kassel.de/upress/online/frei/978-3-86219-604-3.volltext.frei.pdf.

Höft, H. (1977). Berlin, Deutschland: VEB Verlag Technik. URL: https://books.google.de/books?id=lzPAGwAACAAJ.

Hohmann, M. (Okt. 2009). „Ein synthetischer Ansatz zur Auslegung von Kfz-Bordnetzen unter Berücksichtigung dynamischer Belastungsvorgänge“. Dissertation. Ilmenau, Deutschland: Technische Universität Ilmenau. URL: https://core.ac.uk/download/pdf/224756754.pdf.

Holm, R. (1958). 4. Aufl. Heidelberg, Deutschland: Springer Berlin. ISBN: 978-3-540-03875-7. https://doi.org/10.1007/978-3-662-06688-1.

Ilgevicius, A. (2004). „Analytical and numerical analysis and simulation of electrical conductors and fuses“. Dissertation. Neubiberg, Deutschland: Universität der Bundeswehr Munchen.

Incropera, F. P., DeWitt, D. P. et al. (2007). „Fundamentals of Heat and Mass Transfer“. 6th Edition. New York City, USA: John Wiley & Sons, Inc.

Infineon Technologies AG (2014). „PROFET+ Current Sense: What the designer should know“. Munchen, Deutschland. URL: https://www.infineon.com/dgdl/Infineon-Infineon-ROFET+_Current_Sense-AN-v01_01-EN.pdf-AN-v01_00-EN.pdf?fileId=5546d4625b62cd8a015bcee64e406db4 (besucht am 10. 10. 2022).

Infineon Technologies AG (2019). „Sense Accuracy and Calibration: of the PROFET +2 12V family“. Munchen, Deutschland. URL: https://www.infineon.com/dgdl/Infineon-Infineon-Z8F60741901_Sense_Accuracy_and_calibration-ApplicationNotes-v01_02-EN.pdf?fileId=5546d4626d82c047016da5c0570e56a1 (besucht am 10. 10. 2022).

Infineon Technologies AG (2021). „How semiconductor solutions address safety requirements of future power distribution networks in autonomous vehicles“. Hrsg. von Infineon Technologies AG. Munchen, Deutschland. URL: https://www.infineon.com/dgdl/Infineon-How-semiconductor-solutions-address-safety-requirements-of-future-power-distribution-networks-in-autonomous-vehicles-Whitepaper-v01_00-EN.pdf?fileId=8ac78c8c7bb971ed017bcab8d03450c1&da=t (besucht am 10. 10. 2022).

Infineon Technologies AG (2022). „Customer evaluation kit description“. Munchen, Deutschland. URL: https://www.infineon.com/dgdl/Infineon-Infineon-Z8F80147930_PROFET_Evaluation_kit_description-AN-v01_10-EN-UserManual-v01_00-EN.pdf?fileId=8ac78c8c81ae03fc0181c841d78504bb (besucht am 14. 08. 2024).

Infineon Technologies AG (Dez. 2023a). „BTG70013A-1ESW. Datasheet“. URL: https://www.infineon.com/dgdl/Infineon-BTG70013A-1ESW-DataSheet-v01_00-EN.pdf?fileId=8ac78c8c8caa022e018cf222d43f3b97 (besucht am 07. 10. 2024).

Infineon Technologies AG (Dez. 2023b). „BTG70020A-1ESW. Datasheet“. URL: https://www.infineon.com/dgdl/Infineon-BTG70020A-1ESW-DataSheet-v01_00-EN.pdf?fileId=8ac78c8c8caa022e018cedea82661db8 (besucht am 07. 10. 2024).

Infineon Technologies AG (Dez. 2023c). „BTG7003A-1EPW. Datasheet“. URL: https://www.infineon.com/dgdl/Infineon-BTG7003A-1EPW-DataSheet-v01_00-EN.pdf?fileId=8ac78c8c8caa022e018cedf398781df6 (besucht am 07. 10. 2024).

Infineon Technologies AG (Dez. 2023d). „BTG7007A-1EPW. Datasheet“. URL: https://www.infineon.com/dgdl/Infineon-BTG7007A-1EPW-DataSheet-v01_00-EN.pdf?fileId=8ac78c8c8caa022e018cee05d3221e64 (besucht am 07. 10. 2024).

Infineon Technologies AG (Dez. 2023e). „BTG7016A-1EPW. Datasheet“. URL: https://www.infineon.com/dgdl/Infineon-BTG7016A-1EPW-DataSheet-v01_00-EN.pdf?fileId=8ac78c8c8caa022e018cee0efad71e67 (besucht am 07. 10. 2024).

Infineon Technologies AG (2024a). „BTG7003A-1EPW DB“. URL: https://www.infineon.com/cms/de/product/evaluation-boards/btg7003a-1epw-db/ (besucht am 14. 08. 2024).

Infineon Technologies AG (2024b). „PROFET ONE4ALL MB V1“. URL: https://www.infineon.com/cms/en/product/evaluation-boards/profet-one4all-mb-v1/ (besucht am 14. 08. 2024).

ISO Central Secretary (1998). „Road vehicles – Electrical/electronic switching devices – Part1: Relays and flashers“. Norm ISO 7588-1:1998. Genf, Schweiz: International Organization for Standardization.

ISO Central Secretary (Okt. 2011). „Straßenfahrzeuge – 60 V und 600 V einadrige Niederspannungsleitungen- Teil 1: Maße, Prüfverfahren und weitere Anforderungen für Kupferkabel“. Norm ISO 6722-1. Genf, Schweiz: International Organization for Standardization.

ISO Central Secretary (Dez. 2013). „Straßenfahrzeuge – 60 V und 600 V einadrige Niederspannungsleitungen- Teil 2: Maße, Prüfverfahren und weitere Anforderungen für Aluminiumkabel“. Norm ISO 6722-2. Genf, Schweiz: International Organization for Standardization.

ISO Central Secretary (2015). „Road vehicles – Fuse links – Part 3: Fuse-links with tabs (blade type) Type C (medium), Type E (high current) and Type F (miniature)“. Norm ISO 8820-3:2015. Genf, Schweiz: International Organization for Standardization.

ISO Central Secretary (2016). „Road vehicles – Electrical disturbances from conduction and coupling – Part 3: Electrical transient transmission by capacitive and inductive coupling via lines other than supply lines“. Norm ISO 7637-3:2016. Genf, Schweiz: International Organization for Standardization.

ISO Central Secretary (2018a). „Road vehicles – Functional safety“. Norm ISO 26262-1:2018 – Part 1: Vocabulary. Genf, Schweiz: International Organization for Standardization.

ISO Central Secretary (2018b). „Road vehicles – Functional safety – Part 3: Concept phase".Norm ISO 26262-3:2018. Genf, Schweiz: International Organization for Standardization.

ISO Central Secretary (2018c). „Road vehicles – Functional safety – Part 4: Product development at the system level". Norm ISO 26262-4:2018. Genf, Schweiz: International Organization for Standardization.

ISO Central Secretary (2018d). „Road vehicles – Functional safety – Part 5: Product development at the hardware level". Norm ISO 26262-5:2018. Genf, Schweiz: International Organization for Standardization.

ISO Central Secretary (2018e). „Road vehicles – Functional safety – Part 6: Product development at the software level". Norm ISO 26262-6:2018. Genf, Schweiz: International Organization for Standardization.

ISO Central Secretary (Dez. 2018f). „Road vehicles – Functional safety – Part 8: Supporting processes". Norm ISO 26262-8:2018. Genf, Schweiz: International Organization for Standardization.

ISO Central Secretary (Dez. 2018g). „Road vehicles – Functional safety – Part 9: Automotive safety integrity level (ASIL)-oriented and safety oriented analysis". Norm ISO 26262-9:2018. Genf, Schweiz: International Organization for Standardization.

Israel, T. (Dez. 2020). „Verhalten von Hochstrom-Steckverbindungen mit Kontaktelementen bei kurzer Strombelastung". Dissertation. Dresden, Deutschland: Technische Universität Dresden. ISBN: 978-3-86780-653-4.

Jeschke, S. (2016). „Grundlegende Untersuchungen von Elektrofahrzeugen im Bezug auf Energieeffizienz und EMV mit einer skalierbaren Power-HiL-Umgebung". Dissertation. Duisburg, Deutschland: Universität Duisburg-Essen. URL: https://duepublico.uni-due.de/servlets/DocumentServlet?id=40520.

Jiang, S. und Song, Z. (2022). „A review on the state of health estimation methods of leadacid batteries". In: „Journal of Power Sources" 517. ISSN: 0378-7753. https://doi.org/10.1016/j.jpowsour.2021.230710. URL: https://www.sciencedirect.com/science/article/pii/S0378775321012052.

Kaufmann, R. H. (1966). „The Magic of I2t". In: „IEEE Transactions on Industry and General Applications" IGA-2.5. https://doi.org/10.1109/TIGA.1966.4180696.

Keil, P. und Jossen, A. (2012). „Aufbau und Parametrierung von Batteriemodellen". In: „19. DESIGN & ELEKTRONIK – Entwicklerforum Batterien & Ladekonzepte".

Kiffmeier, M. (Juni 2022). „Simulation as Part of the Development Process for Automotive Power Supply Systems as Key to global Optimization". 10th International Conference Automotive Wire Harness. Ludwigsburg, Deutschland.

Kiffmeier, M. und Frei, S. (2016a). „Modellbasierte Fehlererkennung im Kfz-Bordnetz". In: URL: https://bs.etit.tu-dortmund.de/storages/bs-etit/r/Dokumente/Veroeffentlichungen/2016/2016_AmE_Kiffmeier_Michael_Modellbasierte_Fehlererkennung_im_Kfz-Bordnetz.pdf (besucht am 10. 10. 2022).

Kiffmeier, M. und Frei, S. (2016b). „Modellbasiertes on-line Monitoring des Energiebordnetzes durch Kombination physikalischer Systemmodelle mit Parameteridentifikationsmethoden". eehe – Elektrik & Elektronik in Hybrid- und Elektrofahrzeugen und elektrisches Energiemanagement. URL: http://www.bordsysteme.tu-dortmund.de/publications/2016_EEHE_Modellbasiertes_online_Monitoring_des_Energiebordnetzes.pdf (besucht am 10. 10. 2022).

Kiffmeier, M. und Frei, S. (2017). „Detektion und Lokalisierung von Fehlern im Kfz-Energie bordnetz durch den kontinuierlichen Vergleich von Messdaten mit permutierten Fehlermodelldaten". In: URL: https://bs.etit.tu-dortmund.de/storages/bs-etit/r/Dokumente/Veroeffentlichungen/2017/2017_EEHE_Kiffmeier_FaultModelling.pdf (besucht am 10. 10. 2022).

Kiffmeier, M., Önal, S. et al. (Dez. 2017). „Modelling of Arc Faults in 48 V Automotive Power Supply Systems". In: https://doi.org/10.1109/VPPC.2017.8330892.

Kilian, P., Köhler, A. et al. (Juli 2021). „Principle Guidelines for Safe Power Supply Systems Development". In: „IEEE Access" 9. https://doi.org/10.1109/ACCESS.2021.3100711.

Kilian, P., Koller, O. et al. (2022). „Safety-Related Availability in the Power Supply Domain". In: „IEEE Access" 10. https://doi.org/10.1109/ACCESS.2022.3171261

Klehmet, U., Herpel, T., Hielscher, K.-S. und German, R. (2008). „Delay Bounds for CAN Communication in Automotive Applications". In: „14th GI/ITG Conference – Measurement, Modelling and Evalutation of Computer and Communication Systems".

Kohlrausch, F. (März 2006). „über den stationaren Temperaturzustand eines elektrisch geheizten Leiters". In: „Annalen der Physik" 306. https://doi.org/10.1002/andp.19003060107.

Krüger, S., Mohrmann, B. et al. (Okt. 2022). „Aktueller Status VDA 450: Mindestsicherheitsstandard für Energiebordnetze im Rahmen der ISO 26262 – Fokus automatisiertes Fahren L3-L5". Ingolstadt, Deutschland.

Künstl, B. (Nov. 2011). „Stromtragfähigkeitsgrenzen von elektrischen Leitungssystemen". Masterarbeit. Graz, Österreich: Technische Universität Graz. URL: https://diglib.tugraz.at/download.php?id=576a81fde59e2%5C&location=browse#page55.

Kuther, T. (2018). „Elektronische Absicherung von Fahrzeugbordnetzen bis 48V". URL: https://www.next-mobility.de/elektronische-absicherung-von-fahrzeug%20bordnetzen-bis-48-v-a-707021/ (besucht am 10. 10. 2022).

Lee, S.-Y., Son, Y.-K. et al. (2019). „Simplified Thermal Model of Semiconductor Fuse for DC Distribution System". In: „2019 10th International Conference on Power Electronics and ECCE Asia (ICPE 2019 – ECCE Asia)". https://doi.org/10.23919/ICPE2019-ECCEAsia42246.2019.8797178.

Letor, R. und Crisafulli, R. (Aug. 2019). „Smart Power devices and new electronic fuses compliant with new E/E architecture for autonomous driving". In: „2019 AEIT International Conference of Electrical and Electronic Technologies for Automotive (AEITAUTOMOTIVE)". https://doi.org/10.23919/EETA.2019.8804538.

Li, D. und Qi, L. (2013). „Energy based fuse modeling and simulation". In: „2013 IEEE Electric Ship Technologies Symposium (ESTS)". https://doi.org/10.1109/ESTS.2013.6523781.

Littelfuse, Inc. (Juli 2021). „ATOF Blade Fuses Rated 32V". URL: https://www.littelfuse.de/products/fuses/automotive-passenger-car/blade-fuses/287.aspx (besucht am 14. 01. 2023).

Liu, X., Yang, Y. et al. (Sep. 2016). „A new dynamic SOH estimation of lead-acid battery for substation application". In: „International Journal of Energy Research" 41. https://doi.org/10.1002/er.3662.

Luca, A.-M., Tranca, I.-A. et al. (Jan. 2009). „Current Sensing Accuracy Improvement by Feedback Offset Cancelation". In: „Romanian Journal of Information Science and Technology" 12.

Lucas, L. (Sep. 2022). „Konstruktionsunterstutzüng und Datenvalidierung in Bezug auf die Automatisierung der Kabelbaumproduktion". Bordnetz Kongress. Landshut, Deutschland.

Ludwig, M., Leidner, M., Schmidt, H. et al. (2020). „Thermal Equivalent Circuits: An Approach to Rate High-Power Connectors for Electric Mobility Applications".

Ludwig, M., Leidner, M., Ostendorf, F. et al. (2021). „Theorie, Grenzen und Anwendungen der thermischen Ersatzschaltbilder für Steckverbinder". In: URL: https://www.th-owl.de/connectors/pdf/Tagungsband_2021_preview.pdf (besucht am 01. 01.2023).

Müller, T. C. (Mai 2024). „Software Engineering Methods for Future Wiring Harness Development". 12th International Conference AutomotiveWire Harness. Ludwigsburg, Deutschland.

Münzing, P., Koller, O. D. et al. (2016). „Verfahren zum Betreiben eines Bordnetzes". 10 2016 221 249 A1.

Mürken, M. (2023). „Methode zur Bewertung der Zuverlässigkeit der elektrischen Energieversorgung in der automobilen Vorentwicklung". Dissertation. Karlsruher Institut für Technologie. 299 S. https://doi.org/10.5445/IR/1000157585.

Nahin, P. J. (2003). „Appendix B. The AM-QM Inequality, and Jensen's Inequality". In: „How Mathematicians Discovered Many Clever Ways to Make Things as Small (or as Large) as Possible". Princeton, USA: Princeton University Press. ISBN: 9780691220383. https://doi.org/10.1515/9780691220383-055. URL: https://doi.org/10.1515/9780691220383-055.

Nouri, H., Larsen, N. et al. (Nov. 1997). „Contact bounce simulation using Matlab". In: ISBN:0-7803-3968-1. https://doi.org/10.1109/HOLM.1997.638054.

Olszewska, M., Dajsuren, Y. et al. (2016). „Tailoring complexity metrics for simulink models". In: „Proccedings of the 10th European Conference on Software Architecture-Workshops". ECSAW '16. Copenhagen, Denmark: Association for Computing Machinery. ISBN: 9781450347815. https://doi.org/10.1145/2993412.3004853. URL: https://doi.org/10.1145/2993412.3004853.

Önal, S. und Frei, S. (Nov. 2018). „A model-based automotive smart fuse approach considering environmental conditions and insulation aging for higher current load limits and short-term overload operations". In: https://doi.org/10.1109/ESARS-ITEC.2018.8607390.

Önal, S., Henke, A. et al. (Sep. 2020). „Switching Strategies for Smart Fuses Based on Thermal Models of Different Complexity". In: https://doi.org/10.1109/EVER48776.2020.9243932.

Önal, S., Kiffmeier, M. et al. (2022). „1A.x Modellbasierte intelligente Sicherungen mit umgebungsadaptiver Anpassung der Auslöseparameter". eehe – Elektrik & Elektronik in Hybrid- und Elektrofahrzeugen und elektrisches Energiemanagement. URL: http://www.bordsysteme.tu-dortmund.de/publications/2018_EEHE_Modellbasierte%5C%20intelligente%5C%20Sicherungen%5C%20mit%5C%20umgebungsadaptiver%5C%20Anpassung%5C%20der%5C%20Ausl%5C%C3%5C%B6separameter.pdf (besucht am 10. 10. 2022).

Pajer, R., Rodič, M. et al. (2015). „Evaluation of MOS-FET RDSon resistance for current measurement purposes in power converter's applications". In: „2015 International Conference on Electrical Drives and Power Electronics (EDPE)". https://doi.org/10.1109/EDPE.2015.7325345.

Panguloori, R. (2018). „Basics of eFuses: Power Switches". URL: https://www.ti.com/lit/an/slva862a/slva862a.pdf?ts=1650285004172%5C&ref_url=https%5C%253A%5C%252F%5C%252Fwww.google.com%5C%252F (besucht am 10. 10. 2022).

Patel, A. und Ferdowsi, M. (2009). „Current Sensing for Automotive Electronics—A Survey". In: „IEEE Transactions on Vehicular Technology" 58.8. https://doi.org/10.1109/TVT.2009.2022081.

Pietruszka, W. D. und Glöckler, M. (2021). „MATLABR und SimulinkR in der Ingenieurpraxis. Modellbildung, Berechnung und Simulation“. 5. Aufl. Wiesbaden, Deutschland: Springer Vieweg. ISBN: 978-3-658-29739-8. https://doi.org/10.1007/978-3-658-29740-4.

Pischinger, S. und Seiffert, U. (2021). „Vieweg Handbuch Kraftfahrzeugtechnik“. Wiesbaden, Deutschland: Springer Vieweg. ISBN: 978-3-658-25556-5. https://doi.org/10.1007/978-3-658-25557-2.

Plecsca, A. (2015). „Numerical thermal analysis of fuse mounted on fuse holder“. In: „Heat Transfer Engineering“ 36.18.

Prechler, R. (Okt. 2018). „Influence of Piloted Driving on the Electrical System“. Automobil-Elektronik-Kongress. Ludwigsburg, Deutschland.

prostep IVIP (2021). „Volkswagen – VOBES NG – „Old Beetle“Example Files“. URL: https://ecad-wiki.prostep.org/sample/2018-12-27-volkswagen-vobesng-old-beetle/ (besucht am 29. 09. 2022).

prostep IVIP (Jan. 2023). „Fuses“. URL: https://ecad-wiki.prostep.org/specifications/vec/guidelines/ee-components/fuses/ (besucht am 01. 11. 2024).

prostep IVIP (2024). „VariantConfigurationType“. URL: https://ecad-wiki.prostep.org/specifications/vec/v210/classes/variantconfigurationtype/#enumeration-literals (besucht am 26. 11. 2024).

Ress, J. (Feb. 2017). „Identifikation und Entkopplungsregelung des Luftsystems von Pkw-Diesel-motoren auf Basis von Polynom- und Hammerstein-Modellen“. Dissertation. Clausthal, Deutschland: Technische Universität Clausthal. URL: https://dokumente.ub.tu-clausthal.de/servlets/MCRFileNodeServlet/clausthal_derivate_00000302/Db113323.pdf.

Rickman, S. und Iannello, C. (Sep. 2016). „Heat transfer analysis in wire bundles for aerospace vehicles“. In: https://doi.org/10.2495/HT160061.

Robbins, T. (1993). „Fuse model for over-current protection simulation of DC distribution systems“. In: „Proceedings of Intelec 93: 15th International Telecommunications Energy Conference“. „2“. https://doi.org/10.1109/INTLEC.1993.388550.

Roden, J. von (2022). „Kritikälitatsbewertung und Bordnetzsteuerung für ein prädiktives Leistungsmanagement“. Dissertation. Universität Kassel.

Ruetschi, P. (2004). „Aging mechanisms and service life of lead–acid batteries“. In: „Journal of Power Sources“ 127.1. Eighth Ulmer Electrochemische Tage. ISSN: 0378-7753. https://doi.org/10.1016/j.jpowsour.2003.09.052. URL: https://www.sciencedirect.com/science/article/pii/S0378775303009340.

Ruf, F. (Okt. 2015). „Auslegung und Topologieoptimierung von spannungsstabilen Energiebordnetzen“. Dissertation. München, Deutschland: Technische Universität München.

Ruf, F., Barthels, A. et al. (Okt. 2012). „Autonomous load shutdown mechanism as a voltage stabilization method in automotive power nets“. In: ISBN: 978-1-4673-0953-0. https://doi.org/10.1109/VPPC.2012.6422712.

Ruf, F., Kohler, T. et al. (Okt. 2012). „Modeling of an electromechanical actuator in respect to voltage stability in automotive power nets“. In: ISBN: 978-1-4673-0953-0. https://doi.org/10.1109/VPPC.2012.6422533.

Schneider, M. (Mai 2023). „Electronic Power Distribution for Safety Relevant Low Voltage Power Supply Systems“. 11th International Conference Automotive Wire Harness. Ludwigsburg, Deutschland.

Schroth, H. (Aug. 2005). „Untersuchung und Beurteilung der dynamischen Leistungsfähigkeit von Klauenpolgeneratoren im Fahrzeug“. Diplomarbeit. Fulda, Deutschland: Fachhochschule Fulda.

Schulz, T. (2003). „Grundsatzuntersuchung zum Temperaturverhalten elektrischer Leitungen und deren Schutzelemente auf Schmelzleiterbasis in Kfz-Bordnetzen“. Fortschritt-Berichte VDI: Verkehrstechnik, Fahrzeugtechnik. VDI-Verlag. ISBN: 9783183534128. URL: https://books.google.de/books?id=yKCaAgAACAAJ.

Schulz-Linkholt, C. (Juni 2022). „Semiconductor switches as safety elements in high availability power distribution systems“. 10th International Conference Automotive Wire Harness. Ludwigsburg, Deutschland.

Schwimmbeck, S., Buchner, Q. et al. (Nov. 2018). „Evaluation of Short-Circuits in Automotive Power Nets with Different Wire Inductances“. In: https://doi.org/10.1109/ESARS-ITEC.2018.8607795.

Schwimmbeck, S., Buchner, Q. et al. (Mai 2019). „Optimierung der Zuverlässigkeit von Energiebordnetzarchitekturen hinsichtlich Kurzschlussen“. In.

Schwimmbeck, S., Schröer, P. et al. (Okt. 2019). „Modeling the Dynamic Behavior of 12V AGM Batteries and Its Degradation“. In: https://doi.org/10.1109/VPPC46532.2019.8952242.

Sini, J. und Violante, M. (2020). „A simulation-based methodology for aiding advanced driver assistance systems hazard analysis and risk assessment“. In: „Microelectronics Reliability“ 109. ISSN: 0026-2714. https://doi.org/10.1016/j.microrel.2020.113661. URL: https://www.sciencedirect.com/science/article/pii/S0026271419307954.

Specht, B. und Mende, O. (Mai 2024). „Change in electrical systems: Time to switch on 48V?“ 12th International Conference AutomotiveWire Harness. Ludwigsburg, Deutschland.

STMicroelectronics N.V. (2013). „High-side driver: Datasheet – production data“. URL: https://www.st.com/resource/en/datasheet/vn750-e.pdf (besucht am 10. 10. 2022).

Synopsys, Inc. (2024a). „Saber“. URL: https://www.synopsys.com/verification/virtual-prototyping/saber.html (besucht am 14. 08. 2024).

Synopsys, Inc. (2024b). „Saber Functional Safety“. URL: https://www.synopsys.com/content/dam/synopsys/verification/datasheets/saber-functional-safety.pdf (besucht am 14. 08. 2024).

T-Systems (2024). „Volkswagen Bordnetz Entwicklungssystem“. URL: https://vwgroup.t-systems.net/vobes/overview-vobes/ (besucht am 15. 10. 2024).

Takaya, H., Miyagi, K. et al. (2009). „Current-sensing power MOSFETs with excellent temperature characteristics“. In: „2009 21st International Symposium on Power Semiconductor Devices & IC’s“. https://doi.org/10.1109/ISPSD.2009.5158004.

Tanaka, T. und Yamasaki, M. (Okt. 2004). „Modeling of fuses for melting time and fusing current analysis“. In: ISBN: 0-7803-8458-X. https://doi.org/10.1109/INTLEC.2004.1401542.

Tanaka, T., Kawaguchi, H. et al. (2007). „Modeling of fuses for DC power supply systems including arcing time analysis“. In: „INTELEC 07 – 29th International Telecommunications Energy Conference“. https://doi.org/10.1109/INTLEC.2007.4448754.

The MathWorks, Inc. (2024a). „Best Practices for Simulating with the daessc Solver“. URL: https://de.mathworks.com/help/simscape/ug/best-practices-for-using-the-daessc-solver.html#mw_a0cd90c6-a162-4326-9550-e722a7cd78ca (besucht am 18. 11. 2024).

The MathWorks, Inc. (2024b). „MATLAB App Designer". URL: https://de.mathworks.com/products/matlab/app-designer.html (besucht am 10. 10. 2024).

The MathWorks, Inc. (2024c). „Parallel Simulations Using Parsim: Parameter Sweep in Normal Mode". URL: https://de.mathworks.com/help/simulink/slref/parallel-simulations-using-parsim-parameter-sweep-in-normal-mode.html (besucht am 16. 11. 2024).

The MathWorks, Inc. (2024d). „Simscape Electrical". URL: https://de.mathworks.com/products/simscape-electrical.html (besucht am 14. 08. 2024).

The MathWorks, Inc. (2024e). „Einhaltung der ISO 26262 durch MATLAB und Simulink". URL: https://de.mathworks.com/solutions/automotive/standards/iso-26262.html (besucht am 14. 08. 2024).

Tian, W., Lei, C. et al. (Juli 2016). „Data Analysis and Optimal Specification of Fuse Model for Fault Study in Power Systems". In: https://doi.org/10.1109/PESGM.2016.7741864.

Tørå, G. und Hansen, A. (Juni 2010). „Heat diffusion in a two-dimensional thermal fuse model". In: „Physical Review E" 81.6. ISSN: 1550-2376. https://doi.org/10.1103/physreve.81.066111. URL: https://doi.org/10.1103/PhysRevE.81.066111.

Ushiyama, K. und Morimoto, M. (2011). „SOH estimation of lead acid battery for automobile". In: „2011 IEEE Ninth International Conference on Power Electronics and Drive Systems". https://doi.org/10.1109/PEDS.2011.6147335.

Valeo (2024). „Premium Lichtmaschinen". URL: https://www.valeoservice.de/de/pkw/starter-generatoren-pkw/lichtmaschine (besucht am 10. 02. 2024).

VDI, Hrsg. (2010). „VDI Heat Atlas". 2. Aufl. Berlin, Deutschland: Springer. ISBN: 978-3-540-77876-9. https://doi.org/10.1007/978-3-540-77877-6.

Verband der Automobilindustrie e. V. (Apr. 2023). „Energiebordnetz für automatisiertes Fahren". Norm VDA 450:2023-04. Verband der Automobilindustrie e. V.

Verband der Elektro- und Digitalindustrie (2020). „Thermosimulationsmodelle – Technischer Leitfaden TLF 0101". URL: https://www.zvei.org/presse-medien/publikationen/thermosimulationsmodelle.

Verband der Elektro- und Digitalindustrie (2021a). „Ausfallraten für Bordnetz-Komponenten in Automobil. Erwartungswerte und Bedingungen". URL: https://emagazin.bayern-innovativ.de/fileadmin/article_migration/pdf-dokumente/cluster-automotive/zvei-bi-tlf-ausfallraten-bordnetzkomponenten-ausgabe1-oktober2021.pdf?mod=2021-10-25T08:47:12.497Z&published=false.

Verband der Elektro- und Digitalindustrie (Feb. 2021b). „Validierung von Automotive-Niedervolt-Steckverbindern – Technischer Leitfaden TLF 0214". URL: https://www.zvei.org/fileadmin/user_upload/Presse_und_Medien/Publikationen/2021/Februar/Technischer-Leitfaden_TLF-0214/ZVEI_Technischer-Leitfaden-TLF_0214.pdf.

Verein Deutscher Ingenieure e.V. (Nov. 2019). „Energiebordnetz für automatisiertes Fahren". Richtlinie VDI 2221. Verein Deutscher Ingenieure e.V.

Verein Deutscher Ingenieure e.V./Verband der Elektrotechnik e. V. (Nov. 2021). „Entwicklung mechatronischer und cyber-physischer Systeme". Richtlinie VDI/VDE 2206. Verein Deutscher Ingenieure e.V./Verband der Elektrotechnik e. V.

Vinaricky, E. (2016). „Elektrische Kontakte, Werkstoffe und Anwendungen: Grundlagen, Technologien, Prufverfahren". ISBN: 978-3-642-45426-4. https://doi.org/10.1007/978-3-642-45427-1.

Volkswagen AG (Feb. 2020). „Dimensionierung von Leitungen und Sicherungen im Kraftfahrzeug". Norm VW 75212:2020-07. Volkswagen AG. URL: https://de.scribd.com/document/168921933/Vw-75212-Deutsch-fusibles-1 (besucht am 01. 01. 2023).

Volkswagen AG (Juli 2021). „Elektrische und elektronische Komponenten in Kraftfahrzeugen bis 3,5 t". Norm VW 80000:2021-07. Volkswagen AG. URL: https://silo.tips/download/elektrische-und-elektronische-komponenten-in-kraftfahrzeugen-bis-35-t-allgemeine (besucht am 02. 01. 2023).

Wang, J. (Juli 2016). „Simulationsumgebung zur Bewertung von Bordnetz-Architekturen mit Hochleistungsverbrauchern". Dissertation. Kassel, Deutschland: Universität Kassel.

Weber, I. (Mai 2024). „Optimized Zonal Power Grid Architecture with eFuses". 12th International Conference Automotive Wire Harness. Ludwigsburg, Deutschland.

XFusion (2024). „FusionServer 1288H V7". URL: https://www.xfusion.com/en/product/rack-server/fusionserver-1288h-v7 (besucht am 16. 11. 2024).

Xinfeng, Z., Diange, Y. et al. (2008). „IEED system: A new kind of Automotive electrical system". In: „2008 IEEE Vehicle Power and Propulsion Conference". https://doi.org/10.1109/VPPC.2008.4677603.

Eigene Veröffentlichungen und Vorträge

Becker, M., Krüll, S. et al. (Sep. 2023). „Automatisierte Bestimmung der Ausfallraten sicherheitsrelevanter Pfade im Energiebordnetz mithilfe des Vehicle Electric Containers," Bordnetz Kongress. Landshut, Deutschland.

Döring, M., Müller, T. C. et al. (Mai 2023). „Push the button for virtual validation of the wiring harness". 11th International Conference Automotive Wire Harness. Ludwigsburg, Deutschland.

Huschke, D. (Sep. 2022a). „Automatisierte Erstellung eines Simulationsmodells des Niedervolt-Energiebordnetzes basierend auf dem Vehicle Electric Container". Bordnetz Kongress. Landshut, Deutschland.

Huschke, D. (Juni 2023). „The VEC-Parser as an extension of the wire harness development process". eehe – Elektrik & Elektronik in Hybrid- und Elektrofahrzeugen und elektrisches Energiemanagement. Essen, Deutschland.

Huschke, D. (2025). „modeling_ebn". URL: https://github.com/TheDomHu/modeling_ebn (besucht am 17. 01. 2025).

Huschke, D., Klatt, T. et al. (Mai 2024). „Comparison of fusing concepts based on simulation of the low-voltage energy supply". eehe – Elektrik & Elektronik in Hybrid- und Elektrofahrzeugen und elektrisches Energiemanagement. Bamberg, Deutschland.

Huschke, D. und Melchior, H. (Sep. 2023). „Startschuss für die virtuelle Simulation des Leitungsstrangs". Bordnetz Kongress. Landshut, Deutschland.

Huschke, D. (Juni 2022b). „Automated integration of the wire harness into the vehicle". 10th International Conference Automotive Wire Harness. Ludwigsburg, Deutschland.

Huschke, D. (Okt. 2022c). „Automated manufacturing and integration of the wire harness". WirePro Expo. Dierikon, Schweiz. URL: https://www.wireproexpo.com/en/speaker-dominic-huschke (besucht am 29. 12. 2022).

Eigene Patente

Huschke, D. (2024a). „Diebstahlschutzsystem für ein Fahrzeug, Fahrzeug, Verfahren zum Schutzen eines Fahrzeugs vor einem Diebstahl, Computerprogrammprodukt und Speichermedium“. DE 10 2022 213 082 A1. Erteilung des Patents noch ausstehend. URL: https://depatisnet.dpma.de/DepatisNet/depatisnet?action=bibdat%5C&docid=DE102022213082A (besucht am 15. 06. 2024).

Huschke, D. (2024b). „Fahrzeug mit Schaltanordnung und Halbleiterschalteinrichtung zum Steuern dieser Schalteinrichtung, Schaltanordnung und Verfahren zum Steuern einer Schaltanordnung“. DE 10 2024 209 763.2. Patent eingereicht am 09.10.2024, noch nicht veroffentlicht.

Huschke, D. und Aragou, A. (2024). „Verfahren und Fahrzeugsystem zum Ruhestrommanagement eines Kraftfahrzeugs und entsprechend eingerichtetes Kraftahrzeug“. DE 102024 203 433.9. Patent eingereicht am 16.04.2024, noch nicht veroffentlicht.

Huschke, D. und Ferreira, N. (2024). „Verfahren zum Betreiben eines Bordnetzes eines Kraftfahrzeugs“. DE 10 2024 210 487.6. Patent eingereicht am 30.10.2024, noch nicht verofentlicht.

Betreute Studentische Arbeiten

Haab, M. (Apr. 2024). „Simulative Untersuchung von Absicherungskonzepten des Niedervolt-Energiebordnetzes von Kraftfahrzeugen“. Masterarbeit. Braunschweig, Deutschland: Technische Universität Braunschweig.

Haab, M. (Sep. 2023). „Modellierung von elektrischen Steckkontakten des automobilen Niedervolt-Energiebordnetzes“. Studienarbeit. Braunschweig, Deutschland: Technische Universität Braunschweig.

Krüll, S. (Aug. 2023). „Entwicklung eines toolbasierten Ansatzes zur automatisierten Ausfallratenberechnung von Komponenten im Energiebordnetz“. Masterarbeit. München, Deutschland: Hochschule München.

Langer, J.-N. (Aug. 2022). „Strukturintegrierte elektrische Leiterbahnen in automobilen Interieurkomponenten“. Masterarbeit. Braunschweig, Deutschland: Technische Universität Braunschweig.

Ost, S. (Feb. 2024). „Analyse zur Einsetzbarkeit von elektronischen Sicherungen im Energiebordnetz anhand von Simulationen unterschiedlicher Absicherungstopologien“. Bachelorarbeit. Wolfenbüttel, Deutschland: Ostfalia – Hochschule für angewandte Wissenschaften.

Titzmann, F. (Mai 2023). „Entwicklung eines Verfahrens zur geometrischen sowie kennzahlenbasierten Klassifizierung von Bordnetzkomponenten“. Masterarbeit. Braunschweig, Deutschland: Technische Universität Braunschweig.

Widal, F. (Jan. 2025). „Elektrothermische Modellierung, Simulation und experimentelle Validierung von Flachleitern für die Anwendung im Energiebordnetz in Kraftfahrzeugen“. Masterarbeit. Ilmenau, Deutschland: Technische Universität Ilmenau.

Wittig, A. (Jan. 2025). „Untersuchung der Präzision der Strommessung intelligenter Halbleiterschalter und Ableitung potentieller Anwendungen“. Studienarbeit. Wolfenbüttel, Deutschland: Ostfalia – Hochschule für angewandte Wissenschaften.

MIX
Papier aus verantwortungsvollen Quellen
Paper from responsible sources
FSC® C105338

If you have any concerns about our products,
you can contact us on
ProductSafety@springernature.com

In case Publisher is established outside the EU,
the EU authorized representative is:
Springer Nature Customer Service Center GmbH
Europaplatz 3, 69115 Heidelberg, Germany

Printed by Libri Plureos GmbH
in Hamburg, Germany